플랜트엔지니어 1 · 2급 필기 + 실기 시험대비서

플랜트엔지니어 기술이론

4

PLANT
CONSTRUCTION

(재)한국플랜트건설연구원 교
홈페이지 www.cip.or.kr

KB139796

예문사

PREFACE

최근 세계건설시장의 지속적인 성장으로 2020년의 시장규모는 2019년 대비 3.4% 상승한 11조 6,000억 달러가 될 것으로 추정하고 있다. 특히, 아시아와 중동에서 개발도상국들의 인프라 투자 증가, 산유국의 플랜트 설비 건설 등으로 플랜트 건설시장이 확대됨에 따라 2025년까지 5% 내외의 성장이 지속될 것으로 전망하고 있다.

우리나라의 경우도 해외 건설수주는 2006년 이후 매년 성장하여 2010년 716억 달러, 2014년 661억 달러를 달성하였고, 2015년부터 세계경제상황 악화로 200억~400억 달러 수준의 실적 정도밖에 달성하지 못하였지만 2021년부터는 점증적인 수주확대가 전망된다. 수출산업으로 부상한 해외건설은, 특히 플랜트 부문이 60%를 상회하는데, 세계 플랜트시장 점유율 10.5% 정도로 전 세계 4위의 위상을 나타내고 있다. 이는 아시아, 중동을 중심으로 국내 기업이 높은 실적을 점유하고 있는 발전 분야, 석유화학 분야, 가스처리 분야 등에서 호조를 나타낸 결과라 할 수 있겠다.

그러나 이러한 외부적 호황에 따른 과제 역시 산적해 있다. 즉, 발전소, 담수설비, 오일/가스설비, 석유화학설비, 해양설비, 태양광설비 등 분야별 전문기술·원가·사업관리의 경쟁력을 강화해야 할 뿐 아니라 절대적으로 부족한 플랜트 전문인력 양성이 절실히 요구되고 있는 것이다.

이에 (재)한국플랜트건설연구원에서는, 플랜트 산업의 경쟁력 확보 및 전문지식, 창의성, 도전정신을 겸비한 융합형 전문인력 양성이라는 시대적 사명과 비전을 가지고 국토교통부의 적극적인 지원으로 플랜트엔지니어 자격검정과정을 도입하여 시행하고 있다.

본서는 플랜트엔지니어 자격검정을 위한 교재로서, 전문지식과 E·P·C 사업 수행의 역량을 갖추어 플랜트 산업 발전과 경쟁력 향상에 기여할 수 있는 인재로 거듭나는 과정에서 중요한 지침서로서의 역할을 해줄 것으로 기대되는 바, 주요 내용은 다음과 같다.

- PLANT PROCESS : 직업기초능력 향상과 Plant Process 이해
- PLANT ENGINEERING : 설계 공통사항과 각 공종별 설계
- PLANT PROCUREMENT : 기술규격서 및 자재구매사양서
- PLANT CONSTRUCTION : 공종별 시공절차와 시운전지침

끝으로 편찬을 위해 참여해 주신 국내 최고의 플랜트 전문가들과 출간을 맡아준 도서출판 예문사, 그리고 본 연구원의 임직원들께 깊은 감사의 마음을 전한다.

2021년 1월
(재)한국플랜트건설연구원
원장 김영건

INFORMATION
시험정보

🗨 플랜트엔지니어 1 · 2급

최근 급성장하는 플랜트 산업 분야에서 가장 큰 애로사항은 금융 · 인력 · 정보 부족인 것으로 나타나고 있으며, 특히 산업설비 플랜트 건설의 국제화, 전문화에 따른 기술개발 및 전문가의 인력보급은 국제 경쟁력 확보 및 플랜트 산업기술의 성공적인 추진을 위한 최우선 해결과제이다.

이에 플랜트전문인력 양성기관인 (재)한국플랜트건설연구원에서는 플랜트업계가 요구하는 EPC Project [Engineering(설계) · Procurement(조달) · Construction(시공 및 시운전)]을 수행할 인재양성교육과 플랜트 관련 지식의 전문화 및 표준화를 위해 노력한 결과 2013년 6월 16일 한국직업능력개발원에 "플랜트엔지니어 1급 · 2급" 자격증 신설 및 시행에 대한 등록을 완료하였다.

플랜트엔지니어 자격시험을 통해 검증된 전문인력의 양성으로 국가 경쟁력 확보 및 플랜트 분야 일자리 확대 효과, 플랜트 산업 분야에서 전문성을 갖춘 인력을 필요로 하는 기업의 인력난 미스매치 해소, 전문인력의 전문성에 부합되는 교육을 통한 업무의 효율 증가, 전문지식 습득으로 인한 직무만족 상승 등과 같은 효과를 기대할 수 있을 것이다.

🗨 2013년 플랜트엔지니어 자격시험 신설 및 첫 시행

2013년 8월 17일 1회 필기시험을 통해 플랜트엔지니어 자격취득자를 33명 배출하였으며, 이를 시작으로 계속적으로 연 2회 시행되고 있다.

플랜트엔지니어 자격검정 기본사항

[1] 플랜트엔지니어 시험개요

자격명	플랜트엔지니어
민간자격관리사	(재)한국플랜트건설연구원
자격의 활용	1. 플랜트 업체에서 수행하고 있는 E.P.C Project에 즉시 참여할 수 있다. 2. 플랜트 업체의 전체 업무 흐름을 파악하고, 이해할 수 있다. 3. 자격의 등급별 직무내용을 설정하여 자격을 취득한 후 산업 및 교육 분야에서 활용할 수 있도록 추진한다.

[2] 플랜트엔지니어 자격검정기준

자격등급	검정기준
플랜트엔지니어 1급	플랜트 건설공사 추진 시 수반되는 제반 기초기술을 관리할 수 있는 능력을 겸비한 자 • 프로젝트 계약, 문제해결능력, 사업관리 능력 • 토목/건축, 기계/배관, 전기/계장, 화공/공정 프로세스의 기초설계능력 • 주요 기자재의 기술규격서, 구매사양서 작성기준 • 각 공종별 시공절차 등
플랜트엔지니어 2급	플랜트 건설공사 추진 시 수반되는 제반 초급 기초기술을 관리 보조할 수 있는 능력을 겸비한 자 • 프로젝트 계약, 문제해결능력, 사업관리능력 • 토목/건축, 기계/배관, 전기/계장, 화공/공정 프로세스의 기초설계능력 • 주요 기자재의 기술규격서, 구매사양서 작성기준 • 각 공종별 시공절차 등

[3] 플랜트엔지니어 등급별 응시자격

자격종목	응시자격
플랜트엔지니어 1급	1급의 응시자격은 다음 각 호의 어느 하나에 해당된 자로 한다. 1. 공과대학 4년제 이상의 대학졸업자 또는 졸업예정자 동등 이상의 자격을 가진 자 2. 3년제 전문대학 공학 관련 학과 졸업자로서 플랜트 실무경력 1년 이상인 자 3. 2년제 전문대학 공학 관련 학과 졸업자로서 플랜트 실무경력 2년 이상인 자 4. 플랜트엔지니어 2급 취득 후, 동일 분야에서 실무경력 1년 이상인 자
플랜트엔지니어 2급	2급의 응시자격은 다음 각 호의 어느 하나에 해당된 자로 한다. 1. 2년제 또는 3년제 공과 전문대학 졸업자 또는 졸업예정자 2. 공업 관련 실업계 고등학교 졸업자로서 플랜트 실무경력 2년 이상인 자

[비고] 공과대학에 관련된 학과란 기계, 전기, 토목, 건축, 화공 등 플랜트 건설 분야에 참여하는 학과를 말하며, 기타 분야에서 플랜트 산업 분야의 해당 유무 또는 실무경력의 인정에 대한 사항은 "응시자격심사위원회"를 열어 결정한다.

[4] 플랜트엔지니어 시험 출제기준

1. 검정과목별로 1차 객관식(4지 택일형)과 2차 주관식(필답형)으로 출제한다.
2. 전문 분야에서 직업능력을 평가할 수 있는 문항을 중심으로 출제한다.
3. 세부적인 시험의 출제기준은 다음과 같다.

자격등급	검정방법	검정과목(분야, 영역)	주요 내용
플랜트 엔지니어 1급	1차 필기시험 (객관식)	Process (25문항)	1. 문제해결능력과 국제영문계약에 대한 직업 기초능력 2. 사업관리, 안전관리, 품질관리, 회계 기본이론 등 프로젝트 매니지먼트 3. 석유화학, 화력발전, 원자력발전, 해수담수, 신재생에너지, 해양플랜트에 대한 프로세스 이해
		Engineering(설계) (25문항)	1. P&ID 작성 및 이해, 보일러 설계 및 부대설비, 터빈 및 보조기기에 대한 공통사항 2. 플랜트 토목설계, 토목기초 연약지반, 플랜트 건축설계 3. 플랜트 장치기기 설계, 플랜트 배관설계 및 플랜트 레이아웃 4. 전력계통 개요와 분석, 비상발전기 등 전기설비, 계측제어 및 DCS 설계 5. 공정관리 및 공정설계
		Procurement(조달) (25문항)	1. 기술규격서 작성 2. 주요 자재 구매사양서 3. 입찰평가 및 납품관리계획서 4. 공정별 건축재료의 특성
		Construction(시공) (25문항)	1. 토목/건축공사 시공절차 2. 기계/배관공사 시공절차 3. 전기/계장공사 시공절차 4. 플랜트 시운전 지침
	2차 실기시험 (주관식)	Process Engineering(설계) Procurement(조달) Construction(시공) (20문항)	1. 사업관리, 안전관리, 품질관리, 국제영문계약에 대한 기초지식 2. 석유화학, 화력발전, 원자력발전, 해수담수, 신재생에너지, 해양플랜트의 특징 3. 플랜트 토목, 건축 설비에 대한 설계 분야의 기본지식 4. 플랜트 건설공사 중 기계장치, 배관, P&ID 설계 5. 전력계통과 전기설비 설계 및 계측제어, DCS 설계 6. 공정제어 및 공정설계 7. 주요 기자재 기술규격서 작성 8. 조달 자재의 구매사양서와 입찰평가 및 납품관리계획서 9. 건축자재 특성의 이해 10. 플랜트의 토목, 건축공사 시공절차 11. 기계/배관공사 시공절차 12. 전기/계장공사 시공절차 13. 플랜트의 시운전 지침에 대한 이해

자격등급	검정방법	검정과목(분야, 영역)	주요 내용
플랜트 엔지니어 2급	1차 필기시험 (객관식)	Process (25문항)	1. 문제해결능력과 국제영문계약에 대한 직업 기초능력 2. 사업관리, 안전관리, 품질관리, 회계 기본이론 등 프로젝트 매니지먼트 3. 석유화학, 화력발전, 원자력발전, 해수담수, 신재생에너지, 해양플랜트에 대한 프로세스 이해
		Engineering(설계) (25문항)	1. P&ID 작성 및 이해, 보일러 설계 및 부대설비, 터빈 및 보조기기에 대한 공통사항 2. 플랜트 토목 설계, 토목기초 연약지반, 플랜트 건축설계 3. 플랜트 장치기기 설계, 플랜트 배관설계 및 플랜트 레이아웃 4. 전력계통 개요와 분석, 비상발전기 등 전기설비, 계측제어 및 DCS 설계 5. 공정관리 및 공정설계
		Procurement(조달) (25문항)	1. 기술규격서 작성 2. 주요 자재 구매사양서 3. 입찰평가 및 납품관리계획서 4. 공정별 건축재료의 특성
		Construction(시공) (25문항)	1. 토목/건축공사 시공절차 2. 기계/배관공사 시공절차 3. 전기/계장공사 시공절차 4. 플랜트 시운전 지침
	2차 실기시험 (주관식)	Process Engineering(설계) Procurement(조달) Construction(시공) (20문항)	1. 사업관리, 안전관리, 품질관리, 국제영문계약에 대한 기초지식 2. 석유화학, 화력발전, 원자력발전, 해수담수, 신재생에너지, 해양플랜트의 특징 3. 플랜트 토목, 건축 설비에 대한 설계 분야의 기본지식 4. 플랜트 건설공사 중 기계장치, 배관, P&ID 설계 5. 전력계통과 전기설비설계 및 계측제어, DCS 설계 6. 공정제어 및 공정설계 7. 주요 기자재 기술규격서 작성 8. 조달 자재의 구매사양서와 입찰평가 및 납품관리계획서 9. 건축자재 특성의 이해 10. 플랜트의 토목, 건축공사 시공절차 11. 기계/배관공사 시공절차 12. 전기/계장공사 시공절차 13. 플랜트의 시운전 지침에 대한 이해

[5] 플랜트엔지니어 검정영역 및 검정시간

자격등급	검정방법	검정시간	시험문항	합격기준
플랜트 엔지니어 1급	1차 필기시험 (객관식)	120분	Process 25문항 Engineering(설계) 25문항 Procurement(조달) 25문항 Construction(시공) 25문항 총 100문항	100점을 만점으로 하여 과목당 40점 이상, 전과목 평균 60점 이상
	2차 실기시험 (주관식)	120분	Process 5문항 Engineering(설계) 5문항 Procurement(조달) 5문항 Construction(시공) 5문항 총 20문항	100점을 만점으로 하여 60점 이상
플랜트 엔지니어 2급	1차 필기시험 (객관식)	120분	Process 25문항 Engineering(설계) 25문항 Procurement(조달) 25문항 Construction(시공) 25문항 총 100문항	100점을 만점으로 하여 과목당 40점 이상, 전과목 평균 60점 이상
	2차 실기시험 (주관식)	120분	Process 5문항 Engineering(설계) 5문항 Procurement(조달) 5문항 Construction(시공) 5문항 총 20문항	100점을 만점으로 하여 60점 이상

[6] 시험의 일부면제

1. 플랜트엔지니어 1·2급 필기 합격자는 합격자 발표일로부터 2년 이내에 당해 등급의 실기시험에 재응시할 경우 필기시험을 면제한다.
2. 플랜트 관련 교육과정(240시간 이상)을 수료한 자는 필기시험과목 중 제1과목에 대해 면제한다.
   (제1과목 면제기준일 : 실기시험 원서접수 시까지 교육 이수자)

※ 실기시험 원서접수 시 관련 증빙서류 제출(미제출 시 필기시험 불합격 처리)

[7] 응시원서 접수

1. 시험 응시료(현금결제 및 계좌이체만 가능)

필기시험	20,000원
실기시험	40,000원

※ 원서 접수기간 중 오전 9시~오후 6시까지 접수 가능(접수기간 종료 후에는 응시원서 접수 불가)
※ 시험 응시료는 접수기간 내에 취소 시 100% 환불되며 접수 종료 후 시험 시행 1일 전까지 취소 시 60% 환불되고
　시험 시행일 이후에는 환불 불가함

2. 시험원서 접수 및 문의

　① 접수
　　홈페이지 www.cip.or.kr 인터넷 원서접수
　② 입금계좌
　　국민 928701-01-169012 ((재)한국플랜트건설연구원)
　③ 문의
　　02-872-1141

[8] 합격자 결정

1. 필기시험은 각 과목의 40% 이상, 그리고 전 과목 총점(400점)의 60%(240점) 이상을 득점한 자를 합격자로 한다.
2. 실기시험은 채점위원별 점수의 합계를 100점 만점으로 환산하여 60점 이상 득점한 자를 합격자로 한다.

※ 합격자 발표는 (재)한국플랜트건설연구원 홈페이지 www.cip.or.kr를 통해 발표일 당일 오전 9시에 공고된다.

3. 합격자에 대한 자격증서 및 자격카드 발급비용은 50,000원이며 신청 시 계좌이체해야 한다(자격증 발급 신청 후 개별 제작되어 환불은 불가능).

CONTENTS
목차

PLANT ENGINEER

CHAPTER
01
플랜트
시 공

APPENDIX
과년도 기출문제

PLANT
CONSTRUCTION

CHAPTER

01

플랜트 시공

SECTION

01 토목공사 시공절차

P L A N T E N G I N E E R

SUBSECTION 01 | 토목공사 업무 Flow 및 시공절차

---

1 플랜트 토목공사

1. 개요

플랜트 건설공사(발전 Plant, 석유/Gas Plant, LNG Plant, 담수 Plant 등)는 일반적으로 원료 수송 및 플랜트 가동에 필요한 용수를 취수 및 배수하기 위하여 임해지역을 건설공사 부지로 선정한다. 플랜트 토목공사는 크게 다음의 2단계로 분류되며, Plant Infra를 건설하는 공사가 주요 업무이다.

(1) 연안 해면이나 공유수면을 매립하여 부지를 조성하는 부지조성공사 및 호안축조공사, 부두공사, 방파제공사

(2) 플랜트 시설 기계, 전기기초공사 및 각종 토목공사 등

각종 플랜트 산업 시설물
설치를 위한 기반공사

- 부지조성공사
- 호안축조공사
- 부두공사
- 방파제공사

플랜트 시설 본공사

- 플랜트 시설물 기초공사
- 구조물공사
- 상하수도공사
- 전기 및 기계배관공사(옥외)
- 각종 배수시설공사
- 토목 및 포장공사 등

[그림 1-1] 플랜트 토목공사의 종류

SECTION 01_토목공사 시공절차 | **3**

2. 플랜트 산업의 특징

(1) 플랜트 산업은 어느 분야보다 부가가치가 높은 지식집약형 산업이다.

(2) 시장규모가 크며 장치산업 중심이다.

(3) 일괄 Turn-key 방식 수행으로 잠재 Risk가 크고, 진입장벽이 높다.

(4) 공학 전 분야에서의 높은 기술력이 요구되는 기술집약형 산업이다.

3. 토목공사의 특성

(1) 공공성이 높다.

(2) 자연을 대상으로 하는 현지생산이다.

(3) 단품 주문 생산이다.

(4) 생산과정에 대한 조건 변화가 많다.

2 플랜트 토목공사 업무 Flow 및 각 단계별 업무내용

1. 토목공사 업무 Flow

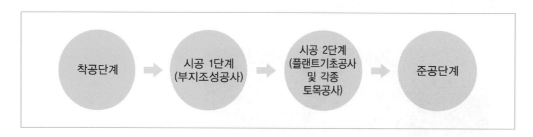

2. 각 단계별 업무내용

(1) 착공단계

　　1) 대발주처 업무

　　　　① 착공계 제출(공사 계약 일반조건 제17조, 감리업무 수행지침서 2.2)

　　　　　　㉠ 구비서류

　　　　　　　　ⓐ 착공계(발주처 서식)

　　　　　　　　ⓑ 현장기술자 지정 신고서

　　　　　　　　　　• 현장대리인계

　　　　　　　　　　• 안전관리자 선임계

- 품질관리자 선임계
  - ⓒ 사용 인감 신고
  - ⓓ 건설공사 예정공정표
  - ⓔ 안전관리계획서
  - ⓕ 품질관리계획서
  - ⓖ 착공 전 사진
  - ⓛ 착공계 제출 : 시공자는 공사착공 시 착공신고서를 발주자에게 제출하여야 하며, 감리원이 주재하는 공사는 감리원에게 제출하며 감리원은 이를 검토 후 7일 이내에 발주기관의 장에게 보고하여야 한다.
- ② 기공식 협의
- ③ 선금급 청구
- ④ 하도자 선정통보(초기 공종)

2) 대내업무
  - ① 계약서 및 설계도서 검토
  - ② 공동이행 협약서 체결 및 운영방안 검토
  - ③ 시공계획서 작성 및 제출
  - ④ 보험계약 여부 결정(건설공사보험, 도급업자 배상책임보험, 근재보험, 중장비 건설보험, 기계보험 등)
  - ⑤ 실행예산 작성
  - ⑥ 하도자 선정
  - ⑦ 시공측량 및 착공 전 현장사진 촬영
  - ⑧ 가설 사무실 축조
  - ⑨ 기공식 및 안전 기원제 등

3) 대관업무
  - ① 가설사무실 축조 신고 : 관할 시 · 군 · 구, 동사무소
  - ② 도로 점용 허가 : 한국도로공사/국도유지건설사무소/관할 시 · 군 · 구
  - ③ 도로 굴착 신청 : 관할 시 · 군 · 구 토목과 또는 도로과
  - ④ 비산먼지 발생신고 : 해당 구청 환경위생과
  - ⑤ 특정 공사 사전신고 : 해당 구청 환경위생과
  - ⑥ 사업장 폐기물 처리신고 : 관할청 청소행정과
  - ⑦ 산림훼손 및 임목벌채허가 : 관할청 산림과, 녹지과, 도시과
  - ⑧ 발파허가신청 : 관할 경찰서 방범과
  - ⑨ 골재 채취 허가신고 : 관할 시 · 군 · 구
  - ⑩ 공유수면 점용 및 사용허가 신청 : 관할 지방 해양수산청/관할 시 · 군 · 구
  - ⑪ 배치 플랜트 설치허가 : 관할 시 · 군 · 구/지방 환경청

(2) 시공단계

1) 시공계획 수립 및 작성

2) 공사착수

① 시공 1단계 : 부지조성공사

㉠ 매립공사(토공사)

㉡ 호안축조공사 및 부두축조공사

② 시공 2단계 : 플랜트설비 기초공사 및 각종 토목공사

㉠ PLANT 내 각종 기초공사

ⓐ 본관기초굴착 및 지반보강공사

ⓑ 옥외 구조물 기초공사(전기·기계설비 등 기초공사)

ⓒ 옥외 매설물 설치공사(전기·기계배관 설비공사)

ⓓ 냉각수계통 구조물공사(취·배수 구조물 및 관로공사)

㉡ 각종 토목공사

ⓐ 배수공, 우수공, 상수도 공사

ⓑ 오폐수처리 및 해수담수화 공사

ⓒ 조경공사

ⓓ 도로 및 포장공사

ⓔ 기타 부대공사(진입도로 개설, 배치 플랜트 설치 등)

㉢ 해상구조물 축조공사

ⓐ 방파제 축조공사

ⓑ 부두축조 및 물양장 축조공사 등

3) 시공관리(공정관리, 품질관리, 원가관리, 안전관리)

(3) 준공단계

1) 예비준공검사

① 예비준공검사는 발주처에 준공 1~3개월 전까지 서면으로 요청한다.

② 예비준공검사관은 준공검사에 준하여 검사를 행한 후 지적사항에 대하여는 발주청에 보고하여야 하며, 발주청은 계약자로 하여금 지적사항을 시정하도록 하고 준공검사관으로 하여금 검사 시 이의시정 여부를 확인하도록 하여야 한다.

2) 준공검사

① 검사는 계약상대자로부터 당해 계약의 이행을 완료한 사실을 통지받은 날로부터 14일 이내에 완료하여야 한다.

② 검사를 시행함에 있어서 계약상대자의 계약이행내용의 전부 또는 일부가 계약에 위반되거나 부당함을 발견한 때에는 지체 없이 필요한 시정조치를 취하여야 한다.

③ 감독조서(감리조서) 구비서류
- ㉠ 준공내역서
- ㉡ 공사에 사용한 재료의 품질, 품명 및 규격에 관한 서류
- ㉢ 시공 후 매몰부분에 대한 감독자(감리원)의 검사기록서류 및 시공사진
- ㉣ 공사의 사전검측 확인 서류
- ㉤ 품질시험, 검사성과 총괄표
- ㉥ 표준안전관리비 사용내역
- ㉦ 지급자재 잉여금 조치현황
- ㉧ 기타 공사 감독자(감리원)가 필요하다고 인정되는 서류

3) 준공도서 작성 및 제출
① 관계법령(안전점검 및 정밀안전진단 세부지침)
② 준공도서 원본, 사본작성 및 관리지침
- ㉠ 설계자 및 시공자는 준공도서 원본 및 사본을 제작하여 발주자에게 제출하여야 한다.
- ㉡ 발주자는 이 중 준공도서 사본 1식은 '안전점검 및 정밀안전진단 세부지침'에 의해 작성한 시설관리대장과 함께 설계자 및 시공자가 시설안전기술공단에 제출하여야 한다.

1 매립공사

1. 매립

항로나 박지의 수역시설을 활용하여 준설토사를 매립토로 사용하는 방법과 매립계획구역의 배후에 있는 토취장을 활용, 육상토를 운반하여 매립하는 방법도 있으며, 토취장을 용지로 이용하는 방법도 병행될 수 있다. 매립지가 공유수면인 경우 공유수면 매립법이 정하는 바에 따라 매립 면허 및 실시계획 인가 등 인·허가를 받아야 한다.

매립구간(Sea)

[그림 1-2] 플랜트 매립공사 구간 구역도

2. 매립공사의 추진절차

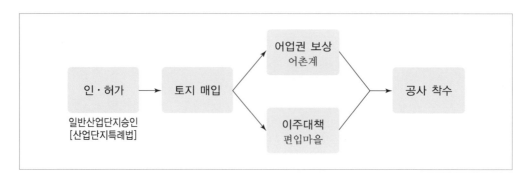

3. 매립공법 산정

1) 펌프준설선으로 토사를 매립지로 직접 송토하는 방법
2) 버켓 준설선, 디퍼준설선, 그래브 준설선 등으로 준설하여 토운선으로 운반하여 매립지 내에 투기하는 방법
3) 육상의 흙을 운반하여 매립하는 방법

② 매립공사(토취장 활용) 시공절차

토공은 모든 공사의 기본이 되는 것으로 원지반을 적정 장비를 이용하여 절토(흙 깎기), 운반, 성토 및 다짐 등을 실시하는 작업의 총칭이다.

1. 매립공사 시공절차

(1) 사전조사

1) 현장답사에 의해 토공사 구간의 위치 확인, 지형, 지질, 연약지반 여부, 지장물 및 작업 구간 내 문화재 존재 여부, 생태환경 등을 조사한다.
2) 토질보고서를 참조하여 절토 구간의 토질특성 파악, 성토재료로서의 적합 여부, 암질 상태 등을 확인하여 기계화 시공에 대하여 검토한다.
3) 토취장, 사토장의 운반거리 및 규모를 조사하고, 복구계획을 수립한다.
4) 가실도로계획, 교통소통대책 및 각종 인허가 관련 법규 등에 대한 종합적인 검토를 통해 민원 발생의 최소화를 도모하면서 시공타당성을 확인한 후 시공계획서를 작성한다.

(2) 토공계획 수립

1) 토공량의 확인
설계도 및 토량분배계획에 의해 절토, 성토, 사토 및 반입토량을 확인한다. 토질, 지형, 타 공사와의 관련성 및 지장물 처리, 후속 작업과의 연관성을 사전검토 후 계획을 수립한다.

2) 토량배분계획

설계도면으로부터 토량계산서 및 유토곡선을 작성하여 절토, 성토, 사토 및 반입토량을 검토한다. 토량배분계획도의 작성은 절·성토의 균형, 지층분포의 상태, 운반거리 등을 고려하여 결정한다.

💬 **토량변화율**

원지반을 절토 또는 굴착하여 흙이 흐트러지는 경우 운반하여야 할 흙의 양은 원지반의 체적에 비하여 증가하며, 운반한 토량을 시공단면에 성토한 후 다짐을 하는 경우 흙의 체적은 감소하게 된다.

이러한 토량의 변화를 평가하는 지수로 토량변화율을 사용한다.

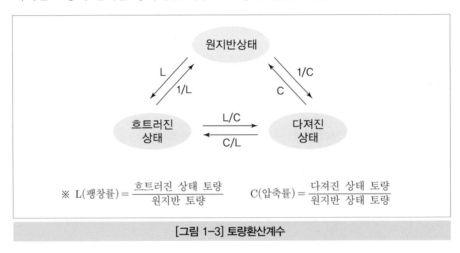

$$\text{※ L(팽창률)} = \frac{\text{흐트러진 상태 토량}}{\text{원지반 토량}} \qquad \text{C(압축률)} = \frac{\text{다져진 상태 토량}}{\text{원지반 상태 토량}}$$

[그림 1-3] 토량환산계수

3) 토취장 및 사토장 선정

설계도에 근거하여 반입토 및 사토가 발생할 경우 타 공사와의 관계를 충분히 고려하여 결정한다.

① 토취장 선정 시 고려사항

   ㉠ 토질이 양호하고, 토량이 충분할 것

   ㉡ 운반로가 양호하고, 장애물이 적으며, 유지관리가 용이할 것

   ㉢ 용수, 산 붕괴의 우려가 없고, 배수가 양호한 지역일 것

   ㉣ 용지 매수가 용이하고, 복구비가 경제적일 것

② 사토장 선정 시 고려사항

   ㉠ 사토량을 충분히 수용할 수 있으며, 운반로가 양호할 것

   ㉡ 용수의 위험이 없고 배수가 양호한 지형일 것

   ㉢ 민원발생의 우려가 없고 용지매수 및 보상이 용이할 것

4) 장비계획

① 장비선정 시 고려사항

ⓐ 현장조건 : 지반경사도, 흙의 종류나 함수비 등을 고려하여 현장지반 조건에 적합한 주행성(Trafficability)을 가진 기계를 선정

ⓑ 범용성 및 신뢰성 : 보급률이 높고 사용범위가 넓은 기계를 선정하여 장비고장 시 신속한 대체가 가능하여 공기지연 위험을 최소화할 수 있도록 함

ⓒ 경제성 : 운반거리에 따른 경제성을 고려한 건설기계를 선정

ⓓ 공사규모 : 공사의 규모, 공사기간, 1일 처리 작업물량 등을 고려한 적정용량(소, 중, 대형)의 장비를 선정

② 공종별 적정장비 및 장비조합

공종	적정장비 및 장비조합	비고
벌개 제근	불도저, 백호	
굴착 및 적재	불도저 / 쇼벨계 굴착기(백호, 쇼벨, 크램셀)	
운반	불도저	60m 이내
	쇼벨계 굴착기(백호, 쇼벨, 크램셀)＋덤프트럭	60m 이상
고르기	불도저, 모터그레이더	
다지기	로드롤러, 타이어롤러, 탬핑롤러, 진동롤러, 콤팩터, 램버	

※ 토공사에서 적정장비 선정은 작업, 공사규모, 토질에 의해 달라지므로 시험 시공에 의하여 결정해야 하며, 경제적인 장비조합이 되도록 하는 것이 중요함

(3) 준비공사

1) 측량

공사할 위치에 대한 위치, 표고, 치수의 정확도를 확인하기 위하여 먼저 기준점에 대한 측량을 실시하여 허용오차 범위에 들어가는지 확인하고, 실제 지형과 도면의 일치 여부를 확인한다.

토공작업을 수행함에 있어 건설 장비의 주행성을 확보하기 위하여 성토재료의 함수비를 저하시키고, 시공 중인 절토 비탈면의 붕락, 붕괴 등을 방지하기 위하여 도수로, 배수로 등의 준비배수 작업을 시행한다.

2) 벌개 제근

절토 및 성토작업에 앞서 원지반의 표면에 있는 초목, 덤불, 나무뿌리, 유기질토 등 공사에 장애가 되는 각종 장애물을 제거하는 작업으로 향후 초목의 부식으로 인한 부등침하, 함몰, 지심 붕을 방지하기 위한 작업이다.

3) 기존 구조물 및 지장물 제거

공사구간 내에 있는 각종 시설물과 공사에 장애가 되는 지장물 등은 처리계획을 수립하여 관련 부처와 협의하여 제기하도록 한다. 도로공사의 경우 토공의 완성면에서 최소 1m 깊이 이내에 있는 모든 콘크리트 구조물은 제거하여야 한다.

(4) 절토(굴착)

토공 계획고보다 높은 기존 지반을 절취 또는 굴착하는 작업을 말하며 토공계획고 아랫부분을 파내는 터파기와 구분한다.

1) 절토작업을 위한 지층의 구별
① 토사 : 불도저 또는 백호 등으로 굴착할 수 있는 흙, 모래, 자갈 및 호박돌 섞인 토질
② 풍화암 : 불도저, 삽날 또는 백호 버켓으로는 절취가 어려우며 불도저에 장착한 유압식 리퍼(Ripper)로 굴착할 수 있는 정도의 풍화가 진행된 지층
③ 발파암 : 연암, 보통암, 경암으로 구성되어 있으며 발파에 의해 굴착할 수 있는 지층

2) 절토작업 시 비탈면 경사
① 자연지반 토질은 불균질하여 절취 작업 진행 과정에 설계 시 예상하지 못한 지층의 변화와 절리, 지하수의 용출 등이 확인되어 비탈면이 불안정할 경우 사면안정을 분석하고 비탈면의 경사를 조정한다.
② 비탈면 표준 구배(경사)

토질	절토 높이	구배	비고
토사	0~5m	1 : 1.2	5m마다 1m 소단 설치
리핑암	5m 이상	1 : 1.5	5m마다 1m 소단 설치
발파암	—	1 : 0.7	5m마다 1m 소단 설치
	—	1 : 0.5	10m마다 2m 소단 설치

3) 절토작업 시 유의사항
① 대절토 사면은 내부강도 감소 및 외부응력 증가로 인해 붕괴의 우려가 있으므로 배수처리 및 소단설치, 경사완화, 식생, 사면보강 등을 철저히 하고 계측을 통해 안전성을 확인해야 한다.
② 지하수가 높은 경우 지하배수시설 또는 집수정 등을 설치한다.
③ 발파작업 시 시험발파를 통한 사면안정에 영향이 없는 발파공법을 선정한다.

(5) 운반

토사운반은 토공계획에 따라 장비조합을 갖춘 후 실시하고, 운반로를 결정함에 있어 다음 사항을 고려하여야 한다.
1) 운반 장비의 주행성(Trafficability) 확보
2) 운반로의 경사가 완만할 것
3) 평탄성이 좋으며 운반 장비 폭원이 확보될 것

1. 토사구간

굴착
및
집토

불도저
파워쇼벨
백호
크램셀

굴착 및 집토	⇨	상차

| 불도저
파워쇼벨
백호
크램셀 | | 파워쇼벨
백호
크램셀 |

굴착 및 집토	⇨	상차	⇨	운반

| 불도저
파워쇼벨
백호
크램셀 | | 파워쇼벨
백호
크램셀 | | 불도저
파워쇼벨
덤프트럭
벨프컨베이어 |

2. 암구간

[그림 1-4] 토공사 시공 전경 : 굴착 → 상차 → 운반

(6) 매립(성토) 및 다짐

매립 및 다짐 작업은 도로, 하천제방, 택지조성 등 절취(깎기)한 토석을 운반하여 일정계획고 높이로 쌓아 올리고 균일하게 고르기 한 후 다짐을 실시하여 목적물을 완성하는 것이다.

1) 성토재료의 요구조건

① 비탈면의 안정에 필요한 전단강도를 보유할 것
② 성토 후 압밀 침하가 작을 것
③ 투수계수가 작을 것
④ 시공 장비의 주행성이 확보될 것
⑤ 다짐이 양호할 것

2) 성토작업 시(매립 상층부) 유의사항

① 시험성토를 실시하여 시험성토에 의한 흙의 최적 함수비, 포설두께, 다짐횟수, 다짐도를 유지한다.

② 성토재료는 나무뿌리, 풀뿌리 등이 혼입되지 않도록 하고, 혼입된 이물질 및 최대치수 초과재료는 작업원을 상주시켜 철저히 제거한다.

③ 성토부 원지반에는 토사측구를 완전하게 설치하여 성토노반의 배수유도와 인접 농경지에 토사의 유실이 없도록 한다.

④ 성토재료의 포설면은 배수를 고려해서 4% 이상의 횡단 구배를 유지하며, 강우에 대비하여 매일 작업 종료 시에는 반드시 다짐작업을 완료하도록 하여야 한다.

⑤ 암석의 최대 크기는 60cm 이하로 하고 노체 마무리면 60cm 이내는 암성토를 하여서는 안 된다.

⑥ 암성토를 시행할 경우 침하방지를 위하여 매 층마다 공극을 충분히 채워야 한다.

⑦ 파일을 항타할 장소에는 암으로 성토를 하여서는 안 된다.

3) 다짐작업 시(매립상층부) 유의사항

① 성토(토사) 시 1회 포설 두께는 20~30cm 이하로 하여 롤링, 탬핑 또는 두 가지 혼합방식으로 소요밀도를 얻을 때까지 흙을 다지는 작업을 수행한다.

② 암석의 다짐 두께는 60cm를 초과하지 않아야 한다.

③ 균일하고 효율적인 다짐을 위하여 그레이더 등으로 땅고르기를 하고 함수비를 최적 함수비 상태로 조절한 후에 다진다.

④ 면적이 좁아 롤러에 의한 다짐을 못하는 장소는 램머 및 콤팩터 등 소형다짐 장비를 이용하여 균일하게 다져야 한다.

⑤ 성토 비탈면 다짐은 마이티팩 또는 견인식 롤러로 본체 다짐과 동등하게 시공 관리한다.

⑥ 품질 관리실에선 다짐관리도를 비치하여 시공현황을 관리한다.

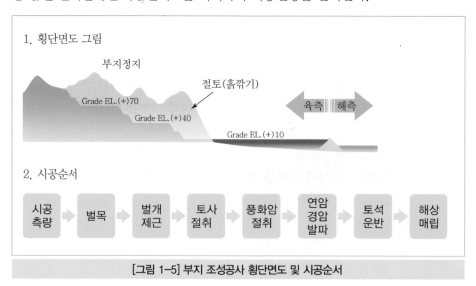

[그림 1-5] 부지 조성공사 횡단면도 및 시공순서

[그림 1-6] 부지 조성공사 시공전경

③ 호안축조공사

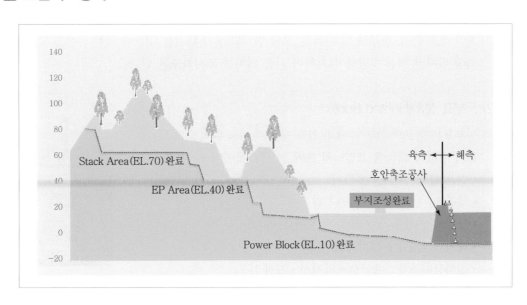

1. 표준단면도

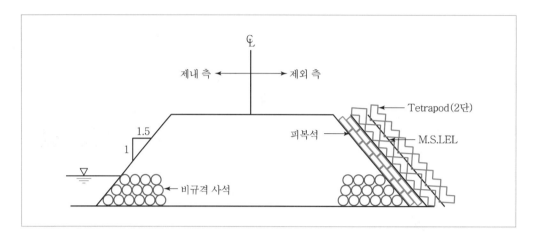

2. 호안축조 시공절차

(1) 시공측량

호안 축조 위치, 등부표 설치 위치, 오탁 방지막 설치 위치를 GPS에 의한 측량을 실시하여 측량 위치별 해상 깃발을 설치하여 시공 위치를 표시하도록 한다.

(2) 등부표 설치(Lighted Buoy)

등부표는 항로의 안전 수역과 암초 등의 장애물 위치를 표시하기 위하여 해저에 고정시켜 뜨게 한 구조물이다.

- 인근 항해 선박 안전 목적
- 제품 및 설치위치는 항만청과 사전협의
- 부표의 상부에 등괄을 설치한 항로표시
- 해저면 Anchor 설치하여 고정
- 설치장비조합 : 예인선+바지선+크레인

[그림 1-7] 등부표

(3) 오탁방지막 설치(Silt Protector)

1) 해양공사(준설, 매립, 사석투하 등) 시 발생하는 오탁물질의 확산을 방지하기 위해 설치하는 시설물

2) 오탁 유출로 인한 주변 수역의 수산자원 및 자연환경에 심각한 영향을 미치게 되므로 자연환경의 보존 및 해양자원을 보호하는 목적

3) 제품 : 일반적인 형태의 오탁방지막(20m/개)

    ① 수면상 Float부 : 오탁방지막의 부력을 유지하는 기능

    ② 수면하 Canvas부 : 수면하에서 오탁을 막아주는 역할

    ③ 해저면 Anchor 설치 : 오탁방지막을 고정시키는 역할

4) 설치장비조합 : 예인선＋대형바지선＋크레인

5) 설치 : 오탁발생기점으로부터 조류방향, 조류속도, 현장조건 등을 감안하여 적정위치를 선정하여 설치한다.

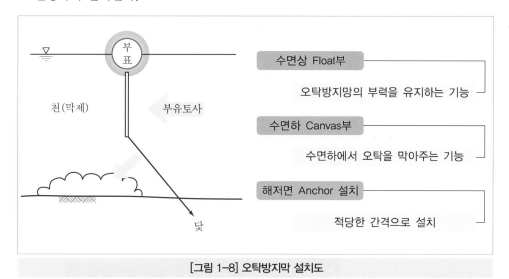

[그림 1-8] 오탁방지막 설치도

[그림 1-9] 등부표 및 오탁방지막 설치 전경(좌)과 석제 투하 전경(우)

(4) 석재운반 및 투하

1) 석재는 비규격석으로 토취장 발파암 유용(500kg~1톤/개)

2) 운반 및 투하방법

① 육상투하 : 토취장에서부터 덤프로 운반하여 투하

■ 장비조합 : 백호(상차)＋덤프(운반 및 투하)＋도자(정지)

② 해상투하 : 대형바지선에 석재 및 백호를 싣고 해상 운반하여 투하

[그림 1-10] 사석 상차 전경

■ 장비조합 : 백호(상차)＋예인선, 대형바지선(운반)＋백호(투하)

[그림 1-11] 석재 육상 투하 장면

(5) 면 고르기(경사면)

1) 석재 투하작업 완료 후 후속 공정 피복석 작업을 위한 호안축조사면 고르기 작업을 말한다.

2) 면 고르기 작업방법

① 수면하 : 크레인과 잠수부 조합으로 고르기 작업 시행

■ 장비조합 : 예인선＋바지선＋크레인＋잠수부

② 수면상 : 호안축조 상단에서 대형 백호로 고르기 작업 시행

(6) 피복석 깔기

1) 호안축조 사면에 전석을 사용하여 옷을 입혀주듯 돌을 사면에 쌓는 작업(석축 쌓기와 유사)
   - 전석이란 석재크기가 0.5㎥ 이상 되는 돌덩이이며, 피복석 깔기 작업에는 노출면이 평평한 석재를 사용한다.

2) 피복석 깔기의 목적은 석재 유실방지 및 T.T.P 설치를 위한 시설물이다.

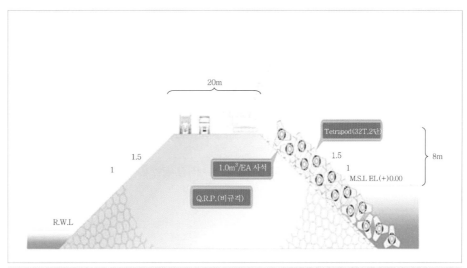

20m

Tetrapod(32T,2단)

1.5

1

8m

1.0m³/EA 사석

1.5

1

M.S.L EL.(+)0.00

Q.R.P.(비규격)

R.W.L

[그림 1-12] 갸호안 축조 표준단면도

[그림 1-13] 피복석 하차 및 설치 전경

(7) T.T.P 설치(Tetrapod)

1) T.T.P는 파도의 힘을 소멸시키거나 감소시키기 위해 설치하는 것이다. 호안용 4각 Block으로 일명 '삼발이'라고 한다.

2) T.T.P 제작은 철제거푸집으로 현장에서 제작한다.

3) 규격

   5T~100T/개(폭, 높이 : 3~5m)

4) 설치작업 방법

① 수중 : 대형바지선에 T.T.P를 적재하여 바지선에서 크레인을 이용하여 잠수부가 위치를 설정하여 설치한다.

- 장비조합 : 예인선＋대형바지선＋크레인＋잠수부

② 수상 : 호안 축조 상단에서 크레인을 이용하여 설치

- 장비조합 : 대형크레인＋잠수부 또는 기능공

[그림 1-14] T.T.P 제작장, 운반 및 거치 전경

4 전기·기계설비 기초공사

1. 기초의 분류

기초란 상부구조물의 하중을 지반에 전달하는 하부구조를 뜻한다. 기초는 크게 얕은 기초와 깊은 기초로 분류한다. 얕은 기초는 상부구조로부터의 하중을 직접 지반에 전달시키는 형식의 기초로서 직접기초라고도 한다. 깊은 기초는 지반이 연약하여 보다 적절한 토층이 있는 깊이까지의 말뚝, 피어 또는 케이슨을 설치하여 하중을 전달하는 형식의 기초이다.

2. 직접 기초와 깊은 기초의 비교

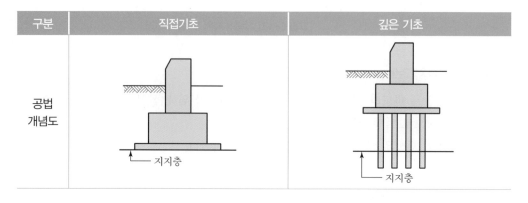

구분	직접기초	깊은 기초
공법 개념도	지지층	지지층

적용범위	• 지반을 굴착하여 양질의 지반상에 확대 기초를 설치하고, 상부하중을 기초 지반에 전달하는 강제 기초 • 얕은 심도에 양호한 지반이 분포할 때 적용 • 인접 구조물, 지하매설물, 침투유량 등 직접 기초 시공 시 문제가 없는 경우	• 말뚝 시공 후 말뚝 두부에서 확대 기초를 타설하는 탄성체 기초임 • 지지층이 깊은 심도에 분포하는 경우 적용 • 인접 구조물, 지하매설물, 침투 유량 등 직접 시공이 어려운 경우

3. 깊은 기초 단면도 및 시공절차

(1) 단면도

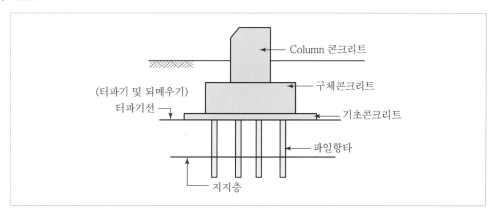

(2) 깊은 기초 시공절차

1) 파일 항타

국내의 경우 디젤해머나 유압해머를 이용한 직타 공법 및 오거 천공 후 기성 말뚝을 삽입하는 매입 공법이 널리 이용되고 있다.

2) 말뚝 두부정리 및 두부보강 방법

말뚝 두부보강 방법은 합성형 두부보강 공법, 볼트식 머리보강 방법, 속채움 콘크리트 방법 등이 있다.

3) 말뚝기초재하시험

말뚝기초재하시험의 종류는 정재하시험, 동재하시험, 수평재하시험이 있으며, 말뚝재하시험은 KS F 2445 규정 및 ASTM D1143 규정에 의거 실시하며 현장여건에 따라 그 적용이 조금씩 다르므로 시공자 및 감리자, 시험자의 협의하에 적절한 시험법을 채택하여 시험을 실시한다.

1. 아스팔트 포장 단면

아스팔트 콘크리트 포장은 골재를 역청재료와 혼합시켜서 만든 표층이 있는 포장이며, 일반적으로 표층, 기층 및 보조기층, 선택층순으로 이루어진다.

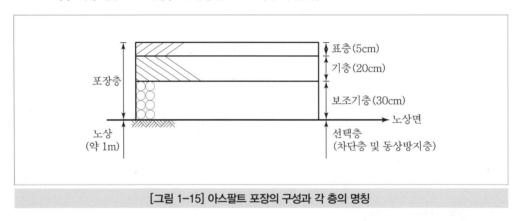

[그림 1-15] 아스팔트 포장의 구성과 각 층의 명칭

2. 시공절차 및 사용장비

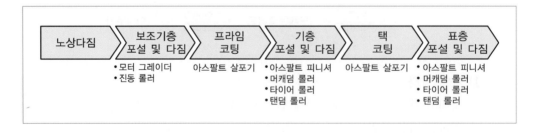

(1) 노상다짐

1) 노상층 두께는 동상 방지층 포함 1m(국토교통부 설계지침)
2) 흙 쌓기 노상층 1층의 포설두께는 20~30cm 정도로, 다짐 완료 후의 두께가 20cm 이하가 되도록 한다.

(2) 보조기층 포설 및 다짐

1) 보조기층재의 골재는 잔골재와 굵은 골재의 균일한 혼합물로 깨끗하고 유해물질이 없어야 한다.
2) 골재는 살수와 전압으로 다져질 수 있는 구성이라야 하며 입도는 시방규정에 맞아야 한다.
3) 다짐두께가 15cm 이하로 포설하며 각 층에 대한 다짐밀도는 최대 건조밀도의 95% 이상이어야 한다.
4) 장비조합 : 모터 그레이더 + 진동 롤러
5) 허용오차 : 마무리된 보조기층의 표면은 설계도에서 상하로 ±25mm 이내

(3) 프라임 코팅

1) 프라임 코팅은 보조기층 위에 아스팔트 유제를 얇게 뿌려 방수성을 높이고, 보조기층과 아스콘의 부착을 좋게 하여 밑에서 올라오는 수분 상승차단 역할을 한다.
2) 아스콘 포장은 프라임 코팅 24시간 후에 실시하여야 한다.

(4) 기층 포설 및 다짐

1) 아스팔트 혼합물의 제조는 아스팔트 플랜트로 행하며, 아스팔트 및 배합한 골재는 공히 140~180℃로 과열하여 혼합한다.
2) 혼합물(아스콘)의 운반은 덤프트럭을 사용하며, 현장 도착 온도는 포설작업을 용이하게 하기 위하여 120℃ 이상으로 유지하도록 한다.
3) 1층 다짐두께는 10cm 이하로 하며, 다짐밀도는 95% 이상이어야 한다.
4) 장비조합 : 아스팔트 피니셔 + 머캐덤 롤러 + 타이어 롤러 + 탠덤 롤러
5) 전압순서 및 다짐횟수
  ① 1차 전압(아스콘온도 110℃ 이상) : 머캐덤 롤러(10T 이상) – 4회 다짐
  ② 2차 전압(아스콘온도 70~90℃) : 타이어 롤러(8T 이상) – 10회 다짐
  ③ 마무리 전압(적당히 식었을 때) : 탠덤 롤러(10T 이상) – 4회 다짐
  ④ 장비 진입 불가지역(협소구간) : 진동 콤팩터(인력시공)

(5) 택 코팅

1) 택 코팅은 이미 시공한 아스콘이나 콘크리트포장 위에 다음 아스콘을 추가로 시공하기 전에 아스팔트 유제를 살포하는 작업으로, 두 층 간의 부착을 좋게 하는 역할을 한다.
2) 프라임 코팅 및 택 코팅 작업은 아스팔트 살포기(비후다) 장비 또는 인력으로 살포한다.

(6) 표층포설 및 다짐

1) 아스콘생산, 운반, 포설장비 등은 기층포설과 동일
2) 다짐두께는 7cm 이내이며, 다짐밀도는 95% 이상이어야 한다.

3) 전압순서 및 다짐횟수

① 1차 전압 : 머캐덤 롤러(8T 이상) – 2회 다짐

② 2차 전압 : 타이어 롤러(8T 이상) – 10회 다짐

③ 마무리 전압 : 탠덤 롤러(10T 이상) – 4회 다짐

(7) 아스팔트포장 시공 시 유의사항

1) 아스팔트포설 시 기온이 5℃ 이하인 경우 포설금지

2) 프라임 코팅 및 택 코팅이 충분히 양생한 후 아스콘포설할 것

3) 다짐은 균일하게 충분히 실시하며 1층 다짐두께(기층 10cm 이내, 표층 7cm 이내)를 준수할 것

4) 포장의 이음부는 평탄성을 고려하여 요철이 없도록 수평으로 정밀하게 시공할 것

5) 다짐 작업 시 겹치는 폭은 최저 15~30cm 되게 할 것

6) 1차 전압은 침하량이 최대가 되기 때문에 재료의 횡적이동이 일어나기 쉬우므로 다짐 구역 내에서 급발진, 가속, 정지 등을 행하지 말 것

7) 표준다짐속도 : 머캐덤 롤러, 탠덤 롤러 3km/hr, 타이어 롤러 4km/hr

8) 직선구간에서 도로중심선에 평행하게 노견 쪽에서 중심선 쪽으로 포설할 것

9) 마무리 전압 후 다짐 밀도는 기준 밀도의 95% 이상일 것

| 보조기층 포설 및 다짐 | 프라임 코팅(RSC-3) | 기층 포설 및 다짐 |
| 택 코팅(RSC-4) | 표층 포설 및 다짐 | 차선도색 및 현장 정리 |

[그림 1-16] 포장공사 예 : 시공순서도에 의한 공사 전경

1 시공계획 개요

1. 시공계획

목적한 구조물이 소정의 품질을 확보하고, 동시에 소정의 공기 내에, 소정의 원가 내에서 안전하게 시공하는 데 필요하다고 생각되는 시공방법이나 시공순서 등을 계획하는 것이다.

2. 시공계획서 작성의 의미

(1) 시공계획서 내용을 보고 누구나 동일한 생각과 시공을 할 수 있도록 작성한 지침서 이다.

(2) 공사의 종류와 시기, 장소에 따라 그 방법과 조건이 다르게 되므로 그에 적합한 공사방식을 사전에 검토·인지·협의하는 것이다.

(3) 공사에 참여하는 많은 사람의 각기 다른 생각을 가장 합리적이고 능률적인 방향으로 정하여 놓는 것이다.

(4) 공사의 금액, 품질, 공사기간을 사전에 예측하고 목표를 설정하는 데 있다.

(5) 공사 중 발생될 수 있는 사고, 환경, 민원, 교통 등의 문제를 사전에 예측하고 대비하는 데 있다.

(6) 여러 가지 경우의 공사지연요소를 사전에 발췌하여 제거하거나 좋은 방향으로 바꾸어 놓는 데 있다.

② 시공계획서 작성순서

1. 시공계획서 작성순서

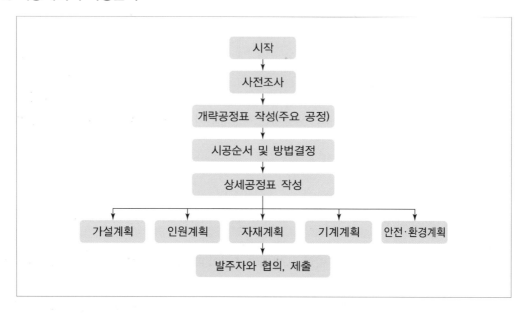

2. 시공계획 입안 내용

(1) 발주자의 계약조건, 현장의 제반조건 조사
(2) 주요 공정에 대한 개략공정표 작성
(3) 시공순서, 시공방법에 대해서 경제성을 고려하여 기술적 검토
(4) 작업계획의 내용을 분석하고 인원 및 기계 배치를 고려하여 PERT(Program Evaluation and Review Technique) 등의 기법으로 상세 공정계획을 세운다.
(5) 공정계획을 토대로 인원, 자재, 기계 등의 계획을 세운다.
(6) 작성된 계획서를 감리원 또는 감독관과 협의 후 제출한다.

③ 시공계획서 작성내용 및 유의점

1. 시공계획서 내용

도급자는 공사 시행에 필요한 시공계획서를 다음과 같은 사항에 대하여 기재한 후 감독원에게 제출한다.

(1) 공사개요
(2) 현장기구 조직표
(3) 예정공정표
(4) 주요 공종 시공순서 및 방법

(5) 인력투입계획   (6) 자재투입계획

(7) 장비투입계획   (8) 품질, 안전, 환경관리계획

(9) 기타

2. 시공계획서 내용의 유의점

(1) 공사개요

수주한 공사의 규모, 내용, 공사기간 등을 기재하며, 계약서상 특기사항 및 신기술, 신공법 등의 내용을 기술한다.

(2) 현장기구 조직표

1) 현장 조직표 작성목적은 공사규모, 내용에 따라 필요한 직종, 인원을 정하고 시공에 관계되는 책임의 범위를 명확히 하는 데 있다.

2) 일반적으로 도급자는 공사계약에 관계되는 현장대리인, 안전관리자, 품질관리자 등 계약이행에 관한 업무담당자를 제반법규에 정해진 유자격자로 선임해야 한다.

(3) 예정공정표

1) 수주자는 계약 공기 내에 공사를 완성시키는 것이 계약의무이므로, 실시 공정 작성은 시공계획서에 의한 공정표를 작성하며 전체 공사를 계약 공기 내에 끝내는 것을 전제로 한다.

2) 건설공사의 공정표는 주로 네트워크식 공정표(PERT, CPM)에 의한 공정표를 작성한다.

(4) 시공순서 및 방법

1) 시공방법을 결정할 때는 공사현장의 사전조사로 구한 자료를 토대로 계약조건에 맞는 공법을 선정해야 하며, 도급자 이윤에 대한 추구로 이어지는 것이어서는 안 된다.

2) 공법 선정에 의거하여 시공에 관한 세부문제가 검토되는 것이며, 다각적으로 검토하고 최종적으로 결정해야 한다.

(5) 인력, 자재, 장비투입계획

1) 공사에 사용되는 주요 자재는 발주자가 정한 품질규격을 만족해야 하며, 설계도 및 시방서에 명기되어 있지 않은 경우는 한국산업규격(KS 규격)에 적합한 것이라고 이해하면 된다.

2) 공사에 사용되는 건설기계는 공사규모, 입지조건 등에 따라 공법이 확정되면 기종을 선정하고, 성능은 공정표를 토대로 결정하는 것이 일반적이다.

1 시공관리 개요

1. 시공관리

최근 건설공사의 규모는 점차 대형화·복잡화되어 가는 추세로 시공관리는 이와 같이 크고 복잡해진 구조물을 '보다 빠르고, 보다 저렴하며, 보다 좋은 품질로 보다 안전하게' 시공하기 위해 필수불가결한 수법으로 '시공계획을 하고, 공정관리, 품질관리, 원가관리, 안전관리'를 중심으로 다양한 관리를 실시하는 것이다.

2. 시공관리의 주요 목표

(1) 체계적인 공사일정관리를 통한 적정공기의 준수
(2) 자재, 인력, 장비 등의 적정자원관리를 통한 최적의 품질관리
(3) 계획예산 대비 실행공사비의 주기적 관리를 통한 적정원가관리
(4) 환경친화적 시공 및 안전시공을 위한 종합적 시공관리계획 시행

3. 시공관리의 순서

(1) 계획 : 질 좋게, 빠르게, 경제적으로 안전하게 구조물을 시공하기 위한 계획을 세운다.
(2) 실시 : 계획한 내용에 따라 상세하게 기록하면서 공사를 진행한다.
(3) 검토 : 계획과 실제 공사 상황에 차이가 발생한 원인을 밝혀낸다.
(4) 수립 : 그 원인에 맞추어 계획과 실제 상황이 일치하도록 시정조치를 취한다.

2 공정관리

1. 공정관리의 개요

건설업에서의 공정관리는 주어진 공기 내에 소정의 품질로 소정의 구조물을 가장 경제적인 비용으로 시공하기 위하여 작업일정계획을 수립하고 관리하는 총체적인 과정을 말한다.

2. 공정관리의 목적

3. 공정계획 수립 및 관리절차

(1) 현장조사

1) 기상 관련(강우일수, 적설일수, 해수위, 조류 등)
2) 주요 하천 최고수위 등
3) 지장물 조사 및 타 시설과의 관련성

(2) 공정계획 수립

1) 기본설계도서 검토
2) 계약사항 준수 일정계획
3) 공정관리운영조직 구성 및 업무내용 분석
4) 현장의 작업조건 및 시공방향 설정
5) 토공, 배수공, 구조물공 등 주요 공종 작업분석
6) 주요 공종별 작업일수 산정

(3) 공정표 작성

1) 주 공정 및 전체공정표 작성
2) 수기적인 상세공정표 관리
3) 부진공정 만회대책 수립

4. 공정계획의 고려요소

(1) 건설기계의 선정
(2) 재료 및 근로자 수급예상
(3) 현장상황
(4) 계절이나 기상조건 등

5. 공정표의 종류

6. 네트워크식 공정관리기법

공사의 규모가 대형화·복잡화되어 가는 상황에서 횡선식 공정표나 곡선식 공정표만으로는 공정관리를 점점 곤란하게 한다. 횡선식 공정표와 곡선식 공정표의 문제점을 해결할 목적으로 개발된 과학적인 공정관리기법이 네트워크식 공정관리기법이다.

(1) 네트워크의 특징

1) 장점
① 도식표를 이용하므로 각 공정 상호 간의 순서, 관련성이 명확해지며, 시공계획단계에서 공사순서 등을 쉽게 검토할 수 있다.
② 공기에 영향을 미쳐 중점관리가 필요한 공정이 명확해지므로 중점관리를 실시할 수 있다.
③ 자원(노무, 기계, 자재)계획을 세우기 쉽고, 관리도 쉽다.
④ 종합적인 공정관리를 실시할 수 있다.
⑤ 공사 도중의 계획변경이나 설계변경에 대해 신속하게 대처할 수 있다.
⑥ 컴퓨터 이용으로 인해 단시간에 공정계획을 작성할 수 있다.

2) 단점

횡선식 공정표에 비해 공정표 작성에 수고와 비용이 들고, 작성할 때보다 많은 데이터를 필요로 한다.

(2) 네트워크식 공정표

1) 네트워크식 공정표 : 종합적인 공정관리기법

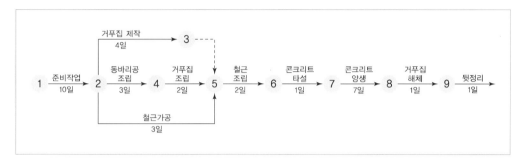

2) 크리티컬 패스(Critical Path)

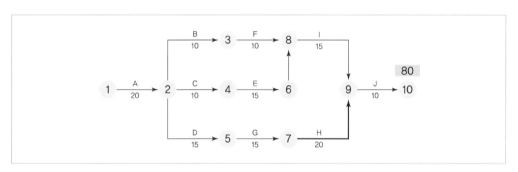

⟶ 네트워크의 모든 경로 가운데 시간적으로 가장 긴 경로(크리티컬 패스 해당 공정에 차질이 발생될 경우 전체 공기에 영향을 준다.)

3 품질관리

1. 품질관리 개요

건설공사의 품질관리란 공사계약서, 설계도서 및 공사시방서에 명시된 사항을 충분히 만족하는 구조물을 가장 합리적이고 경제적으로 만들 수 있게 하는 모든 공정 단계에서의 총체적 활동을 말한다.

2. 품질관리의 기본 순서

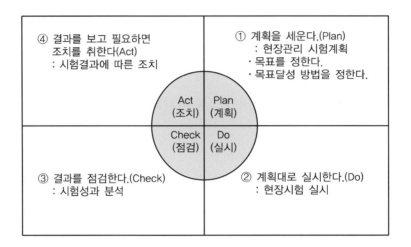

3. 토목현장 기본시험의 종류

(1) 건설공사의 품질관리는 품질시험의 실시에 의해 현장에서 이루어지며 품질시험에는 선정시험, 관리시험, 검사시험이 있다.

1) 선정시험

설계 및 시공에 필요한 자료를 제공하기 위하여 시공 전에 실시하는 시험

예 토질 조사시험, 골재마모시험, 골재비중, 흡수시험 등

2) 관리시험

시공 중에 각 공정의 단계마다 실시하는 시험

예 현장밀도시험, 콘크리트 슬럼프 시험 등

3) 검사시험

공사 중 또는 준공 후에 선정 및 관리시험 적정 실시 여부를 확인하는 시험으로 공사감독의 입회하에 실시하거나 공사감독이 직접 실시하는 시험

예 아스팔트 포장공사의 Core의 밀도, 두께 등

(2) 현장기본시험의 종류

토질시험	골재시험	콘크리트 시험	아스팔트 시험

• 실내 다짐시험
• 함수량 시험
• 현장 밀도시험
• 평판 재하시험
	• 혼합골재의 시험
	  -입도시험
	  -실내다짐시험
	  -액성 소성 한계시험
	  -실내 CBR 시험
		• 슬럼프 시험
		• 공기함유량 시험
		• 씻기 분석시험
		• 압축 및 휨 강도시험
			• 마샬 안정도 시험
			• 아스팔트 함양 시험
			• 밀도, 두께 시험
			• 평탄성 시험

4. 품질시험 및 검사

(1) 품질시험 및 검사기준

    1) 한국산업규격(KS)

    2) 설계 및 시공기준 : 건설공사 설계기준, 표준시방서, 전문시방서

    3) 국토교통부장관이 정하는 품질시험기준

(2) 품질시험과 검사실적 보고

시공자는 매월 품질시험 및 검사 실적을 종합한 시험 및 검사실적보고서를 작성하여 감리원에게 제출하고 감리원은 이를 확인하여야 한다.

4 원가관리

1. 원가의 의의

건설업에 있어서 하나의 공사를 수주하고 나서부터 완성시킬 때까지 수많은 종류의 재료, 노동력, 기계를 투입하여야 하는데, 이에 소요되는 비용을 공사원가라고 한다.

2. 원가관리 목표

가장 경제적인 시공계획을 세워 실행예산을 작성하고, 설정된 실행예산을 기준으로 원가를 통제하여 예산을 초과하지 않고 공사비 절감이 가능하도록 공사비를 관리하는 것이 원가관리의 목표이다.

3. 공사비의 구성

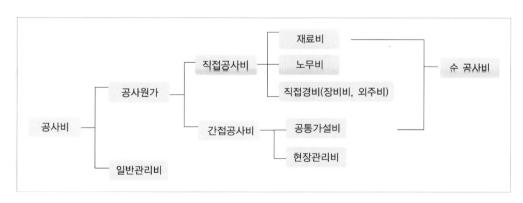

(1) 직접공사비는 직접적으로 본 공사에 관련된 것으로 공사원가의 중심이 되는 재료비, 노무비, 장비비, 외주비로 구성된다.

(2) 간접공사비는 직접공사비 이외의 비용으로 공통가설비와 현장관리비로 구분되며, 공통가설비는 가설공사비, 운반비, 안전비 등이다.

(3) 일반관리비는 본 지점 관리비, 자금이자, 이윤 등이다.

4. 원가관리 방법

원가관리 목적을 달성하기 위해서는 많은 어려움에 직면하게 되며 그를 극복하지 않으면 안 된다. 현실의 공사에서는 설계변경, 시공미스, 돌발사고 등으로 예산과 실제 원가가 달라지는 경우가 많은데, 이러한 실제상의 문제에 대처해야 한다.

(1) 관리 사이클 돌리기

관리 사이클 PDCA(Plan – Do – Check – Act)를 평소 빈틈없이 돌림으로써 예산초과에 대한 요인을 분석하여 시공법 등을 개선하도록 한다.

(2) 과학적 기법 적용

1) ABC 분석(퍼레이드 분석)
2) 가치 분석(VE 기법)
3) 품질관리(QC 기법)
4) 목표관리(달성 목표 설정)

(3) 하도자 원가 분석 및 관리

1) 목적

건설공사가 전문, 세분화되는 추세이고 이에 따라 외주부분 공사 비율이 증가되어 하도업체 운영상태가 공사원가에 미치는 영향이 점차 커지고 있으므로, 하도업체에 대하여 원가관리를 철저히 하여 하도자와의 분쟁을 사전에 방지하는 데 그 목적이 있다.

2) 기대 효과

① 하도자 원가관리를 정례화함으로써 문제점의 조기발견 및 사전에 예방조치 가능
② 자료를 분석함으로써 직원의 품셈능력 향상
③ 효율적인 공정계획 및 합리적인 공법운용 가능

3) 운영 방법

① 하도자 기성청구와 함께 원가분석표를 제출하도록 한다.
② 하도자 원가분석표에 의하여 적자가 발생하거나 문제점이 있는 하도자에 대해서는 현장에서 그 원인을 분석하고 대책을 강구

5. 단계별 원가관리

(1) 설계 단계(착공 전 단계)

1) 설계도서 검토(불합리한 설계부분, 과다설계부분)
2) 시공 전 개선사항 검토 및 VE 기법에 의한 검토

(2) 발주 단계(하도급)

1) 원가관리 대상 및 방법 결정
2) 하도발주계획 검토
3) 사전 문제점 및 대안검토

(3) 시공 단계

공정관리 철저, 재시공 방지, Loss율 관리, 시공방법의 개선

5 안전관리

1. 안전관리의 개요

(1) 안전관리의 목적

공사 중의 시공안전성을 확보하고 관련 제반기준의 준수로 근로자의 재해발생을 예방하며, 위험요소의 사전제거로 산업재해로부터 인명 및 재산상의 손실을 최소화하는 것이 안전관리의 목적이다.

(2) 노동재해의 원인

1) 노동재해는 어느 날 돌연히 일어나는 것이 아니라 재해가 일어날 가능성이 있는 곳에서 일어난다.
2) 노동재해의 형태별 발생 상황을 살펴보면 붕괴, 협착, 추락, 전도, 낙하 등 예전부터 존재했던 것이 대부분을 차지하고 있다.
3) 불안전한 상태 : 작업방법, 작업장소, 물건 놓인 방법, 보호조치, 용구 기계에 계해로 연결될 수 있는 결함이 있는 상태를 말한다.
4) 불안전한 행동 : 잘못된 동작, 위험지역으로의 접근, 안전 확인의 미조치 등 재해로 연결될 수 있는 행동을 말한다.

2. 안전관리 활동 : 건설현장 안전관리조직 체계도

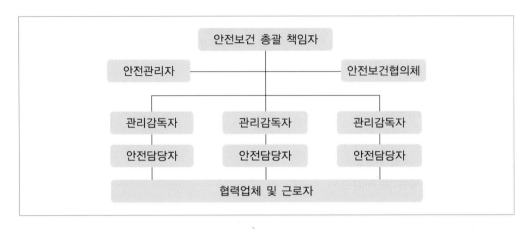

3. 현장의 사고 유형별 안전관리대책

재해형태	안전관리대책
폭발붕괴	• 발파책임자 선임 및 발파구역 내 외부인 출입금지 • 잔류화약 확인/화약류 보관관리 철저 • 굴착면 또는 굴착 깊이 준수
추락	• 고소작업 안전 난간대 설치 • 작업발판설치, 추락 방지망 설치 • 안전보호구 착용(안전모, 안전벨트) • 안전시설물은 검정필한 자재사용과 주기적인 사용점검 실시
낙석	• 고성토 하부에 안전시설을 설치 후 시공 • 비탈면 보호를 위한 낙석방지책 설치 • 대절토 흙 깎기 작업 시 하부지역 출입 통제
낙하	• 낙하물 방지망 설치 • 상하 동시작업 시 신호수 배치 • 작업구역 내 관계자 외 출입통제 • 낙하물 상부에 적재금지
감전	• 가설분전반 누전차단기 설치 및 유자격자 배치 • 전선피복상태 점검 • 작업자 안전장구 점검(장갑, 안전화) • 작업 시 안전시공절차 준수 및 2인 1조 작업 실시
전도압착	• 자재적재 시 받침목 및 평탄성 확인 • 장비후진 시 자동경보장치 및 유도원 배치 • 각종 장비, 기구 사용 시 안전작업절차 준수

4. 주요 공종별 안전점검 내용

구분		점검항목
가설공사	가설계획	가설재 반입, 반출계획(검정규격품)
	추락재해 – 고소작업 – 비계작업	• 수직보호망 설치 • 낙하물방지망 • 안전벨트 착용 • 고소작업자 사전교육 철저 및 작업반장 작업장 고정배치 • 표준난간대 설치 • 안전계몽표지판 설치
	양중장비재해	• 작업 반경 내 출입금지, 안전요원 배치 • 신호체계 사전교육
토공사	발파	• 작업시간 조절 • 발파책임자 지정 • 발파 전 인근에 방송실시
	굴착공사	• 소음 및 비산방지 방호책 설치 • 굴착작업순서 사전계획 수립
	장비전도	장비 통행로 확정, 신호수 배치
구조물 작업	거푸집 설치 해체 시 추락재해	• 작업반장 정위치 배치 • 작업발판 및 작업통로 사전확보 • 작업자 사전 안전교육 실시 • 고소작업자 안전벨트 착용 • 설치된 거푸집 지지대의 적정성 확인 • 거푸집 해제 시 작업순서 사전협의 • 해제된 거푸집 정리정돈

건축공사 시공절차

SUBSECTION 01 | 플랜트 건축공사 개요

1 건축공사의 범위

플랜트 공사는 제품을 생산할 수 있는 설비를 공급하거나 공장을 짓는 것으로 전력, 원유, 가스, 담수, 시멘트, 화공, 수처리, 소각설비 등이 있다.

그리고 플랜트 건축공사는 플랜트에 설치되는 설비들이 성능을 발휘할 수 있도록 완벽하게 지지, 보호, 관리할 수 있는 구조물과 환경을 조성하는 것으로 각종 건축물 및 설비의 기초, 철근콘크리트 또는 철골구조, 각종 철물공사, Shelter, 내·외벽 마감공사 등이 있다.

2 플랜트 건축공사 업무

건축공사를 효율적으로 수행하기 위해 공사행정업무(공무)와 시공업무로 구분하여 수행한다.
공사행정업무는 대부분 발주처, 관공서, 본사를 상대로 수행하는 업무로서 각종 인허가, 신고 서류, 각종 보고업무, 기성, 공정 및 예산관리 등을 수행하며, 시공업무는 현장 시공에 필요한 자재, 인력, 장비에 대한 조달을 하고 공정관리, 품질관리, 원가관리, 안전관리, 환경관리, 민원관리 등의 업무를 수행한다.

1. 조직구성

조직은 [그림 1–17]과 같이 공사의 규모, 기간, 금액, 현장여건, 적절한 업무분장, 발주자의 요구조건 등을 고려하여 구성하여야 한다.

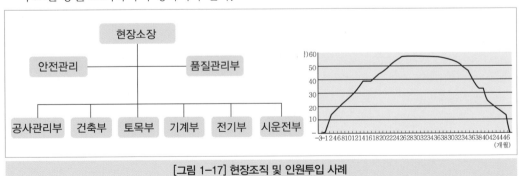

[그림 1–17] 현장조직 및 인원투입 사례

2. 시공절차

토공사 → 지정 → 기초 → 골조 → 외벽마감 → 내부마감

(1) 토공사

토공사란 흙파기, 흙막이, 운반, 되메우기 등의 일련의 과정을 통하여 지하구조물 등을 구축하기 위한 공사를 말한다.

(2) 지정공사

지정이란 건축물과 같은 구조체를 지지하기 위한 기초 슬래브의 하부를 말하는 것으로 지반의 내력을 보강하는 공사를 말한다. 구조물에 접한 지반이 구조물을 지지하기에 충분한 강도의 강성을 가지고 있으면 그 저변의 깊이까지 굴착하여 바닥면을 고른 후 자갈이나 잡석을 고르게 다진 다음 버림콘크리트를 타설하지만 상부 구조물을 지지할 만한 지내력이 부족할 때는 파일을 박거나 콘크리트로 치환, 팽이기초 등 지반개량공사를 하는데, 이 모든 작업을 지정공사라 한다.

(3) 기초공사

기초(Foundation, Footing)란 건물이나 기기 등 상부의 하중을 받아 이를 지반에 전달하는 구조 부분이다. 기초의 종류에는 기초판 형식에 따라 다음 그림과 같이 독립기초, 복합기초, 연속기초, Mat 기초 등이 있다.

[그림 1-18] 독립·복합기초

[그림 1-19] 복합·Mat 기초

(4) 골조공사

골조공사란 건축물의 빼대를 이루는 공사로 플랜트공사에서는 철근콘크리트공사, 철골공사 등이 있다.

(5) 외벽마감공사

건축물이 외기와 접하는 부분에 대한 벽체공사를 말하며 조적공사, 방수공사, 단열판넬공사, 창호공사, 금속공사 등이 있다.

(6) 내부마감공사

건축물 내부의 마감재공사를 말하며 미장공사, 타일공사, 경량칸막이공사, 천정공사, 바닥재공사, 도장공사 등이 있다.

착공 전 단계(부임 전)

1 계약서 내용 숙지

1. 도급계약서 및 인 · 허가 조건 숙지

(1) 용어의 정의
(2) 계약문서의 구성
(3) 인 · 허가 및 승인
(4) 계약해제 또는 해지조건
(5) 계약자(도급자)의 책임에 관한 사항
(6) 계약금액에 대한 기준(총액계약, 단가계약, 개산계약 등)
(7) 계약금액의 조정기준(물량증감, 신규비목, 물가변동 등)
(8) 대금지급조건(선급금, 기성금, 준공금 등)
(9) 지체상금, 하자보수보증금 등에 관한 사항
(10) 사업승인조건
(11) 계약특수조건

2. 설계도서 검토

(1) 도면 : 오류, 불확실한 부분
(2) 시방서 : 적용시방서, 설계도서의 우선순위, 특수공법 등
(3) 내역서 : 계약단가, 설계변경 예상항목

2 수행방안 수립

1. 현장조사

(1) 각종 재료원, 장비, 인력조달(레미콘, 골재, 아스콘, 장비, 기능공)
(2) 도로, 교량, 회전 가능, 교통규제(좌회전 금지, 출퇴근, 심야 등)
(3) 지하 매설물 : 전기, 통신, 가스, 상하수도 등
(4) 지반 및 지질 : 연약지반, 암반, 매립지, 지하수위
(5) 주변상황 : 인접건물, 축사, 각종 사례 등
(6) 기상여건 : 태풍, 홍수, 동절기, 조수간만의 차이

(7) 숙소, 식당

(8) 자재 야적장

2. 문제점 및 대응방안 수립

(1) 계약조건상 : 실적공사, 유사공사 대비 차이점, 유사점

(2) 현장여건상 : 지질, 지리적 위치, 현장 주변의 특징

(3) 공사 자체 특성상 : 난이도, 위험성, 공사기간, 품질수준 등

[그림 1-20] 유사 실적공사 특성조사

3. 공사행정서류 준비

(1) 관계법규

(2) 회사 규정 양식 등

1 공사 관련 업무

1. 대지 경계선 및 기준점 확인

(1) 인접 대지와의 경계선 측량을 하여야 하며 반드시 인접대지 소유권자가 입회하도록 한다.
(2) 확인된 경계선과 설계도면과의 일치 여부를 확인한다.
(3) 불일치되는 부분 발견 시 설계자, 발주자, 시공사, 인·허가 기관 간에 유기적인 협의를 한다.

2. 가설공사계획 수립

(1) 가설도로계획
(2) 자재 야적장 및 창고계획
(3) 가설사무소 위치 및 크기
(4) 가설전기계획
(5) 가설울타리계획

3. 자재구매 및 하도급계획 수립

(1) 자재가 현장에서 필요한 시기와 조달에 소요되는 시간을 고려한다.
(2) 레미콘 업체 선정 시는 운반거리, 생산능력, 골재확보 능력, 품질관리 실태 등을 고려한다.
(3) 공종별 현장착공 일정을 고려하여 회사의 업무절차에 소요되는 시간을 고려한다.
(4) 하도급업체 선정 시 고려사항
 • 기능공 동원능력
 • 유사공사 실적 및 평판(품질, 안전 등)
 • 타 현장 저가수주 실태 등

4. 하도급 공종별 계약특수조건, 특기시방서 작성

(1) 타 공종 또는 연관되는 작업과의 공사한계에 대한 사항
(2) 반복적인 오류방지를 위한 사항
(3) 기능이 저하될 수 있는 단열, 방수 등에 관한 사항
(4) 균열, 결로, 박리, 백화, 누수 등 하자 발생의 우려가 높은 부분에 대한 사항

5. 하도급업체 관리방안 수립

(1) 계약자 상호 간 책임과 권한
(2) 귀책사유 발생 시 처리절차 및 기준
(3) 회사 지급자재 및 관리정산방법
(4) 공정, 품질, 안전, 원가관리 및 폐기물처리기준
(5) 기성산정기준 및 신청서류
(6) 노임지급규정 및 체불노임 발생 시 처리방안

2 일반업무

1. 대관 및 인·허가 관련 기관 업무

(1) 도, 시, 군, 구청, 소방서 등 인·허가 내용과 관련된 사항
(2) 도, 시, 군, 구청 등 환경관리와 관련된 사항
(3) 고용노동부, 산업안전보건공단 등 안전관리와 관련된 사항
(4) 경찰서, 지구대 등 교통 및 사회안전에 관한 사항
(5) 군부대 등 협의가 필요한 사항

2. 근로자 관리기준

(1) 불법적인 외국인 근로자에 대한 사항
(2) 법적 규정에 부합되는 근로계약서 체결
(3) 안전보건교육 등 법적 의무교육에 관한 사항

3. 민원 발생 시 처리계획

(1) 민원의 형태

1) 방송국, 신문사, 건설교통부, 감사원, 청와대 등 정부기관에 제보
2) 현장 및 본사에 진정 또는 집단행동
3) 발주처, 구청, 시청, 도청 등에 공사중단신청서 제출
4) 경찰서에 법규위반혐의로 고발
5) 법원에 공사중지 가처분신청서 제출

(2) 대응방안

1) 문제의 발단은 사소한 감정에서 시작되므로 언행에 주의한다.

2) 지나친 관심 및 지나친 무관심도 문제가 된다.

3) 상대방의 입장에서 생각해 보며 대화한다.

4) 예절, 인간적인 교류, 평소의 대화가 민원발생을 예방할 수 있다.

5) 기록을 유지하고, 근거자료를 확보한다.(민원일지 작성, 회의록, 계측관리)

6) 문제가 확대되기 전 신속히 방향을 정한다.

7) 가장 영향력 있는 사람을 파악하고 필요시 중재인을 이용한다.

8) 가장 좋은 방법은 협상이고 그 다음이 법이다.

4. 비상사태(태풍, 홍수, 폭설, 화재, 정전, 안전사고 등) 발생 시 대응방안 수립

(1) 상황별 예방대책 수립

(2) 교육계획

(3) 한국전력공사, 통신사, 경찰서, 소방서 등 유관기관과 협조체계 구축

(4) 비상연락망 체계 구축

(5) 사고 발생 시 대응 및 처리방안에 대한 시나리오 작성 및 훈련

1 공종별 공사내용

1. 가설공사

(1) 기준점(Bench Mark)

건축물의 높고 낮음의 기준이 되며 좌표가 되므로 이동할 우려가 없는 곳을 선정하여 표시하고 파손, 변형 등이 없도록 해야 한다. 필요에 따라 1~2개소 보조기준점을 설치한다.

(2) 비계 및 발판의 설치

시공과 감독에 편리하며 안전하도록 공사의 종류, 규모, 장소 및 공기 등에 따라 적당한 재료 및 방법으로 견고하게 설치하고 유지보존에 항상 주의한다. 재료, 구조 및 기타 해당하는 사항 이외에 건축법, 근로안전관리규정 및 관계법규에 따른다.

2. 토공사

굴착, 운반, 잔토처리는 계약내역과 실제현장조건을 고려하여 시행하되 필요시 감독원의 확인 및 승인을 받는다.

(1) 굴착은 일반적으로 일반토사, 풍화암, 연암, 경암으로 구분되며 법면구배는 도면에 별도의 명기가 없으면 다음을 기준으로 한다.

1) 일반토사 ; 1 : 1.0
2) 풍화암 ; 1 : 0.7
3) 연암 ; 1 : 0.5
4) 경암 ; 1 : 0.3

(2) 과굴착 시

설계된 단면보다 과다하게 굴착되었을 때는 시방서 기준에 따라 채움 및 다짐을 한다.

(3) 다짐장비

모든 다짐장비는 현장 토질조건과 용도에 따라 선정하여야 한다.

[그림 1-21] 토공사 현장

3. 지정공사

치환, 콘크리트 파일, 강관파일공사 등이 있으며 현장에서 공사 착수 전에 설계된 공법이 현장여건에 타당한 것인지의 여부를 검토하여야 하며 상부 구조물이나 기기의 종류, 특성에 맞는 공법을 선택한다.

(1) 치환공법

치환공법은 연약층의 일부 또는 전부를 제거하고 양질의 흙 또는 콘크리트 등으로 치환하여 지반을 개량하는 공법으로 개량대상심도가 깊지 않은 곳에 적합하다.

[그림 1-22] 치환공법 공사현장

(2) 파일공법

1) 시공절차

재료 → 운반저장 → 말뚝박기 → 파일이음 → 지지력 판정 → 두부정리

2) 일반사항

① 파일의 재질은 PHC 파일 또는 강관파일을 가장 많이 적용하고 있다.

■ PHC : Pretensioned Spun High Strength Concrete Pile

② 파일 항타지역의 시추조사 평면도, 주상도 및 기타 지층에 관한 자료를 충분히 숙지하여야 한다.

③ 설계도면에 표시된 파일의 길이는 시추조사에 의하여 확인된 하부 지지층까지의 깊이를 고려하여 산정된 것이므로 실제 반입하는 말뚝의 길이는 시항타 과정에서 관입된 상태를 기준으로 반입하여야 한다.

[그림 1-23] 파일공사 현장

3) 시항타
① 기초설계자료, 지반조사보고서를 토대로 본공사 착수 전에 파일설계의 적합성 확인
② 항타장비의 적합성 확인
③ 지반조건의 확인 및 항타시공 관리기준 설정을 위한 최종관입량 확정
④ 파일의 길이 결정
⑤ 이음위치 결정

4) 파일재하시험
파일항타 후 하중을 가하여 생기는 파일의 침하량을 측정하여 파일의 극한하중이나 허용침하량 이내에서 지지할 수 있는 하중의 크기를 구하는 시험으로 동재하 시험과 정재하 시험방법이 있다.

① 동재하 시험(Dynamic Pile Load Test)
파동방정식을 근거로 개발된 방법으로 파일 머리에 발생하는 응력과 변형 및 가속도를 측정하여 지지력을 추정하는 방식이다.
② 정재하 시험(Static Pile Load Test)
파일에 실제 하중을 가하여 파일의 침하, 변위를 분석하여 허용지지력을 구하는 방식으로 신뢰성이 높다.

4. 철근콘크리트공사

(1) 시공절차

1) 철근공사

철근은 인장력을 부담하는 재료로서 압축력을 부담하는 콘크리트를 보강하는 목적으로 쓰인다. 대부분 이형철근이 쓰이며 보통 구조물에는 직경 10~22mm가 쓰이고 중량물의 기초, 기둥 등에는 직경 25~51mm가 쓰인다.

2) 거푸집/동바리공사

거푸집이란 콘크리트를 부어넣은 후부터 콘크리트가 굳어져 소요강도가 나타날 때까지 굳지 않은 콘크리트를 지지하는 가설구조물을 말한다.

거푸집은 콘크리트의 자중, 측압, 공사 중 작업자 이동 및 타설 시 충격하중, 각종 기자재의 적재에도 안전하도록 구조적인 검토를 하여야 한다.

동바리란 바닥 거푸집에서 자중, 콘크리트 중량, 작업하중 등을 지지하여 안전하고 정밀하게 시공되도록 하는 부재로서 철재 동바리와 시스템 동바리가 있다.

[그림 1-24] 거푸집/동바리 설치작업

3) 콘크리트 공사

콘크리트 공사는 구조적인 안전과 압축강도, 내구성, 수밀성이 요구되며 작업성이 좋아야 한다. 콘크리트는 시멘트, 골재, 물, 혼화재료로 구성되므로 재료의 품질이 중요하다.

4) 콘크리트 시험

현장에 도착한 콘크리트를 타설하기 전 시행하는 품질검사로는 Slump Test, 공기량 시험, 염화물시험, 온도체크가 있으며 공시체를 제작하여 7일, 28일 압축강도를 측정한다.

[그림 1-25] 콘크리트 작업 및 검사

(2) 매스콘크리트(Mass Concrete)

1) 개요

매스콘크리트(Mass Concrete)란 부재 단면이 80cm 이상, 내·외부 온도차가 25℃ 이상 되는 콘크리트를 말한다. 콘크리트가 경화하는 과정에서 수화열로 온도균열이 발생하여 콘크리트의 내구성에 영향을 미치므로 콘크리트 부재 내부의 온도와 외기의 온도차를 적게 하여 온도균열을 제어하여야 한다.

2) 온도균열 요인

① 부재의 단면치수가 클수록
② 보통포틀랜드시멘트의 사용으로 수화 발열량이 상승하므로
③ 콘크리트의 내부온도와 외부기온의 차이가 클수록
④ 단위시멘트량이 많을수록
⑤ 타설 시 콘크리트 온도가 높을수록

3) 온도균열의 제어방법

① 시공 전반에 걸친 검토
   ㉠ 시멘트, 혼화재료, 골재 등을 포함한 재료 및 배합의 적절한 선정
   ㉡ 블록분할과 이음위치, 콘크리트 치기 시간간격의 선정
   ㉢ 거푸집의 재료와 구조, 콘크리트의 냉각 및 양생방법의 선정

② 프리쿨링(Pre-cooling)에 의한 온도제어

　콘크리트의 치기온도를 낮추기 위하여 골재, 물 등의 재료를 미리 냉각시키는 방법

③ 파이프쿨링(Pipe-cooling)에 의한 온도제어

　콘크리트 타설 후 콘크리트의 온도를 억제시키기 위해 미리 콘크리트 속에 묻은 파이프(Pipe) 내부에 냉수 또는 찬 공기를 보내 콘크리트를 냉각시키는 방법

④ 팽창콘크리트의 사용에 의한 균열방지

　경화 후에도 팽창효과, 건조수축 등에 의한 균열방지

⑤ 균열유발줄눈(Joint)으로 균열발생 위치를 제어

　구조물의 길이 방향에 일정 간격으로 단면감소 부분을 만들어 그 부분에 균열을 유발시켜 다른 부분에서의 균열 발생을 방지

⑥ 균열제어철근의 배치에 의한 방법

　균열폭의 분산을 고려하여 가는 철근을 분산시켜 배근(철근 사용 증대)

4) 시공 시 유의사항

① 콘크리트의 온도상승이 최소가 되도록 재료 및 배합을 결정

② 시멘트는 중용열포틀랜드시멘트, 고로시멘트, 플라이애시시멘트 등의 저발열시멘트를 사용

③ Slump 및 단위시멘트량을 적게 하여 수화발열량 감소

④ 감수제, AE 감수제, 유동화제 등의 혼화재료 사용

⑤ 이어치기 시간 간격은 외기온이 25℃ 미만일 때는 120분, 25℃ 이상에서는 90분으로 하며, 기온이 높을 경우에는 응결지연제 사용

⑥ 양생 시 온도 변화를 제어하기 위해 콘크리트 표면의 보온 및 보호조치 등을 강구

⑦ 최대 골재치수를 크게 하고 실적률이 높은 골재를 사용한다.

⑧ 1회 타설 높이를 낮게 하고 전단면을 2~3회로 나누어 타설한다.

(3) 콘크리트의 균열 종류

1) 굳지 않은 콘크리트(Fresh Concrete)의 균열

① 거푸집의 변형 : 거푸집의 팽창·누수·조기제거, 동바리 침하로 균열 발생

② 진동·충격 : 지반이나 구조체에 항타, 발파 등으로 직접 진동·충격으로 인해 균열 발생

③ 콘크리트의 수화열 : 내부이 고온 팽창으로 저온이 표면부가 인장을 받게 되어 균열 발생

④ 소성수축 : 건조한 바람이나 고온 저습한 외기에 노출될 경우 수분증발로 균열 발생

⑤ 콘크리트의 침하 : 콘크리트의 다짐부족, Slump 과다 등으로 인한 압밀의 영향으로 균열 발생

2) 굳은 콘크리트(Hardened Concrete)의 균열

① 동결융해 : 콘크리트의 팽창 · 수축작용에 의해 균열 발생

② 온도 변화(온도응력) : 콘크리트 내부의 급격한 온도응력으로 균열 발생

③ 건조수축 : 콘크리트 타설 후 수분증발로 인한 건조수축으로 균열 발생

④ 중성화 : 철근의 부식을 촉진시켜 철근부피가 팽창(약 2.6배)하여 균열 발생

$$CaO(석회) + H_2O \rightarrow Ca(OH)_2 : 수산화칼슘(강알칼리 성분)$$
$$Ca(OH)_2 + CO_2(탄산가스) \rightarrow CaCO_3 + H_2O$$
수분 침투 → 철근 부식 → 팽창 → 균열

⑤ 알칼리골재반응 : 골재의 반응성 물질이 시멘트의 알칼리 성분과 결합하여 팽창 발생

⑥ 염해(철근의 부식) : 콘크리트 중에 있는 염화물이 철근을 부식시켜 철근 팽창으로 균열 발생

(4) 균열의 방지대책

1) 굳지 않은 콘크리트(Fresh Concrete)

① 거푸집의 변형방지 : 거푸집의 정밀한 작업으로 콘크리트를 일정한 형상과 치수 유지 및 거푸집 조기제거 방지, 동바리의 침하방지

② 진동 · 충격의 방지 : 직접 진동 · 충격을 주는 발생원 제거, 콘크리트 타설 후 일체의 하중요소 방지

③ 콘크리트의 수화열 저감 : 물시멘트비를 낮게 하고, 단위시멘트 양을 적게 하여 균열 방지

④ 소성수축 방지 : 콘크리트 타설 초기에 위기에 노출되지 않도록 보호하여 습윤 손실을 방지

⑤ 콘크리트의 침하 방지 : 콘크리트의 충분한 다짐, Slump 최소화 등으로 침하 방지

2) 굳은 콘크리트(Hardened Concrete)

① 동결융해 방지 : 경화속도를 빠르게 하여 동해를 방지, AE제 또는 AE감수제 사용

② 온도응력 제어 : Pre-cooling, Pipe-cooling 등으로 콘크리트 내부온도를 감소시켜 균열 방지

③ 건조수축 방지 : 단위수량을 적게 하고 건조수축 보상 콘크리트 사용

④ 중성화 방지 : 물시멘트비를 작게 하고 철근 피복두께를 확보, 밀실한 콘크리트 타설

⑤ 알칼리골재반응 방지 : 반응성 골재의 사용을 금지하고 저알칼리 시멘트 사용

⑥ 염해의 방지 : 콘크리트 중의 염소이온량을 적게 하고 밀실한 콘크리트 타설

5. 철골공사

(1) 철골구조

형강(形鋼), 강판(鋼板), 평강(平鋼) 등의 강재(鋼材)를 사용하여 이들을 리벳이나 볼트 또는 용접 등에 의해 접합하여 조립하는 구조

(2) 철골공사의 특징

1) 재료의 강성 및 인성이 크고 단일재료, 균질성
2) 가설속도가 빠르고 사전조립이 가능
3) 내구성이 우수하며 구조물 해체 후 재사용이 가능
4) 압축재의 길이가 증가하거나 세장(細長)할수록 좌굴에 대한 위험성이 증가
5) 고소작업이 많아 사고위험성이 높음
6) 내화성이 낮음 : 300℃ 이상 시 인장강도 급격히 저하

(3) 플랜트 철골공사의 특징

1) 가설공사가 많다.
2) 타 공종과 간섭이 많으므로 연관되는 타 공종 작업에 대한 Process를 알아야 한다.
3) 부재의 형태가 다양하고 수량이 많다.
4) 중량물이 많다.
5) 대형 기계장비가 많이 사용된다.

[그림 1-26] 철골 설치공사

(4) 설계도 및 공작도 확인

1) 부재의 형상 및 치수(길이, 폭 및 두께), 접합부의 위치, 브래킷의 내민 치수, 건물의 높이 등을 확인하여 철골의 건립형식이나 건립작업상의 문제점, 관련 가설설비 등을 검토하여야 한다.
2) 부재의 최대중량과 제1호의 검토결과에 따라 건립기계의 종류를 선정하고 부재수량에 따라 건립공정을 검토하여 시공기간 및 건립기계의 대수를 결정하여야 한다.

3) 현장용접의 유무, 이음부의 시공난이도를 확인하고 건립작업방법을 결정하여야 한다.

4) 철골철근콘크리트조의 경우 철골계단이 있으면 작업이 편리하므로 건립 순서 등을 검토하고 안전작업에 이용하여야 한다.

5) 한쪽만 많이 내민 보가 있는 기둥은 취급이 곤란하므로 보를 절단하거나 또는 무게중심의 위치를 명확히 하는 등의 필요한 조치를 해 두어야 한다. 또 폭이 좁고 길며 두께가 얇은 보나 기둥 등으로 가보강이 필요한 것은 이를 도면에 표시해 두어야 한다.

6) 건립 후에 가설부재나 부품을 부착하는 것은 위험한 작업(고소작업 등)이 예상되므로 다음 각 목의 사항을 사전에 계획하여 공작도에 포함시켜야 한다.

   ① 외부비계받이 및 화물승강설비용 브래킷
   ② 기둥 승강용 트랩
   ③ 구명줄 설치용 고리
   ④ 건립에 필요한 와이어 걸이용 고리
   ⑤ 난간 설치용 부재
   ⑥ 기둥 및 보 중앙의 안전대 설치용 고리
   ⑦ 방망 설치용 부재
   ⑧ 비계 연결용 부재
   ⑨ 방호선반 설치용 부재
   ⑩ 양중기 설치용 보강재

(5) 철골반입 시 준수사항

1) 다른 작업에 장해가 되지 않는 곳에 철골을 적치하여야 한다.

2) 받침대는 적치될 부재의 중량을 고려하여 적당한 간격으로 안정성 있는 것을 사용하여야 한다.

3) 부재 반입 시는 건립의 순서 등을 고려하여 반입하여야 하며, 시공순서가 빠른 부재는 상단부에 위치하도록 한다.

4) 부재 하차 시는 쌓여 있는 부재의 도괴에 대비하여야 한다.

5) 부재 하차 시 트럭 위에서의 작업은 불안정하므로 인양 시 부재가 무너지지 않도록 주의하여야 한다.

6) 부재에 로프를 체결하는 작업자를 경험이 풍부한 사람이 하도록 하여야 한다.

7) 인양 시 기계의 운전자는 서서히 들어올려 일단 안정상태로 된 것을 확인한 다음 다시 서서히 들어올리며 트럭 적재함으로부터 2m 정도가 되었을 때 수평이동시켜야 한다.

8) 수평이동 시는 다음 각 목의 사항을 준수하여야 한다.
  ① 전선 등 다른 장해물과 접촉할 우려가 없는지 확인한다.
  ② 유도 로프를 끌거나 누르지 않도록 하여야 한다.
  ③ 인양된 부재의 아래쪽에 작업자가 들어가지 않도록 하여야 한다.
  ④ 내려야 할 지점에서 일단 정지시킨 후 흔들림을 없게 한 다음 서서히 내리도록 하여야 한다.
9) 적치 시는 너무 높게 쌓지 않도록 하며 체인 등으로 묶어두거나 버팀대를 대어 넘어가지 않도록 하고 적치높이는 적치 부재 하단폭의 1/3 이하이어야 한다.

(6) 철골공사 건립계획 수립 시 검토사항

1) 입지조건 : 차량통행, 야적장, 작업반경 내 장애물
2) 건립기계 선정 : 크레인 인양능력, 작업반경, 사용일수 등
3) 건립순서 계획 : 장비이동로, 자재 야적계획
4) 1일 작업량 결정 : 세부작업공정 시간 산정
5) 악천후 시 작업중지
  ① 풍속 : 10분간의 평균풍속이 1초당 10m 이상
  ② 강우량 : 1시간당 1mm 이상

(7) 철골공사 공정

1) 공장 제작과정
  철골부재를 가공하는 것으로 운반, 현장 반입, 세우기에 지장이 없도록 해야 한다.

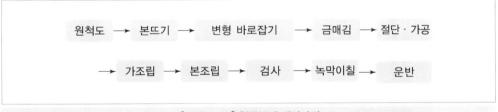

[그림 1-27] 철골부재 제작과정

2) 현장설치과정

조립 및 세우기 작업을 하는 것으로 계획 및 준비가 성패를 좌우한다.

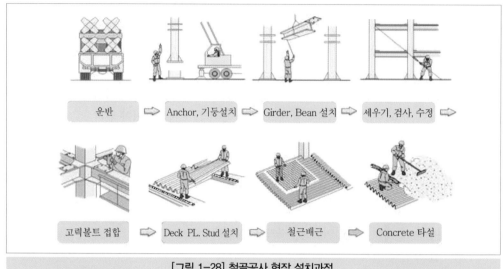

[그림 1-28] 철골공사 현장 설치과정

3) 주각부

① 기초 Anchor Bolt

㉠ 기둥의 먹선을 따라 주각부와 기둥 밑판의 연결을 위해 매립하는 것

㉡ 공법 종류 : 고정매립공법, 가동매립공법, 나중매립공법

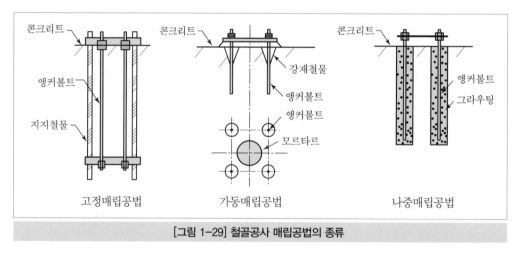

[그림 1-29] 철골공사 매립공법의 종류

② Anchor Bolt 매립 시 준수사항

㉠ 매립 후 수정하지 않도록 설치

㉡ 견고하게 고정시키고 이동, 변형이 발생하지 않도록 주의하면서 콘크리트 타설

ⓒ 매립정밀도 범위

　　ⓐ 기둥 중심은 기준선 및 인접기둥의 중심에서 5mm 이상 벗어나지 않을 것

　　ⓑ 인접기둥 간 중심거리 오차는 3mm 이하

　　ⓒ 기둥 중심에서 2mm 이상 벗어나지 않을 것

　　ⓓ Base Plate 하단은 기준높이 및 인접기둥의 높이에서 3mm 이상 벗어나지 않을 것

③ 기초상부 마무리

　ⓞ 기둥밑판(Base Plate)을 수평으로 밀착시키기 위해 실시

　ⓛ 공법 종류 : 고름 Mortar, 부분 Grouting, 전면 Grouting 공법

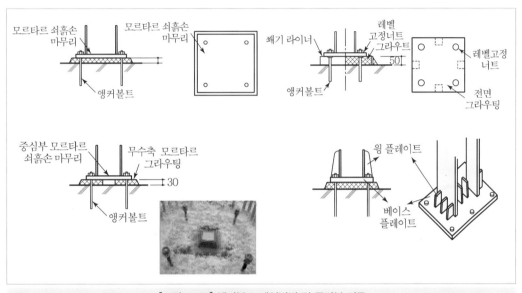

[그림 1-30] 앵커볼트 매입방법 및 주각부 시공

4) 사용장비 선정

① 장비 종류

　ⓞ 트럭크레인

　ⓛ 크롤러크레인

　ⓒ 타워크레인

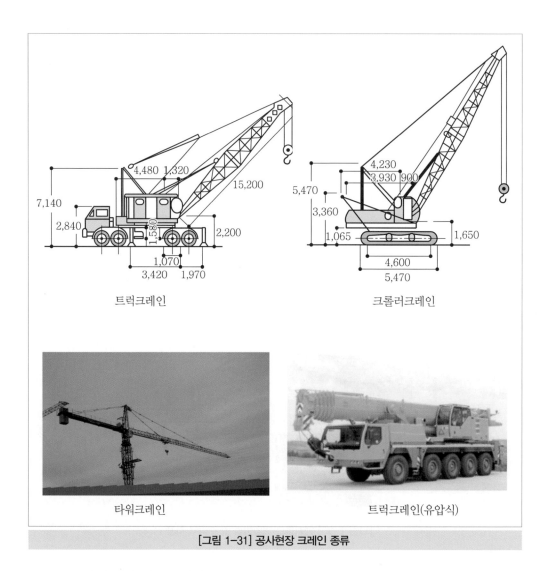

트럭크레인

크롤러크레인

타워크레인

트럭크레인(유압식)

[그림 1-31] 공사현장 크레인 종류

② 장비 선정 시 고려사항

　ⓐ 양중물 목록을 보고 단위부재의 중량을 파악한다.

　ⓑ 최대중량과 최대거리에서의 인양능력을 고려한다.

　ⓒ 일일 작업물량을 고려한 경제성을 검토한다.

| 표 1-1 | 150ton – 무한궤도 크레인

(단위 : m, ton)

붐 거리	51.82	54.86	57.91	60.96	64.01	67.06	70.10	73.15	76.20	79.25	82.30
22.0	27.1	26.0	24.7	26.6	27.9	27.9	26.8	24.6	22.7	21.0	18.6
24.0	24.7	23.8	22.5	24.2	24.7	24.7	24.7	23.9	21.4	19.6	18.0
26.0	22.3	21.8	20.7	22.0	22.1	22.1	22.1	21.8	20.1	18.2	16.9
28.0	20.2	19.9	19.0	20.1	19.9	19.9	19.8	19.6	18.8	17.0	15.7
30.0	18.4	18.1	17.5	18.3	18.0	18.0	18.0	17.7	17.6	15.8	14.6
32.0	16.8	16.5	16.1	16.6	16.4	16.4	16.3	16.1	15.9	14.8	13.5
34.0	15.4	15.1	14.9	15.2	15.0	15.0	14.9	14.6	14.5	13.8	12.5
36.0	14.2	13.9	13.8	14.0	13.7	13.7	13.7	13.4	13.3	12.7	11.5
38.0	13.2	12.9	12.7	12.9	12.6	12.6	12.6	12.3	12.2	11.6	10.4
40.0	12.0	11.9	11.7	11.9	11.6	11.6	11.6	11.3	11.2	10.6	9.7
42.0	10.8	10.8	10.7	11.1	10.8	10.8	10.7	10.4	10.3	9.9	9.0
44.0	9.7	9.8	9.7	10.3	10.0	10.0	9.9	9.6	9.5	9.3	8.5
46.0	8.6	8.8	8.8	9.6	9.3	9.3	9.2	8.9	8.8	8.6	7.8
48.0		7.8	7.9	8.9	8.6	8.6	8.5	8.2	8.1	7.9	7.4
50.0			7.0	8.3	8.0	8.0	7.9	7.6	7.5	7.3	6.8
52.0				7.8	7.5	7.5	7.4	7.1	7.0	6.8	6.3
54.0				7.3	7.0	7.0	6.9	6.6	6.4	6.2	5.8
56.0					6.5	6.5	6.4	6.1	5.9	5.6	5.4
58.0						6.1	6.0	5.6	5.4	5.1	4.9
60.0							5.5	5.2	5.0	4.7	4.5
62.0							5.1	4.7	4.5	4.3	4.1
64.0								4.3	4.1	3.9	3.7

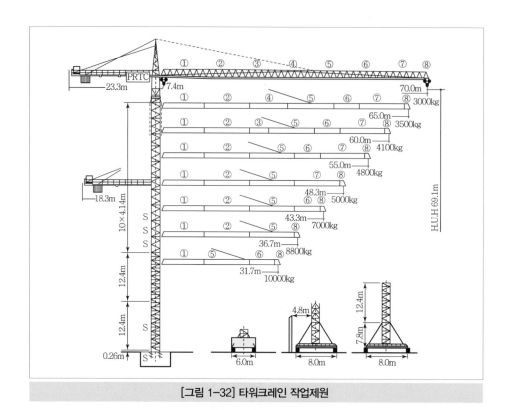

[그림 1-32] 타워크레인 작업제원

| 표 1-2 | Technical

Data Type	Free Standihg H·U·H	Jib Length	Max Capacity	Tip Load
290HC 10	69.1m	70m	2.2~31.7m / 10,000kg	3,000kg

5) 기둥 설치

① 크레인으로 달아올려 소정의 위치에 설치, 앵커볼트를 너트로 임시 조임

② 전도를 방지하기 위해 스테이 와이어를 설치함

③ 상하부 Column의 4방향 Center Line을 맞춤

④ 수평대로 Column Flange와 Web면을 일치시킴

⑤ 수직도 조정 후 Bolt 조임 실시

6) 보 설치

① 소부재 Beam은 3PCS/회 양중 기준

② 사전 양중 Wire는 각 Set를 각각 2m 간격으로 길이를 달리하여 사용

③ 생명줄은 Girder 상부에 거치 후 양중

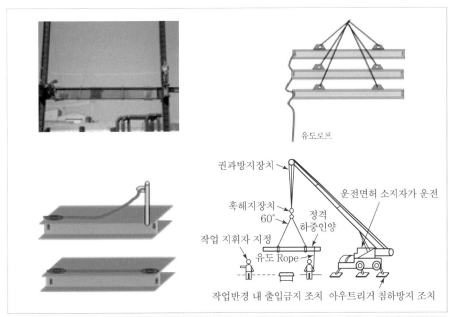

[그림 1-33] 이동식 크레인의 안전작업도

7) Plumbing

① Column 수직 정도 관리

② 수직검측기를 사용하여 수직 정도를 관리

③ 세우기 수정작업을 위해 가력을 할 때는 가력부분을 보호해 부재 손상방지

④ 세우기 수정작업 후 수직 정도 검사기준을 충족하도록 함

⑤ 전도 방지를 위해 설치한 와이어로프는 세우기 수정작업용으로 겸용하지 않음

⑥ 설치 정밀도의 계측은 온도의 영향을 고려하여 구조체 전체와 강제 줄자, 기구가 온도에 따른 변동이 적게 되는 시간대에 측정

⑦ 강제 줄자는 기준에 적정한 줄자를 사용하고, 사용 시는 지정된 장력으로 측정하고 온도 보정

⑧ 턴버클을 브레이스 부재로 사용하는 경우, 브레이스를 이용해 세우기 작업을 하거나 수정 작업을 해서는 안 됨

[그림 1-34] Column 수직도 기준 및 수직 검측기

8) 접합-TS볼트 본 체결

① 본 체결은 T.S용 전용체결공구를 이용하고 핀테일(Pintail)이 파단될 때까지 실시
② 볼트의 체결위치에 따라서 T.S용 전용공구의 사용이 불가능할 때는 고력 육각볼트로 교환해서 체결
③ 육각볼트의 경우 토크법 또는 NUT회전법에 의해 작업절차규정에 따라 실시

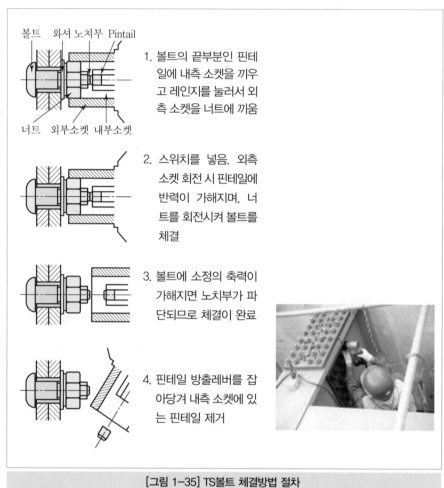

1. 볼트의 끝부분인 핀테일에 내측 소켓을 끼우고 레인지를 눌러서 외측 소켓을 너트에 끼움

2. 스위치를 넣음. 외측 소켓 회전 시 핀테일에 반력이 가해지며, 너트를 회전시켜 볼트를 체결

3. 볼트에 소정의 축력이 가해지면 노치부가 파단되므로 체결이 완료

4. 핀테일 방출레버를 잡아당겨 내측 소켓에 있는 핀테일 제거

[그림 1-35] TS볼트 체결방법 절차

9) 접합-TS볼트 본 체결 후 검사

① 검사는 조임상태, 핀테일 파단 여부, 마킹 등으로 이상 유무를 판단
② 체결이 완료된 모든 볼트에 대해 핀테일의 파단 여부를 확인하고 동시에 1차 체결 후에 표시한 금매김에 의해 공회전, 너트 회전량 등을 육안으로 검사해 이상이 없는 경우를 합격으로 한다.

③ 너트 회전량에 현저한 차이가 나타나는 볼트군(群)에 대해서는 모든 볼트의 너트 회전량을 측정해 평균회전각을 산출하고, 평균회전각이 ±45° 범위일 경우 합격

④ 불합격된 볼트에 대해서는 새로운 볼트로 교체

볼트의
같이 돌기 현상(이상)

볼트의
축돌기 현상(이상)

볼트 너트의 적정한
회전량 60~90°(합격)

[그림 1-36] TS볼트 검사 종류

10) Touch Up

① 표면처리(표면이물질 제거 : 오일, 그리스 등) : 화학적 표면처리 금지 ↓

② 도장작업(4시간 이내 도포, 녹발생 전 도포) : 도료의 흐름, 과다도포 금지 ↓

③ 보수작업(과다도막, 흐름, 균열, 부착력 부족 하지의 재처리)

[그림 1-37] 철골 표면처리, 도장작업 전경

6. 용접

같은 종류 또는 다른 종류의 금속재료에 열과 압력을 가하여 고체 사이에 직접 결합이 되도록 접합시키는 방법

(1) 용접공사 절차

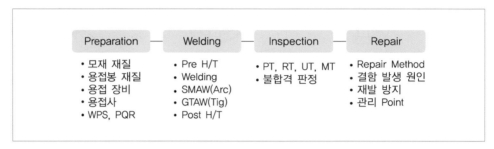

(2) 용접장비

1) 용접기 : 아크 용접의 열원으로 직류와 교류 용접기가 있음(+자동전격방지기)
2) 용접봉 홀더(Electrode Holder) : 용접전류를 케이블에서 용접봉으로 전하는 기구로 용접봉 끝부분을 물게 되어 있음
3) 접지 클램프(Ground clamp)와 커넥터(Connector)
4) 접지 클램프는 용접기와 모재를 접속하는 것으로 저항열을 발생시키지 않도록 함

| 표 1-3 | 용접 장비

용접기	용접용 전선	용접봉 홀더	접지클램프	커넥터	핸드 실드	헬멧	용접 작업복

(3) 용접기호

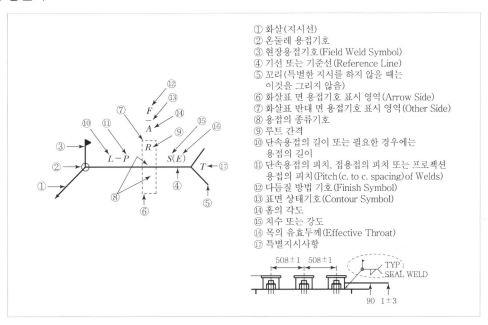

① 화살(지시선)
② 온둘레 용접기호
③ 현장용접기호(Field Weld Symbol)
④ 기선 또는 기준선(Reference Line)
⑤ 꼬리(특별한 지시를 하지 않을 때는
   이것을 그리지 않음)
⑥ 화살표 면 용접기호 표시 영역(Arrow Side)
⑦ 화살표 반대 면 용접기호 표시 영역(Other Side)
⑧ 용접의 종류기호
⑨ 루트 간격
⑩ 단속용접의 길이 또는 필요한 경우에는
   용접의 길이
⑪ 단속용접의 피치, 접용접의 피치 또는 프로젝션
   용접의 피치(Pitch(c. to c. spacing)of Welds)
⑫ 다듬질 방법 기호(Finish Symbol)
⑬ 표면 상태기호(Contour Symbol)
⑭ 홈의 각도
⑮ 치수 또는 강도
⑯ 목의 유효두께(Effective Throat)
⑰ 특별지시사항

| 표 1-4 | 가장 많이 쓰이는 용접기호

용접 기호	명칭	추가 설명	
△	Fillet 용접		
▶	현장 용접		
○	전체 둘레 용접		
⌀	전체 둘레 용접 현장 용접		
‖	I형 맞대기		화살표 반대쪽부터 용접
∨	V형 맞대기		화살표 쪽으로 용접
✕	X형 맞대기		
Ｙ	U형 맞대기		

I형 맞대기   V형 맞대기   X형 맞대기   U형 맞대기

[그림 1-38] 맞대기 용접 종류

(4) 용접방법에 의한 분류

1) 피복아크용접(Shield Metal Arc Welding, 손용접)

용접봉과 모재(母材) 사이에 아크(Arc)를 발생시켜 상호 간을 녹여서 용착시키는 방법으로 가장 많이 사용

2) 서브머지드아크용접(Submerged Arc Welding, 자동용접)

접심선(心線)의 송급에 따라 용접진행을 자동화한 자동 금속아크용접법으로, 하향(下向) 전용용접으로 상향(上向)은 안 됨

3) 가스실드아크용접(Gas Shield Arc Welding, CO_2 Arc Welding, 반자동용접)

이산화탄소(CO_2로 Shield해서 Arc를 보호하여 용접하는 방법으로, 이산화탄소가 용접금속의 변질을 방지함)

4) 일렉트로슬래그용접(Electro Slag Welding, 전기용접)

두꺼운 강판을 용접하는 데 사용되는 수직용접법으로, 플럭스(Flux)가 녹으면 Slag의 전기저항열로 모재와 용접봉을 녹여 순차적으로 용접을 진행

(5) 이음형식에 의한 분류

1) 맞댄 용접(Butt Welding)

모재의 마구리와 마구리를 맞대어서 행하는 용접

2) 모살 용접(Fillet Welding)

목두께의 방향이 모재의 면과 45° 또는 거의 45° 각을 이루는 용접

(6) 용접 시 중점관리사항

1) 용접은 용접 자격 검사를 통해 자격을 취득한 자에 의해서 실시
2) 용접공은 자격 및 인적 사항을 확인할 수 있는 증빙서류를 소지
3) 예열 또는 후열처리가 요구되는 용접부는 도면 및 절차에 따라 반드시 실행
4) 바람이 강한 날은 바람막이를 하고 용접
5) 비가 올 때, 특히 습도가 높을 때에는 비록 실내라도 수분이 모재의 표면 및 밑면 부근에 남아 있지 않도록 용접
6) 모든 용접봉은 당일 사용분 외 미사용분은 작업 후 반드시 반납
7) 용접 자재 보관소에 Dry Oven을 설치하여 피복 용접봉은 불출 전 충분히 Dry함

(7) 검사관리

1) 시험 검사 계획서를 작성 승인
2) 검사 요청은 1일 전에 요청서를 제출
3) 검사의 합격/불합격은 해당 작업반에 즉시 통보하여 후속 공정이 진행되도록 하며 불합격 요인을 수정 후 재검사하도록 한다.
4) 각 용접부의 비파괴 검사 여부는 기술 규격서, 절차서, 도면 등의 자료에 의거 사전 시행 여부를 확인한다.
5) 비파괴 검사 수행, 미수행, 불/합격 등의 현황을 유지관리한다.
   ① 방사선 투과법(RT ; Radiographic Test)
      ㉠ 가장 널리 사용, X선, γ선을 투과하고 투과방사선을 필름에 촬영하여 내부 결함 검출
      ㉡ 검사한 상태를 기록으로 보존이 가능하며 두꺼운 부재도 검사 가능
      ㉢ 검사장소에 제한을 받으며 검사관의 판단에 따라 판정 차이가 큼
      ㉣ Slag 감싸돌기, Blow Hole, 용입불량, 균열(Crack) 등의 결함 검출
   ② 초음파탐상시험(UT ; Ultrasonic Test)
      ㉠ 용접 부위에 초음파 투입과 동시에 브라운관 화면에 나타난 형상으로 내부 결함 검출
      ㉡ 넓은 면을 판단하며 검사 속도가 빠르고 경제적
      ㉢ 복잡한 형상의 검사는 불가능하며 기록성이 없음
      ㉣ 용접부위 두께 측정 및 용접부의 검사(Crack, Blow Hole 등)
   ③ 자기분말탐상법(MT ; Magnetic Particle Test)
      ㉠ 용접부에 자력선을 통과하여 결함에서 생기는 자장에 의해 표면결함 검출
      ㉡ 육안으로 외관검사 시 나타나지 않는 Crack, 흠집 등의 검출 가능
      ㉢ 기계장치가 대형이고 용접 부위의 깊은 내부결함 분석 미흡
      ㉣ 용접부 표면결함, Crack, 흠집 등 검출
   ④ 침투탐상시험(PT ; Penetration Test, Liquid Penetrant Test)
      ㉠ 용접 부위에 침투액을 도포하고 표면을 닦은 후 검사액을 도포하여 표면결함 검출
      ㉡ 침투탐상시험의 분류(관찰방법에 의한 분류)
         • 염색침투탐상시험(비형광법) : 적색염료를 첨가한 침투액을 사용하여 자연광이나 백색광 아래에서 관찰
         • 형광침투탐상시험(형광법) : 형광물질을 첨가한 침투액을 사용하여 어두운 곳에서 시험면에 자외선을 비추면서 관찰
      ㉢ 검사가 간단하고 1회에 넓은 범위를 검사하며 비철금속도 검출이 가능
      ㉣ 표면에 나타나지 않는 결함은 검출되지 않음
      ㉤ 용접부 표면결함 검출

⑤ 와류탐상시험(ET ; Eddy Current Test)
　　㉠ 용접 부위에 전기장을 교란시켜 결함을 검출하며, 자기분말탐상시험과 매우 유사하게 운용
　　㉡ 일반적으로 비접촉이며 시험속도가 빠르고 고온 시험체의 탐상 가능
　　㉢ 시험결과의 기록 · 보존이 가능하고 비철금속도 검출이 가능
　　㉣ 주로 용접부 표면결함 검출
6) 불량률 최소화를 위하여 주기적으로 용접사 교육을 실시한다.

7. 외벽 Panel 공사

 Roof Panel 설치

Roof에 설치되는 Sleeve 및 Over Bridge 작업과 협의 후 선시공이 이루어지지 않으면 Panel 설치 후 판을 절개함으로써 품질 저하 및 Sleeve 설치 간섭으로 인해 Panel 시공이 어려워 공정이 지연된다. 따라서 이를 방지하기 위해서는 선행 작업과의 긴밀한 협의를 거친 후 선행 작업을 선 시공한 후 작업하여야 한다.

[그림 1-39] 판넬공사 전경

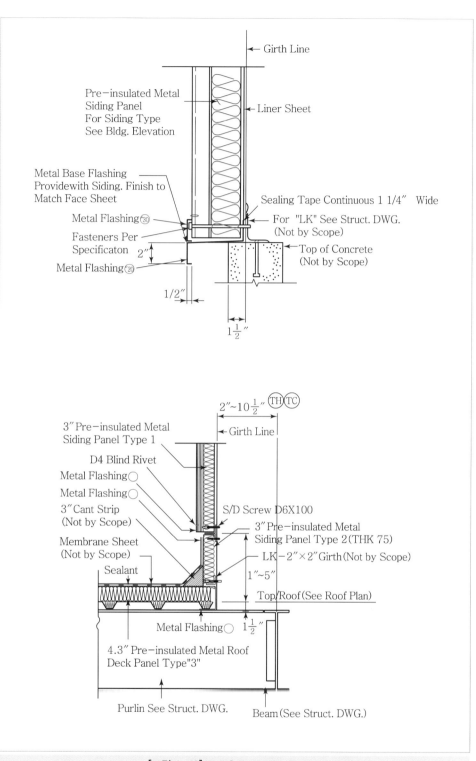

Girth Line

Pre-insulated Metal
Siding Panel
For Siding Type
See Bldg. Elevation

Liner Sheet

Metal Base Flashing
Providewith Siding. Finish to
Match Face Sheet

Sealing Tape Continuous 1 1/4″ Wide

Metal Flashing㉚

For "LK" See Struct. DWG.
(Not by Scope)

Fasteners Per
Specificaton 2″

Top of Concrete
(Not by Scope)

Metal Flashing⑳

1/2″

1½″

2″~10½″ TH TC

3″ Pre-insulated Metal
Siding Panel Type 1

Girth Line

D4 Blind Rivet

Metal Flashing○

Metal Flashing○

S/D Screw D6X100

3″ Cant Strip
(Not by Scope)

3″ Pre-insulated Metal
Siding Panel Type 2(THK 75)

Membrane Sheet
(Not by Scope)

LK-2″×2″Girth(Not by Scope)

Sealant

1″~5″

Top/Roof(See Roof Plan)

Metal Flashing○ 1½″

4.3″ Pre-insulated Metal Roof
Deck Panel Type"3"

Purlin See Struct. DWG.

Beam(See Struct. DWG.)

[그림 1-40] Wall & Roof Joint Section

8. Post Tensioning System

(1) 개요

콘크리트 경화 후 P.C 강재에 긴장력을 주어 그 끝을 콘크리트 부재에 정착시키는 방법

(2) 종류

1) Bonded Type : 그라우팅 채움
2) Un-bonded Type : 그리스(Grease) 채움

(3) 시공절차

1) 장비 검교정
2) Tendon 설치
3) Tendon Stressing
4) Tendon Duct Grease 주입

(4) 시공사례(국내원자력발전소)

1) 콘크리트강도 5,500psi
2) Tendon 극한강도 : 270,000psi
3) Tendon 구성 : 직경 1/2 인치 Strand(1개의 Strand는 7가닥의 Wire로 구성) 55가닥이 1개의 Tendon으로(8.45인치^2) 구성
4) 수직 Tendon 96개, 수평 Tendon 165개

[그림 1-41] 원자력발전소의 Post Tensioning System 설치 전경

9. 원자력발전 플랜트 품질등급의 종류 및 정의

원자력발전소 안전성에 미치는 영향의 중요도에 따라 품질등급을 구분한다.

(1) 안전성 품목(Q, Safety Related Items)

1) 원자로 및 원자로의 안전에 관련된 시설로서 고장 또는 결함 발생 시 일반인에게 방사선 장해를 직접 또는 간접으로 미칠 가능성이 있는 품목 또는 용역
2) 원자력발전소 정상운전 및 안전정지 시 안전성 관련 기능을 수행하는 기기, 계통 및 구조물
   - 예) 원자로 격납건물, 핵연료건물, 원자로 냉각재 계통, 비상노심 냉각계통, 화학 및 체적제어계통
3) 고장 또는 결함 발생 시 일반인에게 방사선 장애를 직접 또는 간접으로 미칠 가능성이 있는 원자로 및 원자로의 안전에 관련된 품목

(2) 안전성영향품목(T, Safety Impact Items)

1) 고장 또는 결함 발생 시 안전성등급품목의 기능에 영향을 줄 수 있는 품목 또는 용역
2) 발전소 사고 시 안전성 관련 기능은 수행하지 않지만 안전성영향품목으로 분류된 기기의 고장으로 Q Class 기능을 저하시키는 품목
   - 예) 터빈건물, 방사성폐기물건물, 사용 후 핵연료 취급설비 등

(3) 신뢰성품목(R, Reliability Related Items)

1) 고장 또는 결함 발생 시 전력설비의 운영에 영향을 주거나 대규모의 복구 작업이 필요한 품목 또는 용역
2) 발전소 정지에 따른 기능상실 시 규정한 발전소 가동률에 영향을 준다고 판단되는 품목
   - 예) 터빈, 발전기, 변압기, 복수기 등 주로 발전소 2차 계통
3) 고장 시 전력계통에 미치는 파급영향이 크거나 광역정전을 수반하며 복구에 장시간이 소요되는 품목
4) 설계, 공급, 시장 특성에 의거 신뢰성 관리가 요구되는 품목

(4) 일반산업 품목(S, Industurial Standard Items)

💬 **Q, T, R품목 이외의 일반산업 품목**

Q, T, R, S는 약자가 아니라 미국 벡텔에서 사용하는 등급을 나타낸 용어이다.
품목의 등급 구분은 발전사업자가 등급을 설정하여 발주자 입장에서 품질을 관리하고자 하는 목적에서 구분한 것이지, 제작자가 품질등급에 따라 별도의 품질보증활동을 하고자 정한 것은 아니다.

1 준공승인 전 업무

(1) 사업승인조건 이행상태 확인

(2) 준공도서 작성
  설계변경 및 실 시공 상태 반영 여부

(3) 준공에 필요한 타 부서(타 직종) 업무
  1) 승강기 완성검사
  2) 소방검사
  3) 가스, 수도, 전력, 통신선 인입

2 준공 후 업무

(1) 도면 인계

(2) 유지관리 절차서(O&M Manual)

(3) 각종 확인서

(4) 각종 회의록

| 표 1-5 | 발전표준약어

NO	약어	원어	한글풀이
1	CL	Center Line	중심선
2	Φ	Diameter(Mm)	직경
3	′	Feet	12인치
4	″	Inch	2.54cm
5	PL	Plate	철판
6	±	Plus Or Minus	가감
7	□	Square	제곱
8	AC	Air Conditioning	공기조절장치

9	Admin BLDG	Administration Building	종합사무실
10	AISC	American Institute Of Steel Construction	미국철강건설협회
11	ANSI	American National Standards Institute	미국표준협회
12	Approx	Approximately	약(約), 대략
13	ASAW	Automatic Submerged Arc Welding	자동서브머지드 아크용접
14	ASME	American Society Of Mechanical Engineers	미국기계기술자협회
15	Assy	Assembly	조립품(祖立品)
16	ASTM	American Society For Testing And Materials	미국시험, 재료협회
17	AWS	American Welding Society	미국용접협회
18	BOP	Balance Of Plant	보조기기
19	BTG	Boiler Turbine Generater	보일러 터빈 발전기
20	CAR	Correct Action Request	시정조치요구서
21	CCD	Commencement Of Commercial Operation	상업운전
22	CCTV	Closed Circuit Television	폐쇄회로 TV
23	CCW	Circulating Cooling Water System	순환수계통
24	CCW	Closed Cooling Water	보조냉각수
25	CCWP	Closed Cooling Water Pump	보조냉각수펌프
26	C & F	Cost And Freight	운임포함가격
27	CGS	Centimeter Gram Second	단위
28	CHP	Combined Heat And Power Plant	복합화력발전소
29	CI	Cost & Insurance	운임 및 보험
30	CI	Construction Issue	시공도면 발행
31	Comp	Compressor	공기 압축기
32	Conc	Concrete	콘크리트
33	CW	Circulating Water	순환수
34	CW	Clock Wise	시계방향
35	CWM	Coal And Water Mixture	석탄, 물 혼합물
36	CWP	Circulating Water Pump	순환수펌프
37	Dia	Dimeter	직경, 반경, 내경
38	DRN	Drain	배수(排水)
39	DWG	Drawing	도면
40	EL	Elevation	해발, 고도
41	FCN	Field Change Notice	현장 교정지시서

42	FCR	Field Change Request	현장 교정요구서
43	FW	Feed Water	급수
44	GA	General Arrangement	일반 배치
45	GEN	Generator	발전기
46	GL	Ground Level	지면, 지표면 기준
47	GT	Gas Turbine	가스터빈
48	HRSG	Heat Recovery Steam Generator	폐열회수 증기발생기
49	HVAC	Heating, Ventilating & Air Conditioning	공기조화장치
50	Hydro	Hydraulic	유압
51	IFB	Invitation For Bid	입찰안내서
52	I/L	Import License	수입연장
53	ITB	Invitation To Bid	입찰초청장
54	ITP	Invitation To Proposal	응찰안내서
55	Lbs	Pounds	파운드
56	LC	Letter Of Credit	신용장
57	LP	Low Pressure	저압
58	LPG	Liquefied Petroleum Gas	액화석유가스
59	Maint	Maintenance	유지보수
60	Max	Maximum	최대
61	MCC	Motor Control Center	전동기 제어반, 제어전원
62	Memb	Membrane	매브레인
63	Min	Minimum	최소
64	Min	Minute	분
65	MPR	Monthly Progress Report	월간진도보고서
66	MT	Magnetic Particle Test	자분탐상검사
67	NDT	Non Destructive Test	비파괴시험
68	NEC	National Electrical Code	국제전기코드
69	O & M	Operation & Maintenance	운전 및 보수
70	P & ID	Pipings And Instruments Diagram	배관 및 계기도
71	PM	Project Manager	사업관리책임자
72	PPM	Part Per Million	농도단위(mg/L), (mg/kg)백만분율
73	PRM	Project Review Meeting	사업관리 회의
74	PT	Performance Test	성능시험

75	PT	Potential Transformer	전압변성기
76	PT	Penetrating Test	투과시험
77	PWR	Power	전원
78	QA	Quality Assurance	품질보증
79	QC	Quality Control	품질관리
80	Ref	Reference	기준, 참조
81	Rev	Revision	수정
82	R/O	Reverse Osmosis	역삼투압
83	RT	Radio Graphic Test	방사선 검사
84	RW	Raw Water	원수, 공업용수
85	Spec	Specification	사양, 규격
86	SPT	Standard Penetration Test	표준관통시험
87	Sq	Square	제곱, 평방
88	SWR	Stop Work Request	작업 중지 요구서
89	TBN	Turbine	터빈
90	TS	Bidders Information	기술사양
91	TS	Technical Specification	기술규격
92	UT	Ultrasonic Test	초음파탐상검사
93	WPS	Welding Procedure Specification	용접절차서
94	WT	Weight	중량(重量)
95	WTR	Water	물

기계공사 및 배관공사 시공절차

SUBSECTION 01 | **기계공사 시공절차**

---

1 기계설치

[1] 개요

1. 플랜트 건설에 있어서 기계공사는 플랜트의 목적에 따라서 매우 다양한 기계들이 여러 위치에 설치된다. 예를 들면, 물을 운반하는 펌프류, 공기를 운반하는 팬류는 완제품으로 들어와서 지하 또는 지상 1층에 설치된다.

   유체를 저장하는 저장 조(Tank)는 현장에서 제작·설치하고, 비교적 작은 용량의 Vessel 류는 공장에서 제작하여 현장으로 운반 후 콘크리트 바닥 또는 철골기초 위에 설치한다.

2. 반면에 발전용 대형 보일러, 터빈 등은 현장에서 조립되는 것이 특징이며 보일러는 Tube Bundle, Header, Drum, Vessel 등의 형태로 현장에 들어와 용접하여 설치한다. 터빈은 대부분 부품형태로 들어와 일일이 사람의 손을 거쳐 조립되는 특징이 있으며 조립에 많은 시간이 요구된다.

3. 중량물의 기계들은 크레인으로 단번에 들어서 정해진 기초 위에 놓지 못하는 경우가 많은데, 이런 경우 크레인으로 미리 준비한 Skid Rail 위에 올려놓고 Chain Block, Jacking 등으로 끌어서 정위치에 Setting한다. 터빈, 복수기, 발전기는 중량이 수백 톤에 달하여 이를 설치하기 위하여 이것을 인양할 수 있는 대용량의 크레인을 비롯한 인양 장비(Lifting Device)가 반드시 필요하고, 이것을 들고 내리기 위한 Rigging Plan을 잘 수립하여야 한다. Rigging Plan에는 장비의 용량, 정비 상태, 여기에 사용되는 Wire, Turn Buckle, Shackle 등의 안전성이 입증되어야 한다. 대충 눈짐작이나 경험만으로 시도하다가 기계를 떨어뜨린다든가 크레인이 전도된다면 대단한 낭패를 불러올 수 있기 때문이다.

4. 건설 현장 여건상 토목, 건축공사와 병행 진행되어 간섭되는 부분이 많으므로 설치 기간, 시간 계획을 잘 짜서 정확히 시공하여야 하며 그러기 위해서는 타 공종 진행상황도 잘 파악하여 필요시 협의를 통하여 조정해 나가야 한다.

5. 일반적으로 기계를 설치하는 흐름은 다음과 같다.
    (1) 기준점 설정
    (2) 기초의 Center Line Marking
    (3) Chipping
    (4) Padding
    (5) Anchor Box Cleaning
    (6) 기계 설치 후 Leveling 및 Centering
    (7) Anchor Bolt 설치 및 Grouting
    (8) 기계 Alignment
    (9) Motor 회전방향 확인
    (10) Coupling 조립

[2] 기계 설치 요령

1. 기준점(Bench Mark) 설정

기계 설치위치의 수평 및 수직위치를 측량하기 위하여 그 지역의 기준 수준면에서의 높이를 정확히 구해 놓은 것으로 Anchor Bolt 작업에 필요한 세부측량은 이 기준점을 기준으로 하여 실시된다.

2. 기초의 Center Line Marking

기초의 Center Line Marking은 기준점을 참고로 해서 기초의 X축, Y축을 먼저 긋고 도면상의 기계 중심선을 기초 위에 먹줄을 놓아 옮겨놓는다.

3. Chipping

기초 콘크리트 표면을 3~5cm 정도의 깊이로 정이나 Breaker로 쪼아서 표면을 거칠게 하는 작업으로 나중에 Grouting 작업 시 Concrete와의 접착력을 좋게 하기 위함이다.

4. Padding

Padding 작업은 Anchoring 작업 전에 기계의 하부를 정해진 높이로 받혀주기 위함이며 작업 순서는 다음과 같다.

(1) 철판을 적당한 크기로 잘라 Pad를 준비한다.

(2) 기계 Base 높이에 맞게 성형 틀(Form)을 만든다.

(3) Grout 재를 약간 촉촉한 상태로 혼합하여 성형 틀에 넣고 다져서 모양을 만들고 틀을 해체한다.

(4) 성형된 Grout 위에 Pad를 올려놓고 측량기(Transit)에 맞게 패드를 망치로 가볍게 두드려서 수평과 높이를 정확히 맞춘다.

(5) 흘러내린 Grout 재에 분무기의 물을 뿌려서 미장용 칼로 성형을 마무리하고 양생포를 덮은 후 그 상태로 양생시킨다.

[그림 1-42] Grout 재료 혼합

[그림 1-43] Grout 성형 작업

5. Anchor Box Cleaning

Anchor Box가 Block Out 처리된 경우 Box 내부를 깨끗이 청소하고 필요한 경우 Grout 재가 잘 붙을 수 있도록 Chipping한다.

6. 기계 Leveling 및 Centering

(1) 회전기계에 관계되는 Level은 Shaft 및 Coupling면뿐만 아니라 입·출구 노즐도 수평 수직을 유지해야 한다.

(2) 기계설치 전에 방위각을 표시하고 배관 상세도면을 검토한 후 설치순서 및 방법을 정한다.

(3) 기계의 Lifting은 공급자가 제공하는 Lifting 도구 및 Lug를 사용하여 수행하되 사용 전에 이상 유무를 확인한다.

(4) 모든 기계의 Installation, Alignment, Tolerance, Tightening Sequence Torque Limit, Lifting Method 등은 기계 제작자 지침에 따라 수행한다. 공급자 도면 및 지침서에 Torque 값이 제공되지 않을 경우 보통 Wrench를 사용하여 사람이 충분한 힘으로 조임을 해야 한다.

(5) 제작자 도면 및 지침서에 Torque값이 제공되는 경우 Tightening 작업의 완성 비율은 다음과 같다.

1단계 : 50% → 2단계 : 75% → 3단계 : 100%

(6) Sliding Support 및 Bolting은 제작자 지침에 따르며, 제작자 지침이 제공되지 않을 경우 첫 번째 너트(Low Nut)는 손으로 죄고 두 번째 너트(Lock Nut)는 Low Nut와 접촉하고 풀리지 않도록 충분하게 Tightening해야 한다.

(7) 설치된 기계의 Alignment, Level은 Tightening 후 지침서의 범위 안에 들어야 하고 Alignment된 기계의 Shim Plate는 정위치에 있어야 한다.

(8) 너트와 볼트헤드 사이 및 기계 Base Plate와 Washer 사이에 Gap이 있어서는 안 된다.

7. Anchor Bolt 설치

(1) 작업 전 확인사항

1) 설치될 Anchor Bolt의 위치와 높이를 확인한다.

2) 위 사항을 확인하여 이상이 없으면 먹줄치기를 하여 Anchor 위치를 분명하게 표시한다.

3) 필요한 계측기 Y−level, Transit, 줄자, 수준기, Piano Wire, 먹줄 등을 준비한다.

4) Concrete Foundation상의 Anchor Bolt가 도면의 설치 위치 및 깊이(높이)와 일치하는 지를 측정한다.

(2) 작업요령

1) Heat Exchanger와 같이 한쪽 방향으로 팽창을 고려하는 경우 한쪽 기초에는 Base Plate 밑에 Sliding Plate를 두어야 한다.

2) Frame의 주 구성은 Anchor Post, Frame Support, 상부 Template로 구분되고 현장 조건에 따라 Assembly로 가설될 수 있다.

3) Frame은 승인된 도면에 따라 공장 또는 현장에서 제작할 수 있다.

4) Anchor Frame 및 Anchor Bolt 설치는 기초 지면에 Center Line 먹매김을 정확히 한 후에 하여야 한다.

5) Anchor Bolt Post는 각각의 Support Center Line을 기준으로 콘크리트 바닥에 Hammer Drill Machine을 이용하여 4개의 Bolt Hole을 뚫고 Expansion Anchor Bolt를 삽입한다.

6) 기초 개소마다 강재로 Template를 설치하되 Anchor Frame 상단 부재에 설치한 다음 각각 움직이지 않도록 서로 연계하여 Angle로 보강한다.

7) 규준틀을 설치한 후 Transit을 이용하여 규준틀에 기준점 및 기준고를 표시한다.

8) Anchor Frame을 규준틀에 맞추어 설치한 후 Anchor Bolt를 설치한다.

9) 상부 Template를 규준틀에 맞추어 설치한 후 Anchor Bolt를 설치한다.

10) Anchor의 장착 Nut는 Anchor Frame 하단에 밀착되도록 체결한다.

11) Anchor Bolt 검사 측량을 실시한다.

12) 허용오차를 벗어나는 부위는 수정보완하고 재검측을 실시한다.

13) 이상의 작업이 끝나면 Concrete를 타설할 수 있으며 타설 전에 Anchor Bolt의 나사산 부위는 Taping하여 콘크리트가 묻지 않도록 한다.

14) 콘크리트 타설 중에 Anchor Bolt 위치가 변하지 않도록 한다.

8. Anchor Bolt의 설치검사 요령

(1) Total Level 측정은 Bolt에 Object Staff를 설치하고 Level 측정기로 한다.

(2) 각 Bolt의 위치 측정은 설치 전 Piano선을 이용하여 줄자로 한다.

(3) 각 Bolt의 동심도 측정은 수직 Gauge로 한다.

9. Grouting 작업

(1) Grouting 재료

1) 비금속 무수축 제품을 사용한다.

2) 무수축 Grout는 반드시 미리 배합된 제품으로 사용하되 아래의 강도 조건을 만족해야 한다.
   ① 7일 강도 최소 330kg/cm^2
   ② 28일 강도 최소 470kg/cm^2

3) 포장에 구멍이 난 것은 사용해서는 안 된다.

4) Chipping한 부분을 깨끗이 청소한 후 Grouting하기 전에 Water Jet를 사용하여 불순물을 완전히 청소한다.

(2) 거푸집 설치

Base Plate를 기준하여 각 방향 50mm 간격으로 거푸집을 설치하여 Grouting 재의 유출을 방지하여 Grouting 부분의 형상이 뚜렷하도록 한다.

(3) Grout 재의 기존 Concrete 면과의 밀착효과를 높이기 위하여 Grout 타설 최소 시간 전에 Grouting되는 Concrete 면에 물을 충분히 뿌려 흡수할 수 있도록 하고 타설 직전 남아 있는 유동수는 제거한다.

(4) Grout 혼합

1) Grout 작업은 경험 많은 숙련자가 한다.

2) Grout 혼합용 반죽통, 주입통을 현장에 준비한다.

3) 작업시방서에 따라 소정의 그라우트 재와 물을 반죽통에 넣고 혼합한다.

(5) Grout 주입

1) Base Plate 및 기타 구조적 요소의 Grouting은 전체 플레이트나 기초가 완전히 Grout로 채워질 때까지 한쪽에서 연속적으로 주입한다.

2) 그라우트가 주입되는 기초판 하부의 공간이 그라우트로 완전히 채워졌다고 확인될 때까지 주의를 기울여야 한다.

- 타설된 그라우트는 응결될 때까지 주변기계로부터의 진동을 받지 않도록 하여야 한다.

3) Grout 타설 확인

타설 완료 확인은 Base Plate에 Grouting 재 주입구가 있는 부분은 Grouting 재가 공기구를 통하여 밀려나오는 것으로 하며, Grouting 주입구가 없는 부분은 Base Plate 하부에서 최소 5mm 이상 Grout 재가 올라왔을 때를 타설 완료로 한다.

4) 양생(Curing)

① 그라우팅 작업이 끝난 후 노출된 표면은 비닐로 덮어서 수분의 증발을 억제하여야 하며 마대 등으로 덮어 보양하여야 한다.

② 양생기간 중 5일 이상 충분히 살수하여야 한다.

③ 양생기간 중에는 진동, 충격, 하중 등의 유해한 작용으로부터 보호하여 양생한다.

5) 압축강도 시험

그라우트 타설작업 중 현장에서 시편 3개를 채취하여 7일 강도가 최소 $331kg/cm^2$ 값을 충족하여야 한다.

10. 기계 Alignment

(1) 모든 회전기계의 Shaft Coupling은 Angular, Radial Alignment를 수행하여야 하며 허용오차 내에 들어야 한다. 1차 정렬은 그라우팅 및 배관연결작업 전에 하여야 한다. 또한 수식형 펌프의 경우 Sole Plate는 구동체(Driver) 설치 전에 그라우팅, 용접작업 및 Leveling을 완료해야 한다.

(2) Angular Alignment는 구동체(Driver)와 피구동체(Driven) 사이 Coupling 면의 평형을 Dial Indicator를 이용하여 확인한다. Dial Indicator를 사용하기 곤란한 경우 Feeler Gauge, Taper Gauge, Calipers, Micrometer를 사용한다.

1) 두 Coupling Hub에 90° 간격으로 4점을 표시한다.

2) 기계 회전방향으로 두 축으로 90°씩 회전한다.

3) 0°, 90°, 180°, 270° 4곳을 측정하여 허용범위 내에 들어오도록 정렬을 한 후 그때의 값을 기록한다.

4) 제작자 지침서가 제공되지 않을 경우 허용오차는 0.05mm 이내이어야 한다.

(3) 배관 연결 후 회전기계 Alignment

Alignment는 구동체 회전을 Check한 후 Permanent 지지물 및 입구, 출구 배관작업 완료 후 수행하며 그 결과를 기록한다.

(4) 철 구조물에 놓이는 기계 설치

1) Setting Bolt 홀이 도면과 일치하지 않을 경우 발주자 승인하에 홀 재가공 및 Slotting을 할 수 있다.

2) 잔존하는 홀은 육성(Plug Welding)하고 그라인딩한다.

11. Final Alignment

(1) Operation 전 또는 System 준비 후 수행한다.

(2) 비회전기계는 그라우팅 작업 전에 Leveling, Elevation, Orientation 등을 확인한다.

(3) Final Alignment가 끝나면 손으로 축을 자유롭게 돌릴 수 있는지 확인한다.

12. Motor 회전방향 확인

Motor의 회전방향은 커플링 반대방향에서 보아서 시계방향(Clockwise), 반시계방향(Counter Clockwise)으로 판단한다.

13. Coupling 조립

회전기계의 Coupling 체결은 구동체의 올바른 회전방향을 확인한 후 규정 Torque로 Tightening한다.

[3] 중량물 취급 작업계획서

1. 중량물 취급 작업계획서란?

플랜트 현장에서 다루는 기계는 대부분이 사람이 힘으로 들 수 없는 것들이어서 이것을 정해진 위치에 설치하기 위해서 현장 운송로 상태, 트레일러 종류, 크레인의 용량 등을 파악하여 종합적으로 작성하는 계획으로, 이것을 'Rigging Plan'이라고도 하며 대단히 중요한 문서이다. 따라서 현장에서 Rigging Plan을 작성할 때는 경험이 많은 사람이 하고 필요시 중기대여업체의 전문가로부터 자문을 받는 경우도 있다.

2. 작성요령

(1) 검토사항

1) 중량물의 현황

설치될 중량물의 명칭, 무게, 규격 및 수량을 파악한다.

2) 현장여건 파악

중량물이 들어오는 반입 경로와 도로의 지반 다짐 상태, 도로 폭, 도로 주변 물체와의 간섭 등을 면밀히 파악한다.

3) 설치일자 결정

중량물이 현장에 도착하는 일자 및 설치에 소요되는 시간, 기간이 얼마인지를 검토한다. 왜냐하면 플랜트 현장은 타 공종(건축, 토목, 전기)과 간섭사항이 많아 관련 부서와 협의를 거쳐 일정을 잡기 때문이다.

4) 설치방법 결정

중량물은 크레인으로 단번에 들어서 기초 위에 올려놓지 못하는 경우가 많다. 그것은 장비의 용량, 인양거리 및 현장 여건 등에 제약을 받기 때문이며, 이런 경우 크레인을 이용하여 미리 설치한 Skid Rail 위에 올려놓고 체인블록으로 끌어서 설치하는 방법을 쓴다.

5) 크레인 용량 결정

① 크레인 작업 반경

도면과 현장 실측 결과를 토대로 먼저 크레인이 위치를 잡은 후 중량물을 인양하여 목적한 곳에 안치힐 수 있는 직입 반경을 측정하여 펼정한다.

② 조견표를 보고 목적물을 인양할 수 있는 샤클, 와이어의 규격 및 용량을 결정한다.

③ 총 인양 중량 계산

제품의 중량, 제품인양에 소요되는 Shackle, Sling Belt 또는 Wire, Hook Crab, Lifting Jig(Strong Back) 등의 무게를 모두 더하여 총 중량을 결정한다.

④ Crane Boom의 길이 및 각도 결정

크레인 작업 반경과 붐의 작업 각도, 그리고 중량물의 부피를 참작하여 크레인 붐 길이를 결정한다.

㉠ 붐 길이＝작업 반경/$COS\theta$ (θ : Boom 각도)

㉡ 통상 Boom의 각도가 작을수록 크레인의 인양능력은 떨어진다.

⑤ 부하율(안전율)은 ③항의 총 중량을 인양능력으로 나눈 값이며 어떤 경우에도 100%를 넘지 않도록 한다. 참고로 크레인은 크레인 제작 시 75% 또는 85%의 안전율 (Hook Crab 등 무게 제외)을 갖도록 제작되었다.

⑥ 크레인의 인양능력 결정

크레인의 작업 반경과 붐 길이가 결정되었으면 크레인 용량 조견표를 보고 크레인 인양능력을 결정한다. 인양능력을 총 인양 중량보다 과도하게 크게 잡으면 안전율은 높아지나 장비 용량이 과도하게 커짐으로써 장비 임대료가 증가될 수 있다.

⑦ 이상의 검토사항을 토대로 크레인 용량 및 크레인 종류(Type)를 결정한다.

(2) 크레인 점검사항

1) 과부하 방지장치는 제대로 작동하는가?
2) 권과 방지장치 상태는 양호한가?
3) 비상정지장치 및 브레이크 장치는 양호한가?
4) 인양물 무게와 Monitoring이 가능한가?
5) 아우트리거 4점 지지 상태는 양호한가?(수평 확인)
6) 작업반경 내 지반의 균열 등 붕괴 위험은 없는가?
7) 지반 하부 Soil Test 및 Mat Size 적정 여부는?(기술적 확인)

(3) 크레인의 제원 파악

1) 크레인 Model명
2) 크레인 Capacity
3) 크레인 연식
4) 해당 작업 시 최대 Capacity

3. 중량물 취급 작업계획서 작성

중량물 취급 작업계획서란 Rigging Plan에 대해 앞에서 언급한 모든 검토 결과를 일정한 서식에다 옮겨 놓은 것을 말하며, 이것을 현장에서 시행할 때는 작성자 및 검토자가 서명하고 공사 책임자의 책임하에 작업을 시행한다.

② 터빈 설치

[1] 개요 및 구성 부품

1. 개요

(1) 증기터빈은 보일러에서 발생한 고압의 과열 증기를 노즐로부터 분출시켜 고속의 증기분류로 회전하는 임펠러에 접촉시켜 동력을 얻는 열기관이다. 즉, 증기를 연속적으로 팽창시킴으로써 증기가 보유한 열에너지를 속도에너지로 바꾸어 기계적 에너지로서 변환하는 원동기로서 대용량 발전 플랜트에 이용된다. 작용증기의 압력에 따라 고압터빈, 중압터빈, 저압터빈으로 구분하며, 각 축을 연결하여 고압의 증기를 대기압 이하까지 팽창시켜 최대의 회전력을 통하여 기계적 에너지를 얻는다.

(2) 증기터빈은 몇 개의 단을 연이어 배치하여 구성하며, 보일러에서 발생된 고압증기는 주 증기 정지밸브, 컨트롤 밸브를 거쳐 터빈입구 증기실로 들어가서 각 단을 지나면서 점차 팽창하여 배기부에 이르게 된다. 증기의 체적은 저압이 될수록 현저하게 증대함으로써 그에 상응하는 증기통로 면적이 필요하므로 노즐 및 회전익의 길이는 저압 단으로 갈수록 길어진다.

2. 구성 부품

(1) 회전익

노즐에서 분출된 빠른 속도의 증기는 그 속도 에너지를 직접 회전익(Bucket)에 전달한다. 회전익은 베인(Vane), 도브테일(Dovetail), 테논(Tenon) 등으로 구성되어 있다. 베인의 도브테일 부분은 터빈 축의 휠 부위에 조립되어 Vane이 증기로부터 받은 에너지를 터빈 축에 전달하는 역할을 하는데, 이 회전익의 표면조도 및 증기의 입·출구 각도는 터빈효율에 큰 역할을 미친다.

(2) 고정익(Nozzle & Diaphragm)

고정익은 고온·고압의 증기를 속도에너지로 변환시켜 버킷에 전달하는 장치로 터빈의 각 단마다 버킷과 조합을 이루어 설치되어 있다. 고정익은 윗부분과 아랫부분이 분리 제작되는데, 이는 조립을 용이하게 하기 위함이다. 터빈 축과 인접한 안쪽 부위는 증기의 누출을 최소화하기 위해 패킹 링(Packing Ring)이 사용된다. 이 패킹 링은 터빈 회전체와 고정체 사이 간격을 통해 증기의 누설손실을 줄이기 위해 사용된다.

(3) 회전축(Rotor)

원주방향 운동력을 로터와 일체인 휠을 통해 회전력으로 바꾸어 준다. 로터는 크게 드럼형과 휠·다이어프램 형(Wheel & Diaphragm Type)으로 구분할 수 있으며, 다시 휠·다이어프램형은 일체형 로터(Integral Rotor)와 열박음 로터(Built-up Rotor)로 구분된다. 드럼형은 반동식 터빈에 사용되며 휠·다이어프램형은 충동식 터빈에 사용된다. 일체형 로터는 기계가공으로 로터에 Wheel을 만들고 열박음 로터는 터빈 축과 휠을 조립하여 열박음으로 제작한다.

(4) 차실(Casing, Shell & Hood)

1) 구조

케이싱은 원통 2등분 수평분할로 제작되어 회전체인 로터를 둘러싸고 있으며 로터가 케이싱을 관통하는 부분은 패킹 링이 설치되어 증기의 누설 또는 공기의 유입을 방지하도록 되어 있다. 고온·고압을 사용하는 대형 터빈에서는 고압부와 저압부를 분리시켜 유입되는 증기의 상태에 합당한 구조로 되어 있다. 또한 내부케이싱과 외부케이싱으로 분리된 이중케이싱으로 제작함으로써 케이싱 두께를 보다 얇게 하여 운전 중 온도 변화에 의한 열응력을 경감시킨다. 운전 중 이들 케이싱 사이의 압력은 중간 정도로서 압력차를 비교적 완만하게 하는 역할도 한다. 그리고 고압 외부케이싱은 수평플랜지 접촉면(Horizontal Flange Joint)에서 상·하부가 결합되어 팽창력을 기초에 전달하는 외부 구조물이다. 팽창과 수축 발생 시 Sole Plate 위에 설치된 스탠다드(Standard)는 허용범위 내에서 자유롭게 미끄러지도록 되어 있으며, Sole Plate는 콘크리트 기초 위에 설치되어 있다. 외부케이싱은 뒤틀림(Distortion), 휨(Deflection) 등과 같은 현상이 발생되지 않아야 하며 배관에 의한 부가적인 힘과 모든 방향에서 기계의 정렬상태를 유지하는 데 적절한 구조를 가져야 한다. 내부케이싱은 외부케이싱과 함께 그 중심이 일치하도록 배치되며 케이싱 자체 중량은 기초 위에 기계를 견고하게 누르면서 진동을 줄이는 데 도움을 준다. 또한 Front Standard, Bearing Housing 등과 연결되어 구속(Restriction) 없이 자유롭게 팽창하여 뒤틀림을 완화시켜주고, 외부 케이싱에는 급수가열기로 증기를 공급하기 위한 공간이 설치되어 있다.

2) 기능

고압터빈 케이싱(Casing)은 보일러에서 공급되는 고온·고압의 증기가 들어가서 여러 단의 회전하는 Bucket Wheel을 순차적으로 통과하면서 일을 한 후 케이싱 내부보다 조금 높은 상태에서 나오도록 만들어진 압력용기이다. 이 과정에서 온도와 압력은 급강하고 초임계압력 이상의 증기를 사용하는 터빈에서는 비체적이 1,000배(고압터빈 입구와 저압터빈 출구에서 비체적 비교) 이상 팽창하기 때문에 터빈케이싱의 자체 구조물과 내부 부품은 가혹한 운전조건에서 견딜 수 있도록 충분한 강도를 가져야 한다. 고압 내부 케이싱의 기본기능은 Diaphragm 및 Nozzle을 내장하면서 누설증기에 의한 압력강하를 줄이는 역할을 한다.

(5) 밸브(Valve)

터빈 입구에 설치된 밸브는 터빈으로 유입되는 증기 유량을 조절하여 부하를 조절한다. 또한 터빈을 과속으로부터 보호하기 위해 두 종류의 밸브가 조를 이루어 설치된다. 주 증기관 입구에는 주 증기 정지밸브(Main Stop Valve)와 제어밸브(Control Valve)가 설치되고 재열증기관의 입구에는 복합 재열밸브(Combined Reheat Valve)가 설치된다.

(6) 증기 밀봉장치(Steam Seal System)

회전체인 로터와 고정체인 터빈케이싱 사이에는 반드시 일정한 간격을 필요로 한다. 고 · 중압 터빈을 통과하는 증기는 대기압에 비해 훨씬 높은 압력을 유지하고 있으므로 터빈 케이싱과 로터와의 간격을 통해 대기로 증기가 유출된다. 복수기와 연결된 저압터빈 케이싱의 끝단 부위는 대기압보다 낮은 진공상태이므로 대기 중의 공기가 터빈 내부로 유입된다. 이를 막기 위해 케이싱 끝단 부위에 패킹 링이 사용되어 증기의 유출량과 공기의 유입량을 줄일 수는 있으나 완전한 밀봉은 불가능하다. 증기의 유출이나 공기의 유입은 곧 손실을 의미한다. 운전 중인 터빈의 완벽한 밀봉을 위한 시스템이 사용되는데, 이를 Steam Seal System, 또는 Gland Seal System이라 부른다.

(7) 베어링(Bearing)

1) 기능

베어링은 회전하고 있는 축의 반경방향 또는 축방향 하중을 받는 역할을 한다. 축 중에서도 베어링과 접촉하여 축에 반혀지고 있는 축 부분을 저널이라 하며, 이때의 베어링을 저널베어링(Journal Bearing)이라 한다. Journal Bearing은 Rotor의 양쪽 끝에 위치하여 Rotor의 무게를 지지하며, Rotor가 Oil Film 내에서 고속으로 안전하게 회전할 수 있도록 Rotor의 반경방향 움직임을 제한해주는 역할을 한다. Thrust Bearing은 로터 축에 붙은 Collar를 일정한 허용치 내에서만 움직이게 하여 운전 중 Rotor의 축 방향 위치를 일정하게 유지시켜 터빈 내에서 고정체와 회전체가 서로 접촉하지 않도록 하는 역할을 한다.

2) 종류

베어링의 종류는 크게 미끄럼베어링(Sliding Bearing)과 구름베어링(Rolling Bearing)으로 분류할 수 있으며, 터빈에서는 미끄럼 베어링을 채용하고 있다. 터빈 로터는 매우 큰 중량물이지만 수많은 회전체, Flange, Collar, Hole, Thread 등이 서로 결합된 정밀한 조합품으로 아주 작은 허용간극 내에서 운전된다. 터빈에 사용되는 베어링은 Journal Bearing과 Thrust Bearing의 두 종류가 있다.

(8) Cross Over Pipe

대용량 터빈은 저압터빈 두 개를 배치하여 증기의 팽창을 원활하게 하고 중압터빈에서 일을 마친 증기를 저압터빈으로 보내기 위하여 큰 관으로 연결되어 있는데, 이것을 Cross Over Pipe라고 한다.

[2] 터빈 설치

1. 설치를 위한 준비사항

(1) 터빈 설치 기술자 확보

터빈 설치는 반드시 설치 유경험자 5~6명으로 이루어진 작업팀을 구성하여 실시해야 한다. 팀 구성원 중에는 작업반장이 있어야 하며, 모든 작업은 반장의 지휘하에 체계적으로 진행되어야 한다.

(2) 공사용 도면, Instruction, 작업시방서 숙지

터빈 설치에 임하는 감독자 및 기술자는 작업시방서, 도면, 지침서 등을 미리 숙지하여야 한다. 의문시되는 것은 독자적인 판단으로 하기보다는 발주처 감독 및 제작사 파견 기술자와 충분히 협의하여 수행하여야 한다.

(3) 공급자 Packing List 확인

기계 공급자가 공급한 Packing을 해체하여 자재의 수량 및 외관상 이상 유·무를 확인하고 문제가 있을 시 자재 손·망실 처리 절차에 따라 조치하여야 한다.

(4) Over Head Crane 운전상태 확인

Over Head Crane의 운전을 위하여 크레인 취급 유자격자 및 신호수를 반드시 확보하여야 한다.

(5) 중량물 반입로 및 인양계획 수립

터빈케이싱/발전기 Stator 및 콘덴서는 자체 중량이 200~500톤에 이르는 무게를 가지고 있어 운송업체가 자재를 운반하여 오면 자재 야적 없이 곧바로 인양하여 정위치에 설치될 수 있도록 반입로 동선 계획, 크레인 Rigging 계획을 철저히 수립하여야 하며 또한 자재 납기 및 관련 공정관리를 철저히 하여야 한다.

만약, 선행 건축 공정 지연, 기자재 납기일정 미스매치로 인하여 중량물을 불가피하게 야적장에 저장하는 경우가 발생하면 현장에서의 소운반 및 인양계획을 별도로 수립해야 하므로 매우 비경제적이다.

(6) 공기구 현장 배치

각종 공기구 및 계측기를 적정 수량 확보하여 현장에 배치하고 이의 출납을 담당할 관리자를 둔다.

(7) 기계 받침용 침목, 합판 및 Rotor 거치대 제작 배치

터빈 부품을 터빈 Floor에 정돈하기 위해 하중을 고려한 배치 위치를 정하고 Rotor 및 Diaphragm 거치대를 제작하여 비치한다.

(8) 임시 사무용 컨테이너 배치

기술자가 상주할 현장 사무실을 마련하여 현장회의 및 각종 도면 열람, Check Sheet 작성을 위한 공간을 마련한다.

(9) 기타

메모용 칠판, 청소용 자재, 작업복, 헬멧, 작업화, 장갑 등을 준비한다.

2. 터빈 설치 흐름표

		↓ 터빈	발전기
1	LP Foundation Chipping		
2	Sole Plate Install		
3	LP Lower Part Install		
4	LP Upper Part Install		
5	Cond.＋Hood Welding		
6	LP Final Grouting		
7	Front Standard Install		
8	HIP Lower Part Install		
9	HIP Upper Part Install	↓	
10	Front Standard Final Grouting	LP Upper Part Remove	
11	CRV Install & Weld To Shell	LP Lower Diaph. Install	
12	Main Steam Lead Pipe Install	Bearing T－3,4 Install	↓
13	Hot Reheater Pipe Install	LP Rotor Install	Lifting Device Install

14	Boiler Hydro Test	LP Upper Diaph. Install	Stator Lift & Install
15	HIP Upper Part Remove	Upper Inner Shell Install	Inner End Shield Assembling
16	HIP Lower Diaphragm Install	LP Hood Install	Outer End Shield Pre－install
17	Bearing T－1,2 Install	"B" Coupling Alignment	Generator Rotor Install
18	HIP Rotor Install	"B" Coupling Assembling	Generator Both Bearing Install
19	Preli. "A" Coupling Adjust		Generator Accessory Install
20	HIP Upper Diaphragm Install		H2 Cooler Install
21	Hot Bolting		Generator Exciter Install
22	"A" Coupling Alignment		Exciter End Bearing Install
23	"A" Coupling Assembling		
24	Oil Flushing		

참조 : LP : Low Pressure
Preli. : Preliminary
Cond. : Condenser
Diaph. : Diaphragm
HIP : High Intermediate Pressure

[3] 터빈 설치 절차

1. LP 터빈(Low Pressure Turbine) 설치

(1) Foundation Chipping 및 Base Plate 설치
   1) Foundation 작업
   2) Base Plate 설치

(2) LP Lower Part 설치
   1) LP Lower Hood 설치 및 조정
   2) LP Lower Inner Casing 설치 및 조립

(3) Preliminary Tops-off Line 측정
(4) LP Upper Inner Casing 조립 및 설치
(5) LP Upper Hood 조립 및 설치
(6) LP Hood Alignment 및 Preliminary Tops-on Line 측정
(7) LP Hood와 복수기 용접
(8) LP Hood Final Grouting
(9) LP Upper Hood 해체
(10) LP Upper Inner Casing 해체

(11) Final Tops-off Line 측정

(12) Diaphragm 청소 및 Clearance 점검

(13) Lower Diaphragm 설치

(14) Lower Diaphragm Alignment

(15) Lower Diaphragm의 Packing Ring 조립

(16) T3~T4 Bearing 설치

(17) LP Rotor 설치

(18) Blade 및 Pin 등의 손상 여부 및 제반치수 확인

(19) LP Rotor 및 상부 Bearing 설치

(20) Preliminary Coupling Check

(21) Temporary Spacer로 Coupling 조립

(22) 상부 Diaphragm과 Packing 설치

(23) Upper Inner Casing 설치 및 조립

(24) Upper Hood 최종 조립 및 설치

(25) Final Coupling 조립

(26) Final Coupling Alignment 및 점검

(27) Cross Over Pipe 설치 및 조립

[그림 1-44] LP터빈

2. 고·중압터빈(High Intermediate Turbine) 설치

(1) Front Standard 설치 및 조정

(2) HIP Lower Outer Casing 설치

(3) HIP Preliminary Tops Off Line 측정

(4) HIP Upper Outer Casing 설치 및 조립

(5) Front Standard의 Final Grout

(6) HIP Final Tops On Line 측정

(7) HIP Upper Outer Casing 및 Packing Head 해체

(8) Final Tops Off Line 측정

(9) Diaphragm 간극 점검 및 Cleaning

(10) HIP Packing 접촉부 및 Stud Clearance 점검

(11) HIP Diaphragm Alignment

(12) HIP Lower Packing 설치

(13) T1, T2 Journal Bearing 설치

(14) HIP Rotor 및 상부 Bearing 설치

(15) Preliminary HIP Coupling 점검

(16) HIP Rotor 간극 점검

(17) Upper Diaphragm 및 Packing Head 설치

(18) HIP Upper Outer Casing 조립 설치

(19) Coupling Check 및 연결

(20) Electrical Part 설치 및 조정

[그림 1-45] 고압터빈

1 배관 일반

1. 일반설계기준

(1) 운전 및 보수 공간, 공간 활용 측면 등을 고려한다.

(2) 최소한의 Fitting 수를 사용하여 최단거리로 한다.

(3) 고온 및 대구경 배관은 지지장치 설치위치 등을 고려하여 먼저 배치한다.

(4) 유체의 유동, Vent, Drain, Flushing, 초기 세척, 시험 및 보수가 용이하도록 시공한다.

(5) 건물 벽, 바닥 및 지붕 통과부분 Sleeve를 설치한다.

(6) 동서방향과 남북방향의 배치는 서로 다른 높이로 배치한다.

(7) 벽이나 주위 배관과 평행하거나 직각을 형성하여 균일한 공간이 되도록 배치한다.

(8) 기존의 강구조물과 콘크리트를 이용하여 지지물을 설치한다.

(9) 밸브의 조작 및 보수를 위해 필요한 Walkway 및 Ladder를 설치한다.

(10) 일반적으로 배관계통에는 동심 축소관(Concentric Reducer)을 사용한다. 단, 수평배관에서 응축수 발생 예상 시 수관의 경우 상부 수평 편심 축소관(Flat Top Eccentric Reducer), 증기관의 경우 하부 수평 편심 축소관(Flat Bottom Eccentric Reducer)을 사용한다.

(11) Battery Limit 안의 모든 배관은 Support상의 Routing을 하되 여의치 않을 경우 Sleeper로 설치한다.(단, Drain, Sewer Line 또는 그 밖의 특수 Line 제외)

(12) 현장용접, 보온 요건, 밸브, 계기 및 지지물의 설치 및 보수 요건을 충족하는 간격을 확보한다.

(13) 옥내 배관은 Cable Tray 설치공간을 고려한다.(분야 간 협의 필요)

(14) Pump 등 기계 주변 배관은 운전 및 보수용 공간을 확보하고 회전기계 바로 윗부분은 배관배치를 금한다. 꼭 필요할 경우 보수용 Hoist Beam 위로 배치한다.

(15) 열교환기의 튜브 다발이나 Shell의 제거를 위한 공간을 확보한다.

(16) 통로는 배관, 전선관, 케이블 트레이 및 기타 운전 및 보수에 방해가 될 수 있는 설비와 충분한 간격을 확보한다.

(17) 모든 배관은 통행과 보수 등을 고려하여 바닥으로부터 다음과 같은 높이를 유지한다.
   1) 보도구역 2,200mm
   2) 옥외구역 및 보수통로 3,000mm
   3) 도로 및 공사차량 진입로 5,000mm

(18) Trench 배관의 Flange 및 보온재 바닥 면이 트렌치 바닥에서 최소 75mm 높이를 유지한다.

2. 상세 설계기준

(1) 재질

다른 재질 및 Rating의 배관 연결 시는 High Grade 재질을 사용한다.

(2) Vent & Drain

1) 배관의 높은 지점에 Vent, 낮은 지점에 Drain을 설치한다.
2) Vent & Drain Line에 설치하는 밸브는 드레인 라인 구경과 같게 설치한다.
3) 모든 배관의 낮은 위치에는 Glove Valve와 함께 Drain을 달도록 하며, 드레인 출구 끝단에는 나사 이음식 Plug 또는 Cap을 설치한다.
4) Vent & Drain 구경

배관 구경	배기구/배수구 구경
50mm 이하	15mm/20mm
65~300mm	20mm/25mm
350mm 이상	25mm/40mm

5) ANSI Class 600# 이상 배관계통에는 드레인, 벤트 또는 계기 차단용 목적으로 2개의 밸브를 직렬로 설치한다.

(3) Expansion and Flexibility

1) 규정 운전온도 또는 그보다 Severe 조건을 고려한다.
2) Pipe Loop 구성, 공간협소 시 또는 진동 방지 목적 벨로 타입의 Expansion Joint를 설치한다.

(4) 배관지지물 설계

1) 모든 배관계는 자중, 열팽창 하중, 지진 하중 등에 의해서 변형 또는 이상 응력이 발생되지 않도록 적합한 지지물에 의해 지지되어야 한다.
2) 지지물은 각종 기계 및 구조물, 운전 보수공간과 간섭되지 않도록 설치한다.
3) 관에 직접 용접되거나 접촉되는 지지물의 부품은 배관의 설계온도 및 재질에 적합한 재질로 한다.
4) 모든 배관 지지물 표준 부품은 강재로 한다.
5) 배관 지지물은 가능하면 건물 또는 다른 구조물의 보 혹은 기둥에 부착한다.
6) 배관 지지물이 콘크리트 기둥 보 혹은 바닥에 설치되는 경우 설치용 강관(Embedded Plate) 크기 위치를 토목 설계자에게 통보하여 반영한다.
7) 열팽창으로 인한 배관의 부상 시 Rigid Hanger로 지지가 여의치 않을 경우 Variable Spring Support 또는 Constant Spring Support를 사용한다.

8) Variable Spring Support의 정지와 운전 간의 하중변위는 25% 이하여야 한다.

9) 모든 스프링 행거에는 운전(Hot), 정지(Cold) 및 운전변위를 보여 주는 장치가 있어야 하며 설치하중에 잠금장치가 있어야 한다.

10) 수직 행거(Hanging Type)의 경우, 운전 중 어느 경우에도 Hanger Rod와 수직선의 각도가 4°를 넘지 않아야 한다.

11) 고온에 부착되는 지지물의 부품은 배관의 열팽창을 고려하여 설계한다.

(5) Valve

1) 모든 밸브는 각 층의 바닥 위 혹은 Platform 위에서 조작이 가능하도록 한다. 밸브 위치가 바닥으로부터 2,000mm 이상일 때 사다리 또는 Platform을 설치한다. 단, 조작이 빈번하지 않은 경우 다음과 같은 밸브는 이동용 사다리를 이용한다.
   ① 배관상의 배기 및 배수밸브
   ② 계기차단용 밸브(Root Valve)
   ③ 기타 조작이 빈번하지 않은 80mm 이하 밸브

2) 제어밸브(Control Valve)와 By-pass Valve, 차단밸브는 보수 시 해체가 용이하도록 충분한 보수공간을 두도록 하며, 바닥 위 혹은 Platform 안쪽에 설치한다.

3) 수동밸브는 Stem이 가능한 한 수직상향으로 나오도록 설치되어야 하며 부득이한 경우 밸브를 눕혀서 설치할 때 밸브의 Stem이 수평보다 낮게 내려오지 않도록 한다. 단, 제어 밸브와 전기구동 밸브는 수평 배관에만 설치하며 Stem이 수직이 되도록 설치한다.

4) 밸브의 Stem이 통로를 가로막지 않도록 한다.

5) Butterfly Valve 가까이 밸브 또는 기계를 설치하는 경우 버터플라이 밸브 디스크가 다른 밸브 또는 기계와 간섭되지 않도록 일정 거리를 유지한다.

6) 배관계로 연결되지 않고 밸브의 출구가 대기에 노출되는 경우(예 배수밸브, 배기밸브)에는 플랜지 혹은 나사 이음식 플러그나 단관과 캡으로서 밸브의 출구를 막아주는 것을 원칙으로 한다. Service Air의 경우 밸브 출구에 알맞은 규격의 호스 연결용 Connector를 단다.

7) 모든 밸브의 구동장치는 운전, 조정, 보수가 용이하고 운전자가 쉽게 관측·접근할 수 있는 위치에 놓이도록 하며 밸브 분리에 필요한 공간을 확보하도록 한다.

8) Swing Check Valve는 수평배관 및 유체가 하단에서 상단으로 흐르는 수직배관에만 설치한다. 다만, 유체가 기체인 경우 수평배관에만 설치한다.

9) 안전밸브의 배출관은 안전밸브 작동 시 안전밸브가 설치된 기계 혹은 배관에 과도한 하중이 생기지 않도록 고려하며 인체 혹은 시설물에 손상이 가지 않도록 배치한다.

10) 대기로 방출하는 안전밸브 출구관의 낮은 지점에는 배출된 유체 혹은 빗물 등이 흘러내릴 수 있도록 지름 10mm 정도의 구멍(Weep Hole)을 설치하며, 필요시 안전한 곳까지 배수관을 설치한다.

11) Butterfly Valve가 교축용(Throttling Service)으로 사용될 경우 공동현상(Cavitation)에 의한 침식을 방지하기 위해 밸브 하류 측 약 1.5m 구간까지는 높은 등급의 배관재질을 사용한다.

(6) Pump 설치

1) 수평분할 케이싱 펌프 또는 전방 흡입식 펌프의 수평흡입 배관에 Reducer를 설치할 때는 배관 내에 기포가 발생하지 않도록 Eccentric Reducer를 사용한다.
2) 펌프에 연결되는 배관은 배관의 열팽창 또는 배관의 자중으로 인하여 펌프 노즐에 힘(Allowable Force)과 Moment가 초과하지 않도록 한다.
3) 펌프 출구 측의 Check Valve는 차단 밸브 가까이 설치한다.
4) 펌프 흡입 측 배관은 Air Pocket이 생기지 않도록 하며, 될 수 있는 한 단거리가 되도록 하여 펌프에서 요구하는 NPSH(유효흡입수두)를 만족시키도록 한다.

3. 배관자재

(1) Piping

1) Dwg.의 구성요소
  ① 직접적인 요소
    ㉠ Pipe
    ㉡ Fitting
    ㉢ Bolt & Nut
    ㉣ Valve
    ㉤ Special Part(Strainer, Steam Trap 등)
  ② 간접적인 요소
    ㉠ Instrument(Gage, Flow meter, Orifice 등)
    ㉡ Equipment(Tower, Vessel, Pump, Exchanger 등)
    ㉢ Insulation

2) Pipe의 재질
  ① Carbon Steel
  ② Aluminum, Chrome, Nickel 등의 Alloy
  ③ 기타

3) 재질 선택 시 고려사항
  ① Commodity(유체)
  ② Pressure(압력)

③ Temperature(온도)

④ Flow & Size(유량과 관경)

⑤ Easy of Assembly(조립의 간편)

⑥ Availability(유용성)

⑦ Economic(경제성)

⑧ 기타

4) Size

① 1″ Pipe의 O.D 34mm

② 2″ Pipe의 O.D 60mm

- O.D가 일정(Thickness가 변해도 같다.)

5) Piping Dwg.에 사용되는 Size

1/8″, 1/4″, 1/2″, 1″, $1\frac{1}{2}$, 2″, $2\frac{1}{2}$, 3″, 4″, 5″, 6″, 8″, 10″(이후는 짝수)

- $3\frac{1}{2}$″, 7″, 9″, 11″ 홀수(사용하지 않음)

6) Nominal Pipe Size(호칭경)

① 14″ Pipe의 호칭경 14″

② 6″ Pipe의 호칭경 6″

7) 호칭 및 호칭경의 의미

① 대략적인 관의 내경을 의미한다. 따라서 외경은 호칭경보다 항상 크다.

　예 25A, 1B(외경 33.4)

　　 50A, 2B(외경 60.3)

② 배관 호칭경의 표기법(2가지)

　㉠ ASME/ANSI Code

　　NPS(Nominal Pipe Size) : Inch(예 NPS10, NPS15, … 즉, 10″,15″)

　　DN(Diameter Number) : mm)예 DN10, DN15, … 즉, 10mm, 15mm)

　㉡ JIS/KS Code

　　B : Inch(예 10B, 15B, … 즉, 10″, 15″)

　　A : mm(예 10A, 15A , … 즉 10mm, 15mm)

　※ NPS12(12B) 이하에서 ASME/ANSI 규격과 JIS/KS 규격의 배관 실제 외경이 서로 다름에
　　주의

8) Pipe Wall Thickness 표기법

① Schedule No. 방식

파이프의 내압을 P(lb/In²), 파이프의 허용응력을 S(lb/In²)라 할 때

Sche. No. =1,000P/S(Sus. Steel에서는 Sche. No. 끝에 S를 붙인다.)

② Weight 방식

　㉠ Standard Weight(STD, WT)

ⓛ Extra Strong 또는 Extra Heavy(XS)

ⓒ Double Extra Strong 또는 Double Extra Heavy(XXS)

9) Pipe 길이 규격

① Single Random : 통상 6m로 생산

② Double Random : 통상 12m로 생산

③ Fixed Length : 파이프 길이를 정하여 구매(예 15m, 20m)

10) Pipe 분류

① 제조방법 : 무게목 파이프(Seamless Pipe), 용접 접합형 파이프(Welded Pipe)

② 사용목적 : 플랜트, 유정(Oil), 유체수송용(지역난방, 열배관, 송유관)

③ 재질 : Carbon Steel(철과 2%의 탄소)

　　　　 Stainless Steel(철에 Cr 30% 제거, 필요에 따라 Mn, Si, Ni, Mo를 포함한 합금)

　　　　 Alloy Steel(철에 몇 개의 원소를 첨가한 것으로 특수강이라고도 함)

④ Plastic : 열가소성(Thermo Plastics) : PP, PE, PTEE 등

　　　　 열경화성(Thermoset Plastics) : FRP(Fiber Glass Reinforced Plastic)

11) Sche. No. : Pipe의 Thickness 결정

Normal Pipe Size	Sche. No	Wall Thickness	I.D
8″	40	8.2	199.9
8″	80	12.7	190.9
8″	120	18.2	179.9

12) Pipe End

① T.E(Thread End) 2″ & Smaller(Screwed)

② P.E(Plained End) 2″ & Smaller(Soketed)

③ B.E(Beveled End) $2\frac{1}{2}$″ & Larger(Weld)

13) Dwg. 법

① Arrangement Drawing(to Scale)

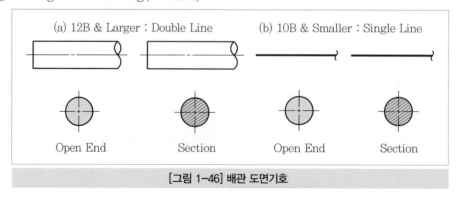

[그림 1-46] 배관 도면기호

    ㉠ Double Line(0.5mm)은 Single Line(0.8mm)보다 흐리게 한다.

    ㉡ 큰 원은 컴퍼스로 그리고 작은 원은 Template로 그린다.

    ㉢ Center Line은 일점쇄선으로 그린다.

    ㉣ Scale은 맞추어 그리고 원의 O.D는 Nominal Size로 그린다.

② Isometric Drawing

    ㉠ None Scale로 그린다.

    ㉡ Isometric Drawing에서는 12B & Larger Size도 Single Line으로 그린다.

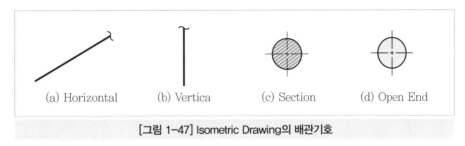

(a) Horizontal   (b) Vertica   (c) Section   (d) Open End

[그림 1-47] Isometric Drawing의 배관기호

(2) Fitting

Piping System에서 Pipe의 방향 변화나 Branch와 Pipe 상호 간의 연결을 위해 사용되는 가공된 Pipe의 종류

1) 종류

① Butt Weld Fitting(B.E) 2B 또는 3B Larger 사용

② Socket Weld Fitting(P.E)

③ Screwed Fitting(T.E)

④ Flanged Fitting(Fl. 연결)

2) 90° Elbow

라인을 90°로 꺾는 데 사용하며 Elevation 변경이나 수평에서 수직으로 꺾는 데 또는 수평에서 수평으로 꺾는 데 사용

① 90° Elbow의 종류

    ㉠ Long Radius Elbow : 1/2″~36″까지 만든다. 다른 Size도 있으나 Special Made이다.

    ㉡ Short Radius Elbow : Space가 좁은 곳이나 Space가 차지할 수 없는 곳에 사용한다.

    ㉢ Reducing Radius Elbow : 주로 Pump 등의 Manifold에 사용하며 하나의 Fitting으로서 Reducer와 Elbow의 두 역할을 하는 것으로 경제적이나 특수한 경우에만 사용한다.

    ■ Reducing Elbow에서 Short Radius Elbow는 없다.

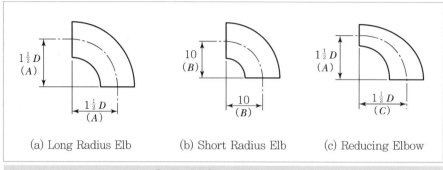

(a) Long Radius Elb   (b) Short Radius Elb   (c) Reducing Elbow

[그림 1-48] 90° Elbow 규격

② 도면 표시
　　㉠ Circle Template를 사용하며 원이 큰 것은 컴퍼스를 사용한다.
　　㉡ 파이프와 마찬가지로 10B 이하는 싱글 라인으로 그리고 12B 이상 Size는 더블 라인으로 그린다.
　　㉢ Arrangement Dwg.에서는 On-scale로 그리며 ISO. Dwg.에서는 12B 이상의 라인도 Single Line None Scale로 비례에 맞추어 그린다.
　　㉣ Reducing일 때는 Arrangement Dwg. ISO. Dwg. 모두 Double Line으로 그리고 반드시 "R."이라고 써준다.

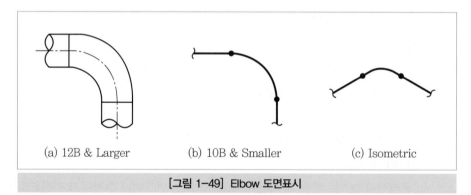

(a) 12B & Larger   (b) 10B & Smaller   (c) Isometric

[그림 1-49] Elbow 도면표시

③ 45° Elbow
　　㉠ 45° 엘보는 90°로 방향을 전환할 경우 방해물이 있어 안 되거나 두 연결하는 파이프가 90° 엘보로 Space가 부족한 경우에 사용한다.
　　㉡ 평면상에서 45°의 용접부는 원이 아니고 타원이며 45°라고 "Call-out"한다.

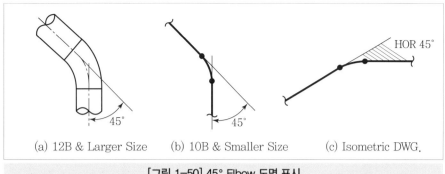

(a) 12B & Larger Size   (b) 10B & Smaller Size   (c) Isometric DWG.

[그림 1-50] 45° Elbow 도면 표시

④ Tee(3방향의 Fitting)

　㉠ Straight Pipe 중간에서 다른 Pipe를 수직으로 연결하는 데 사용하며 용접부가 3곳이다.

　㉡ 종류

　　• Straight Tee : 3방향의 Opening이 동일

　　• Reducing Tee : Branch 쪽의 Opening이 Straight 쪽보다 작다.

⑤ Nozzle Weld Connection

　Tee와 똑같은 역할을 하나 Branch Line이 2B 이상의 경우 Main Line에서 Tee 로서 Branch할 수 없을 경우, 다시 말해 18B Main Line에서 4B Line을 Branch 시키고자 할 경우 18B* 4 Reducing Tee가 생산되지 않기 때문에 이런 경우 Main Line에서 구멍을 뚫어서 Branch시켜 Tee의 역할을 한다.

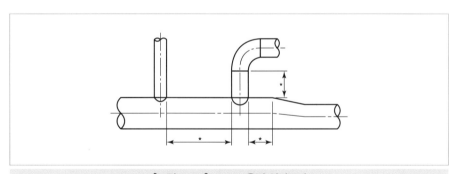

[그림 1-51] Nozzle 용접 연결도면

■ Welding할 때 *의 거리가 80mm 이내이면 안 된다.

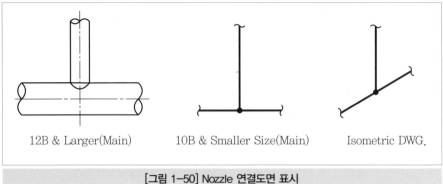

| 12B & Larger(Main) | 10B & Smaller Size(Main) | Isometric DWG. |

[그림 1-50] Nozzle 연결도면 표시

⑥ Weldolet

Tee나 Nozzle Weld 대신에 사용하며 Reinforcing Pad가 없기 때문에 경제적이나 미국에서는 많이 사용하지만 한국이나 일본에서는 별로 사용하지 않는다.

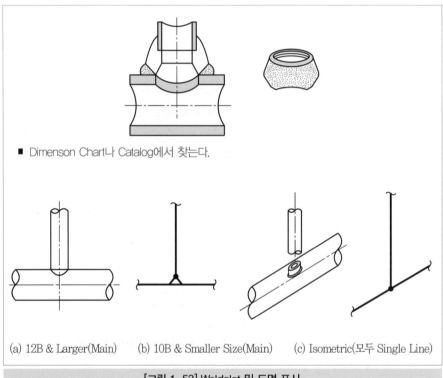

■ Dimenson Chart나 Catalog에서 찾는다.

(a) 12B & Larger(Main)   (b) 10B & Smaller Size(Main)   (c) Isometric(모두 Single Line)

[그림 1-53] Weldolet 및 도면 표시

⑦ Miter

㉠ 용도

Large Pipe나 Low Pressure, Low Temperature에서 ELL. 대신 사용하여 경제적이나 아무리 큰 DIA.라도 Pressure Drop이 중요할 경우에는 사용하지 않는다.

ⓛ 종류

- One Weld Miter
- Two Weld Miter
- Three Weld Miter

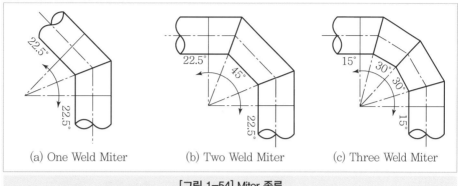

(a) One Weld Miter   (b) Two Weld Miter   (c) Three Weld Miter

[그림 1-54] Miter 종류

■ Line은 0.5mm 실선으로 굵게 그린다. ISO는 그리지 않고 Section으로 그린다.

⑧ Reducer

ⓐ 용도 : Pipe 연결점으로부터 Line Size를 줄이려고 할 때 쓰는 Fitting이다.

ⓛ 종류

- Concentric : 두 Opening의 Center Line이 같으며 보통의 경우에 주로 쓰인다. Vertical Line에서는 모두 Concentric을 사용한다.
- Eccentric : 두 Opening의 센터라인이 틀리며 한쪽 면이 Flat하고 Pipe Rack에서 Elevation을 같게 해주거나 Pump의 연결과 Control Valve에서 주로 사용하며 B.O.P와 T.O.P의 두 가지로 사용된다.
  - B.O.P : Bottom Of Flat(바닥 쪽이 평평)
  - T.O.P : Top Of Flat(위쪽이 평평)

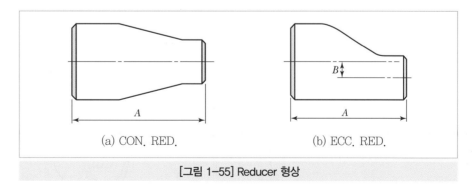

(a) CON. RED.   (b) ECC. RED.

[그림 1-55] Reducer 형상

⑨ Cap

Cap의 용도는 Pipe의 끝을 막는 데 사용되는 Fitting이며 모양은 반타원형으로 O.D는 연결되는 Pipe의 O.D와 동일하며(Butt Weld Type) 재질과 Spec.도 같다.

⑩ Socket Welding Fitting

　2B 이하의 Pipe에 사용하며 Butt Weld Fitting과 원칙적으로 같고 연결방법만 다르다.

　㉠ 90° Elb & 45° Elb : Line을 90° 또는 45°로 꺾는 데 사용하며 기능은 Butt Weld와 같다.

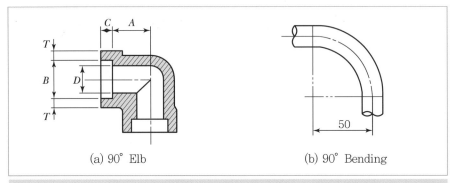

(a) 90° Elb　　　　　　　　(b) 90° Bending

[그림 1-56] 90° Elbow 분류

⑪ Coupling

　㉠ 용도

　　2B 이상 Pipe에서 2B 이하의 Branch Connection과 계기의 Connection을 위해 사용하거나 2개의 파이프를 연결하는 데 사용하는 Fitting이다.

　㉡ 종류

　　• Full Coupling : 2개의 파이프와 파이프를 연결하는 데 사용하는 커플링
　　• Half Coupling : Branch용이나 계기의 연결에 사용되는 것으로 길이는 풀 커플링의 절반이다.

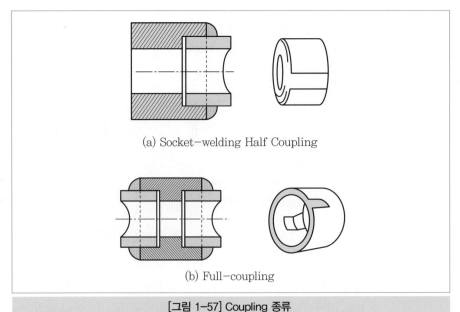

(a) Socket-welding Half Coupling

(b) Full-coupling

[그림 1-57] Coupling 종류

⑫ Plug

　　㉠ 용도 : 플러그는 Screwed Coupling의 열린 끝 부분을 막거나 Screwed Vent,
　　　　Screwed Drain의 Open End를 막기 위해 사용하며 Plug는 Screwed Type 한
　　　　가지뿐이다.

　　㉡ 종류 : 종류는 한 가지로 Male Thread를 가지고 있어서 Female Thread와 연
　　　　결된다.

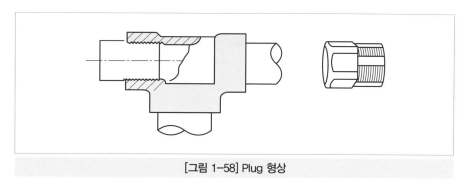

[그림 1-58] Plug 형상

⑬ Union

　　㉠ 용도 : 자주 떼어낼 필요가 있는 부분이나 용접이 아닌 Assembly하는 시설의
　　　　Joint에 사용한다.

　　㉡ 종류 : 종류는 한 가지뿐이며 Female Thread를 가지고 있어 Male Thread와 연
　　　　결된다.

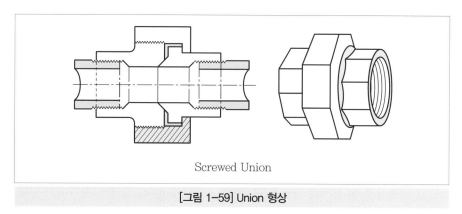

Screwed Union

[그림 1-59] Union 형상

⑭ Nipple

　　㉠ 용도 : 수로 배관에서 Fitting과 Valve 등과의 연결 시 모자라는 Space를 채워
　　　　주는 Pipe의 단관을 Nipple이라 하며 Piece라고도 한다.

　　㉡ 종류 : 종류는 없고 주위 조건에 따라 길이만 조정한다.

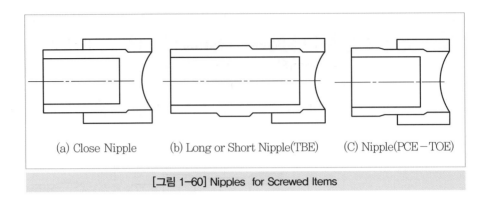

(a) Close Nipple   (b) Long or Short Nipple(TBE)   (C) Nipple(PCE−TOE)

[그림 1−60] Nipples for Screwed Items

(3) Flange

1) 용도

① 주기적인 점검과 정비가 필요한 Pipe의 부분에 사용한다.

[그림 1−61] Flange 표시기호

② Equipment의 Nozzle과 Valve의 연결에 사용한다.

③ Future 확장공사를 위한 Pipe의 끝이나 Open된 Nozzle의 End와 Drain−Vent의 Open End를 막는 데 사용된다.

4. 배관지지장치

(1) 종류와 용도

배관지지장치는 기능 및 용도에 따라 Hanger, Restraint, Snubber로 분류되며, 이를 배관에 접속하는 데 사용하는 필요한 부속물로 구성되어 있다.

1) Hanger 또는 Support

배관계 및 기계의 자중을 지지하는 것을 Hanger, 밑에서 지지하는 형태를 Support라 하며 모두가 배관의 과대한 응력과 변형을 방지하는 데 그 목적이 있다.

| 표 1−6 | Hanger의 종류 및 사용구분

종류	용도	사용구분
Rigid Hanger	수직방향 변위 0~2mm 이내	
Spring Hanger	수직방향 변위 2~50mm 이내	하중변동률 ≤25%
Constant	수직방향 범위가 큰 곳	하중변동률 ≥25%

2) Restraint

열팽창에 의해 발생하는 배관계의 3차원 열변위에 대하여 임의 방향의 변위를 구속 또는 제한하기 위하여 사용한다.

| 표 1-7 | Restraint의 종류 및 용도

종류	용도
Anchor	배관계의 일부를 완전히 고정하는 데 사용
Guide	배관이 축을 따라 회전하는 것을 방지하는 경우에 사용
Restraint	배관의 회전은 허용하지만 직선운동을 방지하는 경우에 사용

3) Snubber

배관계의 열변위를 구속하는 것이 아니고 지진 등에 의한 배관계의 진동을 방지, 감쇠하기 위하여 사용한다. 특히, 안전밸브 취출반력 등 일정 방향의 힘을 대상으로 하는 Snubber는 완충기(Shock Absorber)로 불리고 있다.

| 표 1-8 | Snubber의 종류 및 용도

종류	용도
Spring식 방진기	열팽창에 의한 변위가 적은 곳에 사용
유압식 또는 기계식 방진기	유압식 또는 기계식 방진기의 열팽창에 의한 변위가 적은 곳에 사용
완충기(Shock Absorber)	Water Hammer, 안전변 토출 시 등 반력 감쇠용으로 사용

(2) 구조와 특징

1) Rigid Hanger

일반적으로 수직변위가 적은 개소에 사용되나 고온배관 또는 특수 기계에도 특수 용도로 많이 사용된다.

① 상온 20℃에 운전되는 배관에 사용

내부 유체가 상온이고 운전 및 정지 시의 온도 변화가 없거나, 무시되는 것으로 배관 열팽창에 의한 변위는 발생되지 않으므로 Rigid Hanger를 사용하여도 된다.

② 비교적 고온이고 수평부분이 긴 배관에 사용

공장용 증기나 보조증기 배관과 같이 수평구간이 길고 축방향 열팽창은 크지만 수직방향 변위가 대단히 적거나 무시하는 경우에 사용하며, 이러한 배관의 축방향 변위는 Expansion Joint나 U-band로 흡수되도록 하고 Roller Stand로서 중량을 지지하여 변위를 구속하지 않도록 할 필요가 있다.

③ 아주 높은 온도의 배관에 Restraint로서 사용

고온·고압 배관에서도 수직부분이 긴 배관에서는 상부는 윗방향으로, 하부는 아래

방향으로 이동하므로 그 중간에는 수직방향의 변위가 없는 부분이 있다. 이 점에 Rigid Hanger를 사용하면 경제적이고 큰 중량을 지지할 수 있다.

2) Spring Hanger

이것은 배관의 수직이동에 따라 지지하중이 변하는 Hanger로서 전이하중에 의한 응력이 배관계 총합응력에 악영향을 미치지 않는 장소에 사용하는 것이 좋으며 Constant Hanger가 지지하중이 일정하므로 하중계산에 엄밀함을 요하는 데 반하여 Spring Hanger는 하중의 지지범위가 넓어서 실제중량과 완전하게 균형이 되도록 하는 것이 아주 용이하다. 스프링 행거의 특징으로서는,

① 소형 경량으로서 협소한 장소에서도 쉽게 부착할 수 있다.

② Piston Plate가 특수한 형상으로 되어 있어 움직임이 자유로워 배관계의 수평이동에 충분히 추종할 수 있다.

③ Lock Pin으로서 냉간 시의 하중에 Set되어 제작되고 Index Plate에는 운전 시의 하중위치에 적색 H 마크, 냉간 시 하중위치에 청색 C 마크가 붙어 있으며 점검 후 수압시험 등 필요시 임의의 위치에 다시 Set시킬 수 있는 영구 Lock 장치가 부착된 것도 있다.

④ 점검 편의를 위해 Travel 및 하중 Index Plate가 부착되어 있다.

⑤ 연직방향의 이동량이 50mm 이내일 경우 사용하고, 하중 변동률은 25%를 초과하지 않도록 해야 한다.

3) Constant Hanger

지정된 배관변위 범위 내에서 배관계의 상하이동을 항상 지정된 일정 하중으로 배관을 지지하는 것이 가능하도록 된 Hanger로서 열팽창에 의한 배관계의 범위가 큰 장소 및 전이능력을 조금이라도 적게 하고 싶은 장소에 주로 사용된다. 콘스턴트 행거의 주요 특징으로서는,

① Spring Case가 있으며 사용 중이나 운반 중에 외부와 접촉되어도 기능상의 열화나 손상 염려가 없도록 되어 있고 Case 내부 검사가 가능하도록 틈새(Slit)가 만들어져 있다.

② 전체 회전부에 무급유식 베어링(Dry Bearing)을 사용하여 마찰이 적다.

③ 배관의 수평방향 이동에 대하여 하중 Sling Bolt가 수직으로 4° 정도 회전(Swing) 가능하도록 되어 있다.

④ Hanger 지지하중은 지정된 하중에 조정되어 운전개시 위치에 Set되어 제작되며, 점검 후의 수압시험 등 필요시 임의의 위치에 Reset할 수 있는 영구 Lock 장치가 부착된 것도 있다.

⑤ 지지하중의 변경이 필요한 경우 하중 조정 Bolt를 돌려 상하 10%의 하중 조정이 가능하도록 되어 있다.

⑥ 점검 편의를 위해 Travel 수치 명판과 Travel Index Plate가 부착되어 있다.

⑦ 연직방향 이동량이 51mm 이상인 경우에 사용하고, 하중 변동률은 0으로 되어 있지만 이것은 이론상으로서 실제 6% 범위 이내의 변동은 허용된다.

4) 방진기(Snubber)

① Spring식 방진기

Coil Spring을 사용한 방진기를 대별하면 3종류로 구분할 수 있다.

㉠ 보통의 Variable Spring Hanger와 동일한 구조로, 비교적 Spring 상수가 커서 Spring Hanger겸 진동 방지 장치로 사용되는 것

㉡ 1개의 Coil Spring으로 진동에 의한 압축 및 인장의 양방향에 대항할 수 있도록 Preload를 가한 Case에 넣어져 있는 것

㉢ 같은 성능의 Coil Spring을 2개 사용한 방진기로서 큰 방진효과를 얻을 수 있는 것

2 배관 시공

1. 개요

대형 플랜트 공사에 있어서 배관공사는 대개의 경우 주 시공사와 하도급계약을 체결한 배관설치 전문업체가 수행하는 경우가 많고 주 시공자는 공사관리, 즉 공정관리, 공사비관리, 품질관리, 환경관리 등을 직접 수행한다. 시공사가 수행하는 역무범위는 발주자가 공급하는 모든 배관, 피팅(Fitting), 밸브, 지지물(Support) 및 기타 부속품이며, 배관의 설치, 시험 및 검사 등 일체 모든 업무와 관련 서류의 제출을 포함한다. 또한 시공사가 공급하는 자재의 구매, 제작, 설치, 시험 및 검사 등의 업무와 이에 따른 관련 서류의 제출 및 공사 Schedule 내 모든 배관의 설치, 시험을 완료하여 모든 기계들이 정상 운전되도록 해야 한다.

2. 역할과 책임

(1) 발주자

1) 착공계 및 현장 대리인계 접수

2) 공사에 필요한 공사 시방서, 작업절차서 등 승인

3) 공사용 도면 및 도서 제공

4) 공사에 직접적으로 소요되는 공사용 및 조명용 전력 제공

5) 공정표에 의한 공정관리

6) 공정회의 주관

7) 사급자재(배관) 관리

(2) 시공사

1) 착공 및 현장 대리인계 제출
2) 발주자로부터 공사도면 인수 및 관리
3) 품질관리 및 검사 절차서 제출
4) 안전 및 환경관리계획서 제출
5) 작업자 출입계획서 제출
6) 사급자재(Pipe Spool, 밸브, Equipment, Fitting 등) 인수 및 관리
7) 현장 지입자재 구매
8) 안전관리자재 및 안전장구 구매
9) 안전관리교육(하도업체 작업자 대상)
10) 자체 품질관리 시행 및 관련 기록 보관 등
11) 자체 공사관리 시행(하도업자 포함) 등

3. 작업 흐름도

(1) 준비 단계 : 자재입고 → 자재검사 → 현장운반
(2) 작업 단계 : 가설치 → Fit-up 검사 → 예열 → 용접(Support)(필요시)
(3) 검사 단계 : 육안검사 → 후열 → 용접검사(R.T) → 수압시험(필요시)

4. 시공절차

(1) 자재 운송 및 저장

1) 운송 및 저장 시 파손 및 손상되지 않도록 철저히 보호되어야 한다.
2) 코팅 및 도복된 자재는 운송 중 손상 방지를 위하여 상자에 넣거나 적절한 방법으로 보호한다.
3) 배관 끝 부분 및 플랜지는 Cap이나 비닐 마개로 밀봉되어야 하며 설치가 될 때까지 밀봉을 제거해서는 안 된다.

(2) 규격

설치될 배관자재는 스풀 형상, 재질, 두께 등이 제작도면과 일치하여야 하며, 배관자재 등급표(PMC)에 따른 사양이어야 한다.

(3) 표식

1) 제작될 소구경 자재 또는 잔재를 확인할 수 있도록 절단 전에 규정된 색깔의 페인트로 표시를 하여야 한다.

2) 설치될 배관 지지물의 조립품 혹은 제작된 지지물은 식별 및 설치가 용이하도록 위치 및 명칭을 표시하여야 한다.

(4) 도면

시공에 사용되는 도면은 최신 승인 도면으로 한다.

(5) 용접

1) 모든 용접은 용접 관련 지침서 및 승인된 WPS 사양에 따라 실시되어야 한다.

2) 용접은 자격이 인증된 용접공에 의해 하여야 하고 용접공은 별도의 관리절차에 따라 엄격히 관리되어야 한다.

3) 용접이 완료된 곳은 슬래그 등 불순물이 없도록 표면을 깨끗이 하여야 한다.

4) 용접부위 결함 발생 시 용접 및 보수용접 지침서에 따라 시행되어야 한다.

5) 두께가 6.5mm 미만인 모재의 홈 용접(Groove Weld)은 적어도 2층 용접을 하고 두께가 6.5mm 이상인 홈 용접은 적어도 3층 용접을 하여야 한다.

6) 용접 깊이가 3.2mm 미만인 용접부나 모재의 보수용접에는 단층 용접을 할 수 있다.

7) 소켓 용접은 적어도 2층 이상 용접을 하여야 하지만 가스텅스텐 아크 용접을 할 경우에는 직경 DN25mm까지는 단층(One Layer) 용접으로 할 수 있다.

8) 별도의 규정이 없는 한 탄소강 및 저합금강 피복아크용접(SMAW)의 경우 저수소계 용접봉을 사용하여야 한다.

9) 0.03%를 초과하는 탄소 함량을 갖는 Austenitic Stainless Steel의 피복아크용접에 사용되는 최대용접봉의 지름은 4.0mm이어야 한다.

10) 0.03%를 초과하는 탄소 함량을 갖는 Austenitic Stainless Steel의 가스텅스텐 아크 용접(GTAW)을 할 때 사용되는 텅스텐 전극봉의 최대 직경은 3.2mm이어야 한다.

(6) 접합(Aligning)

1) 설치될 배관재는 수직 및 수평을 이루어야 하고 플랜지 면은 배관 표면과 수직상태를 이루어야 하며 용접완료 후에도 상기의 상태가 유지되어야 한다.

2) 모재 정렬에 사용되는 가접은 사용 후 완전히 제거하거나 가접의 시작 부분과 끝 부분이 최종 용접부에 완전히 용입되도록 그라인딩 처리되어야 한다.

(7) 설치 허용 공차

1) 소켓 용접을 하기 전에 소켓의 내부 끝과 접합될 관의 끝의 간격을 2.0mm 정도 띄워야 한다.
2) 65mm 이상의 대구경 배관은 설계 위치에서 50mm 이내이어야 한다.
   (단, 안전밸브의 배기관은 제외)
3) 50mm 이하의 배관은 설계위치에서 100mm 이내에 설치되어야 한다.

(8) 맞대기(Fit-up)

1) 개선 가공된 배관재를 맞대기(Fit-up)할 때 Off-set 허용오차는 최대 0.8mm까지 허용된다.
2) 맞대기 용접부 Edge 형상은 도면 및 관련 Code에 따른다.

(9) 플랜지(Flange)

1) 플랜지는 설계도면에 명시된 규격으로 플랜지 면에 손상이 없어야 한다.
2) 플랜지 볼트 구멍 수는 4의 배수로 주 중심선에 어긋나도록 위치해야 한다.

(10) 배관의 배치 및 설치

1) 배관의 설치는 승인된 최신 공사용 도면에 따라 설치해야 한다.
2) 제작된 스풀과 배관재의 연결 시 여유 있는 부분을 절단할 때 스테인리스 관은 화염에 의한 절단은 허용되지 않으며, Machine, Saw 또는 연마기에 의해서만 가능하다.
3) 설치된 스풀이 정렬되어 있으면 기 설치된 부분은 정렬을 위하여 그 위치에서 당김이나 처짐이 있어서는 안 된다.
4) 건물 벽, 바닥 및 지붕 통과부분에 Sleeve를 설치한다.
5) 동서방향과 남북방향의 배치는 서로 다른 높이로 배치한다.
6) 벽이나 주위배관과 평행하거나 직각을 형성하여 균일한 공간이 되도록 배치한다.
7) Battery Limit 안의 모든 배관은 Support상의 Routing을 하되 여의치 않을 경우 Sleeper로 배관을 설치한다.(단, Drain, Sewer Line 또는 그 밖의 특수 Line 제외)

(11) 밸브의 설치

1) 밸브의 설치는 제작도면과 설치지침에 따라야 하며, 모든 밸브의 Stem은 수직으로 설치하는 것을 원칙으로 한다.
2) 용접 중 밸브의 Open 및 Close 여부는 제작자 지침에 따라야 하고, 밸브 설치 방향은 도면과 일치하여야 하며, 설치 전 밸브 Body에 표시된 화살표 방향을 확인한다.
3) 모든 밸브는 각 층의 바닥 위 혹은 Platform 위에서 조작 가능하도록 밸브위치를 설계하고, 밸브 위치가 바닥으로부터 2,000mm 이상일 때 사다리 또는 Platform을 설치한다.

단, 조작이 빈번하지 않은 경우 다음과 같은 밸브는 이동용 사다리를 이용한다.

① 배관상의 배기 및 배수밸브

② 계기차단용 밸브(Root Valve)

③ 기타 조작이 빈번하지 않은 80mm 이하 밸브

사례 Control Valve Station의 구성 사례

Control Valve 1개, Block Valve 2개, By-pass Valve(Glove) 1개 Reducer 등으로 구성되며 다음과 같이 설치한다.

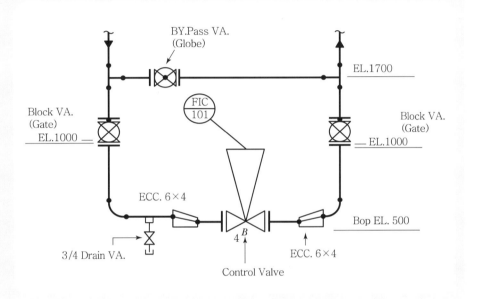

(12) 배관 지지물

1) 배관 지지물 설치에 관한 사항은 공사용 도면에 따른다.

2) 도면에 명시되지 않은 지지물의 일반적인 작업 절차는 다음과 같다.

① Pre-setting된 Rod의 Elevation은 관련 설비 설치 시 재조정하도록 하고 Hanger Rod 고정용 Nut로 풀림이 없도록 한다.

② 고정 Nut는 Hanger의 설치, 조정, 운전기간 동안 나사부위의 풀림을 방지하기 위하여 단단히 조인 후 Wrench로 최소한 18회전 이상 조여야 한다.

③ 도면에 표시되지 않는 한 Locking을 위해 나사부의 파괴 또는 가용접을 해서는 안된다.

④ 어떠한 경우에도 수압시험 전에 변위 고정장치를 제거해서는 안 되고, 수압시험이 완료된 후 Cold Setting 위치의 최종점검이 끝나면 변위 고정장치를 제거한다. 제

거된 변위 고정장치는 제거 후 추후 재사용을 위해 Hanger에 매달아 놓는다.

3) 기존의 강구조물과 콘크리트를 이용하여 지지물을 설치한다.

4) 임시 지지물은 영구 지지물로 대체될 때까지만 허용되며 임시 지지물 제거 시 해머 링에 의한 제거는 허용되지 않으며, 반드시 그라인더 및 연마기를 이용하여 제거되어야 한다. 또한 임시 지지물을 설치할 경우 직접 배관 모재에 용접하여 지지하는 경우가 있어선 안 된다.

(13) 자재 결함의 제거 및 보수

1) 표면의 결함 깊이가 허용된 모재의 최소 벽 두께를 초과해서는 안 된다.

2) 유해한 결함은 연마에 의해 완전히 제거되어야 하며, 연마된 부분의 두께가 모재 벽두께 이하로 될 경우 용접에 의해 보수되어야 한다.

3) 용접 보수 시에는 용접 및 용접 보수 작업지침서에 따라 시행한다.

5. 검사 및 시험

(1) 용접 전 검사

1) 용접될 자재의 재질, 구경, 두께, 길이 등은 제작도면과 일치하는지 확인한다.

2) 배관재 내부의 청결상태, 손상부위 확인 후 Fit-up 상태를 확인한다.

3) Fit-up 및 용접 육안 검사 후 결과를 용접검사 점검표에 기록 관리한다.
   ① 예열처리 검사는 열처리 관련 지침서에 따른다.
   ② 시공 감독은 밸브 Flow 방향 등은 Fit-up 시 용접 전에 필히 확인하여야 한다.

(2) 용접 육안검사

1) 용접 후 Bead 높이, 보강 높이 등은 용접절차서(WPS)에 명기된 허용범위 내에 있어야 한다.

2) 아크 스트라이크 등 표면 결함이 없어야 한다.

3) 언더컷은 길이에 관계없이 0.8mm 깊이를 초과하지 않아야 하며, 최소 벽 두께를 잠식해서도 안 된다.

4) 언더컷 깊이 0.4mm 초과 0.8mm 이하에 대해, 총 용접 길이 500mm에서 51mm 미만이어야 한다.

5) 용접 관련 검사는 압력시험 전 완료되어야 한다.

6) 작업자 또는 관리자는 용접작업 중 용접상태 확인 등 어떤 목적으로도 관 내부에 들어가서는 안 되며, 항상 청결한 상태를 유지하여야 한다.

7) 비파괴 및 후열처리 검사는 관련 작업 지침서에 따른다.

6. 비파괴 및 PW/HT

(1) 비파괴시험 중 RT는 발주처가 시행하며 세부 절차는 비파괴 검사 지침서에 따른다.

(2) 비파괴시험 중 RT 이외의 비파괴검사(PT, MT)는 Code나 도면 요구 시 시공사가 실시한다.

(3) PW/HT 방법 및 시기는 열처리 관련 작업지침서에 따른다.

7. 압력시험

(1) 압력시험은 보일러 압력시험 지침서에 따라 보일러 수압과 동시에 수행하며, 보일러 압력시험에 포함되지 않는 Line(System)은 본 지침서를 적용한다.

(2) 시험 준비

1) 압력시험 기록지를 준비하여 시험상태를 기록하여야 하며, 시험 기록지에는 시험범위가 표시된 P & ID와 압력시험 Package DWG.을 첨부한다.

2) 시험에 앞서 배관재, 행기, 지지물 등의 재질 및 규격과 용접 상태 등을 압력시험 전에 최종적으로 점검한다.

3) 모든 용접, PW/HT, NDE는 압력시험 전에 완료되어야 한다.

4) 증기 공급배관에는 물로 채우기 전에 물의 중량을 고려한 지지물을 설치하고 가변식·불변식 스프링 지지물은 고정된 상태로 되어야 한다.

5) 배관계통의 상단 부분에는 물을 채우는 동안 공기가 빠져나가도록 Vent Hole을 설치한다.

6) Pump 및 기계와는 분리되어 시험하여야 하나 부득이 분리가 불가한 경우는 Pump 또는 기계의 시험압력을 초과해서는 안 된다.

8. 시험(Test)

(1) 시험압력은 설계압력의 1.5배(공기압력 시험 1.25배) 이상이어야 하고, 계기용 최소 시험압력은 계통배관의 압력과 동일하게 적용하며, 계장용 밸브를 닫고, 연결 부품들은 느슨하게 하여 계기에 과압력이 작용치 않도록 한다.

(2) 시험압력은 최소한 10분간 유지시키며 이상 유무를 확인한 후 설계압력까지 가압시킨다. (공기압력시험 : 설계압력 또는 $7kg/cm^2$ 중 작은 압력)

(3) 시험에 사용되는 유체는 이물질이 혼입되었거나 유해성분 또는 침식성분이 혼재되지 않은 청결한 상태로 사용한다.

(4) 가압 시 고압 Pump를 이용하여 배관에 무리한 응력이 발생하지 않도록 시험 압력까지 서서히 가압한다.

(5) 충수 시 미리 설치해둔 Vent Hole을 통해 배기시키는 동시에 서서히 충수한다.

(6) 기타 관련 사항은 ASME B31.1(137.4 Hydro. Test, 137.5 Pneumatic Test)을 따른다.

❸ 용접관리

1. 용접관리의 필요성

배관공사의 성공 여부는 현장 용접관리에 있다고 해도 과언이 아니다. 큰 Plant 공사에 있어서 배관공사는 용접 개소만 해도 약 80,000Point에 달하여 동원되는 용접공(Peak 시 35~40명), 플랜트 기계공을 비롯하여 많은 보조 인력이 동원된다. 특히, 용접공은 경험이 많고 숙련된 용접기술을 보유한 사람이 요구되는데, 현장 여건은 그렇지 못한 것이 사실이다. 촉박한 공기에서 용접불량은 공기지연요소가 될 뿐만 아니라 시공사의 공사비 손실로 직결되기 때문에 발주자는 물론 시공사는 용접 불량률을 최소화할 수 있도록 지속적으로 관리해야 한다.

2. 발주자(청) 및 시공사가 해야 할 사항

(1) 발주자(청)가 해야 할 사항

1) 양호한 현장 용접여건 조성
2) 용접 관련 지침서의 철저한 현장 적용
3) 용접 불량에 대한 월별 원인분석 Feed Back 시행
4) 감독원 용접분야 자질 향상을 위한 교육 시행
5) 현장 용접부에 대한 비파괴검사 철저 시행
6) 열처리 작업 관리 철저
7) 우수 용접공 확보 독려
8) 용접봉, 용접기 등 관리 철저

(2) 시공자가 해야 할 사항

1) 용접공 평가 후 자격관리
2) 양호한 작업환경 조성
3) 용접작업을 위한 용접발판, Guard 설치 등 안전하고 충분한 작업공간 확보
4) 용접불꽃 비산 방지를 위한 불연포 설치로 화재 예방
5) 현장 여건 감안하여 가능한 지상용접 시행
6) 현장가공 배관 용접을 위한 Shop 설치, 운영
7) 용접장소의 바람막이 설치로 용접불량 최소화
8) 용접 전 WPS 검토 및 철저 시행
9) 우수 용접공 인센티브제도 시행
10) 용접공 준수사항
   ① 모재 및 용접봉과 WPS의 일치 여부를 반드시 확인한다.
   ② Fit-Up 시 적정 간극, 수평 및 수직도, 구속 여부, 작업위치 등을 확인한다.

③ 용접봉 건조 및 유지시간을 정확히 준수한다.

④ 바람, 비 또는 습기, 영하의 날씨에는 바람막이 또는 보호막을 설치한다.

⑤ 슬랙은 가급적 늦게 제거하여 급랭을 막는다.

⑥ 용접자세는 편안한 자세로 하며, 가급적 아래보기 자세로 한다.

3. 열처리 작업

(1) 열처리 대상 용접부의 가열범위, 가열온도, 가열속도, 냉각속도를 정확히 준수한다.

(2) 가열에 의한 배관 팽창으로 배관이 구속되지 않도록 행거의 고정장치를 해제한다.

  (단, 배관 팽창을 구속하지 않는 한 고정장치는 해체하지 않음)

(3) 가열부 주위에 대기로 노출된 구멍이 있으면 공기대류현상이 생기지 않도록 밀폐시킨다.

(4) 이종 재질 간 용접은 낮은 등급 재질에 맞추고 열처리 기준은 높은 등급재질에 맞춘다.

(5) 밸브 용접부 열처리 시 밸브는 개방상태로 한다.

(6) 냉각공정 중 300℃ 이하에서는 보온상태로 자연 냉각한다.

(7) 공정 중 온도 측정은 용접부 중심에서 한다.

4. 용접결함의 종류 및 용접부 결함 평가기준

(1) 용접결함의 종류

1) 용입부족(Incomplete Penetration)

용융금속의 두께가 모재 두께보다 적게 용입된 상태

2) 균열(Crack)

용접부에 금이 가는 현상(가우징 후 재용접)

3) Under Cut

용접부 부근의 모재가 용접열에 의해 움푹 패인 현상

■ 규정치 이상일 경우 Grinder 또는 용접으로 수정

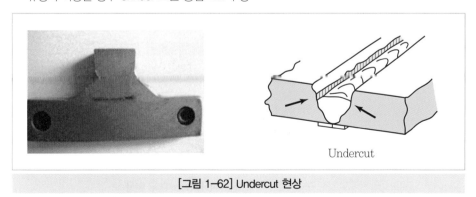

[그림 1-62] Undercut 현상

4) Under Fill

용접이 덜 채워진 현상

5) Strike

용접봉을 모재에 대고 아크를 발생시킴으로 인해 모재 표면이 움푹 패인 현상 – 4mm 이상 용접 후 그라인딩

6) Porosity

이물질이나 수분 등으로 인해 용접부 내부에 가스가 발생되어 외부로 빠져나오지 못하고 내부에서 기포로 남은 상태

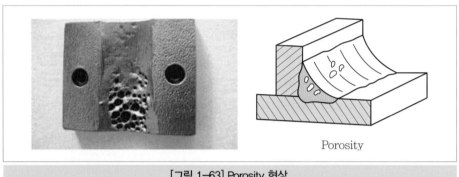

[그림 1-63] Porosity 현상

7) Blow Hole

이물질이나 수분 등으로 인해 발생한 가스가 용접 비드 표면으로 빠져나오면서 발생된 작은 구멍

8) Spatter

용접 시 금속의 작은 알갱이가 튕겨 나와 모재에 묻어 있는 형상

- Grinder 또는 치핑 해머로 제거

9) Over Rap

용접개선 절단면을 지나 모재 상부까지 용접된 형상

- Grinder 또는 용접으로 수정

[그림 1-64] Over Rap 형상

(2) 용접부 결함 판정 기준

    1) 균열(Crack) : 절대불허(완전제거 후 재용접)

    2) 오버랩(Overlap) : 1.5mm를 넘지 못함

    3) 언더컷(Undercut) : 0.3mm를 넘지 못함

    4) 비드 폭 불량 : 5mm를 넘지 못함

    5) 비드 높이 불량 : 3mm를 넘지 못함

    6) 융합 불량 : 제거 후 재용접

    7) 용입 부족 : 추가 용접

    8) 크레이터(Crater) : 제거 후 재용접

    9) 스페이터(Spatter) : Grinder로 제거

    10) 슬랙 섞임 : 있어서는 안 됨(재용접)

    11) 기공(Blowhole) : 제거 후 재용접

4 용접 절차 사양서(WPS) 이해 및 작성법

1. 개요

용접 절차 사양서란 현장에서 통상 WPS라고 부르고 모든 용접 작업이 이루어지기 전에 작성되며, 시공사가 작성하고 발주처(청)의 승인을 받음으로써 공식 문서로 확정된다. WPS에는 용접하고자 하는 목적물에 대한 용접정보, 즉 모재의 재질, 용접방법, 용접자세, 열처리 사용 가스, 용접전류, 적용 용접봉 등에 대한 정보가 모두 들어 있는 용접 지침서이다. 용접공이 용접작업에 착수하기 전에 확정된 WPS를 정확히 숙지하여야 하고 감독자는 이를 관리 감독하여 WPS의 잘못된 적용으로 인한 문제가 발생하지 않도록 하여야 한다.

2. 용접 절차 사양서(WPS) 작성법

(1) 일반사항

    1) 관련 코드

        ASME Ⅰ, ASME Ⅱ, ASME Ⅸ, ANSI TRD201 등을 기록한다.

    2) 사양서 번호

        적용코드 - 용접방법 - 모재의 p-no. - 일련번호

        (제작사가 내부 규정에 의해 부여)

        예 A - M - 0101 - 001
            ①   ②   ③   ④

① 적용코드 : A : ASME, W : AWS, X : TRD201
② 용접방법, 복합 Process는 용접순서대로 기록
   ㉠ A : SAW(Submerged Arc Weld.)
   ㉡ M : SMAW(Shielded Metal A.W.)
   ㉢ T : GTAW(Gas Tungsten A.W.)
   ㉣ F : FCAW(Flux Cored A.W.)
   ㉤ G : GMAW(Gas metal A.W.)
   ㉥ S : STUD
   ㉦ MA : SMAW+SAW
   ㉧ TA : GTAW+SMAW
   ㉨ TF : GTAW+FCAW
③ P-No. - +P-No. -(0101) : 모재의 화학적 성분으로 분류한다.
④ 일련번호 : 일련번호를 기입한다.

3) 일자

PQR을 작성하는 해당 부서의 책임자가 Approve하고 QA부서 책임자가 Certify한 후 WPS를 작성한 날짜를 기록한다.

4) 개정번호 및 일자

적용 PQR의 변경 없이 코드에 규정된 변경 허용범위 안에서 WPS를 개정한 경우 개정 일자를 명시한다.

5) Supporting PQR No.

PQT를 실시하고 PQR No.를 명시한다.

6) 용접방법

적용 용접방법을 명시하고, 복합 Process는 두 개 다 명시한다.

7) 형태

해당란에 Check한다.
① 자동 : 용접봉의 Feed 방법 및 이동방법 자동
② 반자동 : 용접봉 Feed 방법 자동, 이동방법 수동
③ 수동 : 용접봉 Feed 방법 수동, 이동방법 수동
④ 기계 : 용접봉 Feed 방법 및 이동방법을 기계조작으로 하되 오퍼레이터가 지속적으로 관찰 및 조정하는 경우 체크한다.
   ㉠ Essential Variable(필수변수) : 용접부의 기계적 성질(Notch Toughness 제외)에 영향을 미치는 P-No., 용접방법, 용접봉, 예열 또는 후열처리 등 용접조건의 변경
   ㉡ PQ Test 후 WPS를 다시 작성하고 승인을 받음

ⓒ Supplementary Essential Variable(추가필수변수) : 위 ① 외에 Notch Toughness 가 포함된 것

ⓔ G-No. 수직용접에서 상향, 하향, Heat Input 등

ⓜ PQ Test 후 WPS를 다시 작성하고 승인을 받음

- Non-essential Variable : 용접부위의 기계적 성질에 영향을 미치지 않는 용접 조건(Joint Design, 백 가우징 방법, Cleaning 등)

ⓗ PQ Test 없이 WPS를 개정할 수 있고 자체 Command로 처리한다.

(2) 이음(Joints)

1) 이음형태

① GROOVE인 경우 : Single-, Double-, Single Bevel-, Double Bevel-, Single U-, Double U로 표기

② 여러 형태의 Groove는 "Groove"로 표시

③ Fillet인 경우 : Single Side, Double Side 또는 All Side로 표기

④ 복합되는 경우 : Grooves & Fillets로 표기

⑤ 해당 용접이음 형태 Sketch(Groove Design) : 필요한 개선형상 Root Gap 및 Gouging 표시

ⓐ 가우징 : 용접부 하단의 기공을 비롯한 여러 가지 불량요소를 불어 제거하는 작업

ⓑ 루트 갭 : 범위나 최대치로 명기

2) 배킹(Backing)

용접 시 용가재나 모재의 용융이 흘러내리지 않도록 하는 역할을 하는 재료

3) 배킹 재질

① Single V Joint의 경우 Base Metal, Double V Joint의 경우 Weld Metal

② Base Metal, Weld Metal, Ceramic Bar 등 구체적으로 명시

4) 리테이너

① Fusible or Non Fusible이 있으며 주로 Pipe 용접에 많이 쓰임

② None 또는 Yes로 표시(보강재)

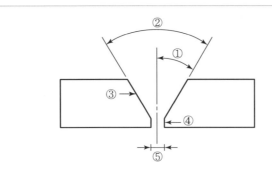

① 바벨각도 : 부재 표면과 수직한 면과 부재 가장자리의 가공된 면이 만드는 각
② 홈 각도 : 홈 용접으로 이음될 부재들 홈의 전체 각
③ 홈 면 : 홈 내의 부재 표면
④ 루트면 : 홈의 루트와 인접한 부재 표면과 수직한 면
⑤ 루트 간격 : 이음 루트에서 부재들 사이의 벌어진 간격

[그림 1-65] 용접개선홈 명칭

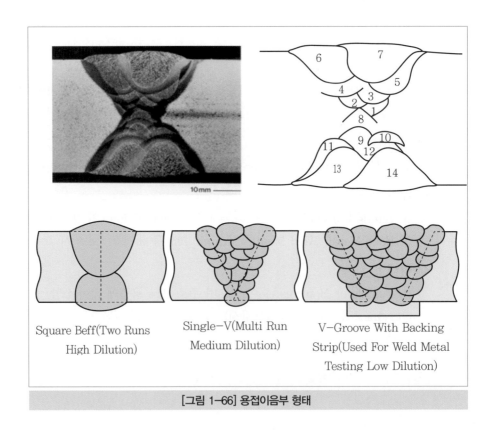

[그림 1-66] 용접이음부 형태

(3) 모재(Base Metal)

1) P-No.
① 코드의 P-No. 명기
② P-No.는 PQ 테스트를 줄이기 위하여 모재의 화학성분 성질에 따른 대분류

2) Gr-No.
① 코드의 Gr-No. 명기(Gr. : Group)
② Gr-No.는 재질의 인장강도 등 기계적 성질에 따른 소분류

3) 사양 및 등급
일반적으로 모재의 재질 명을 기록한다.
> 예 SA213 T1(SA213 : 보일러 열교환기용 합금강관, T : 등급)

4) 모재두께 범위
① Groove : 각 용접방법별로 제작코드 ASME Ⅸ QW451 조항에 따라 두께범위를 명기한다.
② Fillet : Unlimited로 명기

5) 관 직경범위
① ASME는 용접 후 열처리를 할 경우에는 "Unlimited"로 명기
② 열처리를 안 할 경우 코드에 따라 두께(Max. O.D) 기록

6) Pass당 최대 두께
ASME의 SMAW, SAW, GMAW, FCAW, FSW, EGW에는 1/2inch를 원칙으로 함 (12.7mm)

(4) 자세

1) 자세
ASME Ⅸ에서 Non-Essential Variable이므로 필요한 자세만 명기하거나 "All"로 명기한다.
① 일반적으로 Test Position은 1G, 2G, 3G, 4G, 5G, 6G, 1F, 2F Welding Position은 F, H, V, OH 등으로 구분하여 기록한다.
② AWS에서 용접자세의 기본 분류

1 : 아래보기	2 : 수평	3 : 수직
4 : 위보기	5 : 전 자세(파이프)	6 : 전 자세(파이프 45°)

1G : Groove 아래보기/파이프 수평회전
2G : Groove 수평/파이프 수직고정
3G : Groove 수직자세

4G : Groove 위 보기자세

5G : 파이프 45° 전 자세

6G : 파이프 45° 고정 전 자세

−1F : 아래보기 필렛 　　　　　−2F : 수평

−3F : 수직 　　　　　　　　　−4F : 위 보기

■ 참고 G : Groove, F : Fillet, R : Restriction

2) 수직자세 진행방향 : Up, Down, N/A로 명기

(5) 예열(Preheat)

1) 최저예열온도

해당 제작코드, METAL SPEC 및 계약 요구사항에 따라 두께범위별로 명시하며 이외
는 Test치를 적용한다.

2) 최대 층간 온도

① C/S, Low Alloy Steel 250℃

② Austenitic Sus 176℃

③ High−Ni, Cu−Alloy 150℃

■ ASME IX에서는 PQT 온도에서 55℃를 추가한 온도까지 허용

3) 예열유지

용접 중은 물론 용접 후 열처리 전까지 예열온도의 계속 유지가 요구될 경우 명기하거나
Note 난에 추가명시(Elec. Heater, Gas Burner 등)한다.

4) 용접 후 열처리(Post Weld Heat Treatment)

① 수소 제거 열처리 : 용접부에 남아 있는 수소를 제거할 목적으로 실시(온도 250
~350℃)

② 응력 제거 열처리 : 용접부 잔류응력 완화

㉠ 온도범위 : 적용코드 및 Spec.에 따라 설정

㉡ 시간범위 : 적용코드 및 Spec.에 따라 설정

(6) 가스(Gas)

화학기호로 표시하며 필요시 순도 명시(Ar. 99.9%, 혼합가스 : Ar 75%+CO_2 25%)

1) Shielding

모재의 이면 산화 방지를 위하여 불활성 가스를 흘려주는 것으로 특별한 요구 시 외에
는 행하지 않는다.

2) Backing

Root Pass의 용접 시 용접 후면의 공기에 의한 오염을 방지하기 위하여 용접부 뒤쪽에 불활성 가스를 흐르게 하는 것을 말한다.

3) Trailing

티타늄과 같은 금속은 Chamber(폐쇄된 통)나 다른 차폐기술을 적용하기 곤란할 경우 후행 실드를 한다. 후행 실드를 하면 용융 금속이 대기와 작용하지 않을 온도까지 냉각될 동안 용접부를 비활성 가스로 보호해야 한다.

(7) 기술사항(사례)

1) 토치 직경 또는 가스 컵 크기(Orifice or Gas Cup Size)
컵 Size 기록

2) 콘택트 튜브와 모재 간 거리
① Contact Tube : Wire에 전류를 공급함과 동시에 가이드 역할을 하는 튜브
② 콘택트 튜브와 용접하려는 모재의 거리는 일반적으로 15~23mm 정도

3) 진동
① 용접물에 진동을 주면 기공이 감소하고 결정립이 미세화된다.
② 진동방법으로 자기적인 방법, 기계적인 방법, 초음파 이용방법이 있다.
③ 진동장치를 사용하는 경우 폭, 횟수, 정지시간을 WPS에 기록한다.
④ 주파수 및 진폭 기록 : 용접 폭이 넓은 경우 용접시공상 한 번의 Pass로 넓은 범위에 용입을 시키고자 할 때 용접기를 지그재그식으로 이동하는 방법으로, 진동의 폭(Width), 진동수 (Frequency) 및 진동의 끝부분에서 지체되는 시간(D. Time)을 기재한다.

4) Stringer or Weave Bead
① Stringer : Weaving을 하지 않은 Bead로 형상이 곧고 매끄럽다.
② Weave : 용접봉 운봉(Weave)의 결과로 Bead의 형상이 파형을 이룬다.

5) Method of Cleaning
용접개선 면 가공 청소방법 및 Pass 간 청소방법 표시

6) Single or Multi Electrode
용접 시 한번에 사용하는 용접봉 개수 표시

7) 백 가우징 방법
관통용접(Penetration Weld)을 위해 양측용접(Double Weld)을 시공할 때 한쪽 용접을 완료하고 이면에서 첫 번째 Bead가 나올 때까지 파내는 방법으로서 Thermal Cutting, Grinding 등으로 표시한다.

8) Multi Pass or Single Pass(Per Side)

Pass가 단층이냐 다층이냐를 의미한다.

9) Peening

용접부를 구면상의 선단을 갖는 해머로 연속 타격하여 용접 입열에 의한 스트레스를 줄이기 위한 작업(초 층 용접 후에는 균열이 생기기 쉬우므로 제외한다. 단, 슬러그 제거 목적일 때는 규제 없음)

(8) 전기적 특성(Elect. Characteristic)

1) 전류

① AC , DC로 기록

② 일반적으로 비피복봉으로 용접하는 불활성 가스 용접은 직류 사용

2) 극성

① SP : Straight Polarity(정극성), 모재 (+) 전극(−)

② RP : Reverse Polarity(역극성), 모재 (−) 전극(+)

3) 미그 용접의 금속 이행 형태

① GMAW, FCAW, Process에서 용접의 이행 형태 명시

② 이행 형태는 차폐가스의 종류 및 용접전류에 의해 결정되며 Globular(입상용적 이행), Short, Drop(단락 이행), Spray(스프레이 이행), Pulse(맥동 이행) 형태가 있다.

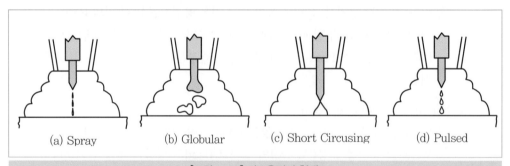

(a) Spray	(b) Globular	(c) Short Circusing	(d) Pulsed

[그림 1-67] 미그용접의 형태

4) 텅스텐 전극봉의 형태와 크기

전극봉 EWTH−2, Filler Size 2.4mm 파이로 명시

(9) 용가재(Filler Metals)

1) 층 번호

① 단일 Process : "As Req'd" 혹은 용가재 크기에 따라 1, 2−5로 명기

② 복합 Process : 1, 2, 3−과 "Remains", "bal"로 명기

2) 용가재(Filler Metal)

[그림 1-68] Tig Welding 장면

① F-No. : 용접봉의 용접성(용접의 어려움)에 따라 Grouping한 번호
- 용가재 분류번호를 ASME Ⅸ QW-432에 따라 명시

② A-No. : 용접봉의 화학적 성분에 따른 분류

③ A-No.가 없을 시 WPS상에 기준 화학성분을 표시

④ SFA-No. : 용접방법별로 용접봉을 분류한 번호. ASME Ⅱ/C의 해당 SFA-No. 명시

3) 규격

용접봉에 대한 AWS Class로 명기(예 E7016, E71T-1, …)

① SMAW

```
        A   B   C   D
예  E   -   -   -   -
```

E : Electrode의 머리글자

A : 용접봉의 최소 인장강도

B : 용접자세

C : 피복제의 종류(0~8)

D : 용착금속의 합금성분 표시

② SAW

```
        A       B   C
예  F□  -  E  □   □   (K)
```

F : Flux의 머리글자

A : 용접봉의 최소 인장강도(KSI)

E : Electrode의 머리글자

B : 망간 함유량(L : 저망간, M : 중간 망간, H : 고망간)

C : 탄소 함량(8 : 0.08%, 12 : 0.12%, 13 : 0.13%)

③ GTAW, GMAW

예 ER(A)   S(B)

E : Electrode의 머리글자

R : ROD의 머리글자

A : 용접봉의 최소 인장강도(KSI)

S : 나선(裸線) Bare Solid Electrode or Rod를 의미

B : 화학성분에 의한 분류

4) 크기(Size of Filler Metal)－inch

용접봉의 직경 2.0, 2.4, 2.6, 3.2, … 등

1 HRSG(Heat Recovery Steam Generator)

HRSG(Heat Recovery Steam Generator)란 가스터빈에서 대기로 버려지는 열을 회수하여 증기를 생산하는 장치로 일명 배열회수 보일러라고 한다. 가스터빈에서 연소 후 배출되는 배기가스는 약 600~650℃에 달하는 많은 에너지를 가지고 있어 대기로 방출할 경우 상당한 손실이 발생한다. 그래서 대부분의 경우 가스터빈만 운전하여 발전하기보다는 가스터빈과 HRSG를 결합시켜 이 배기가스를 회수하여 HRSG 내로 통과시켜 그 열로 증기를 만들고, 발생된 증기로 증기터빈을 구동시켜 전기를 생산하는 데 사용되는 설비이다.

1. 복합 화력발전소(Combined Cycle Power Plant)

가스터빈으로 1차 발전을 하고 가스터빈 출구에서 배출되는 고온의 배기가스를 HRSG로 유입, 이를 열원으로 사용해 고온·고압의 증기를 생성시켜 증기터빈 및 발전기를 구동하여 2차 발전하는 발전소를 말하며 효율은 약 55~60% 정도에 이른다.

2. 단순 가스터빈 발전소(Single Cycle Power Plant)

가스터빈만 운전하며 연료를 압축 공기로 연소시켜 생성된 고온·고압의 연소가스로 가스터빈을 구동시켜 전기를 생산하는 발전방식의 발전소로, 효율은 약 40% 정도이나 배기가스 온도가 너무 높아 전력사정이 아주 급한 경우를 제외하고는 단순 가스터빈만 운전하여 발전하지 않는다. 최근에는 국내 발전사들은 가스터빈용 Stack을 별도로 만들지 않는다.

2 HRSG의 분류

1. 수평형(Horizontal Type) HRSG

HRSG 내로 유입되는 배기가스의 흐름이 수평(Horizontal) 방향인 HRSG를 말하며 전열관 배열 방향은 연소가스 흐름 방향과 직각을 이루고, 수직방향을 이룬다. 수평형 HRSG는 통상 자연순환식(Natural Circulation) 증발기(Evaporator)를 채택한다. HRSG 본체를 상부(Top)나 하부(Bottom)에서 지지(Support)하는 것이 가능하나 최근에는 HRSG 용량 및 전열관 길이 증가로 인하여, 상대적으로 안정적인 구조인 상부(Top) 지지형이 많다. HRSG 케이싱(Casing)과 지지(Support)용 철 구조물(Steel Structure)과는 일체(Integrated)형을 이룬다. 수평형 HRSG는 수직형 대비 설치비가 저렴하고, 설치 기간이 짧으며 설치 면적은 넓다.

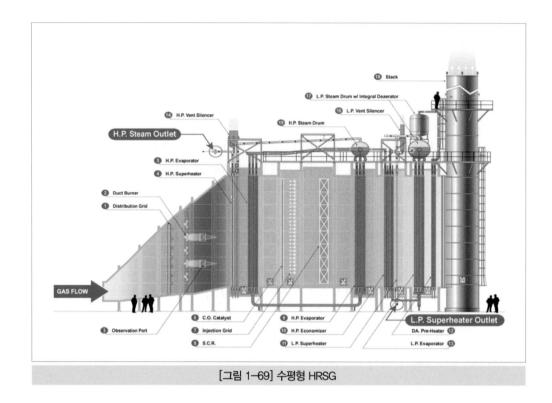

[그림 1-69] 수평형 HRSG

2. 수직형(Vertical Type) HRSG

[그림 1-70] 수직형 HRSG

HRSG 내로 유입되는 배기가스의 흐름이 수직(Vertical) 방향인 HRSG를 말하며, 전열관 배열 방향은 연소가스 흐름 방향과 직각을 이루고, 수평 방향을 이룬다. 수직형 HRSG는 자연순환(Natural Circulation)식 또는 강제순환(Forced Circulation)식의 증발기(Evaporator)를 채택한다.

HRSG 본체를 상부(Top)에서 지지(Support)하는 방식을 많이 선호하고 HRSG 케이싱(Casing)과 지지용 철 구조물(Steel Structure)과는 분리된 형태를 이룬다.

수직형 HRSG는 수평형 대비 설치비가 비싸고 설치 기간이 길지만, 설치 면적은 좁다.

❸ HRSG 설비구분

1. 압력부(Pressure Parts)

HRSG의 내부에 압력(Pressure)을 갖는 핀 튜브(Finned Tubes), 헤더(Header), 하프(Harp), 드럼(Drum), 모듈(Module), 배관(Piping) 등 물과 증기 경로(Water & Steam Circuits)에 해당된다.

- Harp Assembly(Headers and Finned Tubes)
- HP Drum
- IP Drum
- LP Drum
- Risers
- Down-Comer
- Link and Manifolds

2. 비압력부(Non-Pressure Parts)

가스터빈(G/T)의 배기가스가 HRSG를 통과하는 경로(Gas Path)를 구성하는 덕트(Duct), 케이싱(Casing), 스택(Stack) 등 연소가스 경로(Gas Path)와 HRSG를 지지하는 철 구조물(Structure Steel) 등이 해당된다.

- Blow Down Tank
- Condensate Recirculation Pump
- Expansion Joints
- Platforms, Stairs, Handrails and Ladders
- Stair Tower
- Access Doors

- Safety Valves and Silencers
- Main Stack
- Steel Structure
- Instrumentation
- Gas Barrier Baffles
- Aircraft Warning System
- Lighting System
- Electrical Equipments and Materials

3. 보조기계(Auxiliary Equipment)

HRSG 운전을 위한 각종 제어(Control), 안전(Safety), 소음(Noise), 환경(Environment) 등을 고려한 설비로, 기본적인 HRSG 기능에 부가적으로 설치하는 기계들을 말한다.

4 HRSG 시공

1. 설치 전 점검 및 준비사항

(1) 설치에 착수하기 전, 설치계약자는 설치도면과 계약도면 목록을 검토하여야 한다.

(2) 중량물 인양 및 양종작업을 위해 중량물 무게를 고려한 Crane을 두 대 이상 현장에 배치한다.

(3) 숙련된 기계공, 용접공, 신호수 등 작업자를 현장 배치한다.

(4) 중량물 양종작업에 필요한 인양 Device, Shackle, Wire Rope, 용접기 등 특수 공기구들을 현장 배치한다.

(5) Rigging Plan 작성

HRSG Module은 압력부 Tube Bundle 3~5개를 하나로 조립한 것으로 무게가 200톤에 달하므로 이것을 설치하기 위해서는 750톤 이상의 크레인이 있어야 한다. 따라서 크레인의 작업반경, 인양능력, 붐대 길이 및 안전율 그리고 여기서 사용할 삭구 용품들의 규격 및 용량을 반드시 검토하여야 한다. Rigging Plan 작성 요령에 대해서는 기계공사 시공 편에 자세하게 기술하였다.

2. 설치 순서

(1) Foundation Check

(2) HRSG Casing with Steel Structure

(3) Pressure Part Harps

(4) Down-comers and Link

(5) Steam Drum & Riser

(6) Inlet and Transition Duct

(7) Platforms and Stairs

(8) Flow Baffle

(9) Vertical Baffle

(10) Expansion Bellows

(11) Outlet Duct & Stack

(12) Piping and Valves

(13) Instrumentation

(14) Electrical

3. 시공절차

(1) Foundation Check

1) HRSG Casing Column들의 중심선 간의 수직 및 대각 거리를 확인한다.

2) Anchor Bolt의 위치와 수평도를 검증한다.

3) Grouting 작업은 Module 설치 전에 완료되어야 한다.

(2) HRSG Casing 설치

1) Anchor Bolt 위치에 Column을 가진 첫 번째 Casing 패널을 설치하고 구조물이 쓰러지지 않도록 Anchor Bolt로 Tightening한 후 로프 또는 Bracing Beam으로 보강한다.

2) 임시 Support를 설치하고 그 위에 Bottom 패널을 위치시킨다.(임시 Support 혹은 Block은 설치자가 준비해야 한다.)

3) Anchor Bolt 위치에 Column을 가진 맞은편 Casing 패널을 설치한다.

4) 상부 패널을 설치하고 모든 연결 접합부들을 체결한다.

5) 계속하여 Anchor Bolt 위치에 Column을 가진 다음 Casing 패널을 설치하고 Temporary Bracing으로 고정한다.

6) 임시 Support 위에 Bottom 패널을 설치한다.

7) Anchor Bolt 위치에 Column을 가진 맞은편 Casing 패널을 설치한다.

8) 양측 측면 패널을 설치한다.

9) 같은 요령으로 마지막 Casing Panel이 설치되면 도면에 따라 케이싱 외부 접합부를 Seal용접을 한다.

10) Shop에서 제작된 HRSG Casing은 단열재와 Liner Plate가 설치되어 있으나, 현장 연결 부위들은 단열재와 Liner Plate가 설치되어 있지 않은 상태로 공급되었으며, 이 부분의 단열재와 Liner Plate는 현장에서 반드시 설치해야 한다.

11) 모든 볼트들은 체결 시방서에 따라 Module이 설치되기 전에 완전히 조이도록 한다.

12) Casing 내부 용접이 완료된 후, 각각의 Casing 바닥면의 현장 접합되는 곳에 단열재 와 연결 Liner Plate를 설치한다.

13) Casing 안쪽 용접이 완료되면, 현장연결부의 보온재 임시 보호막을 제거하고 보온재 를 채워 넣어야 한다. 보온재는 엇갈림 겹침을 하여야 한다.

14) 임시 작업대를 설치하고 Flow Baffle, Vertical Baffle을 설치한다.

15) Panel들은 설치되는 동안 보온재에 빗물이 스며들지 않도록 해야 한다.

(3) Module 설치

Pressure Part Harps를 설치하는 방법은 4~6열의 Harp를 묶어서 조립한 Module을 설치하는 방법과 각 개의 Harp를 설치하는 방법이 있으나 여기서는 전자의 방법을 기술하기로 한다.

1) Module을 설치하기 전 점검 및 준비사항

① 각 Casing Piece은 서로 연결된 상태로 외부는 완전히 용접되어져 있어야 한다.

② Casing Frame은 Module들이 설치되기 전에 직각, 수직도 및 수평도를 확인하여 야 한다.

③ 설치자는 인양 Jig가 적합하게 제작되었는지 검사한다.(인양에 필요한 Jig는 기계 공급자가 준비한다.)

㉠ Stand Up Jig : Module을 수평상태에서 수직으로 세우기 위해 제작한 것으로 인양을 위한 Lug가 붙어 있다.

㉡ Lifting Jig : Module을 야적장 또는 작업현장에서 수평으로 들어서 Stand Up Jig에 올려놓기 위한 것으로 인양을 위한 Lug가 붙어 있다.

④ 설치자는 삭구용품(Sling Wire, Shackle, Rope 등)을 준비한다.

⑤ 설치자는 Module 설치에 필요한 임시 작업대를 준비한다.

2) Lifting Jig를 사용하여 Module을 Stand Up Jig에 얹는 요령

① Lifting Jig를 이용하여 Module을 야적장으로부터 Stand Up Jig 장착 위치로 이 동한다.(야적 없이 자재 입고와 동시에 Transporter로 현장까지 운반하여 즉시 설치하는 것이 좋음)

② Module을 Lifting Jig와 삭구를 이용하여 크레인으로 들어서 Stand up Jig에 내려놓고 Lifting Jig는 분리한다.

③ Stand Up Jig와 Module을 Bolting 또는 Temp. Welding으로 고정한다.

[그림 1-71] Barge선에서 Module을 싣는 장면

3) Module을 수직으로 세우는 요령

① Main Crane은 Top 방향, Tail Crane은 Bottom방향으로 인양을 준비한다.

② Main Crane에는 Stand Up Jig와 Module에 동시에 Wire를 장착한다.(Module에 장착된 Wire는 느슨하게 한다.)

③ Main Crane과 Tail Crane이 동시에 Module을 들어 올린다.

④ Module의 하부를 지면으로부터 약 1m 정도의 간격을 유지하며 들어 올린다.

⑤ Stand Up Jig가 거의 수직으로 서면 Stand Up 하부를 지면에 내려놓고 Main Crane으로 수직으로 세운다.

⑥ Tail Crane을 분리시킨다.

⑦ Stand up Jig가 넘어지지 않도록 Lacing Wire를 설치한다.

⑧ Main Crane으로 Module을 잡고 Main Crane과 Jig를 해제한다.

⑨ 해체한 Tail Crane으로 Jig를 고정한다.

[그림 1-72] Module의 Stand Up 장면

4) Module을 Casing에 설치하는 요령

① Stand Up Jig로부터 분리한 Module을 Main Crane을 이용하여 지정된 Casing 위로 들어 올린 후 수직으로 삽입하여 설치한다.

② 이때 Casing에 닿아서는 안 된다. 따라서 임시 작업대에서 Module이 정확한 위치로 내려갈 수 있도록 유도하여야 한다.

③ 위와 같은 요령으로 다음 Module을 설치하는 동안 Flow Baffle, Down-comer 등 길이가 긴 Internal Pipe들은 각 Module 사이 공간의 Casing 바닥에 올려다 놓는다.

④ 현장에서 Casing과 압력부가 조립되는 동안, 설치자는 Liner Plate에 손상이 발생되지 않도록 주의한다.

(4) Down-comers and Link Pipe

1) Casing 내부에 위치하는 Down Comer Pipe, Header Over(Flow) Baffle, Vertical Partition Baffle과 길이가 긴 자재들은 다음 Harp가 설치되기 전에 Casing 빈 공간에 위치시킨다.

2) HP/IP/LP 증발기의 하단부 Manifold를 Header Nozzle에 설치하고 용접한다.

3) Down-comer를 Manifold에 설치하고 용접한다.

4) 모든 Link Pipe는 Bellows를 설치하기 전에 Header Nozzle에 위치시키고 용접한다.

5) Internal Link Pipe는 Bellows 설치 후에 설치되어야 한다.

6) Down-comer를 용접한다. Down-comer들은 용접과 응력이 제거되는 동안 임시 보강재를 대어준다.

7) Riser 증기를 공급하는 Pipe, Economizer에서 Drum으로 보내지는 배관을 설치하고 용접한다.

(5) Drum

1) Drum Saddle Support Beam 위에 Sliding Plate를 설치한 후 Drum Elevation에 Drum을 들어서 올려놓는다.
   - Sling Rope를 Lug나 Wooden Slate를 걸어서 들어 올린다.

2) Shim Plate를 사용하여 전후좌우 Drum Level을 조정한 후 Drum Saddle의 높이와 위치를 확인한다.

3) Drum 설치 완료 후 Saddle Support Beam에 Sliding Plate를 용접한다.

(6) Inlet and Transition Duct

1) 모든 내부 현장 조립부들은 Duct 바닥면을 가장 먼저 작업을 완료한 그런 다음 상부에 접근할 수 있도록 임시 작업대를 설치한다.

2) Duct 안쪽 용접이 완료되면, 현장연결부의 보온재 임시 보호막을 제거하고 보온재를 채워 넣어야 한다. 보온재는 엇갈림 겹침을 하여야 한다.

3) 모든 현장 연결부는 보온재가 충진되어야 하며, 불완전한 설치는 Hot-spots의 원인이 된다.

(7) Outlet Duct and Stack

1) HRSG Outlet Duct 패널은 HRSG Casing에 용접된다.

2) Outlet Duct 패널의 용접 및 세공을 마친 후 HRSG와 Expansion Joint 틀 사이의 접합부에 낱개로 제공된 Liner로 마감한다.

3) 원형 Shell 설치를 위한 Lifting Beam, Lug, Spreader, 보강재들은 설치자가 제공해야 한다.

4) Stack Base부 설치 후, Anchor Bolt를 체결한다.

5) 각각의 원기둥 형태의 Shell을 바닥에서 꼭대기까지 설치한다.

6) Damper 밑의 Shell의 설치가 완료된 후 Damper 부분을 설치한다.

7) Stack, Platform, Grating, Handrail, Ladder를 맞추어 설치한다.

[그림 1-73] Stack 설치장면

전기공사 및 계장공사 시공절차

SUBSECTION **01** | 계장공사 시공절차

▊ 계장공사 구분

다음과 같은 항목이 전체적인 계측제어작업이다.

① Instrument 설치

② Process Impulse Tubing 설치

③ Instrument Air Tubing[Pneumatics Line] 설치

④ Cable Tray & Conduit 설치

⑤ Cable Pulling & Termination

⑥ Sampling Sys. 설치

⑦ Instrument Panel & Rack 설치

⑧ Instrument Support 제작 설치

⑨ 계기 검교정(Calibration)

⑩ 기타 계측제어설비 설치

▊ 계장공사의 작업범위

다음은 계장공사 시 수행해야 할 구체적인 작업범위(Scope of Work)이다.

① 전 현장 계측기류 설치

② Package(별도 분리발주분) : Plant의 단일 기계설비, 즉 T/G, 특수 Pump 등은 제작사에서 설치하게 된다. 이 설비에 설치될 배관, 전기, 계측기 등의 설비를 설치해야 하는데, 이와 관련한 작업을 뜻한다.

　※ 기계의 배관(P), 전기(E), 계장(N/J)의 관련 계기 설치

　※ 별도 계약에 의해 입고된 대형기계설비에 관련된 작업

③ Tubing, Instrument V/V 및 각종 지지물 제작/설치

④ Instrument Air Tubing, Support 및 Converter 설치

⑤ Special Instrument 및 Equipment 설치

⑥ HVAC[냉난방 공기조화설비] 계통 관련 계기류 설치
⑦ 주제어실 제어반(MCB) 설치
⑧ Instrument Panel & Rack 설치
⑨ Tubing/Piping 수압시험 및 누설시험
⑩ 설치 계기/기기 및 Tubing 유지관리
⑪ 지입 및 사급 자재 공급 및 관리
　　㉠ 지입 : 발주처가 공급하는 자재
　　㉡ 사급 : 계약자가 공급하는 자재

❸ 시공의 상세 내용

■ 계장공사 구분

① 공종과 Interface가 많음(시공 Scope 숙지)
　• 건설 공정에서 최종 수행작업임(선·후행 작업 검토)
　• 계측기는 충격에 취약함. 운반 시나 설치 후에 충격이 가해지지 않도록 주의함
② 계측기 보관에 관한 Controlled 환경 유지 규정
　• Level 'A' 창고 보관
　• Protection/Dust Cover 설치
　• 설치현장의 Controlled 환경 유지
③ Tubing 상세시공기준(예) : 상세도면에 표기됨
　• 시공 Tolerance : 도면에 표기된 길이 기준에 +/−2in
　• Slope 유지 : 1ft당 1in[최소 기준임] : 도압 관 내의 응축된 액체 배출 및 증기, 가스를 배기시키기 위한 것임
　• Separation 유지 : 18in : 사고 시 안전을 확보하기 위한 서로 다른 계통 간 이격거리
　• Channelization : A(Red), B(Green), C(Yellow), D(Blue)
　　− 원자로에 관련된 계측기 설치는 한 장소에 4개를 설치한다. 그 개별 계측기를 A, B, C, D로 칭하고 그 계측기에 연결된 케이블의 색깔을 위과 같이 구분하여 설치하며 케이블이 아닌 배관이나 Tubing은 아래와 같이 페인트를 칠한다.
　　− Tubing 매 10ft마다 4in 길이 Color Coding

4 시공 특성

■ 현장계기 설치요건(ISA, IID)

① Process Instrument Root Valves Tap Elevation
   배관에 설치되는 Root Valves는 배관 내의 Process 물질 내용에 따라 방향이 바뀜
② Tubing 시공요건
   - 이격거리 : 타 작업 및 다른 계통 간 간격유지(기술시방서에 표기됨)
   - 지지간격 : 지지물 간격은 규정에 맞게 설치(도면에 표기내용 준수 중요)
   - 재질 : 시공에 사용되는 자재는 도면에 표기된 내용에 적합해야 함
   - Bending Radius : Tube를 구부릴 때 규정에 의거하여 작업. Tube 직경[D]의 5배
③ 계기설치 시 다음과 같은 장소에는 설치하면 안 됨
   - 접근성, 통행성 및 간섭 배제(통로나 타 공종의 기기 설치 위치 등에는 설치 배제)
   - 주위 환경 고려(온도, 습도, 진동, 부식, 먼지 등) 설치
   - 상습 침수지역
   - 유지 보수성 : 타 공종의 보수작업에 걸림이 되지 않도록 설치해야 함
   - 지지물 설치가 용이한 곳
   - 조작 용이(일반적으로 4′-6″ 높이)
   - 이물질 삽입방지(마개 설치) 및 충격 방지 : 관의 끝 부분은 열려 있으므로 이물질이 유입되지 않도록 막아야 함

5 시공 준비사항

■ 계장공사

① 시공 Document 검토 : Code & Std, Procedure, DWG, Manual 등
② 공사계획 공정표 검토 및 작성
   - 계약공정표 검토[착공부터 준공까지 전체 공정표]
   - Six-month Rolling Schedule
   - Three-week Daily Schedule
③ 작업절차서(WPP/QCI) 작성, 각 작업별 Procedure[작업 철차서] 작성, 발주 처 승인 후 작업 가능
   - WPP : Work Plan Procedure
   - QCI : Quality Control Instruction
④ 현장 Shop 운영 : 각종 철재류 지지물의 제작장임
   - 계기 Shop 운영 : 용접기, 절단기, 산소 등의 장비 및 공구 준비

- Support Shop 운영 : 도면에 표기된 각종 철재류 확보
⑤ 장비 및 공구 확보 : 시공에 적합한 장비 및 공구 확보
⑥ 시공인력 확보
⑦ 자재 확보 : 공사계획에 따른 도면에 의거 자재 확보

6 계장공사의 절차와 종류

1. 개요

각 계통의 Pipe Line 및 Vessel, Tank의 압력, 온도, 유량, 수위, 진동 등을 감지하는 계기 (Instrument) 및 감지기(Sensor) 등에 관련된 설비를 설치하는 공사임

2. 작업 착수 전 검토사항

(1) 공정검토

착수 시점과 선·후행 작업 확인 및 간섭관계 확인

(2) 인원 소요계획 작성(시공 작업에 필요한 인원 확보)

① 직원
② 작업자

(3) 자재 : 공정표에 표기된 기간 내에 작업을 완료하기 위한 필요 물량 확보

① 국내 자재와 해외 자재 구분 관리, Delivery 기간과 수시 현장 도착 가능일 확인
② 발주처 공급자재와 계약자 공급자재 분류 관리

(4) 소요 장비 및 공구

소요 장비 및 특수 공구는 작업 내용에 적합한 장비를 준비해야 함
예 Crane, Fork Lift, 자재운반용 차량 등

(5) 필요 도면(작업 착수 전 소지해야 할 도면임)

1) P & ID
2) ILD(Instrument Location DWG.)
3) 계기 ISO DWG.

4) Instrument Index : 계측기에 관련된 모든 정보(관련 SYS. 관련 도면, 위치, 발주관계 등 많은 관련 자료가 수록되어 있음. P & ID와 더불어 필수적으로 필요한 자료임

5) BLDG Layout DWG.

(6) 설치 대상 계기 List-up : 현장 작업을 위해서 해당 지역 계기 발췌

1) 계기 수령(Calibration 완료 분) : 교정작업이 완료된 것만 불출 가능

2) 계기 설치용 Bracket & Rack 상세 설계 : 계기 설치에 필요한 자재

(7) 현장 확인 및 Marking 후 상세 검토가 필요

1) 타 공종과 간섭사항 검토

2) Impulse Tube Line

3) Pneumatics Line Route 점검

4) Root Value 설치 확인(Process Pipe & Tank)

(8) Support 설치

1) Impulse Tube 지지용

2) Pneumatics용 Race-way 설치

3) 계기 지지물

(9) 계기용 Bracket & Rack 현장 설치

(10) 도압 배관 및 공기관 배관

1) Impulse Line 설치

2) Pneumatics Line 설치

(11) 계기 설치 : 현장에 계측기를 설치한다.

(12) 누설시험(작업절차서(WPP/QCI)에 의거 시행)

1) 시험목적 : 설치된 도압 배관의 연결 부분에 누수 여부를 확인하는 공정
 • 도압 배관 : 배관에 가압할 압력은 주 배관 압력을 기준하여 가압

2) 일반 설비 : 주 배관압력의 1.25배

3) 중요 설비 : 주 배관압력의 1.5배 압력으로 가압 후 일정시간(통상 10분간 Holding) 감압이 없어야 함[그림 1-74 참조]
 • Air Line : 사용 압력의 1.25배로 가압, 일정시간(통상 10분간 가압) 감압이 없어야 함

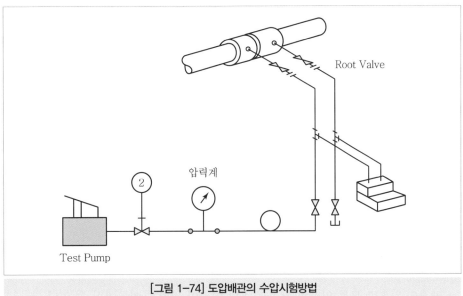

[그림 1-74] 도압배관의 수압시험방법

(13) 각종 계기 보호시설(계기설치 이후 즉시 설치)

나무 Box와 기타 보호설비로 각종 계기를 외부 충격에서 보호해야 한다.

7 도면에 사용하는 기호의 종류

계측기의 일련번호는 다음과 같은 3가지 배열방법으로 이루어진다. P & ID나 계측 관련 도면에 계측기의 고유번호 부여방법이다.

| 표 1-9 | 계측기의 일련번호 배열방법

변량기호		+	기능기호		+	개별기호	
A	성분		I	지시		• 개별기호를 부여하는 기호	
F	유량		R	기록		– 변량마다 일련번호 부여	
P	압력		C	조절		– 공정 또는 계통마다 일련	
T	온도		T	전송		번호 부여	
L	레벨		Q	적산		– 동일한 측정 개소 등에는	
D	밀도		S	스위치		개별번호 부여	
V	점도		A	경보			
Z	위치, 개도		E	검출(Element)			
W	중량, 힘		V	밸브의 조작			
기타			기타				

문자기호	문자기호요소의 설명	읽는 방법
FI-01	변량기호 : F, 기능기호 : I, 개별기호 01	유량지시계 1번
LIC-12	변량기호 : L, 기능기호 1 : I, 개별기호 12 기능기호 2 : C	레벨 지시 조절계 12번
TRC-03	변량기호 : T, 기능기호 1 : R, 개별기호 03 기능기호 2 : C	온도 기록 조절계 03번

8 교정(Calibration)

표준이란 무엇인가?

→ '표준'이란 '어떤 것을 재는 기준', 즉 측정의 기준이다.

기준이 왜 필요하며 중요한가?

→ 표준이 없으면 모든 인간의 활동과 공업 발전이 원활히 이루어질 수 없다.

　즉, 과학기술연구, 생산, 국제교역에 가장 기초가 되는 것이 측정이다.

- 표준과학연구원은 길이, 질량, 시간, 전기, 온도, 광도 등 약 150여 개 분야의 표준을 세계 수준으로 유지하고 있으며, 지속적인 연구를 계속하고 있다.
- 시간표준의 경우에는 약 300만년에 1초밖에 오차가 없는 세슘 원자시계로 국가 표준을 유지하고 있고, 한국표준시(UTC(KRIS))는 국가표준시인 세계협정(UTC)과 100만분의 1초($1\mu s$) 이내로 정확히 유지하고 있다.
- 전화나 팩스를 포함한 현대 통신은 시간을 아주 작게 나누어 이 신호 위에 정보를 보내는 첨단기술을 사용하고 있으므로 이를 주고받는 기기들 간에 시간이 일치하지 않으면 전화에서는 다른 사람의 말이 섞이거나 팩스가 찌그러지거나 정보가 유실된다. 현재 요구되는 시간의 일치 정도는 100만분의 1초 정도이나 광통신의 효율적인 사용을 위하여는 이보다 더 높은 동기를 필요로 하게 되므로 이에 대비하기 위한 것이다.
- UTC ; 협정세계시, Universal Time Coordinated, Coordinated Universal Time 길이 측정의 경우 항공기나 VTR, 반도체 가공 등 정밀가공을 요구하는 분야에서는 1억분의 1미터 정도의 정밀한 기술이 필요하다.
- 모든 분야에서 우리나라 최고의 정밀정확도를 갖는 표준을 개발하여 유지 보급하고, 또한 그 측정기술을 개발하여 각 연구기관이나 산업계에 전수하는 일을 하는 곳이 표준과학연구원이다.

1. 계측기 교정/시험

(1) 교정(Calibration)이란?

교정이란 "측정기기나 측정시스템이 지시하는 양의 값, 또는 물질척도나 표준물질이 표시하는 값과 표준에 의해서 현시된 이들에 대하여 대응하는 값 사이의 관계를 지정한 조건 하에서 확립하는 일련의 작업"이다. 다시 말해, 산업용이나 연구소 현장에서 사용하는 계측기 측정기를 공인교정/시험기관에서 표준기와 비교하여 측정기의 보정값을 찾아내는 것이라 할 수 있다.

(2) 관계법령

1) 국가표준기본법 및 시행령
2) 국가교정기관 지정제도 운영요령
3) 국가교정기관 지정제도 운영세칙
4) KS Q 17025 : 2006(시험 및 교정기관의 자격에 대한 일반기준)

(3) 교정 대상 및 주기

1) 국가교정기관 인정제도 운영요령 제41조
   ① 국가기본법 제14조 제1항 및 제2항에서 규정된 국가측정표준과 국가사회의 모든 분야에서 사용하는 측정기기간의 소급성 제고를 위하여 측정기기를 보유 또는 사용하는 자는 주기적으로 해당 측정기를 교정하여야 하며, 이를 위하여 합리적이고 적정한 주기로 수행될 수 있도록 교정대상 및 적용범위를 자체규정으로 정하여 운용할 수 있다.
   ② 제1항의 규정에 의해 측정기를 보유 또는 사용하는 자가 자체적으로 교정주기를 설정하고자 할 때에는 측정기의 정밀정확도, 안정성, 사용목적, 환경 및 사용빈도 등을 감안하여 과학적이고 합리적으로 그 기준을 설정하여야 한다. 다만, 자체적인 교정 주기를 과학적이고 합리적으로 정할 수 없을 경우에는 기술표준원장이 별도로 고시하는 교정주기를 준용한다.
   ③ 기술표준원장은 제2항의 규정에 의한 측정기의 교정대상 및 주기를 2년마다 검토하여 재고시하여야 한다.

2) 모든 계측기는 국가표준기본법에 근거하여 전량 사용 전 교정이 수행되어야 한다.
3) 교정이 완료된 계측기는 유효기간 내에만 사용 가능하므로 다음 교정일을 필히 준수해야 한다.
4) Plant 건설현장에는 교정작업을 할 수 있는 시설과 장비를 갖추어야 하며 모든 시설과 장비는 공인기관에 적합성을 인정받아야 한다.

⑨ 도압배관 설치공사

1. 개요

① Pipe나 Vessel 등의 Tap에서 운전 상태를 측정하여 그 신호를 계측기가 감지할 수 있도록 유체의 압력을 유도 측정하도록 하는 Tube나 배관을 말한다.
② 도압관이 필요한 계기들(압력계, 수위계, 유량계 등)은 Process의 압력이나 수위 측정 신호를 전달함에 있어 오차 값이 없도록 해야 한다.
③ 도압 배관 설치 시 지켜야 할 제반 규정, 즉 Tube의 기울기, 유체의 종류에 따라 Root Valve의 위치 및 방향 등을 세심하게 검토해야 한다.

(1) 도압 배관 인출 Root V/V 위치 선정

계통 유체	계기 설치 위치
• Liquid(액체)	• Process 하부
• Slurry	• Process 하부
• Steam	• Process 상부
• Gas or Air	• Process 상부

Root V/V 설치는 배관작업에서 이루어지나 방향 확인은 계장작업에서 확인해야 한다.

(2) 도압 배관 인출 Root Valve 위치

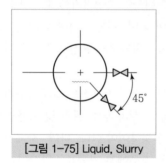

[그림 1-75] Liquid, Slurry

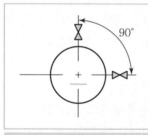

[그림 1-76] Steam 1

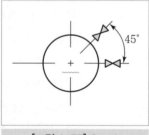

[그림 1-77] Gas 1

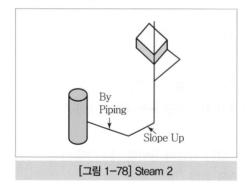

[그림 1-78] Steam 2

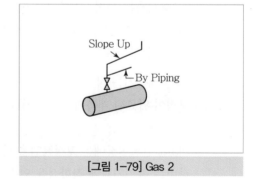

[그림 1-79] Gas 2

1) 배관 내의 프로세스가 액체인 경우에는 기포가 유입될 가능성이 많아 V/V 방향이 하향 설치되어야 한다. 기포는 비중이 작아 상부로 뜨는 현상이 있으므로 V/V 내로 유입되면 오차값이 발생한다.

2) 배관 내의 프로세스가 Steam이나 Gas일 경우는 이물질이 유입될 가능성에 대비하여 V/V방향을 그림과 같이 상부로 설치해야 한다. 이물질은 질량이 있으므로 배관 하부로 흐른다. V/V 내로 유입되면 막히는 경우가 발생한다.

(3) 차압식 유량계 설치 시 유의사항

액체	• 도입관 인출부 Root V/V가 수평보다 아래쪽 45°까지 하향으로 설치해야 함 • 증기나 가스용으로 적용 설치되면 기포 등이 V/V 내부로 유입되어 문제 발생 가능성이 있음 • V/V 방향 : Slop Down
기체	• 도입관 인출부가 수평보다 위쪽으로 인출하여 기체 속 수분들을 배관으로 되돌려 보내기 위함 • V/V 방향 : Slop Up

> **참고** 배관의 내용물[유체나 기체 등]에 따른 계기 설치 위치
> • 액체인 경우 : 계측기 설치 위치를 Root V/V 위치보다 하향으로 설치해야 하므로 도입관 방향도 하향[Slope Down]으로 설치되어야 한다. 비중이 공기보다 무겁기 때문이다.
> • Steam, Gas : Root V/V 위치보다 상향으로 설치하고 도입관 방향도 상향[Slop Up]으로 함

| 표 1-10 | Process 조건별 시공법

고압	차압계기의 경우 Main V/V를 열 때 순간적으로 한쪽에 편압이 가해지기 때문에 계기 내부의 다이어프램 또는 벨로스의 파손 방지를 위한 균압라인을 마련해야 한다.
저압	저압이나 진공배관의 측정에는 농축액 등에 의한 수주의 영향이 오차가 되기 때문에 주의해야 한다.
Slope 엄수	수평 또는 Slope-Down, Slope-Up 배관을 도면에 표시된 Slope의 범위를 엄수하여야 하며, 도압 배관 도중에 요철이 생기면 기포와 응축액이 체류하게 되므로 반드시 Slope를 주어야 한다. 역 Slope가 발생하는 경우는 Drain 또는 Vent Valve를 추가로 설치해야 한다.

[그림 1-80] Manifold Valves

참고 압이 계측기 내부로 유입되면 파손의 가능성이 있어 Manifold Valve를 사용하여 고압과 저압을 같은 비례로 감압을 시킨다.

1) 잘못된 도압 배관 모형

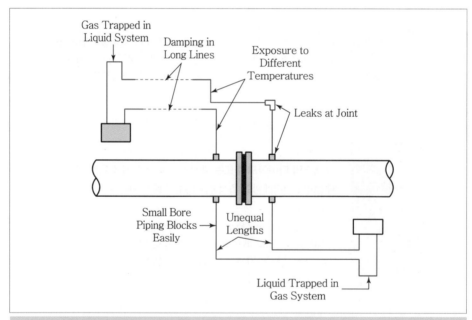

[그림 1-81] Diagram of Potential Problems and Bad Practice in Impulse Lines

① Impulse Line의 길이는 고압 측과 저압 측의 길이가 동일해야 한다.
② Impulse Line 설치는 Process 상황에 맞게 Slope(기울기)가 있어야 한다.
③ 위 그림에서와 같이 응축수로 인하여 Tube가 막히는 현상이 발생되지 않도록 유의해야 한다.

2) 바르게 설치된 Impulse Tube

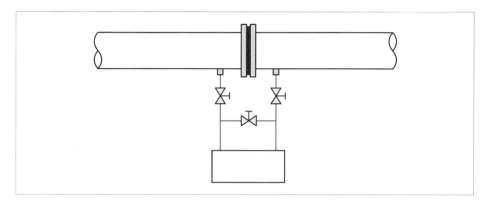

[그림 1-82] Example of Close-coupled Arrangement(Courtesy of Anderson Greenwood)

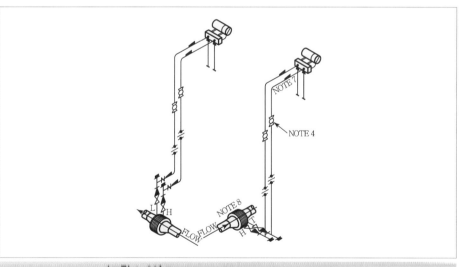

[그림 1-83] Example of Close-coupled Installations

(4) 도압 배관의 사용자재

품명	규격	적용 Code	비고
Pipe	$\frac{1}{2}''$ s/s 304,316, $\frac{3}{4}''$ s/s 304, 316, 1″ s/s 304, 316, c/s s40, s80,	ASME, ASTM	도압 배관, Vessel & Tank Level 측정용
Tube	$\frac{3}{8}''$ s/s 304, 316 $\frac{3}{4}''$ s/s 304, 316 1″ s/s 304, 316	ASME	도압 배관
Pipe Fitting	Union Elbow Tee Coupling Cap	ASME, ASTM	Fitting은 Pipe나, Tube의 연결 시 사용되는 자재임
Tube Fitting	Union Elbow Tee Coupling Cap		Tube용

1) 유량 측정 계기 설치도

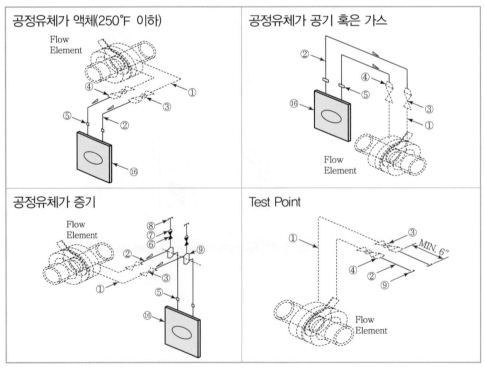

공정유체가 액체(250℉ 이하)

공정유체가 공기 혹은 가스

공정유체가 증기

Test Point

| 표 1-11 | List of Materials

Item	Description	Item	Description
1	Pipe $-\frac{1}{2}''$ (or $\frac{3}{4}''$)	9	Condensate Pot
2	Tube $-\frac{3}{8}''$ T	10	
3	Valve $-\frac{1}{2}''$ (or $\frac{3}{4}''$)	11	
4	Adapter	12	
5	Union $-\frac{3}{8}''$ T	13	
6	INSTR. Valve $-\frac{3}{8}''$ T	14	
7	Male Connector $-\frac{3}{8}''$ T $\times \frac{3}{8}''$ NPT	15	
8	Cap $-\frac{3}{8}''$ T	16	INSTR. MTG Plate

Process 매질에 따라 Impulse Tube 방향이 바뀐다.

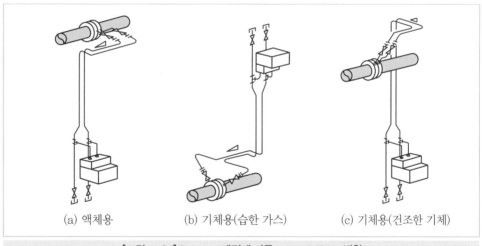

(a) 액체용   (b) 기체용(습한 가스)   (c) 기체용(건조한 기체)

[그림 1-84] Process 매질에 따른 Impulse Tube 방향

2) 압력 감지 배관도

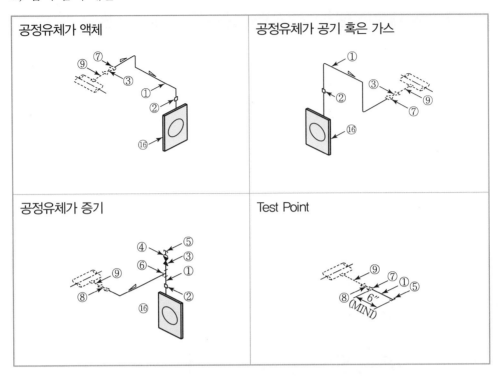

| 공정유체가 액체 | 공정유체가 공기 혹은 가스 |
| 공정유체가 증기 | Test Point |

| 표 1-12 | List of Materials

Item	Description	Item	Description
1	Tube $- \frac{3}{8}''$ O.D	9	Pipe $- \frac{3}{4}''$
2	Union $- \frac{3}{8}''$ T	10	
3	INSTR. Valve $- \frac{3}{8}''$	11	
4	Male Connector $- \frac{3}{8}''$ T $\times \frac{3}{8}''$ NPT	12	
5	Cap $- \frac{3}{8}''$ T	13	
6	Condensate Pot	14	
7	Tube Adaptor $- \frac{3}{4}'' \times \frac{3}{8}''$ T SW	15	
8	Valve $- \frac{3}{4}''$	16	INSTR. MTG Plate

3) 액위 감지 배관도

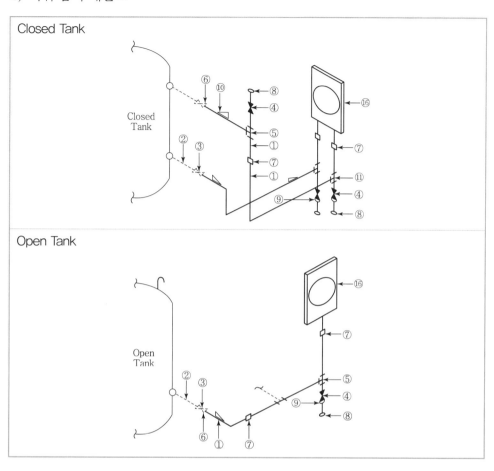

| 표 1-13 | List of Materials

Item	Description	Item	Description
1	Tube $- \frac{3}{8}''$ O.D	9	Male Connector $- \frac{3}{8}''$ T $\times \frac{3}{8}''$ NPT
2	Pipe $- \frac{3}{4}''$	10	Pipe $- \frac{3}{4}''$(When used Condensate Pot)
3	Valve $- \frac{3}{4}''$	11	Union Tee(TSW) $- \frac{3}{8}''$
4	INSTR. Valve $- \frac{3}{8}''$	12	
5	Condensate Pot(If Required)	13	
6	Adaper $- \frac{3}{4}'' \times \frac{3}{8}''$ T S.W	14	
7	Union $- \frac{3}{8}''$ T	15	
8	CAP $- \frac{3}{8}''$ T	16	INSTR. MTG Plate

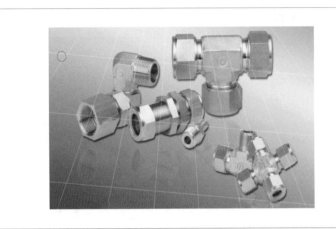

[그림 1-85] Tube Fittings

Nut

Back Ferrule

Front Ferrule

너트

후위페럴

전위페럴

피팅 몸체

Ferrule 부분이 Tube에 밀착되어야만 Leakage(누수)가 발생하지 않음

[그림 1-86] Tube Fittings 구조

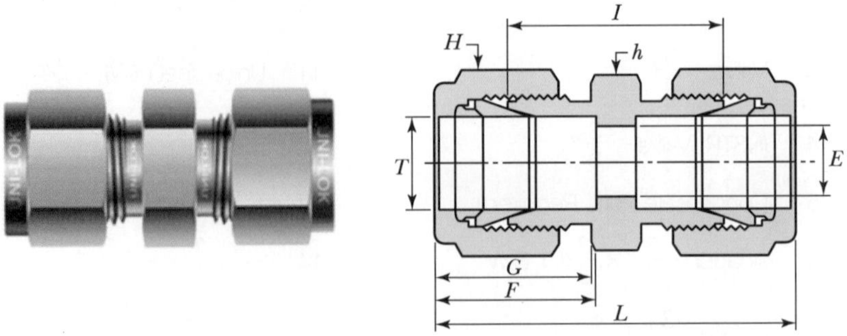

[그림 1-87] Union

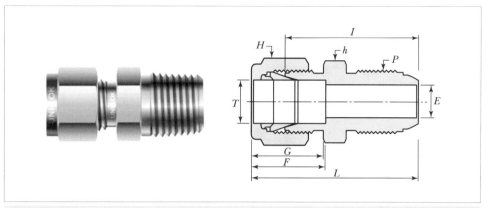

[그림 1-88] Male Connector

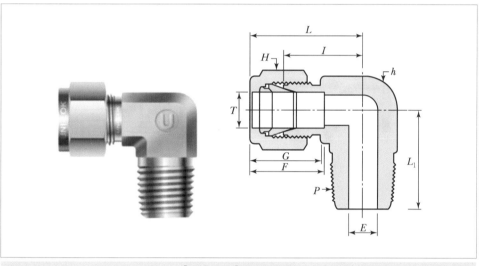

[그림 1-89] Male Elbow

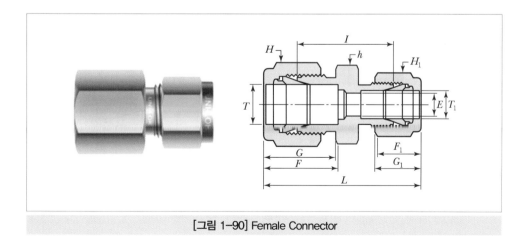

[그림 1-90] Female Connector

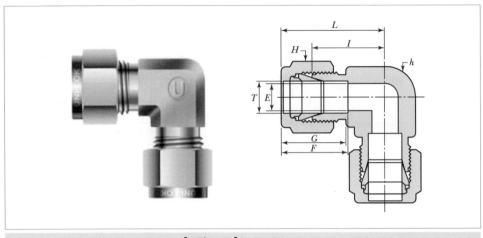

[그림 1-91] Union Elbow

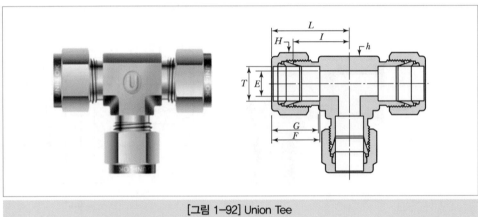

[그림 1-92] Union Tee

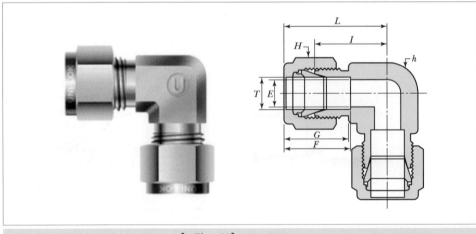

[그림 1-93] Union Elbow

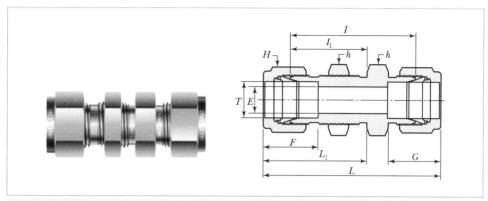

[그림 1-94] Bulkhead Union

[그림 1-95] 각종 Pipe Fitting

[그림 1-96] Needle Valves

■ 액위 감지 배관도

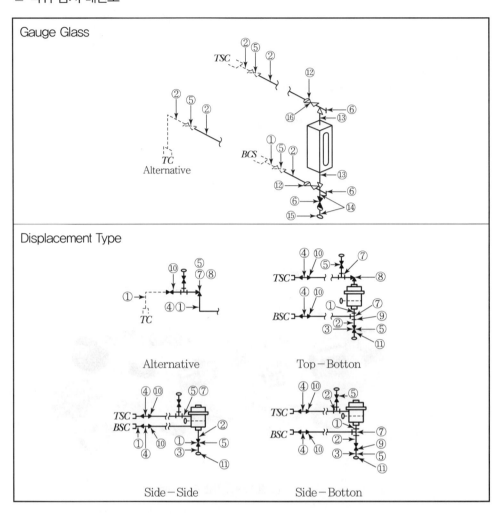

| 표 1-14 | List of Materials

Item	Description	Item	Description
1	Pipe $-2''$(or $1''$)	9	Reducing Insert $-2''$(or $1''$)$\times \frac{3}{4}''$ S.W
2	Pipe $-\frac{3}{4}''$	10	Reducing Insert $-2''\times 1''$ S.W(If Required)
3	Nipple $-\frac{3}{4}''$(NPT$\times$1)	11	Cap $-\frac{3}{4}''$ NPT
4	Valve $-2''$(or $1''$)	12	Coupling $-\frac{3}{4}''$ FNPT
5	Valve $-\frac{3}{4}''$	13	Nipple $-\frac{1}{2}''$(NPT$\times$2)(Supplied By Vendor)
6	Valve $-\frac{1}{2}''$(Supplied By Vendor)	14	Nipple $-\frac{1}{2}''$(NPT$\times$1)(Supplied By Vendor)
7	Tee $-2''$(or $1''$)	15	Cap $-\frac{1}{2}''$ NPT
8	Elbow $-2''$(or $1''$)	16	Spherical Union(Supplied By Vendor)

원자력발전소 현장에만 사용함

■ Instrument Rack

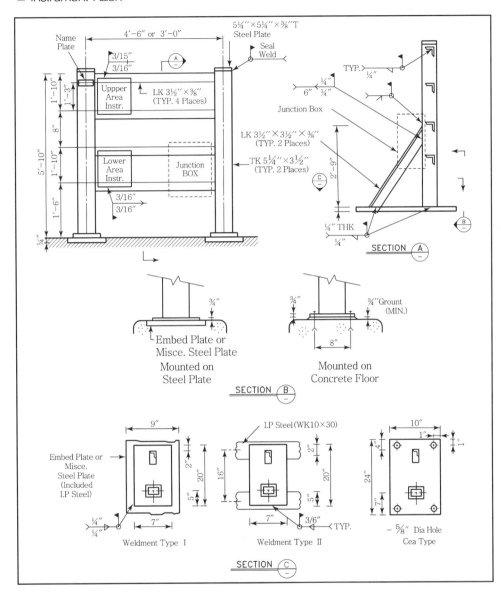

원자력 발전소 현장에만 사용함

■ Instrument Stanchion

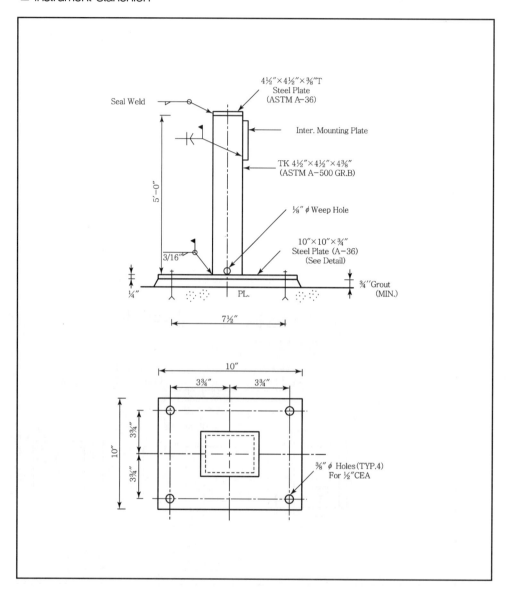

일반 Plant에서 사용되는 지지물

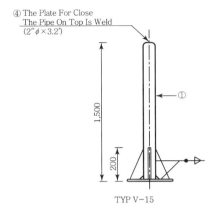

④ The Plate For Close
The Pipe On Top Is Weld
(2″φ×3.2′)

① 1,500
200
TYP V–15

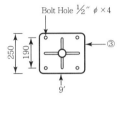

Bolt Hole ½″ φ×4
250
190
③
9′

200
②
75

Material List

Item NO.	Description	Size	Q'TY	Remark
1	Steel Plate	2″	1.5M	ASTM A53, HDG
2	Steel Plate	200×75×9′	4EA	
3	Steel Plate	250×250×9′	1EA	
4	Steel Plate	2″φ×3.2′	1EA	

Note

Pipe Stanchion (2)

Deg. No.

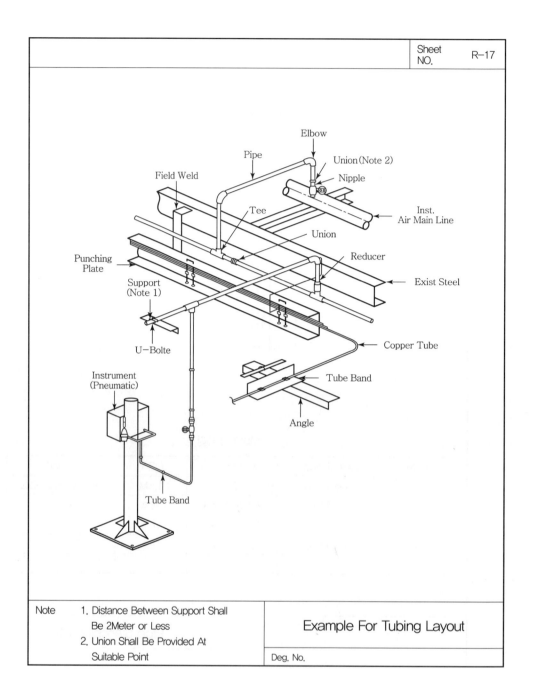

Elbow
Union(Note 2)
Nipple
Pipe
Field Weld
Tee
Inst.
Air Main Line
Union
Punching Plate
Reducer
Support (Note 1)
Exist Steel
U−Bolte
Copper Tube
Instrument (Pneumatic)
Tube Band
Angle
Tube Band

Note 1. Distance Between Support Shall
Be 2Meter or Less
2. Union Shall Be Provided At
Suitable Point

Example For Tubing Layout

Deg. No.

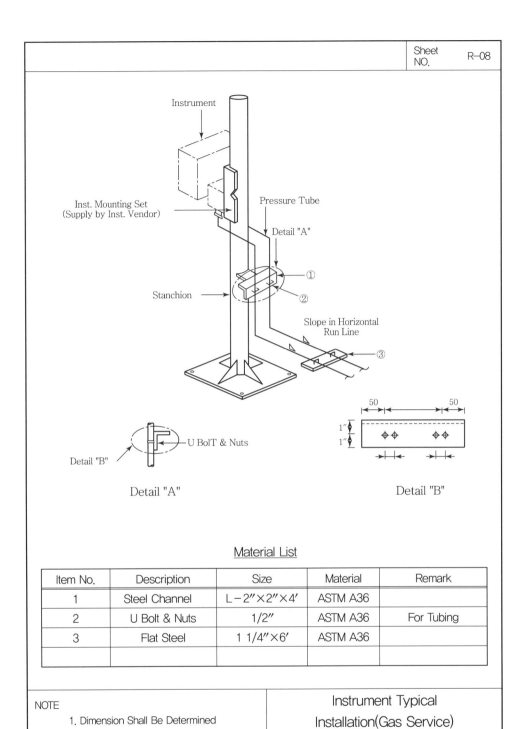

Instrument

Inst. Mounting Set
(Supply by Inst. Vendor)

Pressure Tube

Detail "A"

①

②

Stanchion

Slope in Horizontal
Run Line

③

U BolT & Nuts

Detail "B"

50   50

1″
1″

Detail "A"

Detail "B"

Material List

Item No.	Description	Size	Material	Remark
1	Steel Channel	L−2″×2″×4′	ASTM A36	
2	U Bolt & Nuts	1/2″	ASTM A36	For Tubing
3	Flat Steel	1 1/4″×6′	ASTM A36	

NOTE

1. Dimension Shall Be Determined
   at Field

Instrument Typical
Installation(Gas Service)

Deg. No.

(5) Pipe Thread

1) NPT Tapered Pipe Threads

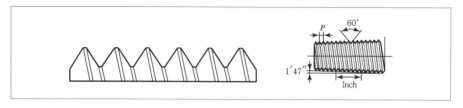

• 60° Thread Angle
• Taper Angle 1′ 47″
• Truncation of Root and Crest are Flat
• Pitch Measured in Inches
NPT(National Pipe Tapered) is Made to Specifications Outlined in ANSI B1. 2.
This is the Pipe Thread Used on the Pipe End.

2) ISO 7/1 Tapered Pipe Threads

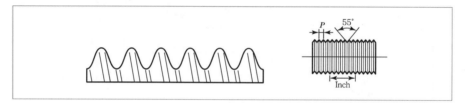

• 55° Thread Angle
• Taper Angle 1′ 47″
• Truncation of Root and Crest are Round
• Pitch Measured in Millimeters

3) ISO 229/1 Parallel Pipe Threads

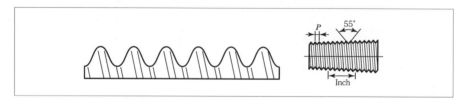

• 55° Thread Angle
• Diameter Measured in Inches
• Truncation of Root and Crest are Round
• Pitch Measured in Inches
International Organization for Standards(ISO 228/1) Parallel(PF)
ISO Parallel Threads are Equivalent to DIN ISO 228/1, BSP PL.

JIS B0202, R 1/8 and R 1/4

These Pipe Threads are Similar in Configuration to 7/1 Threads Except There is No Taper. Therefore do not Work by Thread Interference Like the Tapered Pipe Threads of ISO 7/1 or NPT.

A Gasket or O·Ring is Normally used to Seal into the Parallel Female Threaded Component.

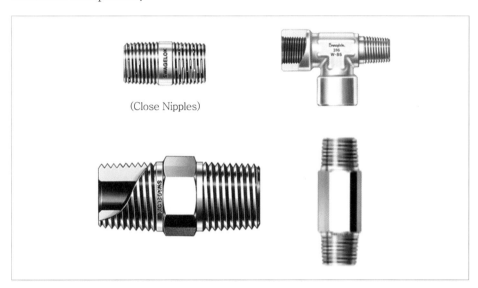

(Close Nipples)

■ 도압관 설치 및 압력시험 검사보고서 예

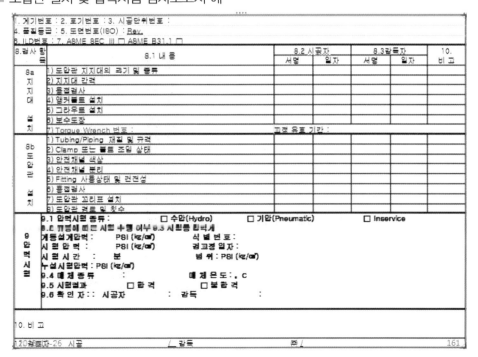

⑩ 계기 설치 시기 및 위치선정

1. 계기의 취약점 및 위치선정

    (1) 계측기는 주위 환경의 변화(고온, 습도, 먼지 등) 및 외부의 충격에 약하다.

    (2) 시공공정의 완료 시점에 설치하게 되므로 시운전 계획에 지장이 없도록 해야 한다.

    (3) 만일 계기가 파손 및 변형된다면 수리 혹은 교체가 가능하나 외자 구매인 경우 계기 납기와 구입가격이 과다 경비가 소요될 가능성이 높다.

    (4) 운전원의 접근이 용이해야 한다.

    (5) 유지보수에 용이한 위치이고 타 공정의 유지보수에도 지장이 없는 위치여야 한다.

    (6) 고온, 습도, 먼지가 많은 곳과 상습적인 침수지역은 피해야 한다.

    (7) 계기는 Process 유체의 종류, 상태 및 위치에 따라 신호 감지의 차이가 있어 주의가 필요하다.

2. Bracket 제작설치

원자력발전소에서만 사용

제작	Instrument Index에 명시된 Bracket Type을 선정하여 상세도면에 따라 Shop에서 제작
설치	계기 위치도면에 표기된 위치에 Bracket Type을 선정하여 설치해야 하며, 타 분야(기기, 배관, Duct, 전선관 등)와 간섭이 발생하지 않아야 하고, 유지관리가 편리한 위치에 설치해야 한다.

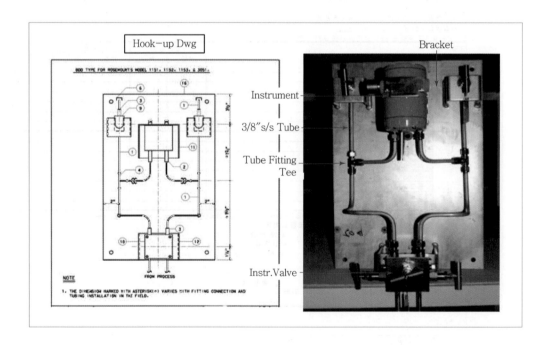

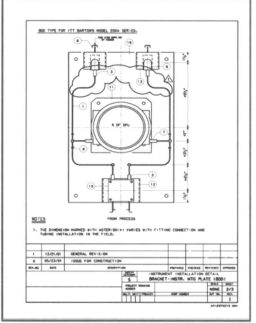

Flow Transmitter

3. 설치 시 주의사항

(1) 고온, 고습, 부식성 가스, 먼지 등 현장여건이 나쁜 장소는 피하도록 하며 부득이한 경우에는 적당한 보호장치를 해야 한다.

(2) 계기는 충격, 진동, 고온 등으로부터 보호되어야 한다.

(3) 계기는 취부 및 해체하기 위한 충분한 공간을 가지며 보수점검에 편리한 장소에 취부한다.

(4) 통로, 기기조작장소, 설비 유지보수지역, 기기 반입구에는 가능한 설치하지 않는다.

(5) 계기는 계기의 기능을 유지하는 적정선에서 운전원의 접근 용이성을 고려하여 안전한 지역에 설치한다.

(6) 계기는 동작에 영향을 미칠 수 있는 침수지역 등으로부터 멀리 떨어져 설치한다.

(7) 현장계기는 정확한 측정이 이루어지는 위치에 설치하며, 도압 배관은 가능한 짧아야 한다.

(8) 계기는 가능한 진동이 적으면서 Process 연결부위의 가까운 곳에 위치해야 한다.

(9) 계기는 벽, 칼럼, 빔이나 계기용 Rack 등에 설치할 수 있으나 지지대 또는 탈·부착 가능한 벽돌벽 등에는 불가하다.

(10) 계기나 Rack은 통행을 방해하지 않아야 하며, 보수 및 교정을 위해 계기해체, 그레이팅 또는 다른 구조물의 제거 없이 접근이 가능해야 한다.

(11) 고압 측과 저압 측 계기 연결은 고압 및 저압 Process 연결부위에 각각 연결해야 한다.

(12) 건설기간 동안 파손을 방지하기 위한 보호조치(비닐/보호커버 등)를 해야 한다.

4. 계기 설치 후 현장유지관리

각종 계기류를 현장에 설치된 후 계통 인수 시까지 상당 기간 타 공종의 시공 중에도 여러 가지 위험요소(작업자의 통행, 각종 자재운반, 낙하물, 용접 불똥 등)로부터 안전하게 보호되어야 하며 다음과 같은 조치가 필요하다.

(1) 합판 등의 보호박스 혹은 유사한 보호장치가 필요하다.

(2) 수시 순회하여 이상 여부를 확인한 후 일지를 작성해야 한다.

(3) 파손된 계기는 수리 혹은 새로 구매해야 하며 계약자에게 발생되는 모든 경비를 변상시킬 수 있어 재구매 시 많은 시간과 경비가 소요되므로 주의를 요한다.

(4) Shop에서 교정된 계기는 설치 이후에 진동이나 충격이 가해지면 교정값이 변할 수 있어 특별한 주의가 필요하다.

| 표 1-15 | 계기 설치 전후 조치사항

설치 전 (창고)	• 별도의 계기 Shop 운영 • 절차서에 따라 냉·난방 설비가 되어 24시간 적정온도 유지 • 계통별, 종류별로 식별하여 보관
설치 후 (현장)	• 계기를 먼지로부터 보호하기 위해 비닐커버로 밀폐 • 외부 충격으로부터 보호하기 위해 나무상자 등으로 보호조치 • 주기적인 이상 유무 확인 및 기록 유지 　(Maintenance Procedure에 상세작업내용 기록됨)

■ 계기 및 지지대 설치 검사보고서 예

1. 호기번호 3. 품질등급 5. 계기번호		2. 시공단위번호 4. 계기명 6. 도면번호			
7. 계기 Bracket/Rack 설치 검사 항목	9. 시공자		10. 감독자		비고
	서명	일자	서명	일자	
1) Bracket/Rack (Size, Type) 확인					
2) 용접(최종 육안검사)					
3) CEA 설치 적정 여부 Size : Q'ty : 　Min. Torque 값 : lb − ft					
4) 보수도장(필요시)					
5) Grouting 작업 여부					
6) Torque Wrench No.　　　7) 검교정 유효기간					
8. 계기설치 검사항목	9. 시공자		10. 감독자		비고
	서명	일자	서명	일자	
1) 계기번호는 일치하는지 여부					
2) Loose Part, 손상 및 청결 유무에 대한 육안 　검사 결과					
3) 도면과 위치 일치 여부 확인					
4) Level Alignment 및 볼트 조임 상태					
5) 보호설비 설치 유무(필요시)					
6) 보수도장(필요시)					
11. 비고 :					
12. 검토자　　　　　시공자 :　　　　　　　　　감독 :					

11 압축공기배관(Pneumatic Line)

1. 압축공기를 사용하는 의미와 특징

플랜트에서는 여러 종류의 기기들을 작동해야 하는데, 작동하는 에너지에는 전기·엔진가동·유압 등 여러 종류가 있다. 에너지를 얻는 방법은 매체의 특징에 따라 선별적으로 이용되고 있는데, 계장 분야에서는 각종 Control Valve와 Air용 계기들을 작동하는 데 필요한 에너지로 압축공기를 이용하고 있다.

2. 장점

① 공기의 양은 무한하다.

② 기름에 비해 점성이 1/1,000 정도로 매우 적기 때문에 배관을 통하여 먼 거리까지 빠르게 이송할 수 있다. 유압을 이용하는 데는 기름에 점성이 있기 때문에 마찰손실이 있어 이송거리와 속도는 공기압에 비해 많은 제약을 받는다.

③ 저장탱크에 공기를 저장해서 이용하기 때문에 일정 양의 공기가 저장되면 압축기 운전을 중단할 수 있다. 유압은 저장탱크가 없어 상시 운전해야 한다.

④ 폭발 및 화재의 위험성이 없다.

⑤ 청결하기 때문에 외부로 누출된다 하더라도 오염의 염려가 없다. 기름은 외부 유출 시 환경오염의 원인이 된다.

⑥ 점성이 없기 때문에 빠른 속도(1~2m/s)로 이송 가능하며 장거리 이송도 가능하다.

⑦ 힘과 속도를 무단으로 조정 가능하며, 압력을 쉽게 제어할 수 있다.

⑧ 전기신호의 변화에 공기(Pneumatic)량으로 변경이 용이하다.

3. 단점

① 압축공기에 습기, 먼지, 윤활유가 포함되어 있어 이를 제거하는 장치가 필요하다.

② 압축성의 한계 때문에 부하 변동이 심하거나 기준 이상의 힘이 필요할 경우 요구에 응할 수 없을 수도 있다. 공기압은 $6 \sim 7 kg/cm^2 (6 \sim 7bar)$이다.

③ 배기 소음이 커서 소음기를 사용해야 한다.

(1) 시공내용

각종 Valve, Actuator 등을 구동하기 위해 Electric Signal과는 별도로 Pneumatic Power의 압축공기를 공급하기 위한 Copper Tube 및 배관작업을 공기배관작업이라 한다.

1) 작업내용

배관작업	공기배관은 주로 Copper Tube로 구성되어 일반 도압 배관보다 강도가 약하기 때문에 배관을 보호하기 위한 Guide를 설치한다.
Punched Plate 작업	각종 장비로 공기를 원활히 공급하기 위한 통로로 Punched Plate 내에 배관하여 작업하며 별도의 구배(Slope) 요건은 없다.

2) 주의사항

배관작업 시 가능하면 연결부위가 없게 설치하여 누설 원인을 제거한다. 배관의 곡률반경은 최소 5D로 한다. 배관의 굴곡작업 시 내경이 줄어들지 않게 한다. 최종 연결작업 후에 Air Blowing으로 내부의 이물질을 제거한다.

(2) Instrument Air 생성과 Air 구분

1) 현장에서 사용되는 압축공기

현장에서 사용되는 압축공기(Compressed Air)는 다음 2가지로 구분된다.

① Plant Air

현장작업용이나 운전 중에 일반적으로 사용(여기에는 습분이 포함되어 있음)

② Instrument Air

습기나 다른 이물질이 포함된 공기가 각종 V/V나 계기에 유입되면 고장과 오작동의 원인이 된다. [그림 1-97]의 현장 압축공기 생성과정과 같은 계통으로 Air가 생산되어 각종 기계, V/V, 계기에 공급된다.

2) 공기관 작업방법

Air Header 설치

공기관은 주관(Main Pipe)과 가지관(Branch Pipe)으로 구분되고, 여러 개의 가지관으로 나누어지는데, 1차 인입 부분에서 감압의 현상이 발생할 수 있어 이 현상을 방지하기 위함이다. 공기 유입 부분에서는 Sus Pipe(2″~3″)나 CS Pipe로 사용하여 Air Heater(Chamber)를 만든다.

(3) 현장의 압축공기 생성과정

여러 개 가지관으로 나누어지는 것이 1차 인입부 감압현상 발생을 방지하기 위함을 뜻한다.

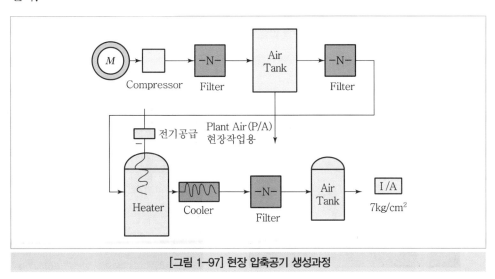

[그림 1-97] 현장 압축공기 생성과정

[그림 1-98] Air Header 현장설치

[그림 1-99] Control V/V의 Air Line 연결

[그림 1-100] Control V/V의 Air Line 연결

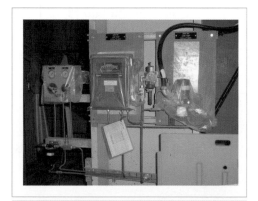

[그림 1-101] 현장사진

[그림 1-102] 공기배관

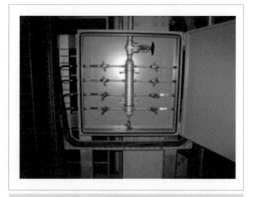

[그림 1-103] Air Junction Box

⑫ 기타 업무

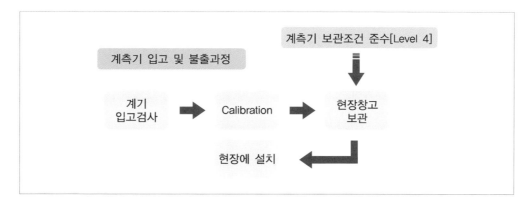

- 검교정이 완료된 계기는 Data Sheet를 면밀히 검토하여 누락사항은 없는지 확인해야 한다.
- 교정작업 없이 현장에 불출되는 일이 없어야 한다.
- 변형, 손상, 기타 이상 유무를 확인해야 한다.
- 현장 Shop에서 일정기간 보관할 때도 계기보관 조건을 준수해야 하며 교정업무를 수행한 서류는 발주처에 인계할 때까지 보관해야 한다.

1. 자재입고 검사 및 불출업무

❑ 계기류 및 기타 Bulk류 자재 입고 검사 시 확인사항
- P/O SPEC.과 Vendor Data Sheet와 동일한 규격인가?
- 파손이나 손상된 부분은 없는가?
- Instrument Tag Number는 공정 계획표와 동일한가?
- 자재의 사양이 도면과 Technical Spec', Procedure와 일치하는가?
- 각종 시험성적서는 적합하게 작성되었는가?
- 자재의 재고는 진행되는 작업량에 적합한가?

2. Bracket 제작 및 계기 설치 검사(원자력발전소에서만 사용함)

□ 현장 확인사항
- 계기번호 확인 및 프로세스의 위치 확인
- P & ID 및 ILD 확인
- 선행작업 확인(PIPE & ROOT V/V)
- 간섭 여부 확인(유지보수 관점, 타 분야 간섭 등)
- 계기 설치 후 보호장치 시설

3. 도압관 설치 검사

□ 주요 검사 항목
- 도압관은 도면과 일치하게 설치되었는가?
- 도압관 설치 시 과정은 절차서와 동일하게 수행되었는가?
  예 도압관 Bending, 절단, 연결 등의 작업방법 등
- 간섭 여부(유지보수 관점, 타 분야 간섭 등)는 어떠한가?
- 지지대(Support)는 규정에 맞게 설치되었는가?
- 압력시험의 적정 여부와 누설 여부는 확인하였는가?

⓭ Loop Test

① 시공작업이 완료된 후 계통과 각종 기기의 복합적인 운전조건에 부합되는지 여부를 부분적으로 확인하는 공정이다.
② 운전 감지 부분에서 가상신호(Simulation)를 운전 통제실(Control Room)로 전송하여 여기에서 다시 제어부분의 기기(V/V, 계기)로 전송 작동 여부를 확인한다.
③ 교정 완료된 V/V나 계기들이 운전 조건에도 적합한지, 송신된 신호로 전기 작동과 기계작동은 목적에 맞게 되는지 확인한다.
④ 최종적으로 계장(Instrumentation)과 기계(Mechanism), 전기회로(Electric Circuit)의 작동이 안정적으로 가동되는지를 확인한 후 다음 과정인 종합적 시운전(Commissioning) 단계로 넘어간다.

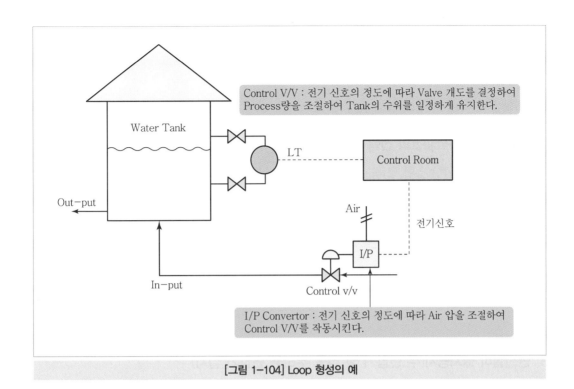

Control V/V : 전기 신호의 정도에 따라 Valve 개도를 결정하여 Process량을 조절하여 Tank의 수위를 일정하게 유지한다.

Water Tank

LT

Control Room

Out-put

Air

전기신호

In-put

I/P

Control v/v

I/P Convertor : 전기 신호의 정도에 따라 Air 압을 조절하여 Control V/V를 작동시킨다.

[그림 1-104] Loop 형성의 예

1 Plant 전기공사의 종류

1. Switch Yard(Project의 전력 인입(인출)변전설비)

Plant의 동력 인입 출입 설비, 보통 전 Layout의 가장자리에 위치함

2. Duct Bank 공사(S/Y에서 본 설비까지 동력 지하 매입 설비)

S/Y에서 본 설비까지 Cable이 지하로 통과되도록 하는 설비이다. 여러 개의 Manhole이 설치된다.

3. 변전설비 설치공사(주 변압기 및 각종 부하용 변압기 설치)

본 설비에 동력을 공급하는 변전설비이다. 발전소에는 외부로 송전하는 동력용 변압기가 설치된다.

4. 본 설비의 전력 공급을 위한 Switch Gear Panel 설비

본 설비에 동력을 공급하기 위해서는 전선이 분기되어야 한다. 이곳에서 Cable이 각 부분으로 나뉘어진다.

5. 각종 부하에 대한 동력공급 설치공사(Cable을 포설하기 위한 설비)

(1) Cable Tray 설치공사 ─┐ 전선로(Race Way) 공사
(2) 전선관(Conduit) 설치공사 ─┘
(3) Cable 포설 및 부하의 단말처리(Termination)공사 : Cable 단말을 부하에 연결하는 작업
(4) I.P.B(Isolated Phase Bus-Duct) : 발전기에서 주 변압기까지 도선 발전기에서 주 변압기까지 동력용 도체 설비, 대전류가 흐르므로 별도로 3개의 도체가 설치됨
(5) N.S.P.B(Non Segregated Phase Bus-Duct) : 주 변압기에서 Switch Yard까지와 소내 전력용 변압기에서 주 분전반까지의 도선

6. 조명설치공사

Plant 전 현장에 전등기구를 설치하는 작업임

7. 소방설비 설치공사

소방 관련 전기작업 : 감지기, 소방 관련 Panel 설비 등

8. 접지 설치공사

9. 부식방지 설치공사

❷ Plant 전기공사에 적용되는 법규

Power System(동력시스템)의 설계/구매/공사 시 일반적으로 적용되는 관련 법규 및 Code & Regulation은 다음과 같다. 발주처(사업주)와 합의된 계약서, 관련 공사 시방서, 제반 법규 및 도면에 의거해 완벽한 시공이 되도록 한다.

(1) 전기사업법, 전기공사업법 및 시행령 · 규칙, 전기설비기술기준
(2) 대한전기협회 발행 내선규정, 배전규정
(3) 전기통신기본법, 전기통신설비의 기술기준에 관한 규칙
(4) 소방법 및 소방기술기준에 관한 규칙
(5) 건축법, 건설기술관리법, 건설업법 및 관계령 · 규칙
(6) 산업안전보건법 및 관계령 · 규칙
(7) 항공법 및 관계령 · 규칙
(8) 한국전력공사의 전기공급규정 및 ESB

Plant 공사를 수행하기 위해서는 먼저 법적인 요건이 무엇인가를 알아야 한다. 즉, 공사를 수행하기 전 법적인 허가사항은 무엇이며, 신고사항은 무엇인가를 구별하여 업무를 시작하여야 한다. 특히나 전기는 국가기간 산업이며 항상 위험성이 수반되는 분야이므로 법으로 어떻게 규제와 통제가 되는가를 잘 알아야 업무 진행에 문제가 발생하지 않는다. 다음 장에 나오는 전기사업법과 전기공사업법은 전기 관련 산업활동에 대한 기초가 되는 법이다.

3 전기공사의 관계법률

1. 전기사업법

제1조(목적) 전기사업에 관한 기본제도를 확립하고 경쟁을 촉진, 건전한 발전, 전기사용자의 이익보호, 국민경제 발전에 기여하고자 함

제2조(정의) "전기사업자"라 함은 발전사업자, 송전사업자, 배전사업자, 전기판매사업자를 말한다.

2. 전기공사업법

제1조(목적) 전기공사업과 전기공사의 시공 기술관리 및 도급에 관한 기본적인 사항을 언급

제2조(정의) "전기공사"라 함은 설치, 유지, 보수 및 이에 따른 부대공사로서 대통령령으로 정함
- 발전, 송전, 변전, 배전의 전기설비
- 전력 사용 장소의 전기계장공사
- 전기에 의한 신호 표시
  - 공사업자 : 대통령이 정하는 기술능력, 자본금을 갖추는 자
  - 발 주 자 : 공사업자에게 도급하는 자
  - 도   급 : (원도급, 하도급, 위탁)

전기공사를 완성할 것을 약정하고 상대방이 그 일의 결과에 대하여 대가를 지급할 것을 약정하는 계약

3. 전력기술관리법

제1조(목적) 이 법은 전력기술의 연구·개발을 촉진하고 이를 효율적으로 이용·관리함으로써 전력기술 수준을 향상시키고 전력시설물 설치를 적절하게 하여 공공의 안전 확보와 국민경제의 발전에 이바지함으로 한다.(전문개정 2008. 12. 26)

제2조(정의) 이 법에서 사용하는 용어의 뜻은 다음과 같다. 〈개정 2009. 5. 21, 2011. 7. 25〉
1. "전력기술"이란 「전기사업법」 제2조제16호에 따른 전기설비(이하 "전력시설물"이라 한다)의 계획·조사·설계·시공 및 감리(監理)와 완공된 전력시설물의 유지·보수·운용·관리·안전·진단 및 검사에 관한 기술을 말한다. 다만, 「건설산업기본법」에 따른 건설공사로 조성되는 시설물과 「원자력안전법」에 따른 원자로 및 그 관계 시설은 제외한다.
2. "전력기술인"이란 「국가기술자격법」에 따른 전기 분야 기술자격 취득자 및 일정한 학력 또는 경력이 있는 사람으로서 대통령령으로 정하는 사람을 말한다.

4. 전기설비 기술기준 [지식경제부 제2012-32호, 2011. 1. 31]

제1조(목적 등) 이 고시는 전기사업법 제67조 및 같은 법 시행령 제43조에 따라 발전·송전·변전·배전 또는 전기 사용을 위하여 시설하는 기계·기구·댐·수로·저수지·전선로·보안통신선로 그 밖의 시설물의 안전에 필요한 성능과 기술적 요건을 규정함을 목적으로 한다.

5. 전기설비 기술판단기준

제1조(목적) 이 판단기준은 전기설비기술기준(이하 "기술기준"이라 한다) 제1장 및 제2장에서 정하는 전기공급설비 및 전기사용설비의 안전성능에 대한 구체적인 기술적 사항을 정하는 것을 목적으로 한다.

4 Plant 공사의 유형 및 개요

1. Plant 공사의 개요

Plant 공사 초기에는 토목공사로 부지 정지 및 기초공사를 하며, 건축공사로 건물의 골조가 완성된다. 그 내부에 각종 기계 설치 및 전기공사가 착수되며, 시운전 공정으로 전 공정을 마무리하게 된다.
Plant 공사의 종류는 다음과 같이 분류할 수 있다.

(1) 발전소

원자력발전소, 화력발전소, 복합화력발전소, 수력발전소, 조력발전소, 풍력발전소, 태양광발전소 등

(2) 화학 PLANT

석유화학 PLANT, 정유공장, 비료공장, 제지공장, 담수화 공장 등

(3) 제철공장

포항제철공장, 광양제철공장, 서신 현대제철공장 등

(4) 자동차 공장, 중공업(조선소, 엔진공장, 전기제품공장) 전자제품공장 등(설비 설치공사임)

(5) 기타

정수장 및 물처리장 설비

5 공사 착수 전 준비사항

1. 선행작업 확인

전기공사는 선행작업 조건이 이루어져야만 진행될 수 있는 후행 공정이다. 그러므로 담당자는 전기공사가 시작되기 위한 선행 여건을 조사하여 미완료된 부분에 대해서는 속히 완료할 수 있도록 관련 부서를 독려해야 한다. 그런데 이러한 공정을 확인하고 독려하는 데는 공정표가 기준이 되므로 우선 공정표를 확인한 후에야 전체적인 전기공사 계획표가 작성될 수 있다.

(1) 전기공사가 착수할 수 있는 여건을 선행작업 진행상태(선행 공정)에서 확인한다.

(2) 현 선행작업 진행상태로 보아 공정표의 계획대로 전기공사를 진행할 수 있는지 확인한다.

(3) 문제가 된다면 세부적인 문제를 구체적으로 제시해야 한다.

    1) 선행 작업조건 : 선행작업이 계획보다 지연되지는 않았는가?

    2) 자재 : 설치될 자재는 언제 도착되는가?

    3) 도면 : 시공에 사용되는 도면은 언제 확보되는가?

    4) 인원 : 작업에 투입될 인원은 언제 확보되며, 기능도는 적정한가?

    5) 장비, 특수공구 : 작업에 사용될 장비 혹은 특수 공구는 구체적인 사양을 검토했는가?

    6) 계약서 및 기술 시방서(Technical Specification)는 이해하고 있으며, 숙지되어 있는가?

(4) 대략 이상의 항목이 준비되었다면 시공업무를 시작할 수 있다.

2. 기술시방서(Technical Specification)

(1) 작업범위(Work Scope)(발주자 별도발주분과 시공계약자분을 구분)

    1) Work Included : 담당해야 될 구체적인 업무 내용을 파악한다.
       업무 경계선이 어디인지를 확인한다.

    2) Related Work Not Included : 업무범위를 벗어나는 업무, 즉 타 부서 업무이다.

(2) 약어해설 및 용어정의(Abbreviations & Definitions)

Project에서 사용되는 특수 용어의 의미와 뜻을 충분히 이해한다.

(3) 제출서류 및 기술기준(Submittals & Code and Standards)

Project 업무를 수행하는 데는 여러 가지의 서류가 수반된다. 그러한 서류 내용을 충분히 이해하고 구체적인 작성방법, 서류가 어떤 부서를 경유하는가를 조사 혹은 파악해야 한다. 다음 항은 관련 서류와 진행되는 시스템을 숙지할 필요가 있다.

1) 작업공정(Work Schedule)

2) 작업절차서(Work Procedure)

3) 자재구매계획(Procurement Schedule)

4) 인원동원계획(Menpower Schedule, Staff and Worker)

3. 도면 관련 업무

(1) 도면의 발행 확인사항

1) 도면의 전체 발행목록 입수

2) 도면의 발부일 확인(도면의 발행 지연 여부 등)

3) 도면발행계획 대비 발행 실적 확인

4) 도면의 검토 및 승인은 최종 결재자에 의해 결재되어 있는가? 만일 승인되어 있지 않았다면 작업을 시작할 수 없다.

5) 해당 부서에서 도면철차서에 따라 업무는 진행되는가?(도면 취급 절차서 승인 여부 확인)

(2) 도면 입수 후 검토사항

1) 도면에 표기된 내용의 시공 가능성 확인 여부

시공 적용 Code & Std. 자재 확보(특수 자재 포함 여부 및 구입 가능 여부, 현장 시공 여건 확인 등), 특수 장비와 공구 및 선ㆍ후행 작업과의 관계 확인

2) 도면에 표기된 시공내용이 계약서와 공사시방서 'Specification'의 일치 여부 확인

3) 도면 표기의 작업범위 확인 'Work Scope Etc.'

4) 도면 발행 변경 'Dwg Issue Rev.' 확인(도면이 최초 발행된 후 시간이 지남에 따라 수시로 변경되므로, 담당자는 항상 최근 발행 도면을 소지하고 업무에 임해야 한다.)

4. 설계 변경 관리

기 발행된 도면이 변경되면 변경에 대한 사항이 시공에 즉시 적용될 수 있도록 해야 한다.

(1) 도면 발행 이후에 발생될 수 있는 시공 관련 사항

1) F.C.R(Field Change Request) 발행 : 발행된 도면의 현장 시공이 어려울 때 도면 변경을 요청하는 형식이며, 담당자가 작성하여 설계부서에 승인 요청해야 한다.

※ 발행자 : 시공담당자, 검토 및 승인부서 : 기술부서, 설계부서 등

2) D.C.N(Design Change Notice) : 설계부에서 기 발행된 도면에 일부 변경사항이 있을 경우 서면으로 발주처와 시공자에게 통보하는 서식 행위

※ 발행자 : 설계 담당자

3) N.C.R(Nonconformance Report) 발행

이미 발행된 도면에 의하여 현장작업이 이루어진 상태가 도면과 일치하지 않을 때 발행

되는 제도이다. N.C.R이 발행되면 문제된 부분에 작업이 해결될 때까지 중단되며, 도면과 맞지 않은 작업이 진행된 사유에 대하여 설명을 해야 하고, 작업진행이 늦어지며 발주처와 감독부서 간에 어려운 관계가 될 수 있어 세심한 주의가 필요하다.

※ N.C.R 발행부서 : 감독 혹은 품질관리

※ 검토 및 승인 : 시공관리부, 기술관리부, 설계부서 등

도면과 현장에 대한 현장여건의 기술적인 해석(재작업, 보완, 현상태 사용 등)

5. 자재 관련 업무

(1) 도면에 표기된 자재 확보 여부 확인[국내 자재 혹은 해외자재]

(2) 자재 발주'P/O' 시기는 언제이며, 자재 인도'Delivery' 시간은 충분한가?

(3) 자재에 적용되는 Code & Std은 적절하며, 담당자는 이 내용을 충분히 이해하고 있는가?

(4) 자재의 실제 시공수량이 계약 물량의 증감에 대한 내용 검토계획은 있는가?

6. 주요 검토 및 확인사항

※ 계약기간에 공사를 완료하고 계약금액을 전액 수령하도록 해야 하는데, 이를 위해서는 다음과 같은 내용을 충분히 숙지하고 이행해야 한다.

(1) 계약기간 : 전체 공사 기간

(2) 공사금액 : 전체 시공 계약금액과 담당자별 시행 예산금액

(3) 물가 변동으로 인한 계약 조정방법 : 갑과 을의 계약이 이루어진 후 일정 기간이 지나면 물가 인상으로 인한 자재 구입비가 증가할 수 있다. 이러한 문제에 대비하여 계약내용에 물가 인상률을 정하여 그 이상이 되면 갑으로부터 보상을 받을 수 있도록 하는 제도

(4) 설계변경의 조건 : 도면 변경(Rev.) FCR, DCN, Code & Std 변경으로 인한 물량 증감에 대한 대처. 설계 변경조건이 관련 법령 변경 혹은 적용 Code인지 확인이 필요하다.

(5) 공사범위 : 발주자 범위. 즉, 계약자의 범위를 명확히 파악해야 함

(6) 자재공급 범위 : 발주자 측과 계약자 간의 자재 공급범위를 명확히 파악

(7) 제출서류 : 공사 착수 전이나 공사 중에 제출서류가 무엇인지 파악

(8) 기성고 '대가지급' 청구 시기 및 절차 확인

7. 작업절차서(Procedure) 작성

작업절차서는 모든 작업이 착수되기 전 필수적으로 작성되어야 하는데, 그 작업내용이 구체적으로 어떻게 되는가를 상세하게 기술하여 문서화한 것이다.

(1) 작업의 목적

(2) 적용범위

(3) 용어의 정의

(4) 참고자료 : 작업에 적용되는 계약내용, 기술기준, 관련 도면, 관련 절차서 등

(5) 책임사항 : 작업의 책임자, 담당자의 역할 및 활동 범위, 기타 관련자 등을 열거

(6) 일반사항 : 검사 및 시험요원의 자격인정, 검사 및 계획서, 설계 변경의 수정작업 관련 사항

(7) 작업의 절차 : 작업에 필요한 사항과 주의사항을 구체적으로 기재

(8) 문서화 : 작업에서 이루어진 모든 사항을 문서화하는 내용

　　　예 작업검사보고서, 시험결과서 등

8. 공사 착수 전 확인사항

(1) 도면(Drawing) 검토

(2) 각 공종별 소요자재 확인 및 청구

　　• 해외자재 청구분(Delivery 감안)

　　• 국내 자재 청구분

(3) 장비 및 특수공구 확보

(4) 인원 소요계획 및 조직표 작성

(5) 발주처에 제출해야 할 서류 확인

(6) 작업에 필요한 도면 발행(Drawing Issue) 여부 검토

(7) 선행작업과 후행작업 내용 파악

(8) 안전장구 확보 및 안전교육계획

6 Code & Standard 적용

1. Code & Standard 유래

1780년경 영국의 제임스 와트가 증기기관을 발견한 이래 각종 기계류의 발전은 인류의 발전에 지대한 공을 세운 것을 우리 모두가 잘 알고 있다.

1780년 이후로 많은 시행착오와 사고를 경험한 후 수정하고 보완하여 개선을 거듭한 결과 현재의 상태에 이르게 되었다. 가동되는 공장이나 기계가 정지되는 일이 빈번해지고 파손과 폭발로 많은 인명과 막대한 재산상의 피해가 발생하면서 엄청난 사회적 물의를 일으켰다. 그 후 많은 과학자와 엔지니어들이 사고의 원인을 파악하여 차후의 사고에 대비하는 데 노력을 기울이게 되었다. 이로써 온도와 압력의 한계점과 사고의 원인을 찾고, 각종 소요 자재의 특징과

역학적인 해석을 찾는 활동은 보다 더 개선된 기계와 플랜트를 건설하는 데 많은 기여를 하게 되었다.

비효율적 운전, 고장과 사고 등을 면밀히 조사하여 금속에 대한 결함 및 강도의 문제, 기계적인 결함상태를 체계적으로 연구 검토하여 차후의 플랜트 건설에 이용되는 자료로 정리 보관되어 오고 있다. 이러한 연구 검토는 영국을 비롯한 유럽 각국 및 미국에서 활발하게 진행되어 각 분야별 기관이 민간단체로 설립되어 면밀한 조사와 연구가 약 100년 전부터 지금까지 운영 유지되어 오늘날 발전된 각종 Plant가 건설될 수 있게 되었다.

그 결과 원자력 및 화력발전소, 각종 화학공장과 정유공장, 제철공장, 자동차 생산공장 등 수많은 플랜트가 건설되고 보다 더 효율적인 건설과 안전한 운전이 될 수 있었으며, 앞으로도 안전과 효율적인 발전을 위해 끊임없는 연구 검토가 이루어질 것이다.

실례로 * ANSI(미국표준협회), ASME(미국기계학회), ASTM(미국재료시험협회), IEEE(미국전기전자기술자협회), IEC(국제전기기술 위원회), AWS(미국용접협회) 등은 각종 전문 기술지식과 함께 발전을 지속하고 있다.

우리나라에서 원자력발전소를 비롯한 많은 Plant를 건설 운영할 수 있는 것도 바로 이러한 Code와 Standard의 혜택을 받았기 때문이며, 따라서 엔지니어라면 누구나 이러한 규정을 잘 알아야 Plant 업무를 원활히 수행할 수 있다.

2. Plant 건설에 필요한 조건

전장에서도 언급했듯이 다음의 분야에서 각종 해당되는 Code & Std가 적용되는 것은 필수적 사항이다.

(1) 설계 : 법적 요건, 표준과 기준(Code & Standards) 적용

　　1) 체계적 개념 및 기준 정립

　　2) 설계 착수

(2) 건설 : 법적 요건, 표준과 기준(Code & Standards) 적용 시공

　　1) 각종 자재 선정 및 시험

　　2) 현장 시공

(3) 운전 및 운영 : 법적 요건 준수 및 기준(Code & Standards) 적용

　　1) 기준(Code & Standards) 적용 준수 사유

　　　① 지속적 운전(Sustainable Operation)

　　　② 안전성 및 신뢰성(Safety And Reliability)

　　　③ 경제성(Economics)

2) 1865년 4월 미국 Missippi강 Sultana 증기선 폭발로 1,238명 사망 : ASME 인증제도 성립기원
3) 1940년 11월 Tacoma Narrows Bridge(미국 워싱턴 근교) 강풍에 의해 붕괴

3. 한국산업표준

한국산업표준(KS ; Korean Industrial Standards)은 산업표준화법에 의거 산업표준심의회의 심의를 거쳐 기술표준원장이 고시함으로써 확정되는 국가표준이다.

산업표준의 제정 목적은 광공업품 및 산업활동 관련 서비스의 품질·생산효율·생산기술을 향상시키고 거래를 단순화·공정화하며, 소비를 합리화함으로써 산업경쟁력을 향상시켜 국가경제를 발전시키는 데 있다.

한국산업표준은 기본부터 정보부문까지 21개 부문으로 구성되며 크게 다음 세 가지로 분류할 수 있다.

- 제품표준 : 제품의 향상·치수·품질 등을 규정한 것
- 방법표준 : 시험·분석·검사 및 측정방법, 작업표준 등을 규정한 것
- 전달표준 : 용어·기술·단위·수명 등을 규정한 것

'산업표준'은 산업생산물 및 생산방법에 대해 그 형상·규격·성능·시험 등을 통일화한 것으로, 국제표준·국가표준·단체표준·사내표준 등으로 분류된다.

- '국제표준'은 다수의 국가 간의 협력과 동의에 의하여 제정되고 범세계적으로 사용되는 규격이다. 국제표준화기구(ISO), 국제전기기술위원회(IEC) 등이 여기에 해당된다.
- '국가표준'은 한 나라가 국가규격기관을 통하여 국내 모든 이해관계자의 합의를 얻어 제정공표된 산업표준을 말하며, 우리나라의 KS, 일본의 JIS, 독일의 DIN, 미국의 ANSI 등이 그 예이다.
- '단체표준'은 학회, 협회, 업계 단체 등에서 이들에 속하는 회원의 협력과 동의로 제정된 것으로, 미국의 재료시험협회(ASTM), 기계학회(ASME), 일본의 전기공업회(JEM) 등의 단체규격이 있다.

▼ 전기공사

1. 전기공사의 종류

(1) 전선로 공사
　　1) 매입 전기공사
　　　　① Embedded CND : 콘크리트 내부에 매설
　　　　② Duct Bank : 지중에 매설(옥외에 설치됨)

2) 노출 전기공사(Exposed Electric Work)
① Cable Tray
② Exposed CND

(2) SWYD 공사
(3) Cable 포설공사 : Cable Termination
(4) 조명공사
(5) 전기 배전반(Electrical Equipment) 설치공사
(6) 통신보안공사(Communication)

2. 선행공사 점검

(1) 현장 착수 시점 및 선행작업 조건(관련 도면 발행 여부 확인)은?
(2) 공사에 소요되는 자재 확보는?
(3) 공정계획상 Critical Path(최단 주요 공정)은 어느 공정에 해당되는가?
(4) Man Power 계획과 동원은?
(5) 장비 및 특수공구 준비는?

3. 전선로공사(Raceway)

- Cable이 지나는 경로를 확보하는 공사로서 Cable Tray. 전선관(Conduit), Special Raceway 등으로 구성된다.
- 매입공사(Embedded Conduit)
벽체나 바닥 Slab, Concrete 타설 시 매입시켜야 할 전선관류를 콘크리트 내부에 매입하는 작업이다. 차후에 전선관 내에 케이블이 들어가야(포설) 한다.

(1) Concrete 매입공사의 종류

1) 전선관
2) Box류(분전반류. 전화용 Box, 접지선)
3) 각종 접지용 자재

(2) 매입공사 시 유의사항

전선관 곡률반경을 적용, 설치할 것(곡률반경이 적으면 Cable Pulling 시 전선관 내에서 케이블 피복이 손상되어 문제됨)

(3) 전선관 곡률반경(Bending Radius) 규격 표

전선관 규격	최소 곡률반경	최대 곡률반경	비고
3/4″(22mm)	6 – 1/2″	10″	KS규격
1″(28mm)	9 – 1/2″	15″	KS규격
1.1/2″(42mm)	9 – 1/2″	24″	KS규격
2″(54mm)	15″	24″	KS규격
3″(82mm)	15″	24″	KS규격
4″(104mm)	20″	24″	KS규격

[그림 1-105] 매입전선관 및 접지 케이블

[그림 1-106] YARD의 전선관 매입공사

[그림 1-107] Duct Bank PVC Pipe 설치 모습 | [그림 1-108] Manhole에 인입하는 PVC전선관

[그림 1-109] Duct Bank 시공

(4) 케이블 트레이(Cable Tray)

1) 내용

전선과 케이블을 지지하기 위한 금속제 구조물

2) 케이블 트레이 종류

① 사다리형 케이블 트레이(Ladder Cable Tray) : 길이방향의 양 측면 레일(Side Rail)을 각각의 가로방향 부재(Transverse Member)로 연결한 조립 금속 구조

② 트러프형 케이블 트레이(Trough Cable Tray) : 일체식 또는 분리식 직선방향 측면 레일에서 바닥에 통풍구가 있는 것으로서 폭이 101.6mm(4in)를 초과하는 조립 금속 구조

③ 바닥 밀폐형 케이블 트레이(Solid Bottom Cable Tray) : 일체식(Integral) 또는 분리식 직선방향 측면 레일(Separate Longitudinal Side Rail)에서 바닥에 개구부가 없는(No Opening) 조립 금속구조

④ 채널형 케이블 트레이(Channel Cable Tray) : 바닥 통풍(Ventilated Bottom)형, 바닥 밀폐(Solid Bottom)형 또는 바닥 통풍형 및 바닥 밀폐형 복합 채널 단면으로 구성된 조립 금속 구조(Prefabricated Metal Structure)로서 폭이 152.4mm(6in) 이하인 CABLE TRAY

(5) 부속재(Fitting)

케이블 트레이를 서로 연결하거나 크기 또는 방향을 바꾸기 위한 목적으로 사용되는 것으로 엘보(Elbows), 티(Tees), 크로스(Cross), 와이(Wyes), 리듀서(Reducer) 등이 있다.

1) 엘보(Elbows)

동일 평면상 좌우 방향을 바꾸거나 서로 다른 평면상에서 상하 방향을 바꾸는 데 사용하는 케이블 트레이 부속재

2) 티(Tees) 및 와이(Wyes)

3 방향에서 케이블 트레이를 연결하는 데 사용하는 케이블 트레이 부속재

3) 크로스(Cross)

4 방향에서 케이블 트레이를 연결하는 데 사용하는 케이블 트레이 부속재

4) 리듀서(Reducer)

동일 평면상 폭이 다른 케이블 트레이를 연결하는 데 사용하는 케이블 크레이 부속재
① 직선형 리듀서(Straight Reducer) : 대칭인 두 개의 오프셋 측면(Offset Side)으로 구성된 것
② 우측형 리듀서(Right – Hand Reducer) : 폭이 넓은 쪽에서 보았을 때 우측 측면이 직선으로 구성된 것
③ 좌측형 리듀서(Left – Hand Reducer) : 폭이 넓은 쪽에서 보았을 때 좌측 측면이 직선으로 구성된 것

> **참고** Tray 작업 전 검토사항
> Cable Tray 설치 전 배관공사나 덕트공사와 중복되는지 여부를 필히 확인해야 한다. Tray 작업이 된 후에 배관이나 기타 다른 공정 작업과 중복되면 철거해야 하는 사태가 일어날 수 있다.

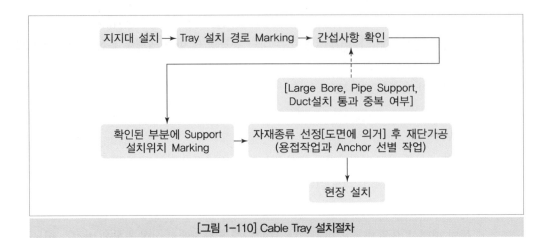

[그림 1-110] Cable Tray 설치절차

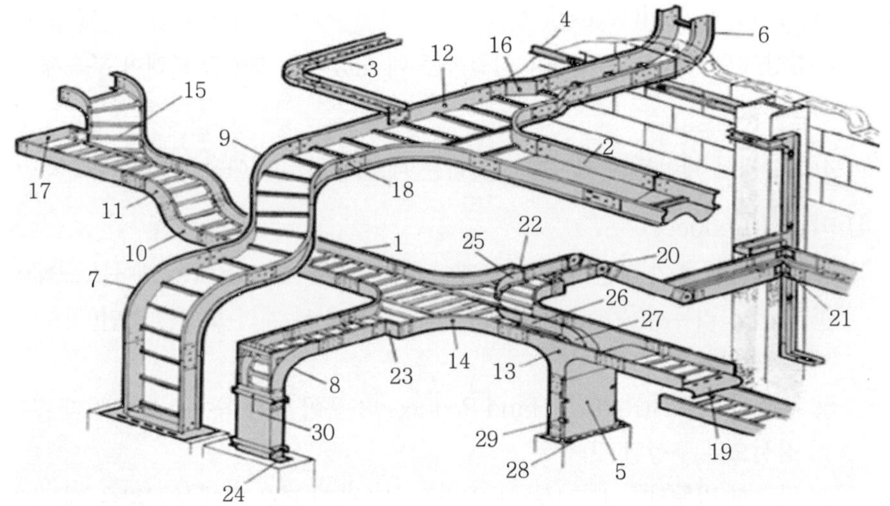

지지대 설치 → Tray 설치 경로 Marking → 간섭사항 확인

[Large Bore, Pipe Support, Duct설치 통과 중복 여부]

확인된 부분에 Support 설치위치 Marking → 자재종류 선정[도면에 의거] 후 재단가공 (용접작업과 Anchor 선별 작업)

현장 설치

1. Straight(Tray)
2. Straight(Duct)
3. Straight(Channel)
4. Straight(Raceway)
5. Covers
6. 90 Vertical Elbow(In Side)
7. 90 Vertical Elbow(Out Side)
8. Cable Support Elbow
9. 45° Horizontal Elbow
10. 45° Vertical Elbow(In Side)
11. 45° Vertical Elbow(Out Side)
12. Horizontal Tee
13. Vertical Tee
14. Horizontal Cross
15. 45° Horizontal Wye Branch
16. Reducer
17. Blind End
18. Joint Connector
19. End Drop Out
20. ADJ. Riser Connector
21. ADJ. Horizontal Connector
22. Offset Reducer
23. Offset Reducer
24. Angle Connector
25. Horizontal Separator
26. Straight Separator
27. Vertical Separator
28. Box Connector
29. Cover Clip
30. Cover Strap

[그림 1-111] Cable Tray

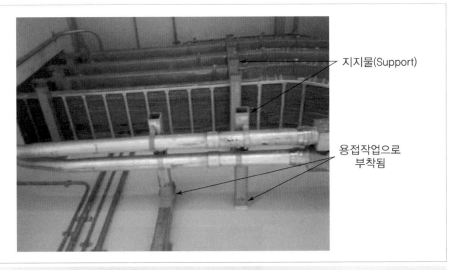

[그림 1-112] Power Plant Cable Tray

지지물(Support)

용접작업으로 부착됨

Tray를 설치하기 전에 지지물(Support) 작업을 먼저 해야 한다. 이 지지물 설치 작업시간이 전체 작업시간의 비율로 보아 약 70~80%가 된다. 작업계획 시 신중을 기해야 한다. 또한 이때 용접작업으로 지지물 설치가 이루어지므로 용접에 대한 지식도 사전에 습득해야 한다.

[그림 1-113] Cable Tray 설치현황

[그림 1-114] Cable Tray 설치현황

[그림 1-115] Rack 위의 Cable Tray 설치현황

[그림 1-116] Rack 위의 Cable Tray 설치현황

(6) Cable Tray 검사 시 주요 검사 항목

1) 지지대 설치 검사는 완료되었는가?

2) 최신도면(자료)에 따라 설치되었는가?

3) 설치 길이는 도면 및 Spec과 일치하는가?

4) 날카롭거나 거친 면은 없는가?

5) 수평, 수직, 설치위치는 정확한가?

6) 부수 도장, Bolt 조임 상태는 양호한가?

7) Torque Wrench Calibration 유효기간은 넘지 않았나?

8) 접지상태는 양호한가?

9) 청소상태는 양호한가?

※ 별개 검사 항목 : 각 지지대의 용접 부위 → 규정에 맞게 용접되어야 한다.

(7) 노출 전선관(Exposed Conduit)

1) 내용

전선과 케이블을 지지 및 보호하기 위해 사용하는 금속 또는 경질염화비닐로 된 관으로 건축구조물의 벽체나 바닥에 돌출되게 설치된 상태

2) 종류

직선상의 전선관과 기기들의 말단부분에 연결되는 가요전선관(Flexible Conduit), 부속재(Fitting) 및 부속품(Accessories)으로 분류되며 종류는 다음과 같다.

| 표 1-16 | 금속관의 종류

재료	종류	요건	비고
금속	강제전선관 (Rigid Steel Cond)	KS C8401.1 및 UL 6등의 요건만족	4″ 이하 : KS C8401 5″와 6″ ANSI C80.1
	경화 알루미늄전선관 (Rigid Aluminum Cond)	Ansi C80.5의 요건 만족	
	중간 금속전선관 (Intermediate Metal Cond)	UL 1242의 요건 만족	
	전기 금속튜브 (Electrical Metallic Tubing)	KS C8422, ANSI/UL 1등의 요건 만족	
	금속제 가요전선관 (Flexible Metal Cond)	KS C8460, ANSI TC 2.6 및 UL514A.B	
	부속재 및 부속품 (Fitting & Accessories)	KS C8460, ANSI FB1 및 UL 514A, B 및 C 등의 요건 만족	

| 표 1-17 | 비금속관의 종류

재료	종류	요건	비고
비금속	PVC 전선관	KS C8431, ANSI TC 2.6 및 8 등의 요건 만족	
	폴리에스틸렌(PE)전선관	ANSI TC 2의 요건 만족	
	아크릴 합성수지전선관 (Acrylonitrile – Butadience – Styrene : ABS)	ANSI TC 6의 요건 만족	
	PVC 부속재	KS C8433 및 8434, ANSI TC 3 및 9등 의 요건 만족	
	아크릴 합성수지 부속재 (ABS)	ANSI TC 9의 요건 만족	

참고 전선관의 크기

전선관의 단면적당 전선이 차지하는 면적을 아래와 같이 제한한다.
- 1가닥 : 전선 단면적의 53% 이상 점유하지 말 것
- 2가닥 : 전선 단면적의 31% 이상 점유하지 말 것
- 3가닥 이상 : 전선 단면적의 40% 이상 점유하지 말 것

전선관 내의 케이블에 전류가 흐르면 이 케이블에 열이 발생한다. 전선관 내부는 밀폐공간이기 때문에 열이 누적될 가능성이 많다. 열이 계속 누적되면 케이블 절연체가 녹아내리는 현상이 나타난다. 이러한 현상을 방지하기 위해 전선관 단면적당 전선이 차지하는 면적을 [참고] 내용과 같이 제한한다.

| 표 1-18 | 후강 전선관의 굵기 선정

전선 굵기				전선 본수(가닥)									
규격		IEC 규격		1	2	3	4	5	6	7	8	9	10
단선 (mm)	연선 (mm²)	단선 (mm)	연선 (mm²)	전선관의 최소 굵기(mm)									
		1.38	1.5	16	16	16	16	22	22	22	28	28	28
1.6		1.78	2.5	16	16	16	16	22	22	22	28	28	28
2.0		2.26	4.0	16	16	16	22	22	22	28	28	28	28
2.6	5.5	2.76	6.0	16	16	22	22	22	28	28	28	36	36
3.2	8		10	16	16	22	28	28	36	36	36	36	36
	14		16	16	22	28	28	36	36	36	42	42	42
	22		25	22	28	28	36	36	42	54	54	54	54
	38		35	22	28	36	42	54	54	54	70	70	70
			50	22	36	54	54	70	70	70	82	82	70
	60		70	22	42	54	54	70	70	70	82	82	82
	100		95	28	54	54	70	70	82	82	92	92	104
			120	36	54	54	70	70	82	82	92		
	150		150	36	70	70	82	92	92	104	104		
	200		185	36	70	70	82	92	104				
	250		240	42	82	82	92	104					

1. 전선 1본에 대한 숫자는 접지선 및 직류회로의 전선에도 적용한다.
2. 이 표는 실험결과와 경험을 기초로 하여 결정한 것이다.
3. 본 표는 내선규정 표 4-9(후강전선관의 굵기 선정)를 참고로 작성한 것이다.
4. 단선의 직경은 계산 값을 나타낸다.

(8) Expose Conduit(노출전선관) 작업 준비(벽체나 바닥 면 표면에 설치함)

1) 도면으로 현장 확인 → 타 공종과 간섭사항 확인 → 전선관 설치 수(Line) 확정 → 지지대 설치방법 결정 → 지지대 설치(용접 혹은 Anchoring) → 전선관 설치

2) 전선관 길이는 Cable 포설 위치 간 최대 150′를 초과할 수 없고 Bending의 총 270° 이하를 유지한다.(전선관이 2″인 경우) 전선관 길이가 너무 길거나 Bending각이 270°를 넘으면 케이블 포설 시 마찰계수가 커 케이블 피복이 손상될 가능성이 높다.

| 표 1-19 | 전선관 곡률반경 도표

전선관 공칭 규격	최소 곡률반경
$\frac{3}{4}''$ [22mm]	$6-\frac{1}{2}''$
$1''$ [28mm]	$9-\frac{1}{2}''$
$1-\frac{1}{2}''$ [42mm]	$9-\frac{1}{2}''$
$2''$ [52mm]	$9-\frac{1}{2}''$
$3''$ [82mm]	$15''$
$4''$ [104mm]	$20''$
$5''$	$25''$
$6''$	$35-\frac{1}{2}''$

8각 박스　　　　　　전선관

Luck-nut　　　　　　Bushing

[그림 1-117] 전기공사의 기초 자재(전선관 부속자재)

[그림 1-118] Coupling

[그림 1-119] 매입 Box 종류

[그림 1-120] Union

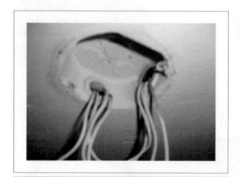

[그림 1-121] 매입 Box 내의 전선

[그림 1-122] Condulet

[그림 1-123] Junction Box

[그림 1-124] Seal Fitting

[그림 1-125] Slab 관통부의 전선관과 Fitting

[그림 1-126] Cond & Condulet 설치

전선관 및 Pulling Box 설치

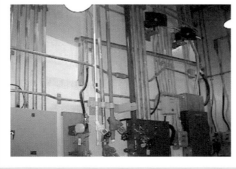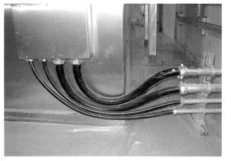

[그림 1-127] Flex. CND 연결

(9) 노출전선관 설치 검사 항목

1) 전선관 설치는 최신 도면 및 설계요건에 따라 설치되었는가?

2) 최신 도면에 따라 설치되었는가?

3) 설치 길이는 도면과 Spec.에 따라 일치하는가?

4) 날카롭거나 거친 면은 없는가?

5) 이격거리는 설계 요구조건을 충족하였는가?

6) Cable 입선 지점들 사이의 전선관 곡률이 270도를 초과하지 않았는가?

7) Cable 입선은 Fitting류 없이 전선관을 150Ft 이상 초과하지 않았는가?

8) 식별 번호는 시방서에 따라 표기하였는가?

4. 유도전압과 제어 Cable

(1) 유도전력

1) 정전유도전압은 주파수 및 양 선로의 평행길이와 관계없고 전력선의 대지 전압에만 비례

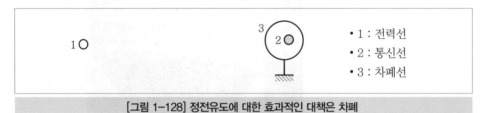

$$Ca = Cb = Cc이면 \ Eo = 0$$

즉, 전력선이 완전연가된다면 각 상의 정전용량이 평형이 되어 정전유도전압은 "0"

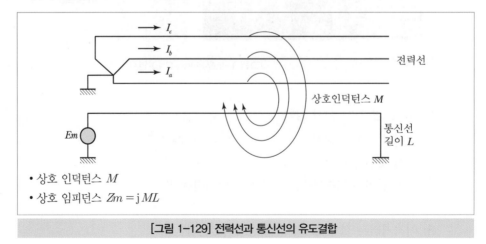

- 1 : 전력선
- 2 : 통신선
- 3 : 차폐선

[그림 1-128] 정전유도에 대한 효과적인 대책은 차폐

2) 차폐선에 의한 정전유도 제거

전력선과 통신선은 차폐선에 의해 차단되어(C12 = 0) 통신선은 전력선에 의해 정전유도가 되지 않는다.

3) 유도성 결합

유도성 결합은 상호 인덕턴스를 갖고 있는 신호/잡음회로 또는 전도체 전류에 변동이 있을 때 발생한다.

- 상호 인덕턴스 M
- 상호 임피던스 $Zm = jML$

[그림 1-129] 전력선과 통신선의 유도결합

전력선과 통신선의 유도결합 통신선 유기되는 전자유도전압

$$Em = -Zmla - Zmlb - Zmlc = -Zm(la + lb + lc) = -Zm \times 3lo = -jML \times 3lo[V]$$

3Io를 기 유도전류(Inducing Current) 또는 지락전류라 하는데, 3상평형인 경우는 "0"이 되어 전자유도장해는 발생하지 않는다.
지락사고가 발생하면 불평형 지락전류가 흐르므로 유도전압은 지락전류에 비례하여 유기된다.

> **참고** 유도성 결합 장해 저감방안
> • 장해 주파수 또는 전류 발생원 감소
> • 전도체 주변의 상호 인덕턴스 감소

4) 제어케이블 계통의 장해 저감

| 표 1-20 | 케이블의 분류기준(코드/표준 및 각 설계회사별 케이블 분류)

코드/표준 및 각 설계사	계장케이블	제어케이블		저압전력 케이블	비고
IEEE 518	• 50V 미만 아날로그 • 15V 미만 디지털	• 50V 초과 아날로그 • 50V 미만 스위칭(디지털)	• 50V 초과 스위칭(디지털) • 20A 미만	• 0~1,000V 및 20A~800A	
IEEE 422	• 600V 이하 전력 공급	• 상대적으로 작은 전류 • 운전 상태의 변경		• 가변전류 또는 전 압신호(아날로그) • 코드된 정보 전공 (디지털)	
KOPEC (수·화력)	• 아날로그 신호 (4~20mA) • 접점 또는 제어 (48V 이하) • RTD, 열전대, 보상 도선	• 120Vac, 125Vdc 제어신호 • PT, CT • 24/48V 전력케이블 • 120Vac 전력케이블(Space Heater, Panel Control Power, SOV) • 125Vdc 전력케이블		• 480Vac, 250Vdc 전력 • 380Vac 전등, 전력	
KOPEC (원자력)	• 저준위 디지털 또는 아날로그 신호 • TC, RTD, 트랜듀시, 중성자감지기 • 일반적으로 50mA 이하	• 120Vac, 125Vdc 분전반으로 부터의 케이블 • 스위칭 신호 케이블		• 480Vac • 120Vac, 125Vdc 에서 분전반, MOV • 스위칭 신호	

5) 케이블 이격(Cable Separation)기준(IEEE 518에 의한 케이블 이격 요건)
　① Level 1(고감도 신호)
　　50V 미만의 아날로그 신호 및 15V 미만의 디지털 신호
　② Level 2(보통 감도 신호)
　　50V 초과 아날로그 신호와(50V 미만) 스위칭 회로 신호
　③ Level 3(저감도 신호)
　　㉠ 50V 초과 스위칭 신호 및 50V 초과 아날로그 신호
　　㉡ 전류가 20A 미만인 정류된 50V 신호
　　㉢ 전류 20A 미만인 교류 부하
　④ Level 4(전력)
　　전류가 20~800A이며, 전압이 0~1,000V인 직류 및 교류 모선

| 표 1-21 | IEEE 518 Tray Spacing

(단위 : Inches)

Level	1	2	3	4
1	0	6	6	26
2	6	0	6	18
3	6	6	0	12
4	26	18	12	0

위의 표에 나타낸 Tray Spacing은 트레이와 100kVA 미만의 전력기기 사이의 이격거리에 적용됨
• Level 1, 2 Wiring을 포함하는 트레이는 바닥밀폐형
• 환기용 슬롯이나 루버는 레벨 3, 4 트레이에 사용될 수 있음
• Level 1, 2상의 트레이 덮개는 차폐처리
• 트레이는 금속 재질이고, 연속성을 갖도록 견고히 접지

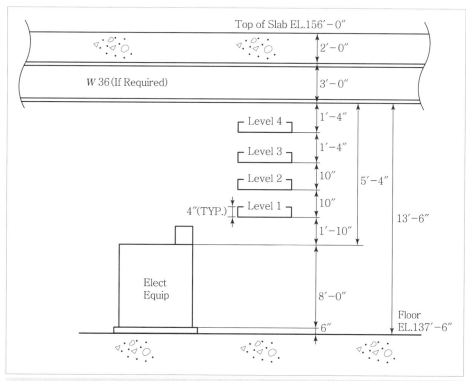

[그림 1-130] General Cable Tray Layout Based On IEEE 518 Std. In Npp

6) 수직이격

IEEE 518의 케이블 트레이 이격요건을 표준원전의 케이블 분류 기준에 적용하면 케이블 트레이를 다음과 같이 수직배열할 수 있다.

| 표 1-22 | 케이블 트레이의 수직배열

표준원전 기준	IEEE 518 기준		
	트레이 5단	트레이 4단	트레이 3단
13.8kV 4.16kV — 18″ 480V — 18″ 제 어 — 18″ 계 장 — 18″	13.8kV 4.16kV — 12″ (Nole 3′) 480V — 12″ (Nole 3′) 제 어 — 24″ (Nole 2′) 계 장 — 12″ (Nole 1′)	4.16kV 480V — 12″ 제 어 — 24″ 계 장 — 12″	480V 제 어 — 24″ 계 장 — 12″

5. Cable 포설공사

(1) 포설 시 Cable 피복에 흠집이 있거나 손상되지 않도록 다음과 같은 사항에 주의해야 한다.

1) Cable 최소 허용 곡률반경

Cable이 굽어지는 부분 혹은 90°를 구부릴 때 Cable의 피복이 손상되지 않도록 충분한 반지름(Bending Radius)을 주어 포설하는 작업을 말한다.

2) Cable 허용 곡률반경이 너무 축소되면 케이블 피복이 손상되어 Cable 수명과 직접적인 관계가 있다. 케이블 도체와 절연체의 간격이 이완되면 전위경도 차이가 다르게 되어 이온화 현상이 발생한다. 즉, 열이 발생하며 피복이 쉽게 부식되는 현상이 발생된다.

3) 최소 허용곡률반경

① 케이블 제작사에 의해 각 규격별 한계치가 결정된다.
② 케이블 포설 시의 곡률반경은 케이블 외경의 20배로 한다.

(2) 케이블이 지나는 경로에 날카로운 부분이 있는지 여부를 잘 점검한다.

1) 날카로운 부분에 케이블 피복이 손상될 수 있다.
2) 점검 장소 : Cable Tray 연결 부분, 전선관의 시작점이나 끝 부분의 언저리

(3) Cable Card 입수

케이블이 지나는 경로가 Card에 기록되어 있다. Tray, Conduit, Duct Bank 등의 일련번호(Raceway No)도 기재되어 있고 해당되는 경로의 작업 여부도 현장에서 확인해야 한다.

1) Cable 포설 전 준비사항

① Cable Pulling 절차서 승인 여부 : Cable 포설의 작업내용을 구체적으로 기재한 절차이며 승인사항임
② Pulling할 Cable은 입고 여부 확인(종류별 · 규격별 등, 작업 약 1달 전에 확인해야 함)
③ Pulling Card 발행. Cable 시작점과 종점의 경로를 기재한 서류. 통상 설계부서에서 발행
④ Pulling에 사용될 공구(Tension Meter, Pulling 공구, Wire 등)
⑤ Cable No. Marker(Cable 고유 일련번호를 색인하는 공구) 준비

⑥ Cable 포설장력 계산 준비는 되었는가?(지나친 힘으로 Cable을 잡아당기면 Cable 피복 및 도체가 손상될 수 있음)

2) 현장작업 전 점검사항

① Cable은 일정한 장소에서 포설 길이에 맞게 측량하여 절단한다.

② 보호용 천막지 위에서 절단한다.

③ 절단된 케이블은 양쪽 절단 부위를 밀봉하고 청결을 유지한다.

④ 케이블 양끝 1Ft 부분에 임시 Cable No Tag를 테이프를 이용하여 부착한다.
(1FT : Cable 양 끝단의 단말 처리 시 필요한 길이)

⑤ 현장으로 케이블을 차량으로 운반할 때에는 적재함의 청결을 유지하고 케이블에 손상이 가지 않도록 주의한다.

⑥ 각종 Raceway(Conduit, Tray 등) 설치 완료 여부 및 관련 Raceway No.가 정확히 기록되었는가 확인한다.

⑦ Cable Pulling Card가 회로도면과 일치하는지를 확인한다.(From – To Location, Routing의 일치 여부)

⑧ Card를 Routing별로 구분하고 동일 전압 Cable을 동시에 포설하도록 준비한다.

⑨ 포설할 Raceway의 청소상태를 점검하고 이물질로 인한 포설 시 손상을 방지하도록 한다.

⑩ Cable Tray는 Support가 완전히 설치되었는지를 필히 확인해야 한다. Supper가 완료되지 않았다면 Cable 자중에 의해 처짐현상이 일어날 수 있다.

3) 현장작업

① Pulling하고자 하는 Raceway No.작업완료 여부 확인. 미작업 시 Punch List 작성 관련자에게 통보

② 관련 Cable 자재 도착 여부 확인(작업 약 2개월 전부터 추적 조사요)

③ Cable 자재수령 : Cable 운반 시 손상이나 파손이 가지 않도록 각별히 조심해야 함

④ Cable Pulling Sch.에 따라 자재 선별
㉠ Cable Card 및 현장 실사에 의거 Cable Cutting
㉡ 시운전 인계인수계획에 따라 포설작업에 착수해야 함

⑤ Pulling 전 전선관 내부 필히 청소(Mandrel Test 완료 후 포설해야 함)

⑥ Cable Pulling 착수

4) 장력계산(Tension Calculation)

① 전선관이나 PVC Duct 내에 케이블을 포설하기 위하여 케이블 포설 전에 기술규격서에 따라 장력계산을 해야 한다.(단, 아래 조건의 장력계산이 필요 없는 케이블은 제외한다.)
㉠ 전선관 내에 밀어 넣어 포설할 수 있는 Cable

ⓛ Raceway 곡선부분은 마찰계수 증가로 인한 Cable 피복 손상 가능성 여부를 점검해야 함

② Cable 포설 담당자는 현장 확인 후 ISO 도면상에 Pulling될 CND Route를 그려야 한다. 담당자는 ISO 도면상의 직선부 길이, 곡선부 각도 및 마찰계산을 위한 적절한 정보를 기록한다.

5) Cable 포설 전(현장작업) 재확인사항

① Cable No. Marker(Cable 고유 일련번호를 색인하는 공구)는 준비되었는가?

② Cable 포설장력 계산은 준비되었는가?(지나친 힘으로 Cable을 잡아당기면 Cable 피복 및 도체가 손상될 수 있음)

6) 전선의 종류

약호	명칭	최고허용온도
OW	옥외용 비닐절연전선	60[℃]
DV	인입용 비닐절연전선	
NR	400/750[V] 일반용 단심 비닐절연전선	70[℃]
NRI	300/500[V] 기기배선용 단심 비닐절연전선	90[℃]
CV	가교폴리에틸렌 절연비닐 외장케이블	
MI	미네랄 인슐레이션 케이블	
IH	하이파론 절연전선	95[℃]
FP	내화케이블	–
HP	내열전선	
GV	접지용 비닐전선	
E	접지선	

7) 전선의 구비조건 및 전선 굵기 결정요소

전선의 구비조건	전선 굵기 결정요소
• 기계적 강도가 클 것 • 도전율이 클 것 • 가설이 쉽고 가격이 저렴할 것 • 비중이 작을 것 • 내구성이 좋을 것	• 허용전류 : 안전하게 흘릴 수 있는 최대전류 • 기계적 강도 : 기계적인 힘에 견딜 수 있는 능력 • 전압강하 : 송전전압과 수전전압의 차 • 전력손실 : 1초 동안 전기가 일을 할 때 소비되는 손실 • 경제성 : 최소 경비가 되도록 결정

8) 전선 접속 시 주의사항

① 전선이 강도를 20[%] 이상 감소시키지 아니할 것

② 접속부분은 절연전선의 절연물과 동등 이상의 절연능력이 있을 것

③ 접속슬리브, 전선 접속기류를 사용하여 접속하거나 또는 납땜을 할 것

④ 전기화학적 성질이 다른 도체를 접속하는 경우 접속부분에 부식이 생기지 않도록 할 것

⑤ 접속으로 인하여 전기저항이 증가하지 않을 것

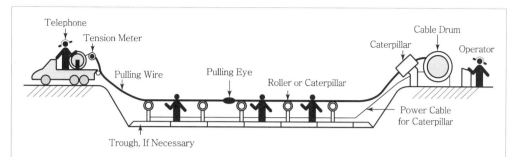

전력 케이블 단면을 풀링아이 및 풀링그립을 이용하여 안내선(Pulling Wire)과 연결한다. 케이블 풀링하는 쪽과 감는 쪽은 항시 서로 연락을 취하고, 장력계(Tension Meter)를 확인하며 비상시 즉시 케이블 포설을 중지시킨다.

정해진 케이블 곡률을 유지하면서, 포설속도를 일정하게 하여 롤러 위의 케이블을 이동시킨다.
또한 중간중간 케이블 피복이 손상되는지 인력을 배치하여 감시한다.

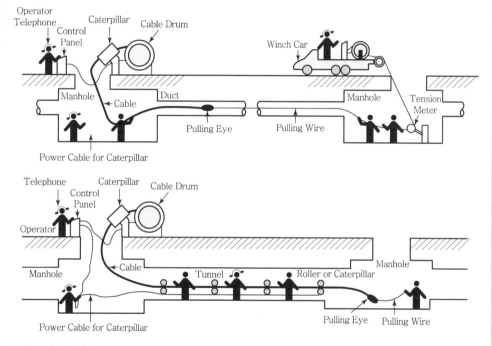

전력구 내에 사람이 중간중간 배치되어 포설상황을 감시하고, 맨홀 내 케이블 꺾이는 부분에 롤러를 설치하여 포설한다. 케이블 포설 시 케이블 드럼 취급방법, 곡률반경, 최대장력, 피복 손상 등에 유의하여야 한다.

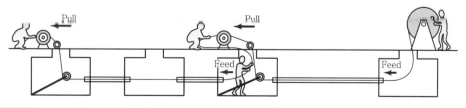

[그림 1-131] 전력케이블 포설방법

| 표 1-23 | Power Cables(Max.Eight Cables)

Conduit Size (Inches)	Maximum Cable Length(Ft)			
	Straight Pull	1~90° Bend	2~90° Bend	3~90° Bend
4	75	40	21	11
3	75	40	21	11
2	150	93	50	26
1 1/2	150	140	75	40
1	150	150	150	120

| 표 1-24 | Control Cables(Max.Eight Cables)

Conduit Size (Inches)	Maximum Cable Length(Ft)			
	Straight Pull	1~90° Bend	2~90° Bend	3~90° Bend
3	59	31	16	0
2	80	42	22	12
1 1/2	121	64	34	18
1	150	81	43	23
3/4	150	81	43	23

9) Cable Separation(전선 이격거리)

① 개요 : 각 계통 간, 전압종류별로 분류되며 최소한의 이격거리를 두어야 한다.

② 각종 Load Center, MCC. 등 Plant 내부에서 계통 간·안전등급 간에 규정된 이격거리 유지(이격거리 유지는 각 Project의 Technical Specification별로 Work Procedure에 언급되어 있다.)

③ Tray에서 고압Cable(4.16kV, 13.8kV)의 이격

④ 기타 Cable 이격거리 유지개소

  ㉠ 각종 Panel 내부에서 Term. Point 부분

  ㉡ Manhole 내부에서 고압 Cable과 Instr. Cable 간 최소 24″, Control Cable과 Instr. Cable 18″ 유지

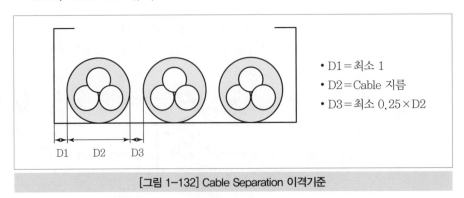

- D1 = 최소 1
- D2 = Cable 지름
- D3 = 최소 0.25 × D2

[그림 1-132] Cable Separation 이격기준

10) Termination

① 일반사항

㉠ Crimping Tool 및 Dia, Tester 장비는 검 · 교정은 필수사항이다.

㉡ Terminator(단말처리작업자)는 모든 Cable에 숙련된 작업자이어야 한다.

㉢ 자재 인수절차 및 보관은 자재 취급 절차서에 따라 수행되어야 한다.

② Termination

㉠ Cable Marker는 Cable 끝에 취부되어야 하며 Wire Marker는 Ter. Point 가까이에 위치하여야 한다.

㉡ Cable Marker에는 Cable No. 시작 Eq. No.,와 종단 Eq. No.가 기재되어야 하며 Wire Marker에는 Wire No., Ter. No., Ter. Block No.(Panel 내부) 및 Ter. Point No.가 기재되어야 한다.

| 표 1-25 | Cable Size별 Ter. Lug 표

AWG : American Wire Gage

Cable Size(AWG)	mm²	Ter. Lug(Inches)
1/0	53.2	13/16
2/0	67.51	13/16
4/0	107.22	1.1/16
250MCM	127	1.1/16
350MCM	177	1.3/16
500MCM	253	1.5/16
750MCM	380	1.11/16
1,000MCM	506	1.13/16

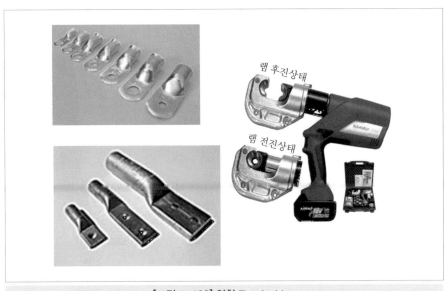

[그림 1-133] 압착 Terminal Lug

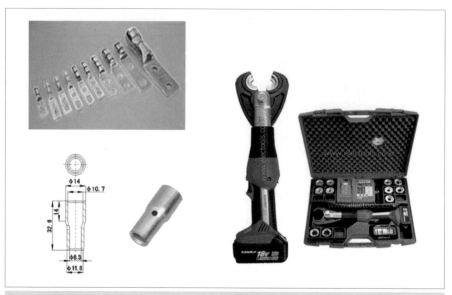

[그림 1-134] Hydraulic Terminal Lug Compressor

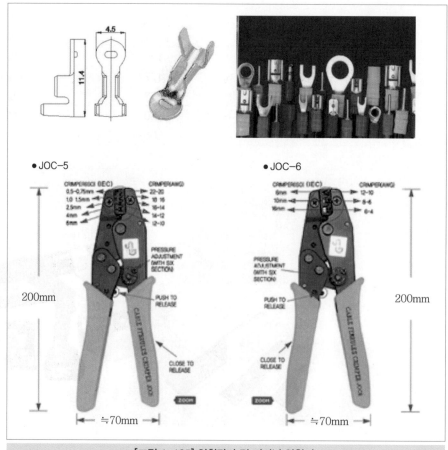

[그림 1-135] 압착단자 및 터미널 압착기

MALE DISCONNECTORS

- Material : Brass + Easy Entry Copper Sleeve
- Surface : Tin Plated
- Insulation : Heat Shrink Tube
- Maximum Electrical Rating : 300Volts

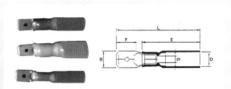

Part Number	Wire Range		Nema Tab	Dimension(mm)						Insulated Color
	AWG	mm²		B	F	L	E	D	d₁	
JM1−64HC	22~16	0.5~1.5				33.0		4.5	1.7	Red
JM2−64HC	16~14	1.5~2.5	0.8×6.4	6.6	7.8	33.0	28.0	5.5	2.3	Blue
JM3−64HC	12~10	4~6				34.5		8.0	3.4	Yellow

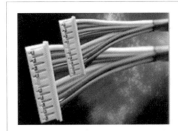

[그림 1-136] 터미널 커넥터 및 Tube

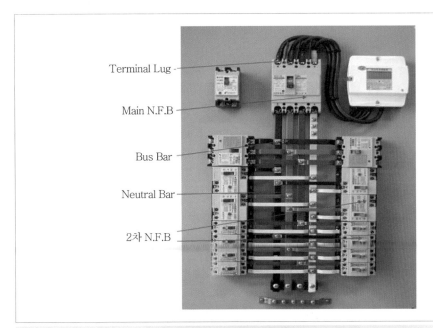

Terminal Lug

Main N.F.B

Bus Bar

Neutral Bar

2차 N.F.B

[그림 1-137]

[그림 1-138] 터미널 단자 연결

[그림 1-39] 전기터미널

11) 특고압 케이블 단말처리 및 시험

① 단말작업 시 케이블은 접속부 중심 위치에 수직으로 절단되어야 한다.

② 도체 인출 부분 압측 부위는 둥글게 되도록 갈아서 돌출 부분이 없도록 한다.

③ 단말 작업 부분에 이물질이나 습기가 침투하지 않도록 하여야 한다.

④ 케이블 및 부속재 설치가 완료되면 교류 혹은 직류 절연내력시험을 시행하고 결과를 기록한다.

| 표 1-26 |

시험 항목	단자연결	측정장비	기준치	비고
도체 절연저항시험	도체와 대지 사이	1000V, 2000MΩ Megger	2000Ω 이상	내전압시험 전 실시

절연내력시험	도체와
	대지 사이
		내전압 Tester	• 교류시험
			  −87kV를 24시간 인가, 누설전류가 안정
			  −150kV를 1시간 인가 후 Pass, 혹은 Fail 확인
			• 직류시험 : 261kV를 15분 인가하여 누설전류가 안정
				발주처 담당
				직원과 협의 후
				시험방법 결정

관련 근거 : KEPIC ETC 2150 − 2000ed 압출절연 초고압 케이블 및 부속재 30KV~150KV급,
IEC 6080 Table 4. Column 9 및 IEC 62067 Table 10

⑤ 단말작업은 자격부여받은 작업자 혹은 케이블 공급자가 자격을 인정한 작업자가 수행하여야 한다.

⑥ 세부절차서는 공급자 매뉴얼을 참고한다.

12) 시험

① 케이블 포설 후 단말 결선하기 전에 모든 케이블의 각 도체에 대한 연속성 시험을 실시하고 그 결과를 단말처리 검사보고서에 기록하여야 한다.

② 연속성 시험은 각 도체 간과 도체와 접지 간 모두 확인하여 끊어짐이나 단락 여부를 확인하여야 하며 측정 장비는 메가 테스터를 제외한 연속성을 확인할 수 있는 장비로 시험하여 할 수 있다.

③ 케이블 설연저항 측성시험은 난말결선하기 선에 모든 케이블의 각 도체에 대하여 다음과 같이 실시하고 그 결과를 케이블 단말처리 카드에 기록하여야 한다.

㉠ 15kV, 5kV 고압 케이블 : 1,000 DC 메가

㉡ Class 1E(전기 1급) 저압전력 및 제어용 케이블 : 1,000V DC 메가

㉢ Class 1E(전기 1급) 계측용 및 특수 케이블 : 250V DC 메가

㉣ 전기비 1급 저압 및 계측용 케이블 : 발주처와 협의사항

④ 절연저항 측정시험은 각 도체 간과 도체와 쉴드 간에 시험을 실시하여야 하며, 케이블 금속 쉴드인 경우는 접지 순환 경로를 제공하는 쉴드를 부착하여야 한다.

⑤ 절연저항 측정 후 절연저항 측정값, 기기 일련 번호 및 교정유효기간을 기록한다.

⑥ 절연저항 측정 허용값은 계통의 동작전압에 근거한다.

    ㉠ 계통전압 125V 이상에 설치되는 케이블 1MΩ 이상

    ㉡ 계통전압 220V 이상에 설치되는 케이블 5MΩ 이상

⑦ 특수케이블시험은 공급자 지침서대로 실시하여야 한다.

13) 고압 내전압 시험(DC Hi-pot)

① 케이블의 시험전압은 제조자의 케이블 정격전압에 따라야 한다.

② 고압 내전압 시험 시 적용되는 시험전압은 다음과 같으며 15분 동안 수행하여야 한다. 만약 누설전류가 빨리 안정되면 시험은 10분으로 단축할 수 있다.

    ㉠ 5kV 케이블 : 28kV DC

    ㉡ 15kV 케이블 : 56kV DC

③ 시공담당자는 시험전압을 서서히 가한 후에 시험기준에 도달하면 누설전류를 1분 간격으로 기록한다.

④ 누설전류가 감소하거나 안정된 상태를 지속하면 케이블은 양호한 것으로 판정한다.

⑤ 누설전류의 갑작스런 증가로 인한 시험장비의 Trip은 케이블에 문제가 있다는 것을 의미하며 시험 실패에 대한 내용은 내전압 시험 보고서에 기록한다.

⑥ 가압된 시험전압은 점차적으로 "0"까지 줄이고 충전 전압을 완전 방전한 다음 작업을 진행하기 전에 최소한 1시간 이상 케이블을 접지하여야 하다.

⑦ Hi-Pot 시험장비의 조작은 시험전압까지 단계적으로 증가시키고 10초 이상으로 60초를 넘지 않게 단계적으로 증가시키며 누설전류가 안정되도록 각 단계마다 충분한 시간을 주어야 한다.

⑧ 내전압 시험기의 내부회로를 통해 방전되어 전류가 감소되도록 한다. 잔류 전하를 제거하기 위하여 고무장갑을 끼고 검전 조작봉으로 시험한 도체를 접지시킨다.

14) AC 내 전압시험(Very Low Frequency)

① 케이블의 시험전압은 제조자의 케이블 정격전압에 따라야 한다.

② 고압 내 전압시험 시 적용되는 시험전압은 다음과 같으며 30분 동안 수행한다.

    ㉠ 5kV 케이블 : 10kV AC

    ㉡ 15kV 케이블 : 20kV AC

③ 케이블 내 전압시험(VLF) 준비 조작 절차

    ㉠ 케이블 시험 전압에 따라 주파수, 파장, 시험시간은 일반적으로 현장시험 시 자동시험 모드 중 규격 코드별 시험(IEEE 400.2)으로 설정할 수 있다. 주파수는 0.1Hz, 파장은 사인파, 시험시간은 30분으로 선택한다.

    ㉡ 시험시간 완료 후 자동방전되면 시험 결괏값은 만족이며, 케이블 이상이 발생되어 시험 도중 자동 Drop되면 결괏값은 불만족으로 처리된다.

■ Cable 장력 계산서 예

1. 호기번호 :	2. 기술규격서 번호 :	3. C.C.S No. :
4. 도면번호 :	5. Iso Dwg No :	6. Location From : To :
7. Partial Pull 　□Yes　□No	8. Multicable Pull 　□Yes　□No	
9. Conduit No.	10. Conduit Size	11. Cable No(S)_& Code :
12. Calculation Expected Pulling Tension Max Allowable Pulling Tension Expected Sidewall Pressure Max Allowable Sidewall Pressure		
13. 작성자(HFE) :	일자 :	
14. 시공 검사자/품질 검사자 :	일자 :	
15. 시공 감독자/품질 감독자 :	일자 :	

■ HI-POT 시험 보고서 예

1. 시방서 번호 : CP-E2		2. 호기 NO. :		3. 보고서 NO :	
4. 케이블 NO. :		5. 공급전압(최대) : kV			
6. 시험기기 일렬번호 :		7. 교정 만료 일자 : //			

단계	8. 적용시간(분)	9. 적용전압(kV)	10. 누설전류(μA)		
			A-BCG	B-CAG	C-ABG
누 설 전 류 측 정	0~1	최 대 전 압 적 용			
	1~2				
	2~3				
	3~4				
	4~5				
	5~6				
	6~7				
	7~8				
	8~9				
	9~10				
	10~11				

11. 실패 보고 필요 □ 불필요 □ 사유
12. 비고
13. Fe Date
14. Fi/Qc Date
15. Supervisor/Qs Date

6. 전기기기 설치공사

(1) 전기기기

1) 작업에 포함된 대표적 기기
변압기, 차단기, 변전설비 등 각종 회로 보호장치

2) 변전설비 및 차단기의 역할
① 전력 공급원에서 부하단까지 정격전력 공급을 위한 장치
② 운전 중에 정격의 전력이 공급되어야 하나 이상 전압이나 전류 발생 시 회로를 전원에서 긴급 분리하는 차단장치가 필수적으로 설치되어야 한다.

③ 인축에 피해가 없도록 해야 한다.

④ 낙뢰 등의 이상 전압에서 가동되는 Plant 설비에 2차적인 피해를 줄여야 한다.

⑤ 단락사고 시 대형 사고방지(짧은 시간 내에 회로를 차단하여 사고를 방지)

(2) 전기기기의 설치 목적

1) 인축의 피해 방지

① 비상시 회로 긴급 차단

② 각종 기기 운전 시 편리성 및 비상보호조치

③ 공급전력의 상황 수시감시 및 회로점검의 편리성 제공

2) 양질의 전력 공급

① 외부의 이상전압 진입 방지

② 회로 차단 및 재투입 시 이상전압 발생 억제

③ 과전류 및 과전압(부족전압)에 기기보호

④ 공급전력에 대한 전기회로의 보호조치

(3) 원자력발전의 전기기기의 설치 목적

1) 안전성 고려

① Div. A－Channel A & C

② Div. B－Channel B & D

③ 위험지역(Hazard Area)

④ 제한된 위험지역(Limited Hazard Area)

⑤ 비위험지역(Non－Hazard Area)

2) 유지·보수공간 고려

(4) 설계 적용기준

1) IEEE 484 : Installation Design of Large Lead Storage Batteries for Generating Stations

2) IEEE 420 : Design and Qualification of Class 1E Control Boards, Panels and Racks Used in Nuclear Power Plants

3) IEEE 384 : Independence of Class 1E Equipment and Circuits

4) IEEE 518 : Installation of Electrical Equipment to Minimize Electrical Noise Input To Controllers For External Sources from Water Hazard

5) NFPA 70 : National Electrical Code

■ One Line Diagram 1

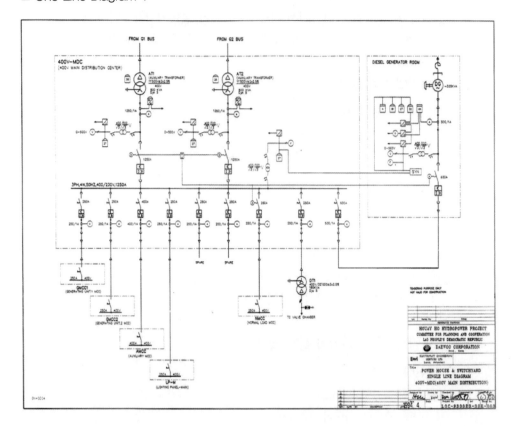

■ One Line Diagram 2

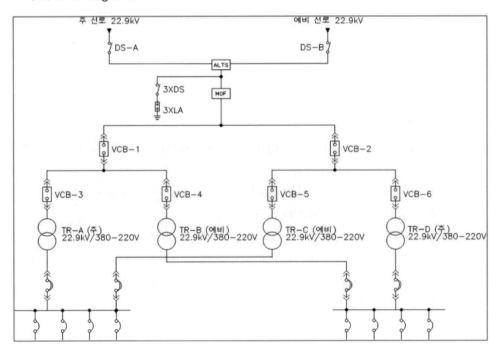

(5) 기기배치 일반사항

1) 일반사항

① Equipment Installation and Removal
- 기기의 설치 및 철거할 수 있는 통로 고려
- 모든 Door 및 Opening이 기기를 설치 및 철거할 수 있는 폭과 높이 확보
- 모든 기기공급자의 기기가 설치 및 제거요건에 만족하는지 검토

② Maintenance Space Requirement
- 기기의 문을 완전히 개폐할 수 있고, Breaker 등의 제거할 수 있는 정면 및 측면에 충분한 공간 확보, 각종 장비 출입이 가능해야 함
- 케이블의 결선 및 시험 등을 위한 기기의 뒷면에도 충분한 공간 확보
- 기기의 상부나 측면의 환기가 가능한지 Ventilation Requirement 점검

③ Plant Environment
- 전기기기는 Harsh Radiation Area나 주변온도가 높은 곳, 침수가능지역에 설치되어서는 안 됨
- 액체나 물을 공급하는 Pipes 가까이 설치해서는 안 됨

④ Plant Service Condition
- 다른 기기들이 동작하는 데 필요한 요건을 만족시키기 위해 케이블 길이가 최소가 되는 곳 선택
- 케이블의 이격 요건 만족 – Class 1E 기기와 Non – 1E 기기의 혼재 불가

⑤ Plant Operation Condition
발전소 운전 및 정비원이 쉽게 출입할 수 있는 곳에 배치

⑥ Future Additions
Switchgear, Load Center 및 MCC 등은 확장을 고려해 위치를 선정하고, 확장될 기기의 Foundation을 고려해야 함

⑦ Cable Entry
- 전기기기의 위치에 따라서 전선로의 경로가 결정되므로 기기의 케이블 인입 위치는 케이블 및 전선로의 이격 요건을 만족할 수 있도록 결정
- Non – 1E와 Class1E 케이블이 연결되는 전기기기는 반드시 기기의 Top 및 Bottom을 이용하여 이격되도록 설계

⑧ Equipment Mounting
- 설치방법은 배치설계 Engineer나 Vendor Requirement에 의해 정해짐
- 상세도는 토목도면에 나타나며, 상세도에는 Embedded Plate, Welding 또는 Anchor Type이 표기됨

⑨ Equipment Location(Dimension)

- EQ 도면에 상세 표시됨
- Wall에 설치되는 기기는 중요도에 따라 Dimension 표시
- Dimension은 Column의 중앙에서 기기의 Edge까지 표시되고, Width와 Depth 기준표시

2) Floor Mounted Equipment

① High Voltage and Medium Voltage Switchgear(13.8kV, 4.16kV)

- Switchgear는 일반적인 장소와 격리되고, Fire Barrier에 의해 3시간 동안 보호
- Switchgear Room을 관통하는 배수설비 및 액체 수송용 배관설비는 설치 금지
- Switchgear의 정면은 Breaker를 철거 및 정비할 수 있는 충분한 공간과 통로 필요, 뒷면 또한 작업공간이 필요함

② 480V Load Center

- 480V Load Center는 Transformer와 Load Center로 구성되며, Transformer를 인입 혹은 철거 이동할 수 있는 통로 및 공간 확보
- 확장될 수 있는 Cubicles는 끝단에 설치될 수 있도록 고려
- 케이블 인입은 Top이나 Bottom 어느 쪽도 가능하지만 Cable Overload를 피하기 위해서 반대방향에서 케이블이 인입될 수 있도록 Cubicle을 배열한다.

③ Motor Control Center

- Pad 위에 설치되고, 높이는 Floor Level을 고려하여 6inch로 설계
- 케이블 인입은 Top이나 Bottom 어느 쪽도 가능하지만, 부하의 위치에 따라 Cable Length를 최소화하는 방향으로 설계함이 이상적임
- Non－1E Cable이 연결되는 1E MCC는 반드시 Bottom으로 Non－1E Cable을 연결해야 함
- 확장될 MCC의 Section은 MCC가 단면일 경우 MCC 정면에서 우측에 설치

④ Local Control Panels

- Local Control Panels은 전기용과 계측용으로 분류되고, 운전하고자 하는 기기의 가장 가까운 곳에 설치한다.(제작자 설치분은 예외임)
- Local Control Panel에는 일반적으로 Switch와 Terminal Block이 공급되므로 Cabinet의 확장이 불가능, Floor에 설치되는 기기는 6inch 높이의 Pad 위에 설치
- Cable Entry는 Top이나 Bottom 어느 쪽도 가능하도록 설계되어야 하지만, Class 1E와 Non－1E Cable이 동시에 필요한 경우를 제외하고 Bottom으로 설계함이 원칙이나 부하의 위치에 따라 Bottom이나 Top으로 할 수 있다.

⑤ Main Control Board/Room
- Main Control Board는 발전소 일반지역과 격리된 3시간 Fire Barrier에 의해 보호될 수 있는 안전한 지역에 설치되며, 이 지역을 주제어실(Main Control Room)이라 한다.
- MCR은 운전원 외에 출입이 통제되며, 발전소의 Vital Area로서 미관이 중요하므로 배치설계 시 신중을 기해야 한다.
- Main Control Board와 관련된 기기의 배치는 I & C에 책임이 있지만, 전기 Layout Engineer는 가장 이상적인 Cable의 Routing과 인입를 위해 I & C 부서와 긴밀히 협조해야 한다.
- MCR의 천장은 방수처리되며 배관 및 배수설비의 Piping 관통이 불가능하다.
- MCR 뒷면은 MCR의 인근 PNL(Wall)에 접근하고, 시험 및 정비할 수 있는 충분한 공간이 확보되어야 한다. 뒷면에 있는 여러 형태의 Door를 열어 놓은 후 작업자가 지나갈 수 있는 공간이어야 한다.
- MCR의 Cable Entry는 인접한 Section을 통하여 케이블이 공급될 수 있도록 Top이나 Bottom에 놓인다. MCB의 Top으로 Cable이 공급될 때는 미관을 고려하여 Valance나 Fascia를 준비한다.
- MCR을 통과하는 모든 Opening(Wall, Floor & Slab)은 MCR의 Fire Zone Integrity를 유지하기 위하여 3시간 동안 화제에 견딜 수 있는 Seal 자재로 Sealing된다.

⑥ Computer Room
- 3 Hour Fire Barriers에 의해 Electrical Equipment Room과 MCR로부터 독립된 Fire Zone을 구성·보호된다.
- 배관설비의 통과 불가
- 앞으로의 확장성을 고려하여 충분한 공간이 확보되어야 하고, Cable 인입은 Bottom으로 한다.

⑦ Battery Room
- Battery Charger와 Battery Rack은 격리된 Room에 설치되어야 하며, Safety Related Batteries가 설치되는 Room의 Door와 Batteries는 내화용이어야 한다.
- 수소가스가 축적되지 않도록 환기설비를 갖추어야 하고, 설계온도를 유지해야 한다.
- Inspection, Maintenance, Testing 및 Coll Roplacomont를 위한 충분한 공간을 확보해야 한다.
- Emergency, Eye Wash나 Shower 시설이 Battery Room 내부나 Room 밖의 Door 근처에 설치되어야 한다.
- Batteries의 Cable Feeds는 Aluminum Conduit를 이용하여 Routing해야 한다.

⑧ DC Equipment/Inverter Room
- 발전소 Batteries와 관련된 DC Equipment는 일반적으로 다음과 같이 구성된다.
    - Inverter(Converter)
    - Battery Charger
    - Regulating Transformers
    - DC Motor Control Center
    - Distribution Panels
- DC Equipment는 격리된 Room에 설치되며, Battery와 가까워야 한다.
  DC MCC는 확장성을 고려하여야 하고, DC Equipment는 6inch 높이의 Pad 위에 설치된다.
- Operation, Testing 및 Maintenance를 위한 충분한 공간이 확보되어야 한다.
- Cable 인입은 Top이나 Bottom 어느 곳도 관계없지만 DC MCC와 Batteries에 연결되는 Cable은 Aluminum Conduit로 연결되어야 한다.

⑨ Wall Mounted Equipment
- 접근하기 어려운 장소에 설치되어서는 안 되고, 수동조작이 필요한 기기는 운전하기 편리한 지역에 설치해야 한다.
- Wall에 설치할 수 있는 기기는 다음과 같다.
    - Motor Starters
    - Pushbutton Stations/Boxes
    - Lighting Panel
    - Welding Receptacles 등
- 설치 높이는 조작핸들의 중앙에서 약 4′-0″이며, Welding Receptacle은 Receptacle 중심에서 바닥까지 약 2′-6″ 이다.
- 설치 기기의 무게를 감당할 수 있는 Embedded Plate나 Auxiliary Steel을 설치해야 하며, 특별한 경우를 제외하고 Expansion Anchor의 사용은 하지 않도록 한다.

⑩ Outdoor Transformers
- 건물 외부에 설치되는 변압기는 Oil이 채워져 있으므로 화재 발생을 고려하여 특별히 위치 선정을 해야 한다. 변압기의 화재는 권선의 절연파괴, Bushing의 방전에 의한 단락이나 단말장치의 Arc에 의해 일어날 수 있다.
- 변압기의 화재 발생 시 손실을 줄이기 위해 변압기를 다음과 같이 제한한다.
    - 변압기와 변압기 사이의 구조물, Bus 및 건물이 적절한 최소 공간을 유지해야 한다.
    - 변압기 근처 건물의 Wall은 방화용이어야 하고, 창문이나 Door 및 Opening이 설치되어서는 안 된다.
    - Fire Protection과 Detection System이 공급되어야 한다.
- NFPA 850에 의하면 Oil에 채워진 변압기의 최소이격거리는 다음과 같다.

| 표 1-27 | 변압기의 최소이격거리

구분	최소이격거리
Transformer Oil Capacity/Rating	Minimum(Line-of-Sight) Separation Without a FireWall
5000 gal. or Less-or-Less Then 200MVA	25" Between Transformer or between Xfmr(s) and Adjacent Bldg/Structures
Over 5000 Gal.-or- Between 200MVA or Greater	50" Between Transformer or Xfmr(s) and Adjacent Bldg/Structures

(6) 차단기(Circuit Breaker)

1) 목적

① 정격전류 이상의 전류가 흐를 시 회로를 차단시키는 장치이며 Fuse는 일회용이나 차단기는 지속적으로 사용이 가능하다.

② 동력회로에서 대전류가 흐르는 회로를 차단할 경우 Arc가 발생하여 기기를 소손시키며, 공급전력의 파형을 왜곡시키는 현상이 발생한다. 이러한 현상을 감소시켜야 하는데, 감소시키는 방법에 따라 다음과 같이 분류된다.

2) 차단기의 작동원리

① 누전 차단기(Elcb : Earth Leakage Circuit Breaker)

사용전력 중 누전이 발생하면 회로를 차단시킴

② 바이메탈 차단기(Bimetal Circuit Breaker)

회로에 과전류가 흐르면 Bimetal 소자에 열이 발생하여 회로를 차단시킴

③ 전자석 차단기(Electro-Magnetic Circuit Breaker)

회로의 과전류가 흐르면 Solenoid Coil을 여자시키는 힘으로 회로를 차단시킴

④ 고속도차단기(High-Speed Circuit Breaker)

교류 또는 직류회로의 보호를 위해 단락전류 등을 급속히 차단하는 안전장치이다. 보통의 차단기보다 작동속도가 빠르므로 고장전류가 지나치게 커지는 것을 방지할 수 있다.

차단속도가 빠른 차단기로 일반적으로 회로가 단락되고 차단기가 작용하여 전류가 감소하기까지 5~8ms, 차단 종료까지 15~18ms 정도이다. 직류회로에 단락고장이 일어났을 때 고장전류의 증가가 대단히 빠르므로, 0.02초 정도의 단시간에 가동적으로 차단하여 고장전류가 너무 커지지 않도록 한다. 교류 고속도차단기는 전체 차단시간이 3~5cycle 정도이다.

⑤ 공기 차단기(ABB : Air Blast Circuit Breaker)

공기 차단기는 개방할 때 접촉자가 분리되면서 발생하는 Arc를 강력한 압축공기로 (10~30kg/cm^2 · g) 소호하는 방식이다. 대전류 차단용량에 사용된다.

⑥ 자기 차단기(MBB, MBCB : Magnetic Blast Circuit Breaker)

자기 차단기는 Arc와 직각으로 자계를 형성하여 Arc를 소호한다. 화재의 염려가 없고 절연유를 사용하지 않아 열화가 없으며 보수가 간단한 반면, 특고압에는 적당하지 않다.

⑦ 진공 차단기(VCB : Vacuum Circuit Breaker)

진공 차단기는 진공에서 높은 절연 내력과 Arc 생성물이 고진공 용기 내에서 단시간 내에 소호되어 최근에 많이 사용된다. 높은 절연내력과 소형 · 경량이라는 장점이 있다.

⑧ 유입 차단기(OCB : Oil Circuit Breaker)

유입 차단기는 전로 개폐 시 발생되는 Arc를 절연유 내에서 소호시킨다. 다른 차단기에 비하여 차단 성능 및 보수 면에서 불리하고 화재의 위험성이 있다. 가격이 저렴하고 광범위한 전압 범위에 사용되나 요즈음에는 사용을 잘 하지 않는다.

⑨ 가스 차단기(GCB : Gas Circuit Breaker)

가스 차단기는 절연 강도와 소호 능력이 뛰어난 불활성 Gas인 SF_6를 이용한 차단기이다. 개폐 시에 SF_6를 분사하여 아크를 소호(공기의 100배)하는 방식이다. 보수 점검횟수가 적고 차단 성능이 우수하며 설치 면적이 작고 화재 위험이 없는 것이 장점이다.

⑩ 기중차단기(ACB : Air Circuit Breaker)

기중 차단기는 자연공기 내에서 회로를 차단할 때 발생되는 Arc를 소호하는 방식이다. 600V 이하 또는 직류 차단기로 많이 사용한다.

| 표 1-28 | 차단기 종류별 특징

차단기 비교항목		고압/특고압용 차단기				저압용 차단기
		진공차단기(VCD)	유입차단기(OCB)	가스차단기(GCB)	공기차단기(ABB)	기중차단기 (ACB)
소호원리		10^{-4} Torr 이하의 진공상태에서의 높은 절연특성과 Arc 확대에 의한 소호	절연유의 절연성 능과 발생 GAS압력 및 냉각효과에 의한 소호	SF_6 가스의 높은 절연성 등과 소호 성능을 이용	별도 설치한 압축 공기장치를 통해 Arc를 분산, 냉각 시켜 소호	공기 중에서 자연 소호
정격전압[kV]		3.6~36	3.6~300	24~800	12~800	0.6~6.6
차단전류[kA]		8~40	8~50	20~50	25~100	20~200
차단시간[Hz]		3	5~8	2~5	2~5	전차단시간 0.04초
개폐 서지		대	중	소	대	–
개폐 수명	무부하 개폐	10,000~30,000	10,000	10,000	10,000	5,000
	단락 개폐	30	3~5	10	3~5	

화재위험	불연성	유	불연성	불연성	
보수점검	용이	불편	SF$_6$ 가스교환 및 보충 필요	용이	용이
크기 및 중량	소형, 경량	대형, 중량	소형, 중량	대형, 중량	소형, 경량
가격	중	저	고	고	–

(7) I.P.B(Isolated Phase Bus)

상분리모선은 수력·화력 및 원자력 발전소의 발전기와 주변압기 간의 대용량 전류를 전송하는 모선으로, 최대 40,000A 이상의 정격전류 설계가 가능하며 자냉식 상분리모선 및 강제냉각식 상분리모선으로 분류된다. 상분리모선은 개별도체를 상분리형의 외함 내부에 위치함으로써 완벽한 차폐를 통해 주변 구조물의 발열이나 전기기기와의 오동작을 유발시키지 않으며 상간분리에 의한 사고전류를 감소시킨다.

1) 특징

① 도체(Conductor) : 정격전류에 따라 설계된 8각형 또는 원형의 주도체는 99.5% 순도의 도전성이 높은 알루미늄판으로 제작

② 외함(Enclosure) : 도체를 둘러싸고 있는 사각형 혹은 원형 형상의 외함은 99.5% 순도의 도전성이 높은 알루미늄판을 롤링(Rolling)하여 용접, 제작

③ 지지애자(Supporting Insulator) : 포셀린 또는 에폭시 재질의 지지애자는 도체를 축으로 하여 대칭적으로 도체를 지지하며 충분한 누설 연면거리 확보

④ 구조물(Supporting Structure) : 상분리모선의 지지하중 및 단락사고, 지진, 태풍 등을 고려한 구조물의 설계를 통해 신뢰성 확보는 물론 용융 아연 도금처리를 통해 장기간 부식 방지 가능

⑤ 팽창 흡수 연결부(Expansion Joint) : 상분리모선은 비교적 열팽창계수가 높은 알루미늄을 사용하며, 운전 및 사용 중지 시의 도체, 외함의 수축, 팽창을 고려하여 적정 개소에 열팽창 흡수 연결부 구비

⑥ 가압장치(Pressurization Cubicle) : 상분리모선 기밀유지 및 내부의 응축수 발생 방지를 위한 상분리모선 내부 적정 압력 유지를 위해 가압장치를 공급하며, 7bar 정도의 압력을 10mbar로 감압한 후 일정한 압력과 유량으로 상분리모선 내부로 공기 공급

⑦ 강제냉각 장치 : 28,000A 이상의 높은 정격전류에서는 상분리모선의 사이즈 감소를 위해 강제냉각장치를 구비하여 상분리모선의 규모를 최소화시키는 역할을 함

[그림 1-140] 한상의 IPB 구성 모습

[그림 1-141] 변압기 단자에 설치되는 Isolated Phase Bus(IPB)

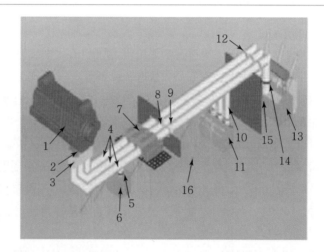

1. Generator
2. Current Transformer
3. IPB(Termination Encloser)
4. IPB(Main Run IPB)
5. PT 분기회로 IPB(PI Tap-off Run IPB)
6. PT 및 LA 패쇄형 배전반(PT & LA Cubicle)
7. GCB 또는 절연체(GCB or Isolator)
8. 벽체 마감재(Wall Seal Assembly)
9. 수축·팽창 연결구(Enclosure Expansion Joint)
10. 보조변압기 분기회로 IPB(Transformer Tap-off Run IPB)
11. 보조변압기(Auxiliary Transformer)
12. 가철형 접속구(Removable Section Splice)
13. 주변압기(Set-up Transformer)
14. 변압기 연결구(Transformer Interface)
15. 결합판(Bonding Plates)
16. 지지구조대(Supporting Structure)

[그림 1-142] IPB 연결도

발전기 출력단자에서 변압기까지 연결되는 도체가 3상이 분리되어 설치되는 모습이다.
대전류가 흐르기 때문에 케이블 구조로는 구성될 수 없다.

[그림 1-143] IPB 도체 설치 모습

(8) Bus Duct System

Bus Duct는 케이블과 구조상으로 비교할 때에 비슷한 점은 도체와 절연체를 가진다는 것이지만, 버스덕트의 가장 큰 장점은 같은 부피의 도체로 더욱 많은 전기에너지를 전달할수 있다는 점이다. 20세기에 들어 상업화가 된 버스덕트는 대용량의 전기 시스템에서의 장점이 부각되면서 보편화된 산업현장에서 사용되는 제품이다. 현재에는 플랜트 현장이나 대형 건축물의 전기 시스템은 점점 크고, 다양한 용량의 에너지를 필요로 하고 있고, 이러한 추세에 맞추어 버스덕트는 안전하고, 에너지의 손실은 최소화하는 등 다양한 장점과함께 현대 산업현장에서 일반적으로 설치되어 사용하고 있다.

1) 절연 Bus Duct(Insulated Bus Duct) 도체 : 알루미늄 사용

(일명 : Plug-In Bus Duct(Pbd), Bus-Ways, Bus-Bar Trunking System, Bus Duct)

① 각 상의 모선을(Conductor) 절연체로 피복하여 하나의 외함에(Enclosure) 밀착되게 넣은 완전 밀폐형의 구조로 소형, 경량화하였다. Bus Duct 중간에 Plug-in(콘센트)을 이용하여 전원 분기가 가능하며 효율적이고 합리적인 설비를 유지하는 공장, 빌딩, 자동화 설비에 저압용의 동력 및 간선으로 가장 널리 적용된다.

② 적용 전압 및 전류 : 660V 이하, 600~7,500A

2) NSPB(Non-Segregated Phase Bus) Duct

(일명 : 일반 Bus Duct라 불리기도 함)

① 하나의 외함에 각 상의 모선을 나선(Bare Conductor) 상태로 사용 전압에 따라 이격시켜 애자(Insulator) 또는 Clamp로 모선을 지지하는 구조로 Air Insulation 방식이며 PBD와 비교해 외형이 크고 무거우며 Bus Duct 중간에서 전원 분기는 할 수없다. 주로 변전소의 고압 또는 특고 Line의 동력용으로 사용된다.

② 적용전압 및 전류 : 3.3~24kV, 600~4,000A
③ 특징
　　㉠ 에너지 전송량이 큼
　　㉡ 부하분기가 쉽고 배선구조가 간단
　　㉢ 대용량 배선에 점유면적이 작고 경제적
　　㉣ 사고 발생 시 사고처리가 용이
　　㉤ 계통이 간단해 관리가 용이
　　㉥ 증설과 이설 가능
　　㉦ 전압강하가 적음
　　㉧ One-bolt 방식으로 시공 용이
　　㉨ 단락강도가 큼
　　㉩ 내화성이 좋음
　　㉪ 외관이 보기 좋음

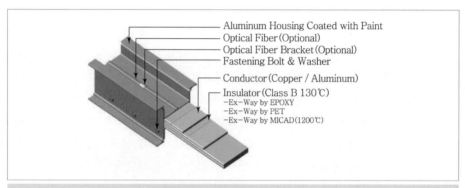

[그림 1-144] Bus Duct의 구조

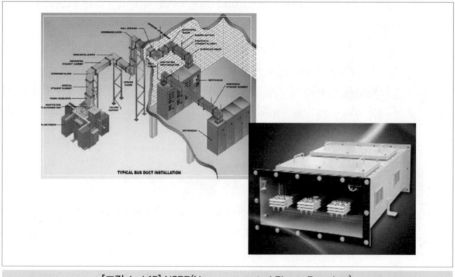

[그림 1-145] NSPB(Non-segregated Phase Bus duct)

[그림 1-146] Bus Duct

[그림 1-147] Gas Insulated Switchgears

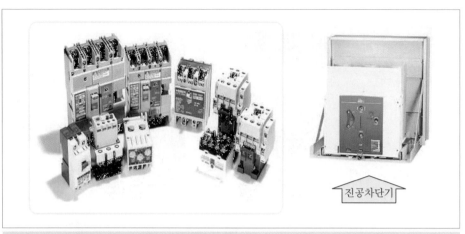

진공차단기

[그림 1-148] 배선용 차단기, 누전차단기, MC, MS(MCCB, ELCE, MC, MS)

[그림 1-149]

3) Pro-MEC VCB

VI는 고진공(약 5×10Torr)으로 높은 절연내력이 있고 고정 접점과 가동 접점의 간격은 전압에 따라 6~20mm 정도이다. 접점은 아크 소호를 수월하게 할 수 있는 구조로 되어 있고 그 접촉면은 단락전류 차단 등으로 인한 접점의 마모 그리고 과전압 발생 및 개폐 시의 아크 에너지를 줄이기 위하여 특수 합금(동-크롬)으로 되어 있으며 내부는 완전히 밀봉되어 진공도의 저하를 방지한다.

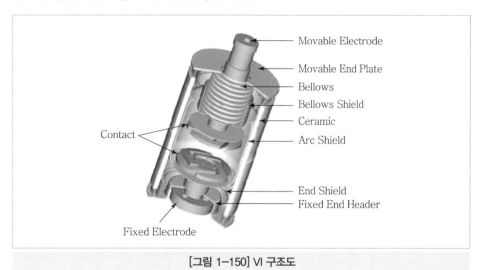

[그림 1-150] VI 구조도

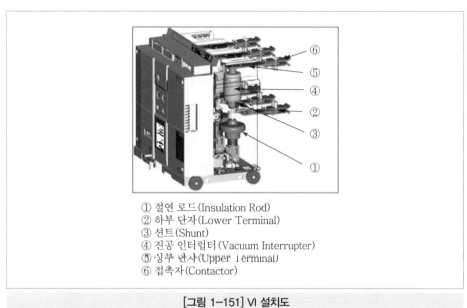

① 절연 로드(Insulation Rod)
② 하부 단자(Lower Terminal)
③ 션트(Shunt)
④ 진공 인터럽터(Vacuum Interrupter)
⑤ 상부 단자(Upper Terminal)
⑥ 접촉자(Contactor)

[그림 1-151] VI 설치도

① 인입 방법

   ㉠ 차단기 전면에 있는 트립 Button(적색)을 눌러 차단기의 접점상태 표시기가 OFF 상태에 있는가를 확인한다.

   ㉡ 차단기 양쪽 바퀴가 Cradle의 양쪽 안내 레일 안쪽으로 들어가도록 한 후 차단기를 밀어넣어 Cradle의 시험위치(Test)까지 인입한다.

   ㉢ 차단기 전면에 있는 인터록 레버를 충분히 위로 올려 인터록 봉이 Cradle의 인터록판 사각 Hole로부터 빠져나오게 한다.

   ㉣ 인터록 레버를 위로 올린 상태에서 차단기의 인입출 손잡이를 잡고 차단기를 밀어넣는다. 일정거리(약 10mm) 이동되면 인터록 레버에서 손을 놓아도 된다.

   ㉤ 인입출 레버를 인입출 조작핀에 끼운 후 인터록봉이 Cradle의 운전위치(RUN) 사각 Hole에 완전히 삽입되도록 인입출 레버를 아래 그림의 화살표 방향으로 밀어넣는다. 차단기의 접촉자가 Cradle 단자와 접속되는 순간에는 밀어넣는 힘을 증가시킬 필요가 있다.

   ㉥ 완전 접속되면 인터록 봉은 Cradle의 사각 Hole에 삽입되는데, 이 위치가 운전위치(RUN)이다.

② 인출 방법

   ㉠ 차단기 전면에 있는 트립 Button을 눌러 차단기의 접점상태 표시기가 OFF 상태에 있는가를 확인한다.

   ㉡ 인입출 레버를 인입출 조작핀에 끼우고 차단기 전면의 인터록 레버를 위로 올린 상태에서 아래 그림의 화살표 방향으로 인입출 레버를 당긴다.

   ㉢ 차단기 주회로 접촉자가 Cradle 단자에서 이탈되면 인입출 레버를 제거한 후 인입출 손잡이를 잡고 차단기를 시험위치(Test)까지 인출한다.

   ㉣ 이 위치에서 인터록봉은 Cradle의 사각 Hole에 삽입되는데, 이 위치가 시험위치(Test)이다.

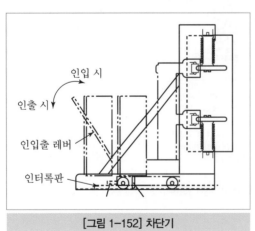

[그림 1-152] 차단기

① 인입출 스크류 ② 손잡이
③ 바퀴 ④ Sliding Plate

[그림 1-153] 인입출장치 시험위치(Test)

[그림 1-154] Moter Control Center

[그림 1-155] Switch Gear Room

[그림 1-156] S/W Gear Panel의 설치(용접)배열

[그림 1-157]

7. 조명 설비(Lighting System)

(1) 개요

1) 목적

각종 조명기구 및 Switch, Receptacle 등의 배선기구를 배치하고 조명 분전반으로부터 각 기구까지의 분기 회로별 조명 배선 설계가 가능하도록 하는 데 그 목적이 있다.

2) 조명의 특성

① Plant 조명에서는 일반적으로 옥내 및 옥외에 공히 전반조명을 많이 채용하고 있으며 이는 등기구를 균등 배치하여 조도 분포를 균일하게 함으로써 쾌적한 운전조건이나 미관상 조건을 충족시킬 수 있기 때문이다.

② 등기구의 배치는 균등하지만 중간의 장애물로 인하여 작업면 또는 통로에 명암 부분이 생기는 경우가 있다. 따라서 등기구의 배치 및 Lamp의 선정은 보다 충분히 검토하여야 하며 일부 장소에 높은 조도가 요구되는 경우에는 국부 조명을 함께 고려하는 것이 필요하다.

③ 투광 등을 설치하는 경우에는 운전자나 작업자의 눈이 부시지 않도록 등기구 Type, 설치방향, 설치 높이 등을 신중히 고려하여야 한다.

(2) 조명 설계

1) 기본 개념

① 조명용 전원은 국내 및 해외에서 AC 220V 전압이 가장 보편적으로 사용된다. 따라서 계통전압은 3상 4선식의 380/220V System 또는 단상 220/110V System으로 하여 전기실의 조명용 주 배전반에서 Plant 내의 각 전등 분전반으로 공급한다.

② 전등 분전반의 위치는 Plant의 공정별, 지역별, 건물별 등의 분리 또는 Group화를 고려하여 선정한다. 이때 각 분전반의 분기회로 수는 20% 정도의 예비회로를 포함하여 8회로 이상, 24회로 이하의 표준규격용으로 하는 것이 설치 및 운전 조작상 바람직하다.

③ 옥외 조명용(Night Light) 간선은 24시간 Timer와 Photo-Cell 및 Manual Override에 의해 전체가 조작되도록 한다. 따라서 주 배전반에는 Hand-off-Auto Switch 및 Contactor Feeder를 준비하여야 한다.

④ 옥내 조명용(Day & Night Light) 간선은 주 배전반에 회로 차단기(MCB)만 설치하여 보수 점검 시에는 분전반 Feeder별로 수동 조작하도록 한다. 따라서 옥내 조명은 그 용도에 따라 분전반에서 점멸 조작이 필요한 경우와 현장의 Tumbler Switch에서 점멸 조작이 필요한 경우를 적절히 구분하여야 한다.

⑤ Plant 조명 설비에서는 그 주위 환경과 위험지역 구분도에 부합되는 조명기구 배선기구와 그에 따른 Conduit Fitting류 등을 충분히 고려하여 선정하여야 한다.

⑥ 전기실, Control Room, 사무실, 식당 등의 건물 내에는 형광등을 주로 시설하며 Compressor Room 등과 Off-site를 포함한 Process Plant의 옥외에는 고광도 방전등(High Intensity Discharge Lamp) 및 비상조명용의 백열등 또는 형광등을 시설한다.

⑦ 비상용 조명은 정전 또는 상시 조명계통의 고장 시에 공장 내의 모든 주요 운전 계통에, 그리고 안전하게 대피할 수 있도록 적절한 조도를 가져야 한다. 이때의 비상등은 약 15% 정도가 일반적이다.

⑧ Tank, Vessel 등에 Sight Glass가 있는 경우에는 통상적으로 반대편에 Tank Light를 시설하는 경우가 많다. 이때의 전원은 현장 분전반의 Day & Night Source를 이용하며, Sight Glass 측에는 각 Lamp용 On-off Switch를 설치하여야 한다.

⑨ Battery 지역 내의 모든 도로에는 가로등을 시설하며, 경계구역 등 Fence 주변에는 투광기 등의 보안등을 시설한다. 단, Client의 요구로 예외인 경우도 있다.

⑩ 변전실, 발전실, 제어실 등의 중요한 장소에는 긴급용 조명시설을 준비하여야 한다. 이 긴급조명은 정전 발생 즉시 UPS 또는 Battery에 의해 점등되어야 하며 비상 발전기에 의한 비상조명이 점등되면 자동적으로 멸등되도록 하는 것이 일반적인 경우이다.

⑪ 조명 배선은 600V 비닐 절연 이상의 전선을 전선관에 넣는 방식이 보편적이나 동남아, 유럽 등에서는 XLPE 절연, PVC 피복의 Cable을 개방 전선관에 넣는 방식을 요구하는 경우도 많이 있다.

⑫ 분기회로의 부하전류는 Breaker 정격전류의 80% 이하가 되도록 회로를 구성한다.

⑬ 도로변의 가로등이나 Fence 주변 보안등용 Cable은 직매방식으로 설치하는 경우가 많다. 이때 매설 깊이는 지중 600mm 이상으로 하고 Protection Tile을 고려하여야 한다.

2) 조명의 주요 용어

① 광속(Luminous Flux, F)
- 광원에서 발산되는 가시광선의 양. 단위시간당의 광량
- 광량이 어느 면을 단위시간 내에 통과하는 비율(lumen, lm)

$$F = dQ/dt \, (\text{lm}), \quad dQ = F \cdot dt \, (\text{lm.t})$$

② 광도(Luminous Intensity, I)
- 광원에서 나오는 어느 특정 각에서의 빛의 세기
- 어느 면에서 발산광속의 입체각 밀도(Candela, cd)

③ 휘도(Luminance, L)
- 사람의 눈으로 느끼는 특정 각도에서의 빛의 세기
- 어느 면의 광도를 광원의 정사영 면적으로 나눈 것. 휘도 1(nt)＝광도 $1(cd/m^2)$
  단위는 니트(nit : nt) $1(nt)＝1(cd/m^2)$, 스틸부(stilb : sb) $1(sb)＝1(cd/cm^2)$

④ 조도(Illuminance, E)
- 특정공간에서 입사되는 단위면적당 광속밀도
- 어떤 면에 투사되는 입사광속의 면적당 밀도(Lux, lx), 조도 $1(lx)＝1(lm/m^2)$
  조도 $E = F/A\,(lm/m^2)$ lux(여기서, F : 광속, A : 입사광속의 단위면적)

⑤ 램프의 효율
- 광원에서 발생하는 1(W)당 총 광량
- 효율＝(lm/W)

⑥ 빛의 전자기파장과 가시광선

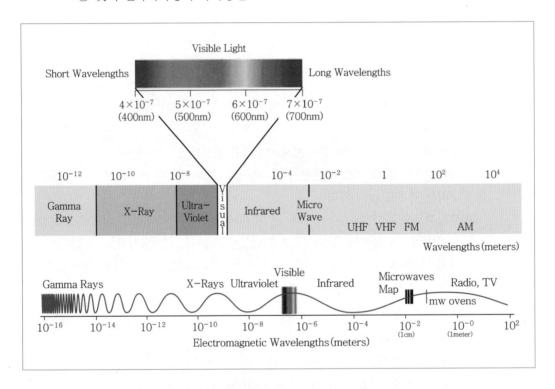

⑦ 색온도(Color Temperature, 色溫度)
완전 방사체(흑체)의 분광 복사율 곡선으로 흑체의 온도를 나타낸다. 절대온도인
273.15℃와 그 흑체의 섭씨온도를 합친 색광의 절대온도이다. 표시단위로
K(Kelvin)를 사용한다.

완전 방사체인 흑체는 열을 가하면 금속과 같이 달궈지면서 붉은색을 띠다가 점차 밝은 흰색을 띠게 된다. 흑체는 속이 빈 뜨거운 공과 같으며 분광에너지 분포가 물질의 구성이 아닌 온도에 의존하는 특징이 있다. 색온도는 온도가 높아지면 푸른색, 낮아지면 붉은색을 띤다.

ㄱ 해 지기 직전 : 2,200K(촛불의 광색)

ㄴ 해 뜨고 40분 후 : 3,000K(연색 개선형 온백색 형광등, 고압 나트륨 램프)

ㄷ 해 뜨고 2시간 후 : 4,000K(백색 형광등, 온백색 형광등, 할로겐 램프)

ㄹ 정오의 태양 : 5,800K(냉백색 형광등)

ㅁ 흐린 날의 하늘 : 7,000K(주광색 형광등, 수은 램프)

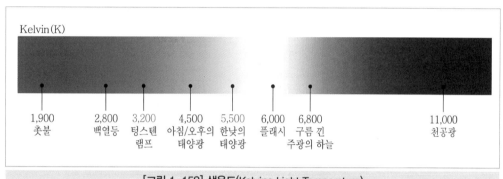

[그림 1-158] 색온도(Kelvins Light Temperature)

⑧ 연색성(Color Rendering) : 조명이 물체의 색감에 영향을 미치는 현상

같은 색도의 물체라도 어떤 광원으로 조명해서 보느냐에 따라 그 색감이 달라진다. 가령, 백열전구의 빛에는 주황색이 많이 포함되어 있어 그 빛으로 난색계의 물체를 조명하면 선명하게 돋보이는데 반해, 형광등의 빛은 청색부가 많아 흰색 · 한색계의 물체가 선명해 보인다. 의복 · 화장품 등을 살 때 상점의 조명에 주의해야 하는 것은 이 때문이다. 조명으로서 가장 바람직한 것은 물론 되도록 천연 주광(晝光)과 가까운 성질의 빛인데, 이러한 연색성의 문제를 해결하기 위해 천연색 형광 방전관을 사용하든지(천연색형), 형광 방전관과 백열전구 또는 기타 종류의 형광 방전관을 배합하든지(딜럭스형) 한 램프가 고안되고 있다.

즉, 자연광에서 보는 사물 색과 전등 빛 아래에서 보는 색상의 유사성 정도를 말한다.

⑨ 연색(평가)지수(Color Rendering Index Numbers)

인공 광원이 얼마나 기준광과 비슷하게 물체의 색을 보여 주는가를 나타내는 지수이다. 연색 지수 100에 가까울수록 색이 고루 자연스럽게 보인다.

| 표 1-29 | 등급별 연색지수

등급	연색 지수
1A	90~100
1B	80~89
2A	70~79
2B	60~69
3	40~59

⑩ Lamp의 연색성과 용도와의 관계

Ra : 연색평가지수

연색성 그룹	연색평가지수의 범위	광원색의 느낌	사용장수
1	Ra ≥ 85	서늘함	직물, 도장·인쇄공장
		중간	점포, 병원
		따뜻함	주택, 호텔, 레스토랑
2	70 ≤ Ra < 85	서늘함	학교, 백화점, 사무실
		중간	따뜻한 기후의 사무실
		따뜻함	추운 기후의 사무실
3	Ra > 70		

⑪ 눈의 감도곡선

사람의 눈으로 볼 수 있는 광선을 가시광선(Visible Light)이라고 하는데, 자연광인 태양 빛은 사람의 눈에 감지되는 가시광선 파장 범위가 3,800~7,800A°이다.

⑫ 반사갓(Reflector)의 효과

램프의 빛을 효과적으로 사용하기 위해서는 램프에서 만들어진 빛을 필요한 곳으로 모을 필요가 있는데, 이런 역할을 해주는 것이 반사갓이다.

⑬ 배광곡선(Distribution Curve of Luminous Intensity)

광원을 포함하는 어떤 면 안의 광도를 방향의 함수로 나타낸 곡선을 말한다. 보통 광원을 원점으로 하는 극좌표계를 사용하여 나타내며, 조명기구의 특성을 잘 드러내는 것으로 조명설계의 기초이다.

3) 광원과 Lamp

① 조명시설의 계획에 필요한 것은 우선 목적에 부합되는 빛을 얻는 일이다. 빛에는 직간접으로 태양에서 얻어지는 자연광이나 가연물을 연소시켜 얻어지는 빛도 있으나, 현재까지 공학적으로 가장 제어하기 쉽고 경제성이 높은 빛은 전기에너지의 변환에 의해 얻어지는 빛이다. 이 에너지를 빛으로 변환하는 수단이 Lamp이다.

② Lamp는 조명장치의 기능인 광학적 · 전기적 · 물리적 특성과 사람에게 미치는 심리적 및 생리적 효과를 가장 강하게 좌우하는 부분이다. 조명 설계상 그 목적에 맞는 적합한 Lamp 종류의 선택 여부가 다른 요소의 타당성보다도 조명시설의 결과를 크게 좌우한다. Lamp는 단순하게 기호나 유행에 따라 선택하는 것이 아니라 그 조명시설의 목적과 조명 기술상의 명백한 이유에 의해서 선택되어야 하며, 이것이 조명설계의 출발점이 된다.

③ Lamp에는 그 발광원리, 크기(램프의 Lumen 및 Watt 수), 치수, 형태, Bulb의 마무리, Lamp Holder의 종류 등에 따라 여러 종류로 나누어지는데, 일반조명에 쓰이는 램프는 크게 다음과 같이 나눈다.

※ 일반 백열전구, 형광램프, 고광도 방전램프(HID 램프 : High Intensity Discharge Lamp), 할로겐 램프

ㄱ 백열전구의 특징

ⓐ 점등 방식이 간단하고 Bulb가 소형이다.

ⓑ 집광성이 좋아 다른 배광시설의 등기구와 조합이 편리하다.

ⓒ 색온도가 낮아 청색 성분의 광 에너지가 적어 어둡게 보이는 현상이 있다.

ⓓ 발광 효율이 낮아 실내 조도를 유지하는 데는 비경제적이다.

ⓔ 집중된 빛의 Beam을 얻기가 쉽다. 거리가 먼 경우에는 발광효율이 낮지만 조명효율은 좋은 편이다.

ⓕ 물체의 음영, 입변감, 광택이 있는 조명이 된다. 따라서 대상물의 질감에 대한 표현성이 풍부하며 따뜻한 느낌을 주고 Spectrum광을 포함하고 있어 각종 물체와 사람의 피부의 미를 돋아 주는 연색성이 있다.

ㄴ 형광램프의 특징

ⓐ 발광효율이 높은 점, 광색의 종류가 많은 점, 수명이 긴 점 등이다.

ⓑ 주위온도에 따라 효율, 수명, 시동특성이 크게 변동하므로 온도 변화가 심한 환경에서의 사용에는 적당하지 않다.

ⓒ 형광램프의 최적환경온도는 사람의 주거에 맞는 환경온도와 일치하고 있으므로 사람이 쾌적하게 거주할 수 있는 옥내에서의 사용에 가장 적합하다.

ⓓ 형광램프에는 형상(직관, 원형관 등), 크기(Watt 수), 점등회로방식(Glow 스타트형, Rapid 스타트형 등), 광색(주광색, 백색, 온백색 등), 연색성(분광 파워 분포), 특수한 용도에 맞추기 위한 형상 등 많은 요소의 조합에 의한 여러 품종들이 있다.

ㄷ 고광도 방전램프(HID램프)

형광램프 이외에 일반 조명용으로 쓰이는 방전램프는 모두 이 그룹에 포함되며 이를 크게 나누면 다음 5종류가 된다.

ⓐ 수은램프

ⓑ 형광 수은 램프

ⓒ 메탈 할라이드 램프

ⓓ 고압나트륨 램프

ⓔ 저압나트륨 램프

이들 고광도 방전램프는 어느 것이나 비교적 작은 Bulb에서 높은 광속의 출력이 얻어지므로 형광램프와 달리 배광 제어가 매우 자유롭고 높은 천정에서의 조명에도 빛을 유효하게 이용할 수 있는 이점이 있으며 또한 원거리에서 투광 조명하는 경우에도 적합하다.

고광도 방전램프는 백열전구나 형광램프처럼 범용성이 있는 램프는 아니지만 각기 독특한 장점과 단점을 가지고 있다. 따라서 각 램프의 특성에 맞는 용도에 쓰면 뛰어난 장점을 발휘하지만 부적당한 용도에 쓰면 좋은 조명상태를 얻지 못한다.

고광도 방전램프는 일반적으로 발광효율이 높고 수명이 길다는 장점이 있으나, 점등을 시작해서 전광량에 이르기까지는 수분에서 수십분가량 시간이 걸리는 점과 일단 소등시키면 다시 점등할 수 있게 되기까지(발광관의 온도가 내릴 때까지) 시간이 걸리는 단점이 있으므로 수시로 점멸을 반복하는 용도에는 적합하지 않다.

4) 조명기구의 선정

조명기구의 기능과 의장에 의해 구분되며 이들 두 요소는 상호 밀접한 관계가 있다. 공장의 조명기구에는 먼저 기능이 요구되고 그에 따라 의장이 결정된다. Plant 내에는 분진 및 부식성이나 폭발성 Gas의 발생 개소가 많으므로 해당 장소에 적합한 조명기구를 선택해야 하며 다음 사항을 기본 요건으로 한다.

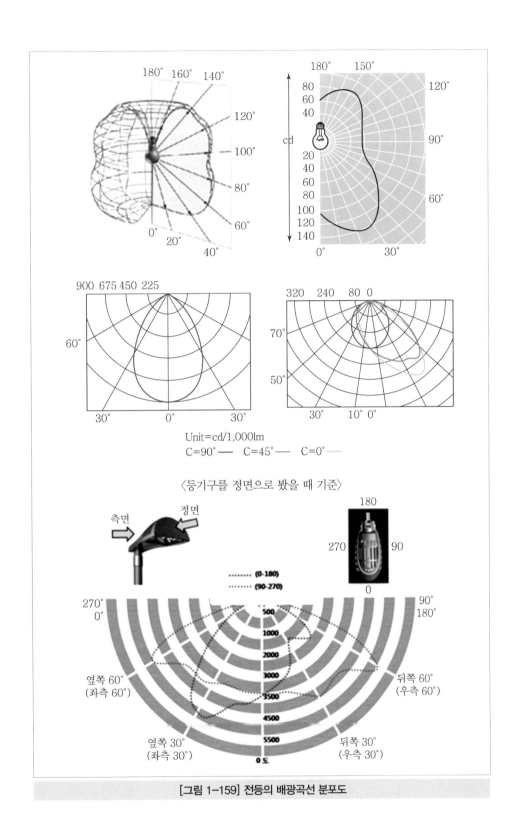

[그림 1-159] 전등의 배광곡선 분포도

5) 현장 조명 공사

① 작업의 개요

Plant 내부에 전반적인 조명시공과 화재 발생 감지 설비, 소화 계통설비 및 피난유도 설비의 작업

② 조명등의 종류(조명등은 주로 방폭등을 사용한다)

㉠ 형광등 : 사무실, 각종 Panel Room, Control Room 등

㉡ 백열등 : 습한 장소, 가연성 Gas Room

㉢ 수은등 : 각 공장 천정 및 공장 내의 가로등

㉣ 할로겐 : 습한 장소, 가연성 Gas Room

㉤ 나트륨 : 습한 장소, 가연성 Gas Room

㉥ LED 조명 : 차후 절전형 및 장시간의 조명으로 사용될 예정

③ 조명작업의 종류

㉠ 각종 Support 설치작업

㉡ 전선관, Box류 설치작업

㉢ 분전반, 배전반, 설치작업

㉣ Cable 및 Wire 입선

㉤ 등기구 취부

㉥ Line Test

㉦ 절연저항 Test

㉧ 회로별 점등시험

※ 조명공사의 특징 : 고소작업이 많으므로 안전에 특히 주의해야 한다. 본공사 조명이 완료되면 공사용 조명으로 사용할 수 있다.

| 표 1-30 | 조명시설의 분류

분류	사용장소
명시 조명	가정, 학교, 사무실, 은행, 도로
생산 조명	공장, 작업장, 발전소 등
상업 조명	상점, 백화점, Hotel, 극장, 상점가

④ 조명방식의 분류

㉠ 직접조명방식

㉡ 반직접조명방식

㉢ 전반확산조명방식

㉣ 직접 · 간접조명방식

㉤ 반간접조명방식

㉥ 간접조명방식

| 표 1-31 | 조명기구의 분류

분류	전출력 광속의 분포	
	상방(%)	하방(%)
직접	0~10	100~90
반직접	0~40	90~60
전반확산	10~60	60~40
직접 · 간접	50	50
반간접	60~90	40~10
간접	90~100	10~0

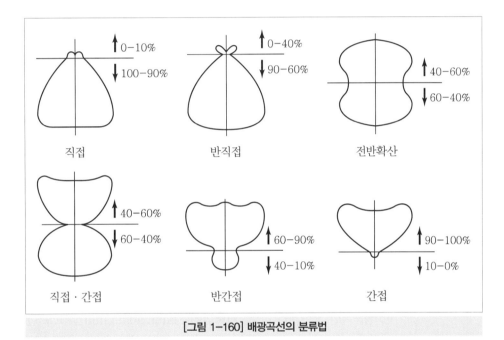

[그림 1-160] 배광곡선의 분류법

6) 조명설계기준

① 일반조명계통

ㄱ 소내용 전원 또는 기동용 전원이 정상적일 때 발전소의 모든 조명을 제공하며 필수조명계통은 비상발전기 로드센터로부터 전원을 공급받는다.

ㄴ 일반조명계통은 380/220V, 3상 4선식 계통으로부터 공급된다.

② 필수조명계통

일반조명계통의 정전 시 발전소의 정상적인 운전정지가 필요한 장소에 설치한다.

③ 비상조명계통

ㄱ 정전 또는 비상시 안전대피 및 기기보호를 위한 비상조치를 필요로 하는 지역에 최소의 조도를 유지할 수 있어야 하고, 이러한 지역으로는 주제어실, 제어실 외부에서 발전소를 정지시키거나 유지하는 데 필요한 현장 제어소, 고 · 저압 배전

반실, 축전지실, 비상발전기실, 위 지역 간을 서로 연결하는 보도 및 계단 등이 있다.

ⓛ 소내 125V 축전지와 등기구에 내장된 축전지로부터 전원이 공급된다. 축전지 내장 비상등은 비상구, 출입구, 복도, 계단 등에 사용하며 평상시는 소내용 전원으로부터 전원을 공급받다가 전원상실 시 내장 축전지 전원으로 자동절환되며(내부절환), 축전지용량은 30분 이상 사용할 수 있어야 한다.

7) 조명 방폭 설비

① 용어의 정의

ㄱ 전기설비 : 전기기기와 전기배선이 필요한 기능을 행할 수 있도록 접속된 설비 전체를 말한다.

ⓛ 방폭전기설비(Electrical Installations of Explosion Proof) : 폭발성 분위기에서 사용이 적합하도록 기술적으로 조치한 전기설비, 관련 배선, 전선관 및 피팅류를 말한다.

ⓒ 방폭형 전기기기 : 폭발성 가스 또는 증기가 존재하는 장소에서 전기기기의 사용 중 발생하는 전기 불꽃 및 뜨거운 표면에 의해 폭발성 가스 및 증기가 폭발하는 것을 방지하는 구조로 설계/제작된 기기를 말한다.

ⓡ 폭발성 가스(Flammable Gas) : 가연성 가스 및 가연성 액체의 증기를 말한다.

ⓜ 폭발성 분위기(Flammable Atmosphere(Mixture)) : 폭발성 가스와 공기가 혼합되어 폭발한계 내에 있는 상태의 분위기를 말하며, 인화성 혼합기 또는 위험분위기라고도 한다.

ⓗ 폭발한계(Explosive Limit) : 점화원에 의하여 폭발을 일으킬 수 있는 폭발성 가스와 공기와의 혼합가스 농도범위의 한계치로서 그 하한치를 폭발 하한계, 상한치를 폭발 상한계라 하며, 연소범위(Flammable Limit)라고도 한다.

ⓢ 위험장소(Hazardous Area(Location)) : 전기설비의 구조 및 사용 시 특별히 고려해야 할 만큼의 폭발성 분위기가 존재할 가능성이 있는 장소를 말하며 방폭지역이라고도 한다.

ⓞ 방폭구조(Explosion Protected Type) : 전기설비의 보호를 위하여 취한 기술적 조치로서 기기의 종류 및 경제적 측면, 안전도 등을 고려하여 제품설계 시 고려한다.

ⓩ 화염일주한계 또는 최대안전틈새(Maximum Experimental Safe Gap[MESG] 또는 Maximum Safe Clearance) : 폭발성 분위기 내에 방치된 표준용기의 접합면 틈새를 통하여 폭발화염이 내부에서 외부로 전파되는 것을 방지할 수 있는 틈새의 최대 간격치를 말하며, 폭발성 가스의 종류에 따라 다르다.

ⓣ 정상상태(Normal Operation Conditions) : 규격 내에서 방폭전기설비가 사용되고 있는 상태를 말한다.

ⓐ 발화온도(Ignitible Temperature) : 폭발성 가스와 공기와의 혼합가스의 온도를 높인 경우에 연소 또는 폭발을 일으키는 최저의 온도로서 폭발성 가스의 종류에 따라 다르다.

ⓑ 자연발화온도(AIT : Auto Ignition Temperature) : 가연성 가스와 공기와의 혼합가스가 자체적으로 가열되거나 가열된 부분에 의해 연소를 계속 유지할 수 있거나 발화되는 데 필요한 최소의 온도를 말한다.

② 방폭의 기본대책

폭발성 분위기 생성장소에서 전기설비로 인한 화재/폭발이 발생하려면 폭발성 분위기와 점화원이 공존하여야 한다. 이 조건이 성립되지 않도록 하는 것이 방폭의 기본대책이다. 따라서 전기설비로 인한 화재/폭발을 방지하기 위해서는 폭발성 분위기가 생성되는 확률과 전기설비가 점화원이 되는 확률과의 곱을 0에 가까운 작은 값을 갖도록 하는 것이며, 이의 구체적인 조치로 먼저 폭발성 분위기의 생성 방지, 그 다음이 전기설비의 방폭화를 하는 것이다.

㉠ 폭발성 분위기 생성 방지

ⓐ 공기 중에 폭발성 가스가 누설 및 방출되는 것을 방지하기 위해서는 위험물질의 사용을 제한하고 개방상태에서의 사용은 피한다.

ⓑ 또한 배관의 이음부분, 펌프 등에서 누설을 방지할 수 있도록 하며 이상반응, 장치의 열화, 파손, 오동작 등에 따른 누설을 방지하여야 한다.

ⓒ 공기 중에 누설 또는 방출된 폭발성 가스가 체류하기 쉬운 장소는 옥외로 이설 또는 외벽이 개방된 건물에 설치하고, 환기가 불충분한 장소는 강제환기를 시켜야 한다.

㉡ 전기설비의 점화원

ⓐ 전기설비가 폭발성 분위기에 대해 점화원으로 작용하는 경우로는 정상운전 중 항상 전기불꽃을 발생하는 직류전동기의 정류자, 권선형 전동기의 슬립링이 있다.

ⓑ 정상운전 중 전기불꽃을 발생하는 것으로는 개폐기류, 제어기기의 전기접점 등이 있다.

ⓒ 보호회로 동작 중 전기불꽃을 발하여 점화원으로 작용하는 것은 기중차단기 개폐접점, 보호 계전기 전기접점 등이 있다.

ⓓ 정상상태에서 고온이 되는 것은 전열기, 저항기, 전동고온부 등이 있다.

ⓔ 이상 상태(고상, 파손)에서 전기불꽃 또는 고온을 발생할 우려가 있는 것으로 전동기 권선, 조명등 배선 등이 있다.

㉢ 전기기기의 방폭화

가스, 증기 등의 폭발성 분위기가 존재하고 있는 위험성이 있는 장소에 전기기기를 설치하더라도 이것이 점화원이 되어 폭발 등 사고가 발생하지 않도록 전기기기에 방폭성을 갖게 하기 위해서는 일반적으로 다음과 같은 방법이 있다.

ⓐ 전기기기의 점화원이 되는 부분을 주위 폭발성 가스와 격리하여 접촉하지 않도록 하는 방법(압력, 유입방폭구조)과 전기기기 내부에서 발생한 폭발이 전기기기 주위 폭발성 가스에 파급되지 않도록 점화원을 실질적으로 격리하는 방법(내압방폭구조)이 있다.

ⓑ 정상상태에서 점화원인 불꽃이나 고온부가 존재하는 전기기기에 대해서는 특히 안전도를 증가시키고, 고장의 발생을 어렵게 함으로써 종합적으로 고장을 일으킬 확률을 0에 가까운 값으로 할 수 있다. 이러한 방법에 의해 제작된 것이 안전 증가 방폭구조이다.

ⓒ 약전류 회로의 전기기기는 정상상태에서뿐만 아니라 사고 시 발생하는 전기불꽃 또는 고온부가 폭발성 가스에 점화할 위험성이 없다는 것을 시험 등 기타 방법에 의해 제작된 것으로 본질안전방폭구조의 전기기기가 있다.

| 표 1-32 | 등기구 방폭구조

방폭구조의 종류			방폭 기호	기본원리	적용기기
IEC나 VDE	KS/JIS	NEC			
Flameproof Enclosure IEC 79-1 VDE 0170/0171 Part. 5	내압방폭구조	Explosions- proof	d	용기 내부에 폭발성 가스가 침입하여 폭발을 일으킨 경우에도 용기를 튼튼하게 만들어 방폭성을 확보하는 구조, 용기 일부를 둘러싸는 폭발성 가스를 유폭하지 않도록 뚜껑과의 접합면 틈새에 소염(消炎)효과를 갖게 한 구조	배전반, 조작기기 조작반, 전동기, 조명기구 등
Pressurized Apparatus IEC 79-2 VDE 0170/0171 Part. 3	압력방폭구조 ① 통풍식 ② 봉입식 ③ 밀봉식	Pressurizing 혹은 Purging NFPA 496 (ANSI C 106.1) ISAS 12.4	P (KS에 서는 f)	용기 속에 청청한 공기 또는 가스 등의 보호기체를 압입하여 일정한 내압을 유지함으로써 외부의 폭발성 가스의 침입을 방지하여 점화원과 위험분위기를 실질적으로 격리시키는 구조	내압방폭기기에서 용량이 큰 전기기기
Intrinsic Safety IEC 79-2 VDE 0171/0171 Part. 7	본질 안전 방폭구조	Intrinsic Safety NFPA 493 UL 913	i	정상 시나 사고 시에 발생하는 전기불꽃의 에너지가 지극히 작고, 또 고온이 되지 않도록 회로 설계가 되어 있어서 폭발성 가스에 점화되는 일이 없어 본질적으로 안전한 것이 공적 기관에 의해 확인된 구조	계측 제어장치 등의 소용량 기기
Oil Immersion IEC 79-6	유입 방폭구조	Oil Immersion UL 698 Part II	o	불꽃 아크 또는 고온이 발생하는 부분을 유중(油中)에 담가 주위의 폭발성 가스로부터 격리하여 인화를 방지	변압기(오늘날 잘 사용되지 않는다.)

Increased Safety IEC 79-7 VDE 0170/0171 Part. 6	안전증(安全增) 방폭구조	U.S에는 규정이 없음	e	보통 운전 시에는 점화원이 될 만한 전기 불꽃이나 고온부가 존재하지 않으나 구조적이나 전기적으로, 특히 안전도를 증가시켜 고장 발생도를 극히 줄인 구조	단자함이나 방폭 Module 조명
Powder Filling IEC 79-5	특수안전 방폭구조		q (KS에 서는 S)	전기기기의 충전 부주의에 분말형 물질을 충전하여 보통 운전 시에 불꽃이 발생하여도 폭발성 가스에 인하되지 않도록 한 구조	변압기 Capacitors (오늘날 잘 사용되지 않음)
Molding(준비 중) VDE에는 Special Protection	KS에는 규정 없음		(VDE 에는 S)	불꽃 또는 고온이 발생하는 부분을 수지 등으로 절연 차폐하여 폭발성 가스로부터 격리시키는 구조	소용량 배전반 표시기기나 Sensor
Flameproof Enclosure 에서 IEC 공법 529를 고려하였음	분진방폭 (Dustignition Proof)	Dustignition Proof	없음	분진 및 가스 혼합물 내부폭발에 대한 보호는 하지 못하나, 외함 연결부위에 머무는 가연성 분진량을 구조상 쌓이지 못하도록 하거나 점화의 원인이 될 수 있는 아크, 스파크 혹은 열방출이 외함 출입 부위에서 허용되지 않도록 격리한 구조	전동기, 조명기구, 리셉터클, Contactors, 계전기 및 소형 스위치류

8) 조명작업 순서

① 도면 입수

② 소요자재 산출

③ 현장작업 계획표

④ 자재청구(B/M 참조)

   ※ 도착기간(Delivery)이 긴 것은 사전 청구해야 함

⑤ 현장여건 파악

  (조명 작업은 작업등급이 낮으므로 너무 일찍 작업을 착수하면 재작업 발생 가능이 높다. Exposed Conduit 작업 착수 후 4~6개월 후에 착수함이 좋다)

⑥ 등기구 취부(Support)방법 검토(지역별·건물별 특성 파악)

⑦ 등기구 설치작업방법

  본 공사 Crane 사용 or 공사용 장비 이용

⑧ 전선로 작업 및 배전반, Box류, S/W류 설치작업

⑨ 입선

⑩ Line 점검/절연시험

⑪ 점등시험

■ 조명 전선로 및 지지대 검사 보고서 예

1. 호기번호 :	2. 기술규격서번호 :	3. 문서번호 :
4. 품질등급 :	5. 건물명/고도 :	6. 계통명 :
7. 검사대상 :	8. Plan 도면번호 : Rev.	
9. 검사항목		

번호	검사항목	검사 및 시험 결과			
		시공자		감독자	
		서명	일자	서명	일자
9.1	용접검사 ① FIT−up 검사 ② 최종 육안검사				
9.2	앵커볼트 설치의 적정 여부 ① 토크 렌치 ID번호 : ② 검 · 교정 유효기간 : ③ CEA UT 보고서(첨부, 3/4″ 이상)				
9.3	지지대 설치의 적정 여부				
9.4	박스 및 부속 재설치의 적정 여부				
9.5	부싱 & 로크너트 설치의 적정 여부				
9.6	전선관 설치의 적정 여부				
9.7	도장 및 보수 상태				
10. 비고					
11. [시공검사자/품질검사자] : 일자 :					
12. [시공감독/품질감독] : 일자 :					

■ 조명/화재 감지기 전선 및 케이블 설치보고서 예

1. 호기번호	2. 기술규격서번호 :	3. 문서번호 :
4. 건물명/고도 :	5. Plan 도면번호 : Rev.	
6. 조명 배전반 및 화재감지 PANEL 번호 :		
7. 선로 번호 :		
8. 검사항목		

항목	시공담당자 :	일자 :
	양호	불량
8.1 전선과 케이블의 Type과 크기가 적당한가?		
8.2 접속과 단말처리는 요구대로 되었는가?		
8.3 전선 및 케이블의 설치는 도면대로 되었는가?		
9. Crimping Tool 장비번호 : 검 · 교정 유효기간 :		
10. 비고		
11. 시공검사자 : 일자 :		
12. 시공감독 : 일자 :		

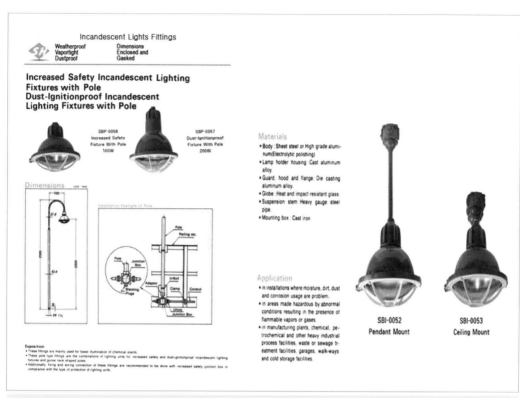

[그림 1-161] Increased Safety Incandescent Lighting Fixtures

[그림 1-162] Vaportight Mercury, Sodium, Metal Halide Lighting Fixtures

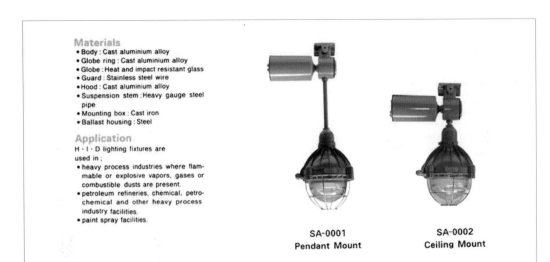

Materials
- Body : Cast aluminium alloy
- Globe ring : Cast aluminium alloy
- Globe : Heat and impact resistant glass
- Guard : Stainless steel wire
- Hood : Cast aluminium alloy
- Suspension stem : Heavy gauge steel pipe
- Mounting box : Cast iron
- Ballast housing : Steel

Application
H · I · D lighting fixtures are used in ;
- heavy process industries where flammable or explosive vapors, gases or combustible dusts are present.
- petroleum refineries, chemical, petrochemical and other heavy process industry facilities.
- paint spray facilities.

SA-0001
Pendant Mount

SA-0002
Ceiling Mount

[그림 1-163] Flameproof Mercury, Sodium, Metal Halide Lighting Fixturer

8. 접지설비(Grounding System)

(1) 접지의 기본개념

1) 접지(Grounding, Earthing)

접지란 전기, 전자, 통신설비 등의 기기와 대지 사이를 전기적으로 접속을 실현하는 것으로 이를 구체화하는 것이 접지이다. 접지는 대지를 대상으로 소요접지저항을 얻기 위한 접지전극과, 지상 공간의 전기, 전자, 통신설비 상호 간 및 낙뢰보호를 포함한 접지계를 대상으로 한 접지시스템의 두 가지 접지방법이 있다.

낙뢰와 정전기 등으로부터 인명과 장치를 보호하는 역할에 주력하였으나 오늘날의 접지는 낙뢰는 물론 원하지 않는 과전류 및 과전압 유입, 전기적 잡음으로부터 전원, 통신 제어시스템 등의 복잡한 전기, 전자적 시스템을 안정적으로 동작하게 하는 기능용 접지에 이르기까지 많은 관심을 가져야 할 것이다. 접지는 그 사용 분야 및 목적에 따라 분류되며 인명이나 설비의 안전을 목적으로 한 경우에는 보안용 접지라 하며, 장비나 시스템의 안정적 가동이나 운용을 목적으로 한 경우에는 기능용 접지라 한다.

각종 전기, 전자, 통신설비를 대지와 전기적으로 접속하여 접지를 구성하기 위한 단자가 접지전극이다. 이 전극과 대지 사이에 발생하는 접촉저항, 즉 전기적 저항을 접지 저항이라 한다. 따라서 지락전류 혹은 Noise 전류 발생 시 이러한 접지전극의 접지저항으로 인해 전위가 상승하여 시스템에 여러 가지 장해를 일으키게 된다. 접지저항은 0Ω(Zero Ohm)을 갖는 것이 이상적이나 실제적으로는 불가능하므로 접지에 접속된 장비나 설비에 아무런 장해가 없도록 접지시스템을 구성하는 것이 절대적으로 필요하다.

전원으로부터 흘러나오는 전류는 폐회로가 형성되어야만 흐르고 또 다른 한 가지는 전원에서 I라는 전류가 흘러 나갔으면 반드시 I라는 전류는 흘러 들어가야 한다는 법칙이 있다. 그렇다면 이 같은 법칙은 접지계에서도 당연히 성립될 것이다. 과연 정상접지 상태에서는 대지로 흘러 들어간 전류는 어디로 갈 것인가?

결국 전류를 생산한 발전소까지 가고자 할 것이고 그 회로가 대지인 것이다. 그런데 변압기가 접지계통에 연결되어 있으면 연결된 변압기는 발전기와 같은 전원으로 작용하게 되어 접지로 흘러 들어간 전류는 전압이라는 압력으로 인하여 변압기로 귀속하고자 할 것이다.

그러므로 접지시스템의 안전하고 효율적인 구성을 위해서는 현장에 맞는 접지 전극의 설계 및 시공이 필수적이며, 이를 위한 대지 파라미터의 파악 및 분석 그리고 접지저항의 계산은 매우 중요한 요소이다. 또한 접지를 응용하는 방식에서 접지시스템이 적용되는 분야에 따라 여러 설비의 접지를 공통(Common Grounding)으로 연결하느냐, 아니면 각각 독립(Isolation Grounding)으로 분리하느냐 하는 접지접속방식이 매우 중요한 논란이 되기도 한다.

국내에서는 지금까지 독립접지(Isolation Grounding)가 가장 일반적으로 사용되어 왔지만 대부분의 통신 분야 및 일부 전기 분야에서 공통접지(Common Grounding)를 적용하고 있다. 참고로 접지시스템의 구성방식의 세계적인 추세는 공통접지(Common Grounding)를 채택하고 있으며 공통접지방식의 장점들이 현장에서 입증되고 있다. 그리고 접지전극의 재료로는 지락 전류나 서지전류에 견딜 수 있는 충분한 전류 용량을 가지며, 대지 토양환경에서 강한 내부식성을 갖는 신뢰성 높은 접지전극 재료가 필요하다.

2) 접지저항

접지전극은 대지의 토양과 접촉하는데, 토양은 흙 입자, 물, 공기로 이루어 있으며 전기 전극은 금속으로 된 전극과 토양이 전기적으로 접속하고 있다. 그런데 여기에서는 반드시 전기적 저항이 존재하게 되어 있다. 이를 접지저항이라 한다. 접지저항값은 전기안전의 표준이 되어 법규, 기준 등에 명시되어 있으며 전기, 전자, 통신 설비의 접지공사 시 소요 접지 저항값에 적합하여야 한다. 동일한 접지 전극을 각기 다른 대지에 매설한 경우에 이들 접지저항값이 서로 다르게 나타나는 것이 일반적인데, 이는 접지봉 주위의 환경과 조건이 다르기 때문이다.

접지저항에 가장 큰 영향을 주는 것은 '대지저항률'이다

접지저항에 영향을 주는 요인

① 접지선과 접지전극의 도체저항
② 접지전극의 표면과 이것에 접하는 토양 사이의 접촉저항
③ 접지전극 주위의 토양성분의 저항, 즉 대지저항률

3) 대지저항률

물질에 전계를 가했을 때 쉽게 많은 전하가 이동해서 전류가 흐르기 쉬운 것을 양도체, 거의 전류가 흐르지 않는 것을 절연체, 그 중간의 것을 반도체라고 하고 전류가 흐르기 어려운 정도를 나타내는 상수로서 저항률(단위는 [Ω, m ㏀)을 쓴다.

금속 저항률의 경우 종류에 따라 저항률이 결정되고, 같은 종류라도 온도가 변화하거나 어떤 불순물이 혼합되면 그 값이 변화한다. 이는 토양의 경우도 마찬가지다. 대부분의 토양은 그것이 완전히 건조상태이면 전기가 통하지 않는다. 즉, 절연물이며 그것은 토양의 주성분인 규산(SiO₂)이나 산화알루미늄이 우수한 절연재료로서 사용되고 있는 것을 보아도 알 수 있으나 사막의 모래는 예외로 하고 자연계의 토양이 완전히 건조되고 있는 것은 거의 없다.

토양에 수분이 함유되면 저항률이 급격히 낮아져서 전기가 통하게 된다. 즉, 도체가 되는데, 토양이 도체가 된다 해도 금속에 비하면 도전성이 나쁜 도체이며 오히려 반도체라고 해야 될 것이다.

대지저항률에 영향을 주는 요인으로 대표적인 것은 흙의 종류와 수분의 양 혹은 온도이며 그 밖에 흙이 함유되어 있는 수분에 용해되어 있는 물질이나 그 물질의 농도, 그리고 토양 알맹이의 크기나 밀도 등에 많은 영향이 있다.

특정한 종류의 토양에 대해 그 저항률의 값을 명시한다는 것은 곤란하며, 예를 들어 "점토는 몇(Ω, m)의 저항률을 갖는다"라는 표현은 할 수 없다. 왜냐하면 같은 점토라도 장소와 시간에 따라서 저항률이 다르기 때문이다.

(2) 목적 및 구성

가동되고 있는 전기기기나 주위의 금속 도체 부분에 전위(전압)가 발생되지 않도록 하기 위해 사전에 기술적인 방법을 적용하든지, 아니면 발생되는 전위를 대지로 흘러 보낼 수 있는 적합한 설비를 해야 한다. 그러기 위해서는 고전압이 저전압 측에 혼촉되지 않도록 해야 하며, 전력기기들에 절연 보호를 해야 한다. 만일 누설 전류가 발생하면 대지에 흐를 수 있는 접지시설이 되어 있어야 하며, 시설물과 시설물 간의 전위가 같도록 등전위 설비가 필요하다. 위험 시에는 계전기들이 작동하여 전원을 즉시 차단할 수 있는 안전보호장치가 필요하다.

1) 접지시설로 인한 효과

① 인체 감전방지 : 기기의 외함 접지로 전위 발생 방지
② 전기기기의 절연 파괴 방지 : 피뢰기 및 피뢰침 접지
③ 전기회로의 운전조건 개선 및 대지 전위 상승 억제 : 전로의 접지 및 계통 중성점 접지
④ 화재 폭발 방지 : 집진기의 방호접지
⑤ 낙뢰로 인한 기기의 파손 방지 : 피뢰 설비로 낙뢰의 전류[전압]가 기기나 설비에 흐르지 않도록 규정과 규격에 맞는 설비가 필요함

2) 접지의 구성

① 플랜트의 접지계통은 옥외접지, 옥내접지, 계측 및 열전대 케이블에 차폐 접지로 구성

② 옥내 접지계통은 지락 전류 및 유도전압의 방지로 인체의 안전유지 및 계측시스템에 대한 잡음 방지를 위한 것임

③ 옥외 접지계통은 지락 고장 전류가 전원 쪽으로 유입되지 않도록 하며 발변전소의 건물과 구조물 주위를 감싸고 연결시키는 환상형 접지망으로 구성되어 있다.

④ 플랜트의 모든 금속 도체에는 전량 접지작업이 되어야 한다.

(3) 접지설계

접지설계를 효율적으로 하기 위해서는 설계의 기본요소의 순서에 따라 체계적으로 할 필요가 있다.

접지전극은 일반적으로 건물의 지하에 매설되고 있는데, 접지설계의 계획은 시기적으로 보아 시공계획보다 먼저 실시되어야 한다. 따라서 기본설계는 물론 실시설계에서도 확실한 설계내용으로 정리하는 것이 중요하다. 여기서는 접지설계에 필요한 기본적인 요소를 언급하고자 한다.

1) 기준접지저항의 결정

접지전극을 설계하는 데는 그 근거가 되는 기준접지저항을 결정한다. 먼저 접지계가 고압·저압회로인가 판단하고 지락사고 시의 전류, 전위상승 등을 파악한다. 또 기기설비가 전기설비 기술기준에 관한 규칙에서 정한 규격을 따를 필요가 있으면 이에 규정된 접지저항을 기준접지저항으로 한다. 또 기준에 없는 설비일 경우에는 인체의 전기적 특성을 충분히 파악한 후 접촉전압, 보폭전압을 고려하여 옴[Ohm]의 법칙에 의해 접지저항을 계산하고 이 값을 기준접지저항으로 한다.

2) 접지방법의 선정

빌딩, 공장, 발전소, 변전소 등에서 접지를 필요로 하는 설비기기는 여러 종류가 있다. 먼저 설계 전의 작업으로는 설치되는 기기를 조사하고 접지의 목적별로 분류한 다음 접지공사의 종류를 결정해야 한다. 그리고 접지공사구역의 상황을 조사한 후 분류한 설비를 단독접지와 공통접지 중 어느 것으로 선택하는 것이 적합한지를 결정한다.

이 작업은 접지시스템 설계에도 관련이 있으며 매우 어려운 작업이다. 이 시점에서 단독접지를 선택할 것인지, 공통접지를 선택할 것인지는 서로의 특징과 장단점을 파악한 후에 결정해야 한다.

3) 독립접지와 공용접지

접지를 필요로 하는 설비기기가 많은 경우에는 개개의 설비기기를 각각 독립적으로 접지해야 하느냐, 그렇지 않으면 여러 개의 설비를 공통으로 묶어서 접지해야 하느냐는

시설되는 기기들의 특성에 맞추어 선택적으로 접지를 해야 한다. 접지의 문제로 가동되는 계통이 정지되는 경우도 적지 않다.

4) 접지의 다양화

하나의 빌딩에 점포, 사무실, 전산실, 식당, 병원, 공장이 있는 경우에는 여러 종류의 전기설비기기가 설치되어 있으며 이들 기기들에 적합한 접지를 필히 해야 한다.

| 표 1-33 | 접지를 해야 하는 전기설비기기

건물용도별	전기설비기기 종류
점포	식품의 자동판매기, 냉동, 냉장, 쇼케이스
전산실	전산기기 본체, 모니터, 카드리더 등 각종 주변입력기기
사무실	컴퓨터, 노트북, 팩시밀리, 복사기, 전화 등 사무자동화 관련 기기
병원의료실	심전도, 뇌파 등의 ME기기, X선 발생장치, 고주파 이용기기 등 각종 의료장비
식당	냉동창고, 냉장고, 전자레인지, 식기세척기 등의 주방기기
연구소	각종 연구 실험 장비
피뢰접지	제1종 접지
배전계통	제2종 접지

(4) 독립접지

접지공사를 개별적으로 하는 방식을 독립접지라 한다. 이상적인 독립접지는 [그림 1-164]와 같이 2개의 독립 접지전극이 있는 경우, 한쪽 전극에 접지전류가 아무리 흘러도 다른 쪽 접지극에 전혀 전위 상승을 일으키지 않는 경우를 말한다. 그러나 이상적으로는 2개의 접지극이 무한대의 거리만큼 분리되지 않았다면 완전한 독립이라 할 수 없다.

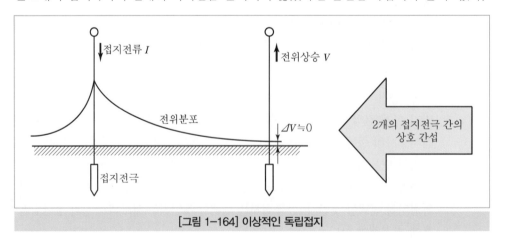

[그림 1-164] 이상적인 독립접지

1) 접지의 형태

하나의 빌딩 내에 접지를 해야 할 설비기기가 여러 개 있는 경우의 접지방식으로는 [그림 1-165]와 같은 4종류의 형태로 볼 수 있다.

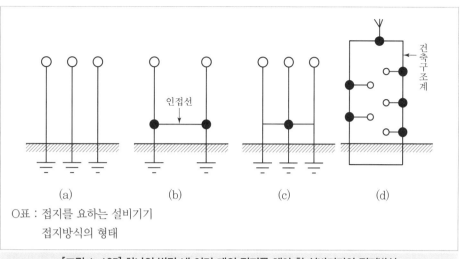

[그림 1-165] 하나의 빌딩 내 여러 개의 접지를 해야 할 설비기기의 접지방식

2) 독립접지의 장점

① 안전성이 높다.

② 유도 낙뢰로 인한 피해가 없다.

③ 전위상승 파급의 위험요소가 없다.

설비 중 어떤 설비에 전류가 발생하더라도 타 설비에 영향을 미치지 않는다. 접지가 각각 독립되어 전위상승, 유도 낙뢰 등이 유입되지 않으므로 시스템이 안정적이다.

3) 독립접지의 단점

접지선이 길고 시스템 접지계통이 복잡하므로 설비 시공 시 공사비가 높다. 접지선이 길고 시스템 접지 계통이 복잡하므로 보수 점검이 공용접지보다 어렵다. 독립접지는 개별적인 접지공사로 이격 거리를 맞추어야 하므로 접지면적이 넓어야 하며 좁은 공간에서는 시공이 어렵다. 접지전극이 독립되어 있으므로 하나가 문제가 발생하면 다른 접지극으로 보완할 수가 없으므로 접지의 신뢰도가 떨어진다.

(5) 공용접지

1개소 혹은 여러 개소에 시공한 공통의 접지극에 기개의 설비기기를 모아서 접속하여 접지를 공용하는 것이다.

1) 공용접지의 장점

접시선극의 수가 석어지고 단순해지기 때문에 설비 시공 시 공사비가 경제적이다. 접지 선이 짧아져 접지계통이 단순해지기 때문에 보수점검이 용이하다. 각 접지전극이 병렬로 되면 독립접지에 비하여 합성저항이 낮아지고 건축 구조체를 이용하면 접지저항이 더욱 낮아지기 때문에 공용접지의 이점이 있다. 접지전극 중 하나가 문제가 되어도 다른 접지극으로 보완할 수 있어서 접지의 신뢰도가 향상된다. 접지면적이 독립접지에 비교하여 적은 면적으로 시공할 수 있다.

2) 공통접지의 단점

전위 상승파급의 위험도가 높다. 공통접지의 경우 접지를 공용하고 있는 설비 중 어떤 설비에 접지전류가 발생하면 그것은 대지로 유출하나 이때 각 접지전극에는 반드시 다소간의 접지저항이 있으므로 접지의 전위가 상승한다. 공용접지의 경우는 접지 전류에 의한 전위상승이 접지를 공용하고 있는 모든 설비에 파급된다. 전위상승 파급의 위험에 대해서는 접지시스템의 접지저항이 매우 적은 경우에는 거의 문제가 되지 않는다. 여기서 접지저항을 낮추기 위하여 건축 철 구조체를 접지전극으로 활용하는 방법이다. 따라서 접지를 공용하는 경우에는 공용접지에 의해 서로 연결되는 설비를 다음 관점에서 점검할 필요가 있다.

① 발생하는 접지전류의 성질

접지전류의 크기, 지속적으로 흐르는 시간, 발생확률 등, 예를 들면 피뢰침, 기기로부터는 큰 접지전류가 발생하나 누설전류시간은 짧고 발생확률도 높지 않다. 이에 비해 제2종 접지공사의 접지전극에는 부하기기의 누설 전류로 인해 적게 발생하나 누설전류는 장시간 발생확률이 높다.

② 전위상승이 기기에 미치는 영향

부하 설비 기기 중에는 접지선으로부터 전위상승이 유입되는 것을 피하여야 하는 설비들이 있다. 예를 들면, 플랜트의 각종 계측기, 컴퓨터, 의료용 전기설비, 각종 고감도 측정장치 등이다. 그러므로 제1종, 제2종, 제3종 접지는 공용접지로 접지저항을 낮게 하고 피뢰침의 접지는 큰 접지전류가 발생하므로 접지 전위가 상승할 가능성이 크기 때문에 피해를 우려해서 독립접지로 하는 것이 보편적인 설계로 적용되고 있다.

(6) 접지전극의 시공

1) 접지봉을 이용한 접지시공

접지봉은 접지공사 시공이 용이하여 가장 많이 사용되고 있는 접지시공법으로 직렬식, 병렬식으로 시공할 수 있다. 특히, 병렬식의 접지봉 전극은 요구되는 접지저항값이 얻어질 때까지 연접하여 시공할 수 있다. 접지봉 전극의 시공은 표면 층의 흙을 직경 20~30cm로 1m 깊이로 터파기한 후 접지봉을 땅속 깊이 매설 후 저감제를 물과 혼합하여 접지봉 전극을 감싸도록 도포한다.

접지봉 전극의 용도는 늪지, 해안매립지, 진흙 등 토질이 비교적 양호한 지역으로 대지 저항률(값)이 80~200Ω일 때 많이 사용한다.

2) 나동선을 이용한 접지시공

접지봉 시공과 같이 표면 층의 흙을 폭 30~50cm, 깊이 75cm 이하의 나동선 매설 구덩이를 만들어 나동선을 중앙에 설치한 후 저감제로 약 5cm 정도로 도포한 후 흙으로 되메우기 작업을 한다. 접지봉 전극의 용도와 같이 토질이 양호한 곳이 많이 사용하는 접지 시공방법이다.

3) 메시(Mesh : 망상)를 이용한 접지시공

나동선을 격자형으로 접속하고 저감제를 도포하여 대형 접지전극을 구성하는 방법이다. 접지할 수 있는 면적이 넓고 낮은 접지저항값을 요구하거나 보폭 전압 등을 고려하여 발전소, 변전소, 전화국, Intelligent Building 등의 대형 건물에 많이 사용하고 있다. 필요에 따라서 접지봉과 동판도 함께 접속하여 시공하는 경우도 있으며 저감제 사용은 나동선의 저감제 도포방법과 동일하다.

특히나 안전도가 매우 높은 원자력발전소, 석유화학 공장 및 정유공장은 공사 초기에 전 공장 부지 면적에 이 메시 방법을 채택하여 시공한다.

4) 심타식을 이용한 접지시공

접지봉을 표면 층에서 50cm 정도 터파기 한 다음 그곳에 특수 접지봉(길이 1m)을 땅속으로 때려서 매설하는데, 보통 10EA를 카플링으로 연결하여 설치한다. 접지봉 주위에는 일반 접지봉을 이용한 접지시공처럼 저감제를 물과 혼합하여 접지봉을 도포한다. 심타식을 이용한 접지시공의 용도는 토질이 양호한 곳이나 토질이 단단한 곳이라도 사용이 가능하며 일반적으로 암반지역이나 마사토 지역을 제외한 다른 어느 지역이든 적용이 가능하다.

5) Chem－Rod(화학접지봉)를 이용한 접지시공

Chem-Rod를 이용한 접지시공은 보링장비(천공기)를 이용하여 보링직경 150Φ, 보링 깊이 5~60m로 보링작업한 후 Chem Rod(화학 접지봉)를 나동선과 연결하여 보링구멍 밑 부분에 설치하고 빈 공간에 저저항 저감제를 물과 혼합하여 넣는다. 일반접지시공방법으로 시공하기가 불가능한 암반지역, 마사토 같은 토질로 필요한 접지저항값을 얻기 어려운 지역, 시공 부지가 협소하여 일반접지방법으로 접지저항값을 얻기 어려운 지역에 적용한다. Chem Rod(화학 접지봉)의 접지시공의 좋은 점은 기후, 계절, 온도의 변화에 따른 접지저항값의 변화가 없고 30년 이상의 안정된 성능의 접지저항값이 보장되는 좋은 접지시공방법이다.

(7) 저항률

| 표 1-34 | 토양의 종류와 저항률

토양의 종류	저항률[Ω.m]
점토질의 논 또는 늪지	10~150
점토질의 산지	200~2000
암반지대의 산지	2,000~5,000
자갈, 옥석이 깔린 해안지대	1,000~5,000
해안지대의 모래땅	50~100
사점토(Sandy Clay)	50~500
소성 점토	50
무수규산 점토	200~3,000
운모편암	800

| 표 1-35 | 수분 함유량에 따른 대지저항률

저항률 함유율[%]	대지저항률[Ω,m]	
	표면 토양	모래가 석인 퇴적토양
0	$1,000 \times 10^6$	$1,000 \times 10^6$
2.5	2,500.0	1,500.0
5	1,650.0	430.0
10	530.0	185.0
15	190.0	105.0
20	120.0	63.0
30	64.0	42.0

(8) 접지공사의 기술기준

위에서 설명한 것과 같이 각종 전기설비의 지속적인 운전과 안전을 위해 [표 1-36]과 같은 규정을 현장에서 필히 준수해야 한다. [전기설비기술기준(제19조)]

| 표 1-36 | 접지공사의 기술기준

접지공사의 종류	저항치	적용장소	접지선 규격
제1종 접지	10Ω 이하 (기술기준) 25Ω 이하 (한전)	• 특고압, 고압 기기 외함 • 주상의 3상 4선식 접지계통 변압기 및 외함 • 가공지선 : 선로 보호용 50Ω • 특고압 콘덴서 중선점 25Ω • 강관 전주(특고압 지지용) 25Ω	(기술기준) 2.6mm 경동선 (한국전력) 600V 비닐전선 22mm² 이상
제2종 접지		주상에 설치하는 비접지계통의 고압주상 변압기 저압 측 중성선 또는 저압 측 일단과 변압기 외 함(75Ω)	
제3종 접지	100Ω 이하	• 약전선과 교차, 접근 시 시설하는 보호선 • 각종 보호장치의 금속 부분 • 저압 강관주 • 주상에 시설하는 고압 콘덴서, 저압조정기 및 고압계 폐기 외함 • 옥내 또는 지상에 설치하는 400V 이하 저압기기 외함	(기술기준) 1.6mm 경동선 (한국전력) 600V 비닐전선
특별 3종 접지	10Ω 이하	400V를 넘는 저압기기 외함	22mm² 이상

(9) 접지저항 저감방안

1) 물리적 저감방안

① 접지극 길이를 길게 한다.

※ 연결식 접지봉과 심타공법 적용(직렬 접지 시공)

② 접지극의 매설 깊이를 깊게 : 지표면에서 75cm 이하에 설치

③ 접지극과 대지의 접촉저항을 향상시키기 위하여 심타공법으로 시공

④ 접지극의 병렬접속 : 병렬접속은 합성저항값이 작아지는 특성이 있다.

• 병렬접속 식

$$R = y \frac{1}{1/R1 + 1/R2} = y \frac{R1R2}{R1 + R2}$$: 1개의 접지봉 저항값보다 적다.

단, y : 결합계수로 보통 1, 2를 적용한다.

2) 어스론(Earthen) 시공법(실외 작업에서만 사용)

① 주성분 : 석고에 전해질 무기염을 섞어 만든 도전성 물질이다. 이 물질을 접지극 주변에 주입시키면 접지저항을 저감시키며 지속성을 갖게 한다. 무공해 물질이며 접지 전극에 대한 부식 문제도 없다.

② 시공법

㉠ 구덩이 : 지름 50~100cm, 깊이 75cm 구덩이를 판다.

㉡ 어스론 5kg에 물 10~20L의 비율로 혼합한 것을 주입하고 되묻는다.

3) 작업방법

① 전 Plant의 바닥표면 일정 깊이에 나동선을 60~70cm 이하로 매설, 그물망식 (Mesh)으로 매설시키는 방법

② 필요한 부분에 접지선을 직매시키는 방법

③ 접지가 요구되는 부분에 지하에 매설된 부분에서 인출, 도면에 의해 기기설치 이후에 접지하도록 처리

㉠ 접지선을 인출시켜 Pigtail 식으로 처리

㉡ 벽체나 혹은 회전기기 기초에는 Pad 처리

4) 작업의 특성

① 접지선을 연결할 경우는 융융용접(Cad Welding) 혹은 압착식 접지 Sleeve를 사용한다.

② 공장 내 전 설비에 접지작업이 필요하므로 세심한 관찰과 도면 검토가 필요하다.

5) 접지작업 마무리

① 접지 목적물에 Terminal Lug을 사용하여 Bolt & Nut로 고정시킨다.

② Computer Cabinet 혹은 특수 계기 관련 Cabinet은 피복전선을(전선관 내 입선) 사용한다. 이 경우 'Ground Cable'이라고 표기해야 한다.

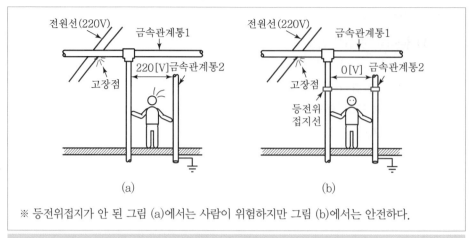

※ 등전위접지가 안 된 그림 (a)에서는 사람이 위험하지만 그림 (b)에서는 안전하다.

[그림 1-166] 접지시스템과 등전위본딩에 의한 인체 감전보호

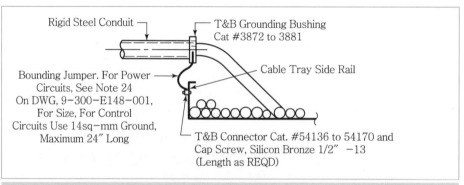

[그림 1-167] Conduit Installation Where Metal Conduit Serves as Ground Cable

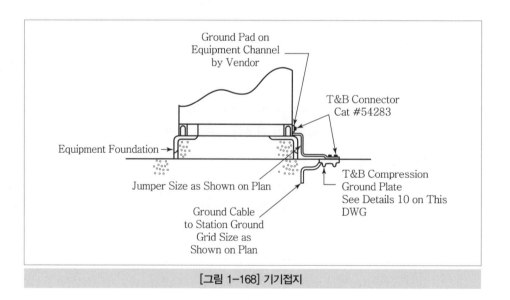

[그림 1-168] 기기접지

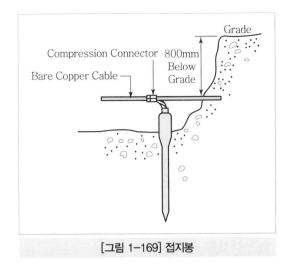

[그림 1-169] 접지봉

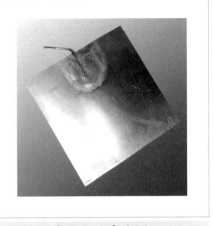

[그림 1-170] 접지판

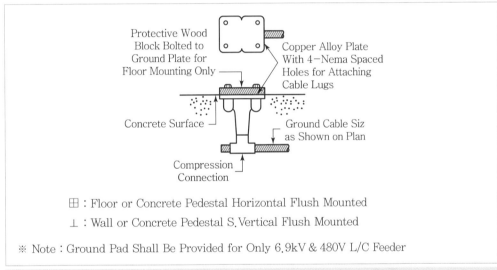

⊞ : Floor or Concrete Pedestal Horizontal Flush Mounted

⊥ : Wall or Concrete Pedestal S. Vertical Flush Mounted

※ Note : Ground Pad Shall Be Provided for Only 6.9kV & 480V L/C Feeder

[그림 1-171] Ground Plate

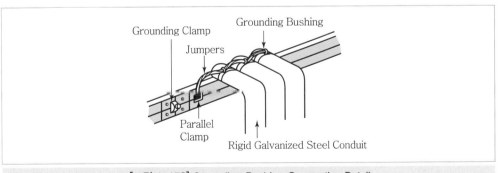

[그림 1-172] Grounding Bushing Connection Detail

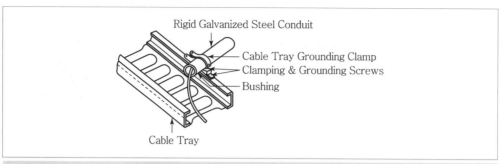

[그림 1-173] Conduit to Tray Grounding Detail

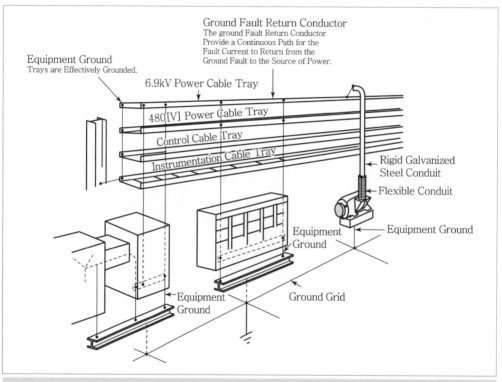

[그림 1-174] Typical Grounding System

[그림 1-175] 접지 작업

[그림 1-176] 접지선의 교차부분의 Cad Welding 모습

[그림 1-177] 금속 계단 구조물에 접지선 연결

[그림 1-178] Tray 접지

[그림 1-179] PNL의 CND Bushing 접지 및 Motor 접지

Cable Tray 연결 부분에 본딩 선으로 연결
※ 기계적인 연결은 전기적 연결로 인정하지 않음

[그림 1-180] Cable Tray 접지

발전소 시운전지침

SUBSECTION 01 | 시운전 행정 및 조직관리

① 행정절차서   ② 조직 및 책임
③ 심의위원회   ④ 시운전, 발전조직 간의 책임한계
⑤ 문서관리   ⑥ 자료관리

1 시운전 행정절차서

> **개요**
> 시운전 행정절차서는 시운전업무를 수행하는 시운전 요원에게 행정지침을 제공한다.
> 이 절차서는 시운전 행정절차서에 대한 개요 및 시운전 업무에 사용되는 용어의 정의를 기술한다.

1. 시운전 행정절차서 개요

(1) 시운전 행정절차서의 주요 내용

① 시험절차서의 작성, 검토, 승인 및 수행에 대한 개요
② 문제점의 확인 및 해결방법과 외부조직으로부터 도움 요청방법
③ 기기상태 확인방법 및 작업자 안전대책 강구 방안
④ 기기 점검, 교정 및 시험 프로그램
⑤ 계통설명 및 계통 인계/인수 프로그램

(2) 시운전 행정절차서 내용

① 시운전 행정 및 조직관리
② 시운전 공정 및 시험관리
③ 계통 및 지역인계인수
④ 예방정비 및 자재관리
⑤ 발전소 인계 및 교육훈련

2. 용어정의

- **행정관리(Administrative Controls)**

법규, 명령, 지침, 절차, 정책, 관례 및 권한과 책임의 지정 품질보증감사(Quality Assurance Audit)와 품질 관련 업무를 품질보증계획서의 요건에 따라 서류화하고 체계적으로 수행하고 있는지의 여부를 확인하는 감사

- **시정조치(Corrective Action)**

품질 위배사항이 있거나 기 수립된 판정기준과 일치하지 않는 상태를 시정하고, 필요한 경우 재발방지를 위해 취하는 조치

- **검사(Inspection)**

시험(Examination), 관찰(Observation) 또는 측정(Measurement) 등을 통하여 품목 또는 업무가 명시된 요건에 일치하는지 확인하는 행위

- **인증(Certification)**

명시된 요건에 따라 인원, 공정, 절차 또는 품목의 자격을 서류상으로 결정, 확인 및 증명하는 것

- **품질보증프로그램(QAP)**

어떤 항목이나 설비가 운전 중 만족스럽게 동작할 것이라는 충분한 확신을 제공하는 데 필요한 계획적이고 체계적인 절차

- **품질감독(QA Surveillance)**

품질보증을 위한 소정의 준수요건을 따르는지의 여부를 확인하기 위하여 품질보증담당자가 수행하는 감시 및 관찰활동

- **품질보증활동**

구조물, 계통설비 또는 기기 등이 수명기간 동안 제기능을 충분하게 발휘할 것임을 확증하기 위한 계획적이고도 체계적인 제반 활동

- **품질등급(Quality Class)**

설비 또는 계통의 목적에 따라 분류한 기자재에 대하여 품질보증활동 필요 정도를 분류한 등급

- **품질 관련 품목**

계통, 기자재 및 용역 등 원자력발전소 품질 확보를 위하여 품질보증 적용대상으로 정한 품목

- **부적합사항(Nonconformance)**

품질 관련 업무나 품목의 성능, 서류 또는 절차상에 결함이 있는 사항

■ 교정(Calibration)

측정 및 시험장비 또는 설치된 계측기들을 표준치 또는 허용치와 비교하여 부정확한 값을 발견, 정량화, 기록함은 물론 조정 작업에 의해 부정확한 값을 제거하는 것

■ 세정(Flushing)

기기 또는 계통에 물(또는 다른 매체)을 유입시켜 배관, 탱크, 기기 내부에 잔류하고 있는 오물, 파편 등의 이물질을 제거하고 정상운전 중 계통의 신뢰도를 향상시키고자 시험하는 것

■ 기기(Component)

용기, 배관, 펌프, 밸브 또는 원자로 지지구조물들과 같은 장비로서 조립품을 만들기 위해 다른 기기와 조합된 일부분

■ 고장보수(Corrective Maintenance)

비정상 또는 고장난 기기 및 구성품을 정비하기 위하여 수행되는 업무

■ 예방정비(Preventive Maintenance)

기기의 고장을 예방하기 위하여 미리 정해지거나 계획된 근거에 의해 주기적으로 수행하는 활동으로서 주 업무는 윤활유 주유 및 교체, 근접검사 등을 포함

■ 문서(Document)

문자 또는 그림형태의 정보를 말하며, 업무진행 전이나 진행 중에 어떤 업무활동의 범위, 요건, 절차 또는 결과 등을 기술, 정의, 상세설명, 보고 및 확인하는 데 사용되는 것을 말하며 다음과 같이 분류한다.

• 관리용 문서 : 업무수행에 영향을 미치는 중요한 문서로 사전에 정해진 배부목록과 접수 확인에 의하여 통제되는 문서
• 업무용 문서 : 업무수행에 사용하도록 지정된 문서로서 관리문서에 준하여 관리(예 현장 에서 시험수행에 사용하는 시험절차서 또는 도면)
• 참고용 문서 : 관리용 문서의 전부 또는 일부로서 통제대상에서 제외되거나 미개정본

■ 미결목록(Exception List)

계통 인계/인수 시 건설 잔여 미결목록으로서 문자 그대로 모든 문제가 해결되어 건설이 완료되었다고 가정할 경우 계통상태와 비교한 미결목록

■ 잔여 작업목록(Punch List)

일반적으로, 어떤 특정계통 또는 작업내용에 있는 누구나 알고 있는 작업내용의 목록이나 부적합사항을 말하며, 이들은 최종적으로 완결 및 해결되어야 함

■ 절차서(Procedure)

시운전 수행업무, 적용방법, 준수해야 할 절차 등을 기술 또는 명시한 문서

- 절차서 지침서(Procedure Guideline)

  시운전 절차서를 개발하기 위한 지침 또는 기초자료

- 건설마감반(CCG ; Construction Completion Group)

  건설소에서 시운전반으로 계통을 인계하는 제반업무를 조정하고 감독하는 건설조직

- 건설인수시험(CAT ; Construction Acceptance Test)

  건설에서 시운전으로 계통을 인계/인수하기 위하여 기기 등의 설치상태 점검 및 가동 전 시험에 앞서 수행하는 선행시험을 말한다. 이 시험은 사전시험을 1단계, 2단계로 구분하여 수행되며 최초 기기점검, 조정, 전원가압 및 작동시험 등을 포함한다.

- 사전시험 1단계(Prerequisite Test Phase I)

  기기의 설계 및 설치기준에 만족하는지 확인하는 것으로 기기를 작동시키지 않으며 또한 전원공급을 하지 않은 상태에서 수행한다.

- 사전시험 2단계(Prerequisite Test Phase II)

  기기 또는 계통이 설계기준을 만족하는지 확인하기 위하여 가동 전 시험 전에 수행한다. 이 단계는 전원가압, 세정 및 회전 부품의 최초의 점검이며, 기기의 축정렬상태, 회전상태, 진동 등을 확인하는 시험

- 가동 전 시험(Pre-operational Test)

  계통 내 각종 기기의 성능과 연동관계를 확인하고 설계개념에 부합되는 기능을 발휘하는지 점검하며 설계기준을 만족하는지 확인하는 시험

- 상온수압시험(CHT ; Cold Hydrostatic Test)

  보일러(증기발생기 등) 급수계통 압력경계 내의 기기 및 배관의 건전성을 확인하기 위한 시험이며 설계압력에서 용접부위를 포함한 밀봉부위(밸브, 플랜지 등)에 누설이 없음을 확인하는 시험

- 고온기능시험(HFT ; Hot Functional Test)

  주 계통 및 보조계통의 종합운전시험이다. 발전소 내 모든 운전조건(온도, 압력 등)을 정상운전 상태와 동일하게 유지시킨 후 발전소 설계 개념에 명시된 계통의 기능과 성능을 확인하는 시험

- 초기전원가압(Initial Energization)

  정상 및 소외전원으로부터 발전소 내 고압변압기 및 모선에 최초로 전력을 공급하는 것

- 상업운전(Commercial Operation)

  모든 시험이 완료되고 정부로부터 상업운전에 관한 허가를 받은 후 발전소가 전기를 생산할 수 있는 시점

- **계통분류(Scoped System)**

발전소의 배치형태 범위 내에서 기능운전을 수행할 수 있도록 논리적으로 구분된 기기의 집합체

- **계통분류도시(Scoping)**

시운전 도면에 계통경계를 규정지어 표시하는 과정. 분류는 승인된 'Scoped' 도면에 표시되며 승인된 도면에서 분류계통은 시운전계통(세분류 계통)이라 명명한 고유번호 지명에 의해 분류됨

- **계통(System)**

여러 개의 부품 또는 설비가 상호작용 및 의존하여 역할을 수행하는 보조계통(Sub System)들의 그룹

- **작업관리실(TPO ; Tagout Permit Office)**

꼬리표를 발행하고 관리하는 시운전 조직으로서 꼬리표는 시운전 요원 및 기기를 보호하고 시운전 기간 동안 기기시험 및 운전에 대한 유의사항 제공

- **시운전심의위원회(TWG ; Test Working Group)**

시운전심의위원회는 발주자, 설계사(A/E) 및 주기기 제작사의 대표자로 구성되며 안전성 관련과 기타 시험내용 및 결과를 검토 · 평가하고 그 검토 및 평가를 근거로 시운전 반장에게 의견을 제시할 책임이 있음

- **현장실사(Walkdown)**

계통 인계/인수 전에 종결 및 해결해야 할 항목들을 확인하기 위하여 계통에 대한 실질적인 현장검사를 수행하는 것

- **인계/인수(Turnover)**

인계/인수는 다음의 3가지 단계로 일어난다.
① 계통기능 인계/인수(Functional Turnover)
계통점검 및 시험을 목적으로 계통관할권을 건설에서 시운전으로 이관하는 과정이다.
② 최종 인계/인수(Final Turnover)
최종 인계/인수는 시운전에 의해 계통건설과 자료들이 완료되었다고 판단되고 관련 자료들이 시운전으로 실질적으로 이관되었다고 인식되어야 한다.
③ 자료 인계/인수(Record Turnover)
건설소에서 발전소로 건설자료를 이관하는 것이다.

2 시운전 조직 및 책임

개요

시운전 조직은 발주자, 설계자(A/E), 주기기 제작자 및 기타 계약사 직원 등으로 구성된 통합조직이다. 일반적으로 발주자 직원은 통합조직 내에서 모든 관리 감독업무를 맡는다. 계약사의 시운전 조직은 상주그룹과 자문역의 두 그룹으로 구분되며, 자문역은 발주자 직원에게 기술지원을 하고 수행 업무에 대한 보고 의무가 있다. 상주그룹은 자체적인 조직구조로 발주자 시운전 조직의 통제하에 시운전 업무를 직접 수행한다.

1. 시운전 실장

시운전 실장은 다음과 같은 시운전 업무에 대한 총괄책임을 갖는다.
① 효율적인 설치상태 점검, 초기운전, 가동 전 시험 및 발전소의 모든 계통에 관련된 시운전 업무
② 시운전 업무내용이 최상의 품질을 유지할 수 있도록 확인하고 증명하는 시운전 업무지도
③ 효율적인 시운전 업무수행을 위하여 다른 조직과의 협력관계 모색

2. 시운전 공무부장

시운전 공무부장은 시운전 실장의 직접적인 지시를 받아 업무를 수행하고 수행업무에 대한 보고 의무가 있으며 다음과 같은 업무에 대한 책임이 있다.
① 계통 인계/인수관리
② 계통 세분류
③ 공정관리
④ 절차서 작성, 검토 및 조정업무
⑤ 일반 공무업무
⑥ 자료관리

3. 시운전 발전부장

시운전 발전부장은 시운전 실장의 지시를 받아 업무를 수행하고 수행업무에 대한 보고 의무가 있으며, 발전소로 계통이 인계되기 전까지 시운전 소관하의 모든 계통에 대한 안전운전에 관련된 업무를 수행할 책임이 있다.

4. 시운전 각 부서장

시운전 각 부서장들은 계통의 설치상태점검, 초기운전, 세정, 가동 전 시험 및 기타 시운전 실장이 부여한 계통에 관련된 업무를 수행할 책임을 갖는다.

5. 품질보증부장

품질보증부장은 품질담당 직원을 시운전 조직에 할당하여 시운전 시험의 요구항목이나 필요사항을 적기에 지원할 수 있도록 해야 한다.

6. 시운전 각 과장

시운전 각 과장은 담당 부서장의 지시를 받아 업무를 수행하고 수행업무에 대한 보고 의무가 있으며 시운전 부서장은 부서 책임하에 수행해야 할 업무를 과장에게 위임할 수 있다.

7. 작업관리실(TPO)

작업관리실은 작업자 및 설비를 보호하기 위하여 꼬리표를 발행하고 관리하며, 시운전 기간 동안 설비 및 기기를 시험하고 운전하는 데 필요한 특별지침을 제공한다.

③ 시운전심의위원회

> **개요**
> 심의위원회는 가동 전 시험과 출력상승시험을 위한 행정 및 기술적인 사항을 관리하는 조직으로 안전위원회가 설립되기 전까지 그 기능을 유지한다. 심의위원회는 주요 계통에 대한 시험의 적절성 및 시험 요건 준수 여부를 결정하기 위해 시험업무를 검토 및 평가한다.

1. 회의

(1) 회의소집

회의는 시운전심의위원회 의장의 요청으로 시험 일정에 적합한 주기로 소집되어야 하며 모든 위원들에게 회의소집을 통보해야 한다. 충분한 검토시간이 있다면 회의소집과 안건을 문서로 통보한다.

(2) 정족수 및 의결

시운전심의위원회 정족수는 대표자의 과반수 이상 참석으로 이루어진다. 시운전심의위원회 각 위원은 회의 시 동등한 의결 권한을 갖는다.

심의위원회 의장은 각 업무사안에 대해 각 위원들의 의견을 수렴하여 만장일치로 의결하도록 노력해야 한다.

(3) 추가 참석자

심의위원회는 전문가의 자문이 필요하면, 해당 분야의 전문가(예 공급자대표 또는 시운전계통 담당자)를 초청할 수 있다. 이때 추가 참석자는 정족수에 포함하지 않는다.

(4) 안건상정

시험절차서와 시험결과 중 주요 사항은 시운전심의위원회에 상정하며, 안건 상정 시 상정부서는 사전에 간사와 협의하여야 한다.

2. 절차서 검토 및 승인

(1) 시운전심의위원회 검토 및 처리절차는 필수적으로 아래와 같이 진행하며, 필요시 검토내용, 종류에 따라 절차가 변경될 수 있다.

(2) 심의위원회 안건 상정 및 검토사항을 간사에게 제출한다.

(3) 간사는 검토 내용에 심의위원회 안건 검토서를 작성하여 기타 정보를 기입하고 심의위원회 위원들에게 배부한다.

(4) 위원들은 안건을 검토하여 검토기한까지 안건 검토서를 간사에게 회신한다.

(5) 간사는 안건 검토서를 취합하여 의견이 있는 검토서는 해당 계통 담당자(일반적으로 절차서를 작성한 시운전계통 담당자)에게 송부하여 제시의견에 대해서 회신하도록 한다.

(6) 해당 절차서를 작성한 계통 담당자는 각 위원들과 회합하여 그들이 제시한 의견에 대하여 설명하고 적절하게 절차서를 수정하여 제시의견에 대한 조치사항을 검토서에 기술한 후, 수정된 절차서와 검토서를 간사에게 재제출한다.

(7) 간사는 조치사항을 취합하여 제시된 의견에 대한 조치사항이 명확한가를 확인한 후, 심의위원회 회의 시 논의될 수 있도록 검토양식을 재첨부하여 심의위원회 위원들에게 그 서류를 배부한다.

(8) 위원들은 서로의 의견 및 답변을 검토한 후 이러한 사항을 논의하기 위해 지정된 회의에 참석하여 승인, 승인불가, 추가 조치 등을 권고한다.

(9) 심의위원회에서 절차서가 승인되면, 간사는 제시된 의견 및 조치내용을 반영하여 절차서가 정확하게 수정되었는지 확인하고 위원 및 시운전 실장의 서명을 받는다.

3. 시험결과의 검토 및 승인

(1) 검토

시험이 종료되면, 시험결과를 심의위원회에 상정해야 한다. 심의위원회는 다음 사항을 포함하여 시험결과를 상세하게 검토한다.

1) 허용기준의 일치 또는 불일치(Deviation) 여부
2) 각 시험항목이 적절하게 완료 또는 불일치(Deviation)되었는지 여부
3) 필수 시험결과 기록지 첨부 및 그 내용 확인
4) 시험요약보고서의 작성 및 필수 내용 누락 여부
5) 절차서 변경의 타당성 및 변경사항 반영 여부
6) 시험 불일치사항(Deviation)이 적절하게 서류화되었는지 여부

(2) 승인

시험결과가 승인되지 않았거나 불만족사항이 미결된 상태에서 승인되었을 경우, 시운전 심의위원회는 주요 문제점의 원인과 그러한 문제점 해결에 필요한 조치사항을 분명하게 확인하기 위하여 담당 부장과 관련 직원을 포함하여 회의를 소집하여야 한다. 시험결과의 검토 및 토의가 완료된 후, 위원회는 의장에게 다음과 같은 권고를 할 수 있다.

1) 불만족사항이 없는 시험결과 승인
2) 불만족사항이 미결된 시험결과 조건부 승인
3) 불만족사항의 일부 또는 전부가 종결될 때까지 시험결과의 승인 보류
4) 시험 절차서 일부분 또는 전체 재시험
5) 시험결과 분석을 기준하여 계통 설계, 기기 또는 운전지침서의 수정
6) 불만족사항이 미결된 상태에서 승인된 시험결과는 그러한 불만족사항이 종결되었을 때 심의위원회에 재상정하여야 한다. 시험 결과물은 최종검토와 승인을 위해 시운전실장에게 제출한다.

4. 회의록 작성 및 보관

간사는 위원회의 관심사항, 권고사항 및 반대 의견사항 등을 포함한 시운전 심의위원회 회의록을 작성하여 의장에게 결재를 받아야 한다. 간사는 회의록을 위원들에게 배부한다. 시운전 심의위원회 검토내용은 해당 절차서에 첨부하고 자료관리실에 송부하여 보관한다.

4 건설, 시운전, 발전조직 간의 책임한계

> **개요**
> 발주자의 건설, 시운전 및 발전소 조직 간의 시운전 업무와 관련된 주요 업무 및 책임사항에 대해 기술한다.

1. 관할영역

전반적인 시운전 프로그램은 다음과 같이 2개의 주요 관리영역으로 구분된다.

(1) 건설 관리영역

시운전 주요업무 요약도상의 건설 관리영역은 전적으로 발전소 시운전 이전에 수행되는 건설업무에 관계되며 요약도상에 다음과 같이 두 단계로 구분된다.

1) 건설 완료단계

이 단계에서 건설은 기능적으로 분류된 계통 단위로 기기 설치를 완료하고, 관련된 배관, 배선, 기기 및 제어계통들은 각 설계도면에 따라 완료되어야 한다.

2) 건설 시험단계

이 단계에서 건설은 인계/인수를 위한 준비로 기기 및 계통에 대한 정적 시험을 수행한다.

(2) 시운전 관리영역

시운전 주요 업무 요약도상의 시운전 관리영역은 전적으로 발전소 시운전 기간 동안 수행되는 업무를 말하며, 시운전 관리영역은 가동 전 시험과 출력상승시험인 두 개의 특정 프로그램으로 구분된다. 이 두 프로그램을 통한 시운전 업무는 시운전 조직에 의해 수행된다.

1) 기기 검사 및 시험 단계

이 단계에서 시운전은 동적 시험을 위해 계통 기기를 준비한다. 이 시기에 모든 계통에 대한 관리책임이 시운전에 있음을 알리는 '녹색 꼬리표'를 부착한다.

2) 초기 계통운전 단계

이 단계에서 시운전은 건설의 지원을 받아 초기 계통운전을 수행한다. 각 계통은 세정과 조정 작업으로 가동 전 시험을 위해 준비된다.

3) 계통별 시험 및 종합시험 단계

이 단계에서 시운전실은 연료장전 및 출력상승 시험에 대비하여 계통 가동 전 시험과 여러 가지 발전소 종합시험을 수행한다.

4) 연료장전 및 출력상승 단계

이 단계에서 발전소 운전조직은 상업운전 시까지 핵연료장전 및 출력상승을 수행하고 운전업무를 관리한다. 이 단계에서 모든 계통에 대한 관리책임이 발전소 조직에 있음을 알리는 '청색 꼬리표'를 부착한다.

5 시운전 문서보관 관리

> **개요**
>
> 시운전실에 의해 관리되는 문서, 보고서, 절차서, 양식, 각종 기록물들은 이 지침에 따라 보관된다. 이 지침은 시운전 조직과 관련된 각종 문서 및 자료에 대한 관리방법을 나타내며 설계문서 및 도면으로 분류된 항목을 제외한 시운전 조직 및 사업과 연관된 각종 문서 및 자료관리에 적용한다.

1. 교신문서 서류철

시운전 업무 관련 교신문서는 '별도의 사본 없이 시행 – 06(시운전 교신문서 관리)'에 따라 시운전 전자문서철에서 날짜순으로 관리된다.

접수 및 발송되는 모든 교신문서, 내부문서, 보고서, 회의록은 부서별 담당자에 의해 관리되어야 한다.

2. 계통별 서류철

계통별 자료는 시운전 문서관리 목록에 의거하여 분류되고 문서관리 목록 번호, 계통담당자 및 형태별로 분류하여 일자별 또는 기타 적합한 순서로 유지 관리해야 한다.

3. 절차서 서류철

절차서는 시운전 문서관리 목록에 의거하여 분류되고 서류철에는 절차서 원본, 변경 및 개정 시행의 원본 등을 보관해야 한다.

절차서 서류철에 수록될 자료는 관리 목록 번호 및 절차서 번호별로 분류되어야 하고, 개정 순서별로 또는 기타 적합한 순서로 보관해야 한다.

4. 서류철 관리

서류철의 모든 자료는 중요한 기록사항이므로 적절한 관리를 위해 시운전 실장은 일부 자료의 이용을 제한할 수 있다. 서류철로부터 폐기된 자료는 폐기자 성명과 폐기일자를 반드시 기록하고 자료보관 장소에서 자료 폐기 시 자료를 빼낸 곳에 '서류철 폐기 카드'를 놓아서 표시해둔다.

5. 시운전 자료의 확인 및 색인

(1) 시운전 자료는 시운전 문서관리 목록(붙임 1)으로 확인할 수 있다.
(2) 시운전 자료는 컴퓨터나 관리대장을 이용하여 시운전 문서관리 목록에 따라 색인된다.

6. 시운전 절차서/보고서 인계인수

(1) 시험절차서가 승인되면 그 절차서는 즉시 자료관리자에게 인계인수되어야 하고, 시험 완료 후 한 달 이내에 시험결과 보고서가 인계인수되어야 한다.
(2) 자료관리자는 시험절차서와 시험결과 보고서를 접수하면 절차서/시험결과 관리대장에 기록해야 한다.

7. 시운전 시험절차서 및 결과 보고서 관리대장 검토

시운전 시험절차서 및 시험결과 보고서가 인계인수되면, 자료관리자는 읽기 쉬운 내용인지, 정확한지, 유용한 자료인지 등 품질보증기록 요건에서 요구하는 내용과 맞는지를 검토할 책임이 있고, 필요하다면 담당자에게 보충자료를 요구할 수 있다.

8. 시운전 시험절차서 및 시험결과 자료철

자료관리자는 완료된 절차서와 시험결과는 제4항에 따라 자료관리실에 보관한다.

9. 보관된 자료관리

자료관리자는 자료의 손상이나 분실을 막고 품질보증 기록 보관실로의 자료 전달을 적기에 할 수 있도록 하기 위해서 자료관리실에 보관된 자료를 관리해야 한다.

6 자료관리

개요

시운전 요원은 일반적으로 계통 점검 및 시험업무를 수행할 때 최근 개정된 자료와 도면을 사용하여야 한다.

1. 자료관리 일반

(1) 자료실의 자료는 최신 개정분으로 관리되어야 한다.
(2) 자료실의 자료는 추적이 용이하도록 시운전 문서보관 관리절차에 따라 종류별·기능별로 구분하여 지정된 장소에 보관·관리하여야 한다.

2. 자료실의 관리

(1) 자료실은 외부인의 출입을 금하며, 외부인이 자료실을 출입하고자 할 때에는 자료실 담당 과장의 허가를 받아야 한다.
(2) 원본자료관리 구역에 출입하고자 하는 직원은 자료실 담당과장의 승인을 받은 후 원본자료관리 구역 출입통제대장에 기록하고 담당 직원의 안내 및 지시를 받아야 한다.
(3) 자료실 내에서는 일체의 흡연, 화기반입 또는 음식물의 취식을 금지한다.

3. 자료의 접수 및 배부

(1) 건설소 자료관리실에서 배부절차에 의해 배부(전자도면 포함)되는 도면, 자료 및 시운전 각 부서에서 생산하는 모든 자료는 자료실에서 접수하여 자료접수/배부대장에 기록관리 한다.
(2) 자료실은 접수된 자료의 이상 유무를 확인한 후 접수인을 날인하고, 자료관리대장에 종류 별로 기록하여 관리한다.
(3) 시운전 각 부서에서 생산되어 접수된 각종 시험절차서 및 결과물 등 품질보증자료는 별도의 목록을 작성하여 관리한다.

4. 자료의 분류 및 보관관리

(1) 자료 및 도면은 종류·기능별로 분류하여 지정장소에 보관한다.
(2) 자료관리번호 부여 : 시운전문서보관관리 절차서의 '시운전서류관리 목록'의 번호를 적용 하여 부여한다.

5. 건설소 배부자료관리

(1) 건설소 자료관리실에서 종합배부목록(MDL)에 따라 배부하는 건설자료는 자료관리대장에 기록하고, 지정된 보관함에 보관하여 관리한다.

(2) 건설소에서 전자문서 형태로 배부된 각종 도면은 항상 최신 개정분으로 교체하여 시운전 업무에 구본 도면이 사용되지 않도록 하여야 한다.

6. 시운전실 발행 자료관리

(1) 시운전실 각 부서에서 발행하는 자료는 시운전 문서보관관리에 따라 편철하여 자료실에 이관되어야 하며, 자료관리대장에 기록하여 지정된 장소에 보관·관리한다.

(2) 절차서

시운전실에 의해 발행되고 관리되는 절차서는 일반적으로 점검 및 시험수행에 사용되는 기술절차서로 제한되며, 따라서 절차서는 다음과 같이 분류하고 관리되어야 한다.

1) 원본 절차서 : 시운전 절차서 원본은 자료실에서 유지 관리한다. 이 절차서는 별도의 표시 없이 업무용 사본이나 참고용 사본의 재생산을 위해 자료실에 보관한다.

2) 업무용 절차서 : 실제 시험수행에 사용할 목적으로 자료실에서 '업무용 사본'을 재생산하고 절차서에 '업무용'이라 표시한 후 관리번호를 부여하여 절차서 검색과 회수가 용이하도록 하여야 한다.

3) 참고용 절차서 : 참고용은 시험수행에는 사용하지 않고 참고용으로만 사용한다. 이 절차서들은 자료실에서 재생산하며 '참고용'임을 표시하고 별도 관리하지는 않는다.

7. 열람

자료를 열람하고자 하는 직원은 자료열람대장(붙임 4)에 기록 후 열람실에서 열람할 수 있으며, 열람자료는 열람실 외부로 반출할 수 없다.

8. 대출 및 반납

(1) 자료를 대출하고자 하는 직원은 자료대출대장(붙임 6)에 기록 후 대출한다.

(2) 대출은 1회 3권 이하, 기간은 7일 이내로 한다.

(3) 대출 기간 중 다른 자료를 대출하고자 할 때는 기대출한 자료를 반납하여야 하며, 장기간의 공석 시에는 대출 자료를 즉시 반납한다.

(4) 자료의 대출기간이 경과하지 않은 경우라도 자료실의 반납요구가 있을 경우 해당 자료를 즉시 반납한다.

(5) 자료실 담당자는 대출기간이 경과한 자료에 대해서 대출자료 반납 독촉장을 발행하여 조속히 반납하도록 요구한다.

9. 폐기

(1) 최신 개정본 자료/도면이 접수되면 구본은 폐기대장에 기록하고 자료실 담당과장의 승인 후 폐기한다.

(2) 자료 및 도면의 폐기는 소각하거나 세절하여 처리한다.
- 변경된 구본 자료
- 천재지변 또는 불가항력의 사유로 사용이 불가능하게 훼손된 자료
- 기타 보관설비 등을 고려하여 폐기가 바람직하다고 판단된 경우
- 중복하여 보관 중인 잉여자료

(3) 시운전절차서 목록에 있는 참고 자료의 개정
자료실 담당자는 각 시운전절차서에 포함되어 있는 참고자료의 색인을 관리하여야 한다. 색인은 참고자료의 현재 개정뿐만 아니라 시험절차서에 등재된 개정까지 모두 기재한다.

10. 시운전자료의 발전소 자료실 이관

(1) 시운전 종료 시 시운전자료실 보관자료를 발전소자료실(QA Vault)로 이관한다.

(2) 시운전실 생산/발행한 시운전 관련 자료를 자료관리대장 인계인수 목록으로 활용한다.

(3) 건설소 자료관리실에서 시운전자료실로 배부되어 보관·관리되고 있는 자료는 발전소 측과 인계인수 여부를 협의하여 처리한다.

① 시운전 공정표
② 공정진도 및 평가보고서
③ 설계개선요구서
④ 시험절차서 작성
⑤ 시운전 작업요청서
⑥ 설계변경서
⑦ 건설인수시험(CAT)
⑧ 세정
⑨ 가동 전 및 기동시험

① 시운전 공정표

> **개요**
>
> 발전소 설비 및 기기에 대하여 시운전 공정을 준수하고 계획 공정률 달성을 위해서는 시운전 조직의 적절한 공정계획 수립 및 효율적인 운영이 필요하다. 시운전 사업조직의 책임과 분장업무에 따라 4단계의 공정표를 운영한다.

1. 시운전 공정표의 단계별 구분

(1) 사업관리 주 공정표(Project Milestone Schedule, 1단계)는 설계, 구매, 시공 및 시운전의 주요 공정을 표시한 기본 공정표이다.

(2) 분야별 종합 공정표(Summary Schedule, 2단계)는 설계, 구매, 시공 및 시운전의 각 공정단계를 세분화하여 주요 공정과의 최소 연계사항만을 표시한 요약공정표이다. 이 계층단계는 주 계약자들에게는 최상위 공정표이다.

(3) 분야별 관리기준 공정표(Integrated Project Schedule, 3단계)는 공정관리의 기준이 되며 설계, 구매, 시공 및 시운전 공정단계 등을 CPM 기법으로 작성한다. 모든 공정계획, 현황분석, 평가 등은 관리기준 공정표를 기초로 하여 수행된다.

(4) 상세 시운전 공정표(4, 5단계)는 CPM 기법으로 작성하며 3개월 단위공정표(3-Month Rolling Schedule, TMRS) 및 3주간 작업공정표(3-Week Daily Schedule, TWDS)로 구성된다.

2. 시운전 관리기준 공정표(3단계)

(1) 시운전 관리기준 공정표는 시운전 업무를 관리 가능한 단위작업으로 세분화하여 관련 부서 및 관련사의 시운전 업무수행 계획을 나타낸 공정표로서, 단위작업 간 연관관계, 시공

관리기준 공정표와의 상호연계 및 일정계획에 따른 수행실적을 분석하여 정확한 공정현황 파악 및 대책 수립을 위한 시운전 분야 공정관리의 기준을 제시한다.

(2) 단위작업 코드

각 계통의 단위작업은 기본적으로 계통인계/인수, 사전시험단계, 가동 전 시험 및 기동시험 등으로 구분하며 각 단위작업의 번호체계는 다음과 같이 구성된다.

이것은 다음과 같은 번호/코드 부여 체계이다.

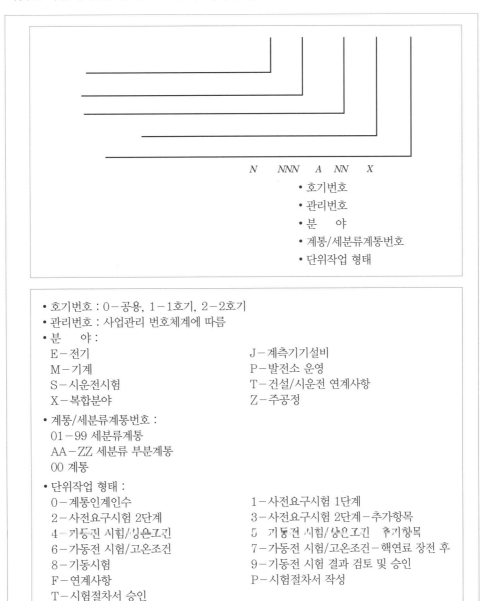

[그림 1-181] 각 단위작업의 번호/코드 부여체계

(3) 운용방법

① 시운전 담당부장은 매월 시운전 공정현황을 기준으로 시운전 관리기준 공정표에 반영하기 위한 입력자료를 준비한다.

② 시운전 담당부장은 시운전 관리기준 공정표에 반영하기 위해 시운전 시험결과를 CMS 프로그램에 입력하고, 시운전 공정관리과장은 CMS 프로그램으로 분석한 후, 시운전 공정 및 평가보고서를 작성하여 시운전 실장 및 관련 부서에 배포한다.

③ 시운전 공정 및 평가보고서는 시운전 행정절차서 10 '시운전 공정 및 평가보고서'에 따른다.

④ 시운전 담당부장은 시운전 공정 및 평가보고서를 검토하여 다른 분야에 대한 영향을 분석하고 필요한 행위를 취한다.

3. 시운전 종합공정표(Startup Master Schedule, 3단계)

시운전 종합공정표는 관리기준 공정표를 막대도표 형식으로 작성한 것으로 모든 시운전 단위작업에 대하여 횡축에 '시간'을, 종축에 '각 시운전 단위작업'으로 분류한다.

4. 3개월 단위공정표(4단계) 및 시운전 주공정관리 공정표(Startup Milestone Control Schedule, 4단계)

시운전 기간 중에 3개월 단위공정표를 개발하고 유지관리하여야 하며, 이 공정표는 시운전 관리기준 공정표를 부연한 것으로 좀 더 세부적으로 작업순서, 작업기간 및 시험업무의 정의를 위해서 사용된다. 3개월 단위공정표는 건설의 8개월 단위공정표를 반영하여 3개월 범위로 단위작업의 계획 대 실적으로 구성하며 막대도표나 CPM 논리형식으로 전산화된다. 매월 갱신하며 관리기준 공정표에 어떤 영향을 주는가에 대하여 분석한다.

5. 3주간 작업공정표(5단계)

(1) 목적

공정표상 지연된 작업항목을 구별하고 후속공정의 영향을 최소화하기 위하여 시운전 자원 및 작업항목을 재배치하기 위함이다.

(2) 내용

1) 다음 2주간 시운전작업을 계획
2) 전주 동안의 시운전작업사항 보고 및 기록

3) 후속 시운전작업을 위한 인력투입 계획
4) 시운전 시험업무 조정(계통인계/인수, 설비 및 운영상의 문제점, 업무 간의 간섭사항 등)

② 시운전 공정진도 및 평가보고서

> **개요**
>
> 초기 시운전시험을 성공적으로 수행하기 위해서는 효과적인 시험 진도 관리가 필요하며, 시운전시험현황 및 진도현황을 효과적으로 관리하기 위하여 시운전 공정 및 평가보고서를 운영한다. 또한 현장 시운전 진도보고서는 발전소 현황과 프로그램 진도에 관한 누적된 진도조사자료이며 통계자료이다. 이것은 전반적인 프로그램 진도와 프로그램 완료에 기여하거나 방해하는 주요 사안들을 관리자에게 제공하는 수단으로 쓰인다.

1. 발행 및 보고 주기

시운전공무부는 매월 시운전 공정 및 평가보고서를 발행한다. 이 보고서는 그 달의 주요 사안 및 작업사항을 담고 있다.

2. 발송 및 배부

시운전 공무부장은 보고서를 검토하고 시운전 실장은 그 보고서를 내부 승인한 후, 본부장에게 제출한다. 내부 승인된 공정 및 평가보고서는 발주사 본사의 사업책임자에게 제출한다.

3. 보고방법

시운전 공무부장은 간단명료한 양식으로 시운전 공정 및 평가보고서를 작성하는 가장 효율적인 방법을 결정한다.

(1) 진도 측정

진도 측정은 시험계획 대비 시험완료의 진도를 측정한다. 이를 위하여 시험 단위작업을 선정하고, 이는 다음과 같이 시운전 관리기준 공정표의 단위작업을 기준으로 선정한다.
1) 계통인계/인수
2) 사전요구시험 1단계
3) 사전요구시험 2단계
4) 가동 전 시험
5) 기동시험

(2) 단위작업 가중치

진도를 의미 있게 평가하기 위해 단위작업별 가중치를 마련한다. 가중치는 단위작업 수행에 필요한 인력, 시험물량 또는 작업소요일을 기준으로 다음과 같이 계산한다.

$$\text{단위작업 가중치} = \frac{\text{단위작업 가중치 단위}}{\text{단계별 단위작업 가중치 단위의 합}}$$

(3) 실적공정률 계산

공정률은 계층적 구조로서 다음과 같이 하위레벨의 공정률로부터 순차적으로 상위레벨의 공정률이 계산되어 최종적으로 시운전 공정률이 산출된다.

1) 호기별(1단계)

호기별로 분류되며 다음과 같이 백분율을 결정한다.

$$\text{1호기} = 55\%$$
$$\text{2호기} = 45\%$$

시운전 공정률은 다음과 같이 계산한다.

$$\text{시운전 공정률} = 55\% \times \text{1호기 공정률} + 45\% \times \text{2호기 공정률}$$

※ 1호기 공정률 : 공용설비 공정률 포함

2) 시험종류별(2단계)

계통 인계/인수 시부터 연료장전까지의 계통시험과 연료장전 후의 기동시험으로 분류되며 다음과 같이 백분율을 결정한다.

$$\text{계통시험} = 80\%$$
$$\text{기동시험} = 20\%$$

호기별 공정률은 다음과 같이 계산한다.

$$\text{호기별 공정률} = 80\% \times \text{계통시험 공정률} + 20\% \times \text{기동시험 공정률}$$

3) 계통시험(3단계)

세분류계통 또는 계통에 대한 계통시험의 일반적인 순서는 다음과 같다.
① 계통 인계/인수
② 사전요구시험 1단계

③ 사전요구시험 2단계
④ 가동 전 시험

각 단계별로 시운전 관리기준 공정표상의 총 작업소요시간을 기준으로 다음과 같이 백분율을 결정한다.

$$\text{계통 인계/인수}(TO) = 10\%$$
$$\text{사전요구시험 1단계 일반건설인수시험}(P_1) = 35\%$$
$$\text{사전요구시험 2단계 계통세정/특정건설인수시험}(P_2) = 20\%$$
$$\text{가동 전 시험}(PO) = 35\%$$

계통시험 단계별 공정률은 다음과 같이 계산한다.

$$\text{계통시험 단계별 공정률} = \Sigma(An \times Bn)$$
$$\text{여기서, } An : \text{단위작업 } n\text{의 가중치}$$
$$Bn : \text{단위작업 } n\text{의 실적진도(\%)}$$

각 계통시험 단계별 공정률 계산이 완료되면 다음과 같이 계산한다.

$$\text{계통시험 공정률} = 10\% \times TO + 35\% \times P_1 + 20\% \times P_2 + 35\% \times PO$$

4) 기동시험(4단계)

기동시험은 연료장전, 연료장전 후 고온기능시험, 초기임계, 저출력 원자로 특성시험, 출력상승시험 및 발전소 성능시험 등으로 이루어진다. 기동시험 내 Critical Path를 이루는 단위작업을 각 단위작업별 총 작업소요시간을 기준으로 백분율을 결정한다. 기동시험 공정률은 다음과 같이 계산한다.

$$\text{기동시험 공정률} = \Sigma(An \times Bn)$$
$$\text{여기서, } An : \text{단위작업 } n\text{의 가중치}$$
$$Bn : \text{단위작업 } n\text{의 실적진도(\%)}$$

5) 월간 공정률 계산

월간 공정률은 다음과 같이 계산한다.

$$\text{금월 공정률(\%)} - \text{전월 공정률(\%)} = \text{월간 공정률(\%)}$$

6) 예정공정률 곡선

앞서 언급한 대로, 진도보고는 계획 대비 실적을 비교하여 시험진도를 평가하는 것이며 실적공정률을 계산하기 위해서는 계획공정률이 필요하다. 계획공정률 곡선을 작성하기 위해 시운전 관리기준공정표상의 시험 항목들을 시간의 함수로 나타낸다. 시간(T)은 독립변수이고 공정산정요소(Y)는 종속변수이며, 계획공정률 곡선의 방정식은 다음과 같다.

$$Y = f(\text{T})$$
$$T = \text{Calender Time}$$

7) 시험진도 현황 작성

시험진도 현황은 진도곡선 및 단위작업 목록표로 구성된다. 단위작업 목록표는 가중치와 작업별 진도를 확인할 수 있어야 하며, 진도곡선은 월별로 구분되어야 한다.

4. 보고서 내용

공정 및 평가보고서 내용은 다음 사항을 포함하여야 한다.
(1) 계통인계/인수 현황
(2) 시험현황
(3) 주요 현장 문제점(날씨, 인력, 화재 등)
(4) 주요 기기 문제점
(5) 주요 기기의 최초 운전
(6) 종결 또는 지연된 시운전 주공정의 작업항목
(7) 일반적 또는 반복적인 시공이나 설계 문제점
(8) 주요 기기의 납기 지연
(9) 신규 작업 또는 계획되지 않은 작업
(10) 중요 간섭사항

❸ 시운전 설계개선 요구서

> **개요**
> 시운전 설계개선 요구서(Startup Field Request, 이하 'SFR'로 표기함)는 건설 및 시운전기간(상업운전 이전) 동안 시운전 조직(발전소 조직 포함)에 의해 사용된다.

1. 시운전 설계개선요구서 작성

작성자는 문제점이 발견되면, '시운전 설계개선 요구서 작성 매뉴얼'을 참고하여 SFR을 작성한다. SFR에 관련된 절차는 원칙적으로 건설관리시스템(CMS) 내 시운전정보관리시스템(SIMS)에서 구현하는 것을 원칙으로 하되, 만약 SIMS가 정상적인 가동이 불가능하다고 판단되는 상황이면 수기로 작성하여 진행하고, 추후 SIMS가 정상화되면 SIMS에 입력하도록 한다.

(1) 문제점 기술

1) 문제를 해결하고 평가하는 데 필요한 정확한 정보를 기술해야 한다.
   작성자는 설계사 또는 그 외 관련 조직이 문제점을 쉽게 이해할 수 있도록 상세히 기술해야 한다.
2) 유량, 온도, 압력, 진동, 진폭, 주기, 운동방향, 소음수준, 소음형태, 전류, 전압, 주파수, 제조업자 및 기기 번호 등과 같은 정량적인 정보를 기술하고 개선필요, 계통설계 문제, 자재/기기 문제, 도면 오류, 또는 불충분한 설계정보 등과 같은 문제의 원인을 정확하게 기록한다.

(2) 제안조치 또는 해결방안

1) 작성자는 제안조치 또는 해결방안을 구체적이고 명확하게 기술해야 한다.
2) 추가로 정량적인 시험자료가 필요하나 현재 계통 설계상 추가로 계기를 설치할 수 없을 때에는 이 사항을 기록하여 설계사가 추가 계기를 설치할 수 있는 방법을 제시하도록 요청한다.

(3) SFR 검토

1) SFR은 품질등급에 따라 검토 및 승인절차가 구분되며, 품질등급 Q, T, R은 작성팀장의 검토 후에 품질보증2팀장의 검토를 거친 후 시운전 실장이 승인한다.
2) 품질등급 S는 작성팀 담당차장이 검토하고 팀장이 승인한다.
3) 서류의 적합성, 문제점 기술 및 품질관리 문제도 검토해야 한다. 만일, 품질관리상에 문제가 예상될 경우 해당 팀장(또는 대리인)은 추가조치에 대하여 품질보증2팀장과 협의한다.

2. SFR 접수 및 조치팀 결정(건설소)

(1) 시운전실 작성팀에서 작성한 SFR은 건설소 종합관리팀에서 접수하고, 목록을 관리하게 된다.

(2) 시운전실 작성팀에서 작성한 SFR을 접수하면, 건설소 종합관리팀장은 설계사를 지정하여 기술적 타당성 검토를 요구한다.

설계사(A/E) 및 주기기 제작사(T/G, NSSS) 설계에 대해서만 기술적 타당성 검토를 수행하며 공급자(Vendor) 사항에 대해서는 조치팀에서 수행한다.

(3) 설계사는 SFR의 요구내용에 대한 시행 가능성, 기존설계에 미치는 영향, 설계반영 시의 세부 수행방안 등 기술적인 타당성에 대한 검토의견을 건설소 종합관리팀에 제출한다.

(4) 건설소 종합관리팀에서는 설계사의 기술적 타당성 검토 후 적합 유무를 결정한다. 검토결과 내용 불명확, 서류 미비, 기술적 타당성 부적합 등에 대해서는 부적합을 채택하여 시운전실로 보완요청을 한다.

(5) 기술적 타당성 검토 후 적합으로 채택될 경우 조치팀을 지정하여 통보한다.

3. SFR 검토 및 채택 여부 결정(건설소)

(1) 조치팀은 종합관리팀에서 통보받은 SFR의 세부내용과 설계사의 검토의견 및 선행호기의 사례, 공사 진행사항 등을 감안하여 자재 구매 및 시공에 따른 공정, 공사비에 대한 영향 등을 종합 검토하여 SFR의 채택 여부를 결정한다.

(2) SFR의 특성상 많은 팀이 관련되어 있으므로 복합적인 사항에 대해서는 조치팀에서 협조팀으로 검토 요청을 하고 협조팀은 검토 요청받은 사항에 대해서 설계가 최대한 반영될 수 있도록 조치팀을 지원하여야 한다.

4. 채택된 SFR의 후속조치

(1) SFR이 채택 결정이 나면 조치팀장은 설계사로 통보한다.

(2) 설계사는 조치팀장의 통보를 받은 즉시 관련 설계업무를 착수하되, 자재 구매, 시공 및 시운전에 소요되는 기간을 감안하여 가능한 한 빠른 시일 내에 설계를 완료한다.

(3) 조치팀장은 설계사로부터 설계자료가 접수되면 이를 검토한 후 곧바로 자재, 구매, 시공 등 후속업무를 추진한다. 이때 조치팀장은 해당계통의 시운전 일정에 차질이 없도록 업무를 추진하되 시운전실 요구일정 내에 조치가 어려울 경우 해당 시운전 SFR 작성팀장과 협의 조치한다.

(4) 조치가 완료되면 시공사는 조치내용과 재발방지대책을 입력하고 조치팀으로 통보한다. 조치팀장의 결재가 끝나면 시운전 SFR 작성팀으로 조치완료 통보가 된다.

(5) 시운전실 SFR 작성팀이 조치결과에 만족하여 승인결재를 하면 해당 SFR은 품질등급에 따라 Q, T, R등급의 경우 품질보증팀의 검토를 거쳐 시운전실장의 최종승인으로, S등급의 경우 시운전작성팀장의 승인으로 SFR 처리가 종료된다.

5. 불채택된 SFR의 후속조치

(1) 기존 설계에 기반영되어 있거나 설계사의 의견 및 자체 검토내용을 종합한 결과 설계반영이 타당하지 않은 것으로 판단될 경우 조치팀장은 불채택 사유 및 검토결과를 첨부하여 불채택할 수 있다.

(2) 발행승인권자가 불채택 조치결과를 최종 승인결재하면 해당 SFR 처리는 종료된다.

(3) 작성팀장은 건설소에서 불채택 처리된 SFR에 대해 이의가 있어, SFR 심의위원회의 심의가 요구되는 경우, 불만족사항을 기록하고 필요시 검토 의견을 첨부하여 SFR 심의위원회 개최를 요구한다.

6. SFR 심의위원회

(1) 종합관리팀장은 SFR 심의위원회 개최 요구 통보를 받은 즉시, 위원장에게 이를 보고한다.

(2) 종합관리팀장은 현장내부절차서에 따라 SFR 심의위원회를 개최한다.

(3) 심의위원회 위원장은 상정된 SFR에 대해 심의위원들의 심의결과를 종합하여 SFR의 채택 여부를 최종 결정한다.

(4) 채택으로 결정된 SFR은 상기에 제시된 "채택된 SFR의 후속조치" 절차에 따라 처리하고, 불채택으로 결정된 경우 해당 SFR은 종결된다.

7. 최종 배부

SFR이 종결되면 SFR 관리자는 NPCMS에서 관련 팀을 지정하여 배부한다. 관련 팀은 SFR 작성팀과 조치팀, 품질보증2팀(품질등급 Q, T, R), 기타 SFR 관리자가 필요하다고 판단한 팀을 뜻한다.

❹ 시험절차서 작성

> **개요**
>
> 시운전은 다양한 시험절차서에 따라 건설인수시험, 세정, 가동 전 시험, 연료장전, 초임계, 기동 및 출력상승시험을 수행한다. 모든 시험절차는 건설인수시험절차서, 세정절차서, 가동 전 시험 절차서 또는 기동 및 출력상승시험 절차서에 따라 수행되어야 한다.

1. 절차서 작성

(1) 시험절차서 작성은 시험절차서 업무 흐름도에 상세히 기술되어 있다. 시험 절차서의 자세한 내용은 종류별 시험절차서 작성방법에 따른다.

(2) 절차서 작성 및 편집은 시험절차서 작성 편집기준에 따른다.

(3) 절차서 작성자(일반적으로 계통담당자)는 한기(종합설계자, 계통설계자) 및 주기기공급자가 제공한 시험절차서 지침서를 활용하여 업무 흐름도에 따라 시험절차서 초안을 작성한다. 각 절차서 지침서는 최소한 시험착수 12개월 전에 접수하는 것을 원칙으로 하되, 불가피한 경우 일정을 조정할 수 있다.

(4) 기기공급자 작성분의 시험절차서 또한 시험절차서 작성방법을 따른다.

2. 절차서 검토 및 승인

(1) 필요시, 절차서 작성자는 절차서 초안 작성 후 '시운전절차서 검토 및 의견양식'을 이용하여 한기나 주기기공급자 등의 기술자문 검토를 득한다.

(2) 절차서 작성부서의 차장, 팀장 및 관련 부서장과 품질보증2팀장은 문서결재 시스템을 통해 시험절차서를 검토한다.

　① 발전팀장은 건설인수시험 및 세정 절차서를 제외한 시험절차서를 검토한다.

　② 절차서 검토과정에서 발생한 의견은 절차서 작성자 검토 후 필요시 반영한다.

(3) 절차서 작성자는 검토과정이 끝난 절차서에 대해 최종 결재권자의 승인을 받는다.

(4) 시운전심의위원회의 검토가 필요한 경우 절차서 담당자는 시운전심의위원회에 따라 처리한다. 시운전실장은 시운전심의위원회의 의견이 조치된 후 시험절차서를 승인한다.

(5) 시험절차서의 승인은 시험 착수 60일 이전에 완료되어야 한다.

(6) 시험절차서(기동 및 출력상승시험 절차서 제외)에 있는 모든 '공란' 처리사항을 완료한 후 절차서 작성자는 조치 완료 보고서를 작성하여 시운전 각 부서장의 검토를 거쳐 시운전 실장의 승인을 받아야 한다. 기동 및 출력상승시험 절차서의 '공란' 처리 항목 조치 완료 보고서는 발전소장의 승인을 받아야 한다.

(7) 절차서를 시험에 이용하고자 할 경우 계통담당자는 최신 상태의 절차서를 출력하여 '업무용사본' 스탬프를 날인한 후 사용한다.

(8) 업무용 사본을 사용할 때에는 시험 수행 직전에 해당절차서가 최신 개정분인지를 절차서 담당자로부터 확인받는다.

(9) 기동 및 출력상승시험 절차서와 그 결과는 표준기술행정절차서에 따라 발전소 안전위원회의 검토 및 승인이 되어야 한다.

3. 개정

(1) 절차서는 항 또는 페이지 단위로 개정될 수 있다.

(2) 절차서의 부분개정은 해당 페이지의 개정부분 오른쪽 여백에 수직으로 선을 긋고, 개정번호를 기재한다.

(3) 절차서를 개정할 때에는 절차서 개정이력 및 절차서 개정내용을 작성하여 별도 파일로 첨부한다.

5 시운전 작업요청서

> **개요**
> 시운전 작업요청서는 시운전실 관할인 발전설비의 구조물, 계통 및 구성품에 대해 건설관리시스템상의 시운전 정보관리시스템을 이용하여 다음의 각 작업에 적용한다.

1. 작업내용의 구분

(1) 건설결함조치 및 시운전 설계개선요구서에 의한 작업

(2) 건설미결사항 조치(계통 인계/인수 시 미결목록에 기록된 사항)

(3) 고장사항의 수리작업

(4) 시운전시험(건설인수시험, 세정, 가동 전 시험 등)

(5) 자재 공급

(6) 제외사항 : 발전소로 관할이 이관된 기기 또는 연료장전 후에 대한 작업

(7) 기타

2. 내용

(1) 작업요청서 발행

1) 작업요청서 발행 일반사항

① 시운전 중인 기기나 계통의 고장을 발견한 자는 누구나 건설관리시스템에 등록하여 작업요청서를 발행할 수 있다.

② 시운전설비의 운전불능 상태를 초래하거나 종사자의 안전사고를 유발할 수 있는 고장사항은 발견 즉시 계통담당과장 및 작업관리실에 통보하여야 한다.

③ 발행자는 작업요청서가 이미 발행되지 않았는지 확인하여 작업요청서의 중복 발행을 피해야 한다.

④ 매우 긴급한 고장이 발생한 상황으로서 구두 지시에 의거하여 작업하였을 경우에는 사후 서류처리를 하여야 한다.

(2) 작업요청서 등록 및 발행

1) 작업요청서 발행자는 건설관리시스템상의 시운전정보관리/시험관리/작업요청서관리/시운전 작업요청서 발행에서 신규등록을 선택하여 다음 각 항목에 해당 내용을 입력한다.
   ① 작업요청서 번호 　　　　　② 작업내용분류
   ③ 담당 부서 　　　　　　　　④ 작업내용
   ⑤ 대상기기 및 기기명, 기기설치위치 　⑥ 기기운전상태

2) 작업분류가 건설결함조치 또는 고장정비에 해당하는 경우에는 작업요청서의 다음 항목에 그 내용을 입력한다.
   ① 고장발견 동기 및 장소 　　② 고장모드
   ③ 고장영향 　　　　　　　　④ 고장심각도
   ⑤ 영향받는 계통 　　　　　　⑥ 고장발견일시

3) 작업요청서의 발행자 및 발행일자는 자동으로 입력되며 등록이 완료되면 결재범위를 지정하고 서명 후 계통담당자에게 검토를 요청한다.

3. 작업설계

(1) 계통담당자는 의뢰내용이 타당한지 확인하고, 작업설계 전 관련 기술기준을 검토한 후 작업설계를 해야 하며, 아래의 해당 정보를 모두 입력한다.
   ① 참조 및 주의사항 　　　　② 품질등급
   ③ 작업부서 　　　　　　　　④ 예상소요인력
   ⑤ 설계자명 　　　　　　　　⑥ 작업착수기일 및 작업완료기일
   ⑦ 작업 수행요건(기술검토결과, 안전작업요건, 관련 보조작업 등)
   ⑧ 꼬리표 발행 여부

(2) 꼬리표 필요시 계통담당자는 시운전실의 기기 격리 절차에 따라 작업요청서 필요 여부를 재확인하고 필요목록을 작성한 후 꼬리표 발행을 요청한다.

(3) 계통담당자는 작업설계와 동시에 소요자재 및 장비 등 작업시행에 필요한 제반준비를 병행한다.

4. 단계별 검토

(1) 계통담당과장 검토

1) 계통담당과장은 작업요청서가 정확히 작성되었는지 검토하고 작업요청서의 내용이 적절하다고 판단되면 긴급성 유·무를 판단한다.

> 緊 긴급성이 요구되는 사항은 지체 없이 신속히 처리하여야 하며 작업부서로 작업요청서 내용을 즉시 통보한다.

2) 계통담당과장은 꼬리표 '필요'가 적절한지 확인한다.

(2) 계통담당부장 검토

계통담당부장은 작업요청서의 모든 입력 항목의 적절성 여부를 확인하고 작업요청서에 작업내용이 적합한 것으로 판단되면 작업요청서에 서명하여 작업 요청서 발행을 승인한다.

(3) 품질검토

품질보증부 담당자는 작업요청서 품질등급의 결정이 타당한지 확인하고 품질 입회 여부를 결정한 후 서명한다.

5. 작업요청서 허가

(1) 발전과장은 시운전공정, 작업일정 및 현장여건 등을 확인한 후 서명하여 작업을 허가한다.

(2) 작업관리실 담당자는 꼬리표 발행 요구 시 시운전실의 꼬리표 발행요청 절차에 따라 처리한다.

(3) 계통담당자는 정비 후 시험이 '필요'로 확인된 경우 정비 후 시험 조작서를 작성한 다음 승인을 득한다.

6. 작업준비 및 작업착수 통보

(1) 작업책임자는 작업현장을 답사하고 준비된 기자재 확인 및 작업수행 계획을 준비하고 작업요청서에 명시된 각종 허가요건을 준수해야 하며, 작업 준비회의를 통하여 작업방법과 절차 및 안전수칙 준수, 작업장 준비요건 등 전반적인 사항을 건설 또는 시운전 계약자에게 일린다.

(2) 작업책임자는 예상소요인력, 착수/완료기일 등이 적절한가를 검토하고 필요시 계통담당자와 협의하여 예상소요인력, 착수/완료기일 등을 조정할 수 있다.

(3) 작업책임자는 계통담당부서로부터 접수한 작업요청서의 내용을 검토하고 품질등급 및 품질입회 지정 유·무를 확인한 후 해당작업에 대한 작업능력을 갖춘 작업자를 선정하며, '중요' 작업 시에는 충분한 인원으로 작업조를 편성한다.

(4) 계통담당자는 발전과장에게 작업의 착수를 알리고 발행된 보호용 꼬리표를 해당 기기의 가장 잘 보이는 위치에 부착한다.

7. 작업 수행

(1) 작업을 수행하기 위해서는 작업요청서에 발전과장 서명이 있어야 가능하다.
(2) 작업 수행 시 작업책임자는 관련 지침 및 절차서와 도면 등을 참조하여 안전하게 작업이 이루어지도록 하며 지침, 절차서 등과 불일치사항 또는 특기사항이 발견되면 계통담당자에 보고하여 지시를 받아 처리한다.
(3) 작업 수행 시 품질입회 여부가 '유'인 작업 중 필수 확인점(HP)으로 명시된 작업은 품질검사자의 입회 없이 다음 단계로 작업을 진행할 수 없으나 입회점(WP)으로 명시된 작업은 정해진 시간에 품질검사자의 입회검사가 불가능할 경우에 적절한 조치(유ㆍ무선 통보 등) 후 작업을 진행할 수 있다.

8. 정비 후 시험

(1) 작업분류가 건설결함조치, 고장정비 또는 건설미결사항 조치에 해당되는 경우에만 정비 후 시험이 요구된다.
(2) 계통담당자는 정비 후 시험이 요구된 작업요청서에 대해 다음과 같은 방법으로 시험을 수행하며, 시험과 관련하여 행정 및 기타의 지원이 필요한 경우 발전과장에게 요청한다.
　① 정비 후 시험조작서를 작성한 후 계통담당과장의 검토와 발전과장의 승인을 득한 후 시험이 가능하다.
　② 가능한 해당 작업의 성능을 가장 잘 알 수 있는 방법을 선정한다.
　③ 정기 또는 성능시험 절차서가 있는 경우 해당 절차서에 따라 수행한다.
(3) 작업책임자는 품질입회 여부가 '유'인 시험일 경우 품질보증2부 담당자에게 입회를 요청한다.
(4) 계통담당과장은 시험 완료 후 정비한 다음 시험결과를 기록으로 유지관리한다.

9. 작업종료 승인

(1) 작업책임자는 작업이 완료되면 시운전 작업요청서의 다음 사항들을 상세히 입력하고 작업요청서에 서명 후 계통담당자에게 작업종료 신청을 요청한다.
　① 고장원인범주　　　　　　　② 고장원인
　③ 작업방법　　　　　　　　　④ 작업책임자
　⑤ 작업착수일시 및 완료일시　⑥ 지연사유 및 지연일수(발생 시)

⑦ 작업절차서 지침　　　　　　　　⑧ 작업보고서 번호

⑨ 작업결과(고장상태, 조치내용, 결과시트, 직종 및 직종별 실작업시간)

(2) 작업책임자는 작업요청서와 관련하여 생성된 각종 보고서에 연계추적이 가능하도록 요청서 번호를 기록한다.

(3) 작업책임자는 시운전작업 작업종결 시 작업에 관련한 각종 기록 서류들을 작업요청서에 첨부한 후 계통담당부서로 일체의 서류를 인계한다.

(4) 계통담당자는 조작금지 꼬리표의 회수 및 격리 기기를 정상 복구시키고 결과를 확인한다.

(5) 계통담당자는 회수된 꼬리표를 작업관리실에 반납한다.

10. 결과검토

(1) 계통담당자는 완료된 작업에 대해 작업책임자로부터 작업요청서 및 관련된 일체의 작업결과 기록서류의 이상 유무를 확인하고 정비 이력유지를 위해 다음 항목들을 확인한다.

① 계통, 대상기기(기기번호, 기기명)

② 작업 내용(고장상태 및 조치내용), 착수 및 완료일시

③ 작업결과(고장원인범주, 고장원인, 작업방법)

④ 작업 지연 발생 시 지연사유 및 기간

⑤ 작업인력

⑥ 사용자재, 장비 및 계측기

⑦ 작업책임자

(2) 계통담당자는 관련 설계도서(도면, 자료 및 절차서)와 현장이 일치되어 있음을 확인하여야 한다.

(3) 계통담당자는 작업종료상태 확인 후 계통담당과장의 검토를 받아 발전과장에게 작업종료 승인을 요청한다.

(4) 발전과장은 작업결과에 만족하면 작업장 주위의 청결상태 및 작업을 위해 설치·제거되었던 부속물의 철거 및 복귀 상태를 확인한 후 작업요청서에 서명한다.

(5) 계통담당부장은 작업 종료된 작업결과 기록을 검토하여 적합하게 처리되었는지 확인하고 작업결과에 대해 최종승인하며, 작업결과 서류가 미흡할 경우 작업부서에 보완요청하고 필요시 동일 고장 재발 방지책을 강구해야 한다.

11. 이력관리

(1) 계통담당자는 작업종결 시에 첨부할 일체의 서류를 전자파일 형태로 변환하여 작업요청서에 저장한다.

(2) 작업종결이 승인된 작업요청서는 작업 관련 모든 서류(작업 및 시험/검사기록 등 품질보증기록)를 포함하여 관련 절차서에 따라 관리한다.

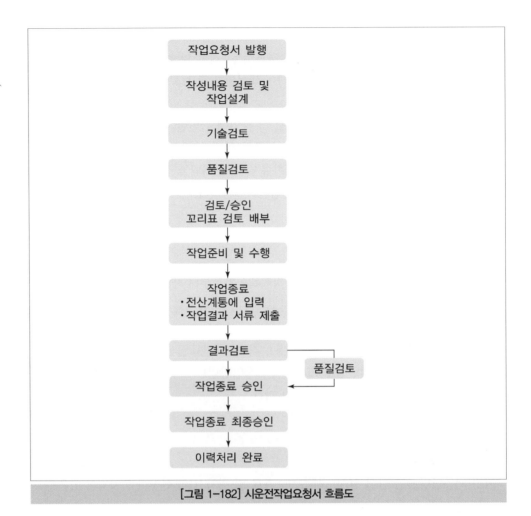

[그림 1-182] 시운전작업요청서 흐름도

1) 발행자

2) 계통담당자

　　① 작업책임자 지정

　　② 보호꼬리표 요청

3) 계통담당과장 : 긴급성 및 작업 중요도 결정

4) 품질보증부 : 품질입회 여부 검토

5) 발전과장 : 작업허가 작업관리실 담당자

6) 작업책임자

7) 계통담당자 및 과장

8) 발전과장

9) 계통담당부장

10) 계통담당자

6 설계변경서

개요

설계변경서는 현장에 인도된 공급자 기기나 계통/세분류계통의 설계변경사항을 반영하기 위해 종합설계자 (A/E)에 의해 발행된다. 건설자료관리실(DDCC)로부터 종합배부목록에 따라 설계변경를 접수한 경우 또는 건설소 현장 내부 절차서에 의거 건설소 주관부서가 설계변경서 조치 전 다음 사항에 대해 시운전 및 발전소 해당 부서에 업무 협조를 요청한 경우 본 절차서를 적용한다.

1. 설계변경서의 구분

(1) 인계/인수된 계통 및 기기의 설계변경서 반영작업
(2) 프로그램 변경 등 소프트웨어 작업으로 계통담당자가 직접 수행하거나 공급자가 계통담당자에게 교육과 동시에 인계/인수해야 유리한 설계변경서
(3) 준공 이후 발행되는 설계변경서
(4) 구매 자재의 입고 시점이 준공 이후인 설계변경서
(5) 운전 후 처음 시행되는 계획 예방정비기간에 반영이 가능한 설계변경서

2. 절차

(1) 설계변경서 접수 및 검토

1) 시운전 설계변경서 관리자는 건설자료관리실로부터 설계변경서를 접수하면 설계변경서 관리대장에 기록한 시운전 설계변경서 관리자는 해당 시운전부서에 설계변경서 사본 1부를 송부하고 시운전시험 영향 검토를 요청한다.
2) 지정된 시운전계통 담당자는 설계변경서 반영결과가 시운전시험에 영향을 미치는지 검토하고, 시운전시험 영향 검토항목을 작성한 후 시운전 부서장 및 시운전 실장에게 보고한 다음 시운전 설계변경서 관리자에게 시운전시험 영향 검토지를 송부한다.
3) 시운전 설계변경서 관리자는 시운전시험 영향 검토지 원본을 보관하고 시운전시험 영향검토 관리대장에 기록한다.

3. 설계변경서 처리

(1) 건설소 주관부서가 인계/인수된 기기 또는 계통에 대하여 설계변경서 반영을 위해 업무협조를 요청하면, 시운전계통 담당자는 시운전작업요청서 절차에 따라 시운전작업요청서 발행에 협조한다.
(2) 설계변경서 반영 완료 후 건설소 주관부서가 설계변경서(원본)의 완료 확인란에 서명을 요청할 경우, 시운전계통 담당자는 시운전시험 영향 검토항목에 따라 다음 사항을 이행한다.

1) 설계변경서 반영 결과로 가동 전 시험절차서의 내용이 변경될 경우 시험변경통보서 작성
2) 설계변경서 반영 결과로 재시험이 요구될 경우 시험 수행
3) 시험결과가 만족스러울 경우 시운전 부서장, 시운전 실장(품질등급인 경우에 한함)에게 보고 및 설계변경서에 서명

4. 설계변경서 종결

(1) 시운전계통 담당자는 완료 확인에 서명된 설계변경서를 시운전 설계변경서 관리자에게 송부한다.
(2) 시운전 설계변경서 관리자는 설계변경서 관리대장에 기록하고 사본 1부를 보관하며 원본을 건설소 주관부서로 송부한다.
(3) 시운전 설계변경서 관리자는 시운전시험 영향 검토 관리대장에 후속 조치 완료일을 기록하고 종결한다.

7 건설인수시험(CAT)

> **개요**
> 건설인수시험(CAT)절차서는 다음과 같이 구분한다.
> ① 일반시험절차서 : 일반적인 형태의 여러 기기에 적용할 목적으로 작성한 절차서이다. 예를 들어, 전동기 절차서는 대부분의 전동기에 적용한다.
> ② 특정시험절차서 : 특정 종류의 기기에 적용할 목적으로 작성한 절차서로서 전원가압과 기기정비와 같은 특정한 작업사항을 기술한다.

1. 목적

건설인수시험에서는 다음 사항을 수행한다.
(1) 발전소 기기의 설계 및 시공상태의 적합성 확인
(2) 발전소 기기의 조정 및 정렬, 운전 가능상태 확인
(3) 가동 전 시험 수행을 위한 기기 준비상태 확인
(4) 시험 수행과정 및 결과검토, 승인과정 기술

2. 절차

(1) 조직 및 자격관리

건설인수시험을 수행하는 조직은 원자로부, 터빈부, 기전부로 구성되며 시운전 시험 수행 요원은 시운전 훈련 및 교육에 따라 훈련 및 자격을 부여받아야 한다.

(2) 측정 및 시험장비

건설인수시험 수행에 필요한 측정 및 시험장비는 시운전측정 및 시험장비 검·교정관리에 따라 보관, 교정 및 관리되어야 한다.

(3) 시험절차서

건설인수시험절차서는 다음에 따라 작성 및 관리된다.

1) 작성 및 관리

건설인수시험절차서의 작성 및 관리는 시험절차서 작성지침에 따른다.

2) 개정

절차서 개정은 작성방법과 같은 과정으로 진행되며, 시험절차서 작성지침에 기술된 것과 같이 승인 및 검토되어야 한다.

3) 변경(특정건설인수시험 절차서만 적용)

① 경미한 변경 : 경미한 사항을 바로 잡거나 내용, 논리 또는 절차방법을 바꾸지 않는 경미한 변경은 시운전계통 담당자가 임시 변경하고, 해당 시험 종료 후 시험 변경통보서를 작성하여 7일 이내에 담당 부장의 검토 후 시운전 실장의 승인을 받아야 한다.

② 중요한 변경 : 내용, 논리, 방법의 변경 또는 허용기준의 변경과 같은 중요한 변경은 절차서 변경 전에 시험변경통보서를 작성하여 담당 부장과 품질보증 부장의 검토 후 시운전 실장의 승인을 받아야 한다.

3. 불일치사항(특정건설인수시험 절차서만 적용)

불일치사항은 허용 기준을 만족하지 못하거나 시험 항목을 수행하지 못하는 것으로서 절차서에 첨부되어 있는 불일치 보고서에 순차적으로 기록하여 시험절차서에 첨부한다. 불일치사항이 사용되는 사례는 다음과 같다.

(1) 시험 수행 시 지시계에 압력 확인이 필요한데, 그 지시계가 정상적으로 동작하지 않으면 불일치사항이 기록되어야 한다.

(2) 펌프를 기동하는 제어반이 작동되지 않으면 불일치사항이 기록되어야 한다.

4. 건설인수시험 프로그램(일반시험절차서)

(1) 절차서 확정

시운전계통 담당자는 건설인수시험 절차서 목록을 작성하여 담당 계통 시험을 수행하여야 한다. 담당 과장은 시운전계통 담당자가 작성한 목록을 검토, 승인하며 절차서 목록의 적정성과 계통점검 요구사항의 반영 여부를 확인하여야 한다.

(2) 절차서 목록 작성

시운전계통 담당자는 계통시험에 적용할 일반시험절차서를 건설인수시험 목록에 기기별로 작성하여 시험대상 수량을 확정한다.

(3) 시험계획 수립

시운전계통 담당자는 시험 착수 전 시운전공정표에 따라 3주간 작업공정표 초안 작성을 위한 작업계획을 수립하여야 한다.

(4) 시험 수행

1) 시운전계통 담당자는 필요한 "Working Copy" 절차서와 결과기록지를 절차서 담당자로부터 확보해야 한다.
2) 시운전계통 담당자는 필요한 시험장비와 시험요원을 확보하고 시험 수행 전에 선행조건인 해당 건설인수시험절차서를 수행하여야 한다.

(5) 시험결과의 검토 및 승인

시험이 완료되면, 시운전계통 담당자는 결과기록지에 서명하고 담당 과장의 검토 및 승인을 받는다.

(6) 건설인수시험 완료

건설인수시험이 완료되면, 시운전계통 담당자는 절차서와 결과기록지를 절차서 담당자에게 배부하여야 하며, 건설인수시험 목록에 완료날짜를 기록하고 서명하여야 한다. 승인된 절차서와 결과기록지의 사본은 보관하여야 한다.

5. 건설인수시험 프로그램(특정시험절차서)

(1) 절차서 확정

시운전계통 담당자는 건설인수시험 절차서 목록을 작성하여 담당 계통 시험을 수행하여야 한다. 담당 과장은 시운전계통 담당자가 작성한 목록을 검토, 승인하며 절차서 목록의 적정성과 계통점검 요구사항의 반영 여부를 확인하여야 한다.

(2) 절차서 목록 작성

시운전계통 담당자는 계통시험에 적용할 특정시험절차서를 건설인수시험 목록에 기기별로 작성하여 시험대상 수량을 확정한다.

(3) 시험계획 수립

시운전계통 담당자는 시험 착수 전 시운전공정표에 따라 3주간 작업공정표 초안 작성을 위한 작업계획을 수립하여야 한다.

(4) 시험 수행

시운전계통 담당자는 "Working Copy" 절차서를 인수 후 시험을 수행하기 전에 선행조건
인 해당 건설인수시험 절차서를 수행하여야 하며 모든 정시험절차서는 다음 절차에 따라
수행되어야 한다.

1) 시험 완료 시 시운전계통 담당자는 그 절차서 시험 단계마다 성명, 서명 및 날짜를 기록
함으로써 완료된다.

2) 시험요약서는 절차서에 기술되어 있는 지침에 따라 문제의 상황 및 해결책을 기록하여
관리한다.

3) 각 시험단계는 순차적으로 또는 절차서 내 특별한 지시에 따라 수행되어야 한다.

4) 시험절차서에서 특수 조치(예 펌프 기동, 밸브 조작, 축전지 셀 점프 등)가 요구될 때, 시험자
가 이 조치를 취할 수 없는 경우 시험 진행 전에 시험 불일치사항 절차에 따라야 한다.

5) 기록이 잘못되었을 경우 검은색 또는 청색 잉크로 잘못된 부분을 한 줄로 긋고 그 옆에
수정한 후 날짜를 기록하고 서명한다.

(5) 시험 시작과 중지

시험절차가 완전히 종료되기 전에 시험이 중지되는 경우 시운전계통 담당자는 부재 중 발
생할 수 있는 기기의 예상치 못한 부적절한 운전 가능성 등 비정상적인 상황을 고려해야
한다. 이러한 비정상적인 상황에 대비하기 위하여 보호용 꼬리표 발행기준 또는 임시변경
관리기준에 따라 적당한 꼬리표를 부착하여야 한다. 시운전계통 담당자는 일시 중단되었
던 시험을 재착수하기 이전에 선행조건 및 기기의 상태가 시험중지 직전과 동일한지, 시험
을 착수해도 되는지 확인하여야 한다.

(6) 건설인수시험 완료

건설인수시험이 완료되면, 시운전계통 담당자는 절차서와 결과기록지를 절차서 담당자에
게 배부하여야 하며, 건설인수시험 목록에 완료날짜를 기록하고 서명하여야 한다.

(7) 시험요약서

시험요약서는 아래에 열거한 항목을 서류화하는 데 사용하며, 이를 종결된 시험절차서의
일부로 첨부한다.

1) 시험 시직일 및 완료일

2) 각 절차(단계)별 시험담당자 서명 및 날짜

3) 각 절차(단계) 간 중대한 시험 지연사유

4) 미결사항이 있는 상태에서 시험 수행사유

5) 절차의 반복수행 등과 같은 비정상적인 사건

6) 의도적으로 시험 수행을 계속 지연시키게 된 사유

7) 중단되었던 시험을 계속 하기 전에 적절한 시험조건과 계통상태가 정상상태를 유지하였는지 또는 정상상태로 복구되었는가의 확인사항

(8) 시험결과의 검토 및 승인

시험과 시험요약서 작성이 완료되면 시운전계통 담당자는 시험결과를 담당 과장에게 제출하여 검토 및 승인을 받는다.

6. 건설인수시험 목록 유지관리

건설인수시험 목록은 시험이 끝난 건설인수시험절차서, 결과기록지와 함께 철하여 관리한다. 건설인수시험 목록은 계통 점검작업과 작업완료 상태의 색인으로 사용한다.

7. 가동 전 시험 선행조건으로 건설인수시험 목록 사용

가동 전 시험 절차서에는 선행조건으로 계통 기기에 대하여 건설인수시험을 완전하게 수행하도록 되어 있다. 가동 전 시험의 세분류 범위가 해당 건설인수시험의 세분류 범위와 차이 날 경우, 세분류 범위가 일치되는 건설인수시험 목록이 추가되어 사용될 수 있다.

8. 기록

시험절차서 및 개정사항, 완료된 결과기록지 및 그 밖의 시험 수행에 관련된 모든 서류는 시운전 기록으로 보존되며, 발전소로 인계되기 전까지 절차서 담당자가 유지·관리한다.

8 세정

> **개요**
>
> 세정(Flush 또는 Flushing)이란 기기 또는 계통을 통과하는 유량을 어떤 속도로 충분히 유지하면서 오염 제거를 수행하는 것을 말한다.
> 세정시험은 통상적으로 계통 또는 세분류계통이 시운전반으로 인계인수된 후에 수행한다. 계통 인계인수 전 세정작업이 수행될 경우, 승인된 절차서에 따라 수행하여야 하며, 시운전계통 담당자가 입회하고 서명한다. 청정도 등급 기준 유지를 위하여 세정된 지역은 시운전반으로 인계/인수될 때까지 건설소에서 유지·관리하고, 시운전반 또는 건설소에서 해당 경계밸브에 꼬리표를 부착하는 방법이나 또는 다른 적절한 방법으로 관리하여야 한다.

1. 용어의 정의

(1) 청결작업(Cleaning)

발전소 운전 중 악영향을 미칠 수 있는 오염물질의 제거를 의미한다.

(2) 청결구역(Clean Room)

작업구역 내의 공기를 제한된 미립자의 수 이하로 유지하기 위해 흡입공기를 여과할 수 있도록 특별히 설치된 폐쇄 구역을 의미한다.

(3) 오염물질(Contamination)

품목의 표면이나 대기 또는 액체, 기체 공정 중의 바람직하지 못한 물질을 의미한다.

(4) 내식성 합금(Corrosion-resistant Alloys)

물, 공기 및 운전환경에서 산화 및 화학적 침식이 되지 않는 스테인리스강, 니켈합금, 코발트합금 같은 재질을 의미한다.

(5) 유체(Fluid)

용기의 형태에 따라 나타나는 기체나 액체를 의미한다.

(6) 세정(Flushing)

오염물질을 부유시켜 흘려 보낼 수 있을 정도의 충분한 속도로 기기나 계통에 유체를 흘려 보내는 행위를 의미한다.

(7) 세정포(Flushing Cloth)

미립자나 유기오염물질의 양을 판단하기 위해 채취에 사용되는 깨끗한 흰 천을 의미한다.

(8) 억제제(Inhibitor)

특별한 화학반응의 일부분을 방해하는 화학첨가제를 의미한다. 세정계획 및 세정절차서에서 부식억제제에 해당되는 용어이다.

(9) 접근불가능지역(Inaccessible Area)

세정이나 검사를 위해 직접 접근하기가 불가능한 지역을 의미한다.

(10) 보관(Layup)

계통이 휴지 중이거나 다음 운전을 위해 대기 중일 때 내부 표면의 부식을 방지하기 위해 세정된 후 계통 또는 세분류계통을 보호하는 행위를 의미한다.

(11) 헹굼(Rinsing)

유출수 중에 용해된 오염물질이 기준농도 이하로 떨어질 때까지 저속으로 계통 또는 기기를 세정하거나 충수 및 배수하는 것을 의미한다.

(12) 녹(Rust)

주로 철산화물로 구성된 부식생성물을 의미한다. 산화물은 빨강에서 검정까지 다양하고 낮은 점착력의 두꺼운 막에서 강한 점착력의 얇은 막을 형성한다. 피팅(Pitting)이나 일반적인 표면 거칠기는 있을 수도 없을 수도 있다.

(13) 육안청결(Visual Clean)

세정계통에 있어서 오염(예 세정유출수의 오일 얼룩 등)이 육안으로 식별되지 않는 것을 의미한다.

2. 절차

(1) 절차서 작성, 검토 및 승인

절차서 작성은 순차적인 방법에 따라 행해지며 다음 순서를 지켜야 한다.
1) 계통 청정도 등급 및 사용되는 물 또는 유체의 종류가 결정된다.
2) 지원계통, 펌프 여과기 메시, 건설 인계인수 요건 등 세정 선결요건이 완료된다.
3) 세정방법 및 세정 유로가 결정된다.
4) 시료채취방법 및 위치가 결정된다.
5) 계통복구 및 보관조건이 결정된다.
6) 세정절차서는 검토 및 승인과정을 거친다.

(2) 세정절차서 행정사항

세정절차서는 시험절차서 작성절차에 따라 작성 · 검토 및 승인되어야 한다. 세정절차서의 개정 및 변경 시에는 다음 사항이 이행되어야 한다.

1) 개정

절차서 개정은 절차서 개정절차에 따른다. 개정본을 작성할 때 시운전계통 담당자는 현 개정본의 사본을 만들 수 있다. 개정본은 원본절차서와 동일한 방법으로 배부되어야 한다.

2) 변경

개정절차를 준수할 충분한 시간이 없는 경우, 시험 수행 중이나 시험실시 직전에 시험 절차서 변경이 가능하다. 시운전계통 담당자는 변경 유형(경미한 변경 혹은 중요한 변경)을 결정하며, 시험절차서의 변경은 유형에 따라 다음과 같이 실시한다.

① 경미한 변경

시험절차서의 목적, 논리, 시험방법이 변경되지 않는 명백한 오류의 수정이 필요한 경우, 절차를 수행하는 시운전계통 담당자에 의해 변경될 수 있다. 이러한 변경은 변경되는 부분에 가는 선을 긋고 그 주위에 변경내용을 적는다.

② 중대한 변경

시험절차서의 목적, 논리, 시험방법 혹은 허용기준 등을 변경하는 경우, 시험 착수 전에 시운전 부서장, 품질보증 부장 및 시운전 반장의 승인을 얻어야 한다. 시운전 계통 담당자는 절차서에 변경사항을 첨부하기 전에 승인을 받을 책임이 있다.

3. 세정 선결요건, 주의사항 및 필수 확인점

(1) 세정 선결요건

1) 배관 지지대

시운전계통 담당자는 세정하고자 하는 모든 배관이 세정수의 추가적인 하중을 충분히 지지할 수 있는지 공학적 기준을 통해 확인한다.

2) 계측장비

세정에 사용되는 계측장비는 적절히 교정되어야 하며, 사용하지 않는 계측장비는 격리시켜야 한다.

3) 세정유체

세정 시작 전에 물 또는 계통유체를 충분히 확보하여야 한다. 세정 수행 시 탈염수가 사용될 경우, 물의 화학성분이 해당 허용기준을 만족하는지 확인하여야 하며, 확인사항은 시험 요약서에 기록한다.

(2) 물의 등급별 품질요건

발전소의 설비와 계통의 세정 및 시험에 사용되는 3가지 수질등급이 규정되어 있다. 물의 등급별 품질요건은 [표 1-37]과 같다.

| 표 1-37 | 물의 등급별 품질요건

분석항목	제한치			비 고
	A등급	B등급	C등급	
염소(ppm)	0.15	0.6	<25	
불소(ppm)	0.1	0.4	<2	
전도도($\mu \mho$/cm)	2.0	5.0	<400	
pH	6~8	6~8	6~8	CO_2 흡수로 인한 pH 5.8 허용
투명도	–	–		탁도, 기름, 잔유물 없는 상태

1) 응력 부식을 유발시켜 오스테나이트 스테인리스강을 균열시키는 할로겐염은 강의 표면에 접촉되는 세정수에 반응 억제제를 사용하여 효과적으로 억제시켜야 한다.

2) 해당 기기의 요건이 청정도 등급 B, C로 설계되어 있는 계통의 모든 표면에 대해서 최종 헹굼과 세정은 A등급수를 사용하여야 한다.

3) 중간 단계의 헹굼과 청정도 등급 B, C의 단방향 세정은 B 등급수를 사용할 수 있으나, 최종 헹굼과 세정은 A등급수로 수행해야 한다. 청정도 등급 D의 세정에 사용되는 물은 계통운전 중 사용되는 수질과 동등하거나 그 이상이어야 한다.

4) 세정이 진행 중일 때, 탈염수(물 등급 A)의 시료채취는 상기 허용 요건을 만족하는지 확인하기 위해 수질관리감독자가 적어도 매일 시료를 분석하여야 한다.

5) 시운전 부서장은 진행 중인 세정작업의 중지 및 필요구간의 재세정을 위해 필요한 적절한 조치를 취한다.

6) 공기, 질소, 증기 및 기름은 정상계통 유체와 동일한 것을 사용하여야 한다. 어떤 경우에도 세정유체의 품질과 최종 보관 또는 운전 조건에 대해서 기기공급자 및 화학 관련 부서 권고사항은 준수되어야 한다.

7) 꼬리표 부착

경계 밸브들은 계통의 안전, 권한경계, 청결 보전을 확보하기 위해 필요에 따라 꼬리표가 부착되어야 한다.

8) 역류 방지 밸브

역류 방지 밸브 내장품은 세정유로 형성에 필요한 경우 제거될 수 있다.

9) 계통 기기 및 구성품

세정 시 운전될 계통의 기기와 구성품은 해당 건설인수시험 절차서에 따라 필요시 점검 및 시험되어야 한다.

10) 세정 스트레이너

세정운전 중 오물, 배관의 산화물, 용접 잔유물 또는 기타 이물질이 펌프로 유입되는 것을 방지하기 위하여 펌프 흡입배관에 임시로 설치되어야 한다.

(3) 예방조치 및 주의사항

1) 펌프 및 전동기
대부분의 경우 계통세정은 전 기간 동안 발전소 기기가 운전되는 최초의 시점이다. 따라서 펌프와 모터의 운전 전에 펌프 유효흡입수두(NPSH)가 올바르고, 최소유량 유로가 제공되는지 확인하는 특별한 주의가 요구된다.

2) 열교환기
열교환기를 통과하는 압력강하는 설계 또는 제작자 제한치의 1.5배를 초과하지 않아야 한다. 필요시 세정유로는 열교환기 셀(Shell) 측 물의 열팽창을 고려하여야 한다.

3) 스트레이너
스트레이너 전후의 차압이 최대차압을 초과하지 않도록 하기 위해 주의 깊게 감시하여야 하며, 최대차압 초과 시 펌프 공동현상이나 스트레이너 파손이 유발될 수 있다.

4) 용기/탱크
폐쇄된 용기의 청소 및 검사 시 적절한 환기설비가 구비되었는지 확인하는 특별한 주의가 요구된다. 용기 및 탱크의 세정수 공급배관은 용기 및 탱크 세정 전에 깨끗이 세정되어 있어야 한다.

(4) 세정 필수확인점
세정 필수확인점은 계통 세정에 용이하도록 세정수의 입구, 출구, 임시 연결부, 유출수 배출유로 및 세정수 시료채취점 등으로 이용되기 위해, 용접이 이루어지지 않은 배관계통의 한 지점 또는 여러 지점을 의미한다.

4. 세정시험

세정을 시작하기 전에 시운전계통 담당자는 다음 사항이 완료되었는지 확인하여야 한다.
(1) 계통이 시운전에 인계 완료되었는지 또는 계통인수 전에 세정 수행이 필요한지 여부 확인
(2) 권한 및 적절한 보호용 꼬리표 부착 여부 확인
(3) 검사할 구성품과 배관의 오염도에 대한 점검 및 필요시 청소상태 확인
(4) 세정유체 적정량 확보 여부 확인
(5) 필요한 통신 요구조건 만족 여부 확인
(6) 일반적 세정 행위
일반적으로, 세정은 모든 기계계통을 대상으로 하며 물 계통의 세정은 다음과 같은 절차로 진행된다.
1) 공급탱크를 인력세정 방법으로 세정한다.
2) 계통유체 또는 물을 탱크에 채운다.

3) 충수와 배수방법을 이용하여 탱크와 펌프 사이의 배관을 세정한다.

4) 펌프 흡입구에 스트레이너가 설치되어 있는지를 확인한다.

5) 펌프가 원활히 회전되는지 확인한다.

6) 계통을 충수하고 배기한다.

7) 펌프를 기동하고, 유출수가 허용기준을 만족할 때까지 주 배관유로에 직접 물을 흘려 보낸다.

8) 소구경 배관유로를 개방하고, 유출수가 허용기준을 만족할 때까지 한 번에 1개 또는 2개 이상의 유로를 세정한다.

9) 계측기 배관과 분기관을 세정한다.

5. 세정방법

시운전 세정 시 가장 자주 사용되는 세정방법의 종류는 다음과 같다.

(1) 단방향 세정

적절한 유체로 배관계통을 통과시킨 후 폐기하는 세정방법이다. 구동력은 보조계통의 유체압력, 계통펌프 또는 임시펌프이다.

(2) 스트레이너를 이용한 재순환 세정

밀폐된 회로계통에서 계통의 펌프나 임시펌프를 이용하여 재순환시키면서 스트레이너를 이용하여 오염물질을 여과하는 세정방법이다.

(3) 손 세정

탱크나 매우 큰 배관을 세정할 때 주로 적용하며, 와이어 브러시 및 그라인더 등을 이용한다.

(4) 수압기 세정

배관의 내벽이나 노출된 표면의 오염물질을 제거하기 위해 고압수(6,000~10,000psig)를 분사하는 방법으로, 계통펌프로는 충분한 세정수의 유속이 형성되지 않는 대구경배관에 효과적인 방법이다.

(5) 충수와 배수를 이용한 세정

계통에 물을 채우고 중력의 힘으로 가능한 짧은 시간에 배수하는 방법으로, 펌프의 흡입배관을 세정하기 위해 주로 이용한다.

(6) 급수와 배수를 이용한 재순환 세정

세정수가 순환하고 있는 계통에 소량의 세정수를 계통으로 공급하고, 동시에 동일 양의 세정수를 다운스트림(Downstream)에서 배수하여 계통 내의 오염물질을 희석시키거나 제거하기 위해 이용된다.

(7) 화학물질을 이용한 재순환 세정

특정 오염물질을 제거할 목적으로 화학물질을 세정수에 첨가해 재순환시키는 방법으로, 특별한 지시가 없으면 시운전 중에는 거의 이용하지 않는다.

6. 세정시험 수행

모든 시험절차서는 엄격히 준수되어야 하며, 다음 규칙에 따라 수행되어야 한다.
(1) 시험단계와 날짜 기록은 완료될 때마다 절차서에 시험수행자의 성명, 서명, 날짜를 기재함으로써 확인된다.
(2) 기재한 세정시험 결과 자료의 오류 수정은 오류사항을 흑색 잉크를 사용하여 한 줄로 긋고 수정사항을 기재한 다음, 일자를 기록하고 서명한다.
(3) 세정시험 완료 후 세정시험 항목이 재수행되어야 할 때는 다음 절차 중 하나에 따른다.
    1) 재수행할 시험의 일부분을 위해 새로운 대체용지를 절차서 담당자로부터 교부받아 업무용 사본에 삽입한다. 교체된 구 절차서 부분은 절차서 세정시험요약서 설명자료로 유지한다.
    2) 절차의 반복이 시험수행을 재확인하는 것이 아니고 조건을 재설정하는 데 필요한 경우, 확인 서명은 세정시험 요약서의 구애를 받지 않는다.

7. 시료 채취

세정 유출수의 시료 채취는 허용기준을 만족하는지 확인하기 위해 모든 경우에 요구되며, 적합성을 판단하기 위해 설치된 스트레이너 또는 세정포/스크린이 사용되기도 한다.

8. 시험요약서 작성

세정시험요약서는 아래에 열거한 항목을 서류화하는 데 사용하며, 이를 종결된 시험절차서의 일부로 첨부한다.
(1) 절차서 번호와 개정번호 기록
(2) 세정시험 요약서 페이지 번호 기록
(3) 세정 경계를 나타내기 위해 작성된 도면을 첨부하고, 도면번호 기재
(4) 세정 시작 및 종료일

(5) 절차 단계별로 서명한 모든 담당자의 이름과 서명

(6) 시험 단계 또는 부분 사이에 특별히 지연된 사유

(7) 미완료된 시험 진행에 대한 사유

(8) 절차서의 재수행된 단계 같은 비정상적인 사건, 사고기록

(9) 세정시험을 의도적으로 지연시키게 된 사유

9. 시험결과 검토 및 승인

시험과 시험요약서 작성이 완료되면, 시험결과물은 검토를 위해 원본 검토자에게 제출하며, 모든 시험결과들의 종합적인 검토가 수행되어야 한다. 결과물이 완전한지, 검사와 시험목적이 달성되었는지, 기기 및 계통의 운전이 이루어졌는지를 확인한다.

10. 계통 복구 및 보관

계통 세정이 완료되면, 밸브를 정렬하고 기기는 재오염되는 것을 방지하기 위한 일반적 청결 작업방법에 따라 안전한 방법으로 보관되어야 한다.

계통에서 연결관, 점퍼 및 변경사항 제거는 세정절차서에 의해 지시된 것이 없는 한 원래 상태로 복구되어야 한다. 대부분의 계통은 계통유체를 사용하여 습식 보관을 하게 되며, 만약 보관방법이 세정 절차서에 명시되어 있지 않다면, 계통은 계통유체가 충전된 상태로 보관되어야 한다.

9 가동 전 및 기동시험절차서

> **개요**
>
> 가동 전 시험절차서는 수압시험 및 발전소 가동 전에 구조물, 계통 및 기기의 성능이 설계기준에 부합되는지 확인하는 데 있다. 기동시험 절차서는 발전소기동 중에 수행되는데, 발전소 기동 단계란 가동 전 시험 단계 후 대략 수압시험 이후 상업운전 사이를 말한다. 기동시험의 목적은 발전 출력을 상승시키면서 보일러 및 관련 계통의 기능들이 요구조건에 부합하여 적절히 운전되는지 확인하는 데 있다.

1. 내용

(1) 가동 전 및 기동시험절차서

시험절차서의 작성, 관리, 검토 및 승인절차는 시험절차서 작성지침에 명시되어 있으며, 모든 시험절차서 주 관리본의 배부목록은 시험절차서 목록에 따라 절차서 관리자가 유지·관리한다.

(2) 시험절차서 개정 및 변경

1) 개정

시험절차서의 개정절차는 시험절차서 작성지침에 따르며, 본래의 시험절차서 작성, 검토 및 승인과 동일한 과정을 거쳐야 한다.

2) 변경

개정절차를 준수할 충분한 시간이 없는 경우, 시험 수행 중이나 시험 실시 직전에 시험절차서 변경이 가능하다. 모든 변경사항은 시험변경통보서로 문서화되어야 하며, 시험절차서 항목번호 변경 유형, 변경사유 등을 기록하여야 한다. 시험절차서의 변경은 유형에 따라 다음과 같이 실시한다.

① 경미한 변경 : 시험절차서의 목적, 논리, 시험방법이 변경되지 않는 명백한 오류의 수정이 필요한 경우, 임시로 시운전계통 담당자가 승인하여 시험을 수행하고, 담당 부서장, 품질보증 부장 및 시운전실장의 승인을 변경사유 발생일로부터 7일 이내에 받아야 한다.

② 중요한 변경 : 시험절차서의 목적, 시험방법 혹은 허용기준 등을 변경하는 경우 시험 착수 전에 담당 부서장, 품질보증 부장 및 시운전 실장의 승인을 받아야 한다.

2. 시험 요약서

시험 요약서는 아래에 열거한 항목을 서류화하는 데 사용하며, 이는 종결된 시험절차서의 일부로 첨부된다.

(1) 시험 시작일 및 완료일
(2) 각 절차(단계)별 시험담당자 서명 및 날짜
(3) 각 절차(단계) 간 중대한 시험 지연사유
(4) 미결사항이 있는 상태에서의 시험 수행사유
(5) 절차의 반복수행 등과 같은 비정상적인 사건
(6) 중단되었던 시험을 재개하기 이전에 시험조건과 계통상태가 적절히 유지되고 있었는지 혹은 재설정을 하였는지 확인사항에 대한 기록

3. 건설인수시험 목록

가동 전 또는 건설인수 시험절차서의 선행조건으로서 모든 관련 계통기기에 대한 최초 점검작업을 완료해야 한다.

4. 시험 불일치사항

시운전계통 담당자는 불일치사항 발생 시 이를 시험 불일치 보고서에 기재해야 하며, 후속시험 수행에 미치는 영향과 계속적인 시험 진행 여부에 대하여 평가해야 한다.

(1) 현상사용

시험 불일치 사항 시정 후 현 상태나 절차(단계)를 유지하는 경우(재시험 수행 불필요)

(2) 재시험

시험 불일치사항 시정 후 관련 항목 또는 단계의 재시험 요구시험 불일치사항 사용의 예는 다음과 같다.

1) 시험절차서에 특별히 지정한 계기로 압력을 확인하도록 되어 있는데, 그 압력계기의 상태가 부적절하다면, 시험 불일치 보고서가 작성되어야 한다.

2) 시험절차서에 어떤 제어반의 제어스위치로 펌프를 기동하도록 되어 있는데, 그 제어반의 제어스위치가 운전 불능이라면, 시험 불일치 보고서가 작성되어야 한다.

| 표 1-38 | 불일치사항의 조치

내용	시험 변경 통보서	시험 불일치사항
정의	명백한 오류, 시험방법 또는 허용기준의 변경 시	허용기준을 만족하지 못하거나 시험절차 수행이 불가능할 때
시험절차서 변경	변경사항 변경	시험절차서의 변경 없이 시험을 계속 수행하거나 현 단계에서 시험 종결
적용	시험 혹은 재시험 전 시험변경통보서에 기재된 내용을 변경한 절차서 변경	관련 절차(단계)에 한하여 조치
승인권자	시운전 실장	담당 부서장

5. 시험 수행

(1) 시험 실시

모든 시험절차서는 다음과 같은 규칙을 준수하여 작성 및 수행되어야 한다.

1) 시험 수행자는 시험절차 수행과 자료 기록을 완료한 후 절차서 해당란에 서명 날인하여 시험 완료 여부를 확인한다.

2) 시험 요약서는 본 절차서에 기술한 대로 시험 진행내용, 시험 중 사건 발생내용 또는 문제점 및 해결방안을 기재하여 최신 상태로 유지해야 한다.

3) 시험절차서의 각 단계는 순서에 따라 혹은 절차서에 특별히 규정된 지침에 따라 완료하여야 한다.

4) 시험절차서에서 특수 조치(예 펌프 기동, 밸브 조작, 축전지 셀 점프 등)가 요구될 때, 시험자가 이 조치를 취할 수 없는 경우 시험 진행 이전에 시험 불일치사항 절차에 따라야 한다.

5) 시험절차서 오류의 수정은 검은색 펜을 사용하여 수정부분에 한 줄을 긋고 그 옆에 변경 내용을 기재한 다음 서명 날인한다.

6) 시험단계를 반복 수행할 경우에는 다음 중 한 가지 방법으로 실시한다.
   ① 반복 수행될 부분에 필요한 최근 절차서 사본을 절차서 관리자로부터 수령하여 업무용 사본에 삽입한다.
   ② 반복 수행될 내용 기입은 한 줄을 긋고, 그 단계는 차후에 완료할 시험 불만족사항으로 취급할 수 있으며, 이에 대한 설명을 시험 불일치 보고서에 기술해야 한다.
   ③ 시험 수행을 재확인하는 것이 아니고 시험조건을 재설정하기 위한 반복시험의 경우, 확인 서명은 그대로 두고 반복되는 절차(단계)와 사유를 시험 요약서에 기술한다.

(2) 시험 시작 및 중지

시험절차가 완전히 종료되기 전에 시험이 중지되는 경우, 시운전계통 담당자는 부재 중 발생할 수 있는 기기의 예상치 못한 부적절한 운전 가능성 등 비정상적인 상황을 고려해야 한다.

6. 시험결과 검토 및 승인

시험이 완료되고 시험 요약서가 작성되면 시험결과를 원래의 시험절차서 검토자에게 보내 포괄적인 검토를 실시한다. 시험결과를 분석 및 평가하여 시험의 완결 여부, 검사 및 시험목적 달성 여부, 기기 및 계통의 운전성능을 확인하고, 추가 점검이나 시험이 필요한지 혹은 점검항목이나 절차서 변경이 필요한지 점검해야 한다.

7. 기록

시험절차서 및 이의 개정사항, 데이터 기록지 및 그 밖의 시험수행에 관련된 모든 서류는 시운전 기록으로 보존하며, 발전소 자료관리조직으로 인계될 때까지 절차서 관리자가 유지 · 관리해야 한다.

① 시운전계통 세분류   ② 계통현장 실사
③ 계통 인계/인수   ④ 보호용 꼬리표 발행
⑤ 시운전 임시변경관리

1 시운전계통 세분류

> **개요**
> 시운전계통 세분류는 발전소를 구성하는 계통들을 상세하게 분할하는 것으로 다음 사항을 달성하기 위함이다.
> ① 각 계통별 효율적인 시험 수행이 가능하도록 계통들을 상세하게 분할함
> ② 건설에서 시운전으로 인계/인수하는 설비목록을 만들기 위한 기본지침 및 범위를 설정함
> ③ 건설 및 시운전시험 공정을 위한 기본지침 제공
> ④ 시운전 시험절차서 작성을 위한 기본지침 제공

1. 정의

(1) 기기

배관, 밸브, 계기, 케이블, 열교환기, 펌프, 전동기, 터빈 등 단위자재

(2) 계통

발전소 설비형태에 따라 특정한 운전기능을 수행할 수 있도록 기기를 논리적으로 구성한 집합체로서 각각의 계통은 기본적 운전기능을 수행한다.

(3) 계통번호

각 사업조직(설계, 건설, 시운전 등)에서 공통으로 사용하는 사업번호체계에 따라 발전소의 계통 식별을 위해 계통에 부여한 번호이다.

(4) 세분류

계통 인계/인수 및 시험목적으로 계통의 기기를 선별적으로 세분류할 필요가 있어 계통도, 전기 단선도 및 케이블 블록선도 등 주요 사업 도면에 시운전계통 범위를 세분류하여 작성한다.

(5) 시운전계통

합리적인 시운전 시험을 위해 발전소계통의 전부, 부분 또는 여러 계통의 기기를 논리적으로 구성한 집합체이다.

(6) 세분류계통

시험, 세정 등의 이유로 시운전계통의 일부를 분리한 것으로 세분류계통은 시운전계통에 2개의 숫자를 추가로 부여하여 사용한다.

(7) 세분류를 위한 참조도면

1) 계통도
2) 전기 단선도 및 케이블 블록선도
3) 자재목록

(8) 최초 세분류

계통도, 전기 단선도 및 케이블 블록선도의 세분류는 사업 공정에 따라 수행되어야 하나 적어도 관련된 도면이 시공도면화된 이후에 수행된다.

(9) 시운전계통 목록

세분류되는 시운전계통을 나타내는 목록이다.

2. 일반사항

세분류 문서는 다음과 같이 사용한다.
(1) 건설 부서는 시운전 부서에 인계하는 데 필요한 시운전계통 범위를 결정하는 데 사용
(2) 시운전 부서는 시험절차서 작성 및 시운전 시험을 위한 시운전계통 범위와 시공 및 완료일 평가를 위한 시운전 물량을 결정하는 데 사용

3. 세분류 방법

(1) 시운전계통은 시운전계통으로 분류된 범위 내에 포함된 기기의 주위를 도면에 그려서 세분류한다. 둘러싸인 경계 내의 부분에는 시운전계통 번호를 표시한다.

(2) 세분류의 일반적 기준

세분류의 일반적인 기준은 시운전계통 경계 및 상호 간의 관계를 정의하는 것이다. 시운전

계통 간의 격리지점은 일반적으로 전기계통의 경우 개방된 회로차단기, 기계계통의 경우에는 수동 격리밸브가 된다. 격리지점은 언제나 먼저 인계/인수되는 시운전계통에 포함된다.

(3) 기계계통 세분류 기준

모든 공정, 서비스, 공기조화 계통은 발전소 설비구조에 따라 특정한 운전기능을 수행할 수 있도록 계통을 논리적으로 구성한 집합체로 구성한다.

1) 시운전 세분류계통 경계

시운전계통 경계는 일반적으로 수동 격리밸브가 된다.

① 두 개의 시운전계통이 경계를 이루는 경우, 격리밸브 또는 차단밸브는 건설에서 시운전으로 먼저 인계/인수되는 시운전계통에 포함되도록 분류한다.

② 두 개의 시운전계통이 경계를 이루면서 격리밸브가 없는 경우, 유체를 공급하는 계통경계 내에는 유체 공급모관을 포함한다.

③ 시운전계통이 역지밸브와 경계를 이루는 경우 역지밸브 전단 측 첫 번째 격리밸브를 세분류 경계로 한다.

④ 시운전계통이 단순제어 또는 전동기구동 밸브와 경계를 이루는 경우, 그 밸브는 공급 측 계통에 포함한다. 고장 시 열림 밸브는 시운전계통 경계로 사용될 수 없다.

⑤ 다중계통으로 구성된 시운전계통은 계통 간 경계를 고려하여 도면에 명시하여야 한다.

2) 열교환기

열교환기는 세정목적 때문에 튜브와 셸 측 2개의 시운전계통으로 세분류된다. 시운전계통에 열교환기를 포함하여 시운전에 인계하는 경우, 열교환기는 먼저 인계되는 시운전계통에 포함하여 세분류되어야 한다.

3) 시운전 기계계통에 포함되는 표준 품목들

① 분류대상인 시료 채취기 격리밸브까지의 시료 채취관 및 격리밸브

② 공급모관에서 분류되어 기기에 밀봉 및 보충수를 공급하는 경우 기기에서 첫 번째 격리밸브까지의 배관(단, 격리밸브는 제외)

③ 공기 공급모관에서 분류되는 제어용 공기 공급관의 경우, 첫 번째 격리밸브까지의 배관(단, 격리밸브는 제외)

4) 감시, 제어 및 보호기능을 위한 입력

5) 세분류 범위 내의 배관에 연결된 모든 계기

6) 배관 경계 내의 모든 회전체와 고정장비

7) 모관에서 분류된 배관으로부터 격리밸브까지의 배기 및 배수관

8) 냉각수계통

냉각수계통의 배관 경계는 다음에 따른다.

① 정상 운전 중 다른 시운전계통에 냉각수를 제공하는 주공급관 및 분류 모관
② 보충수 또는 대체 공급을 제공하는 분류 모관의 경우 모관의 첫 번째 격리밸브까지

9) 증기계통

증기계통의 세분류는 다음에 따른다.

① 보일러에 연결된 배관의 경우, 첫 번째 격리밸브를 포함한 주증기 배관과 분류 모관은 주증기계통으로 세분류한다. 터빈 정지밸브와 제어밸브는 터빈계통으로 분류한다.

② 재열증기계통은 터빈 출구 측에서 재열기를 거쳐 다시 터빈 입구까지의 주/분류 모관상의 첫 번째 격리밸브까지 포함하도록 세분류한다.

③ 보조 보일러와 관련 설비는 하나의 시운전계통으로 세분류한다. 보조증기 모관, 모관에서 증기사용 열교환기까지 분류 모관, 그리고 보조증기를 사용하는 독립된 기기나 계통으로 연결되는 분류관 및 첫 번째 격리밸브는 보조증기계통으로 세분류한다.

④ 축밀봉 증기 및 증기추출계통은 공급모관에서 두 번째 격리밸브까지 독립적인 계통을 세분류한다.

10) 공기조화계통

공기조화 시운전계통은 대개 건물 위주, 예를 들면 터빈건물 공기조화 등으로 분류하며 다음의 지침을 따른다.

① 모든 팬, 덕트, 공기 여과기 및 댐퍼 등 공기 유량 평형에 필요한 것들은 해당 건물 공기조화계통으로 세분류한다.

② 모든 팬, 덕트, 공기 여과기 및 댐퍼가 주 공기유로와 별개로 운전되거나 단지 주 공기유로의 재순환 부분에 포함되었으면 해당 건물 공기조화계통의 세분류계통으로 분류한다.

(4) 전기계통 세분류 기준

1) 주 전력계통

주 전력계통은 주 발전기, 여자 및 전압 조정기, 주 변압기, 주 변압기 보호장치 및 주 변압기를 차단하기 위한 첫 번째 기기(회로 차단기, 단로기, 격리용 연결장치 등)를 제외한 고압, 저압 측을 포함한다.

2) 보조전력계통

① 보조전력계통은 기동 변압기(SAT), 보조 변압기(UAT), 변압기 보호장치 및 변압기를 차단하기 위한 첫 번째 기기(회로 차단기, 단로기, 격리용 연결장치)를 제외한 고압·저압 측을 포함한다.

② 각 전압단은 해당 전압의 분배에 필요한 모든 기기를 포함하도록 세분류한다.

③ 소 내의 최상위 전압단(6.6kV SWGR)은 대기/보조 변압기로부터의 인입 차단기, 보조 계전기, 보호 계전기, 모선 간 교차 차단기를 포함한다.

④ 하위 전압단(480V 부하반)계통은 전압분배 모선, 고압단 측 차단기를 포함한 감압 변압기(보조기기 포함), 감압 변압기에서의 분배 모선 공급 차단기, 모든 모선 차단기, 관련 보호 계전기 등을 포함한다.

⑤ 전동기 제어반은 전동기 제어반 모선, 인입 차단기(부하반으로부터의 공급차단기)와 모선 간 교차차단기를 포함한다.

⑥ 직류전원계통

직류전원계통은 직류 발생원(충전기, 축전지) 공급 차단기, 직류 모선과 제어반, 직류 모선 공급 차단기, 모선 간 교차 차단기를 포함한다.

⑦ 저전압 보조전원계통

저전압 보조전원 계통은 고압단 측 인입 차단기, 감압 변압기, 120V/208V 교류 분배 제어반의 모선을 포함한다.

⑧ 계기용 전원계통

계기용 전원 계통은 계기용 전원 변압기, 고압단 측 차단기, 교류 제어반, 인입 및 모선 간 교차 차단기, 전압 변환기 및 변환기 공급 측 차단기를 포함한다.

⑨ 옥외 개폐소계통

옥외 개폐소계통은 송전선로, 모선, 야드를 가압하는 데 필요한 관련 회로 차단기로 한정된다.

⑩ 디젤 발전기계통

디젤 발전기계통은 발전기 및 관련 기기, 분배모선 공급 측 차단기, 발전기와 분배 모선 사이의 가압/감압 변압기를 포함한다.

(5) 계측제어계통 세분류 기준

1) 감시계통

① 일반 감시계통

㉠ 감시 캐비닛으로의 전원계통, 차단기 포함

㉡ 감시 캐비닛에서 원격출력장치, 화면, 경보장치까지의 케이블

㉢ 감시 캐비닛 간의 상호 연결 케이블

② 계통 경계

㉠ 한 개의 시운전계통 현장 기기/장비에서 감시계통 입력 단말까지의 케이블은 기기와 장치가 세분류되어 있는 계통으로 세분류되어야 한다.

㉡ 여러 계통으로부터 연결함으로 연결되고, 다중 모선 케이블에 의해 감시계통으로 연결되는 기기와 장비에 딸린 케이블은 다음 지침에 따른다.

ⓐ 기기와 장비로부터 연결함까지의 케이블은 기기와 장비가 속한 시운전계통 번호로 한다.

ⓑ 연결함에서 감시계통까지의 다중 모선 케이블은 감시계통으로 세분류한다.

ⓒ 감시계통 상호 연결 케이블은 다음 지침에 따른다.

만약 케이블이 특정한 조직과 관련이 있다면, 그 조직에 해당되는 시운전계통번호를 부여한다.

■ 계통 분류의 예

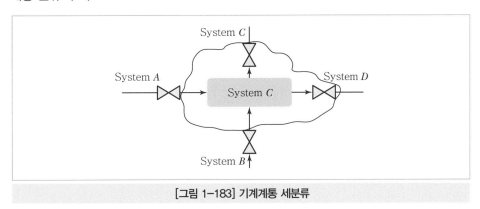

[그림 1-183] 기계계통 세분류

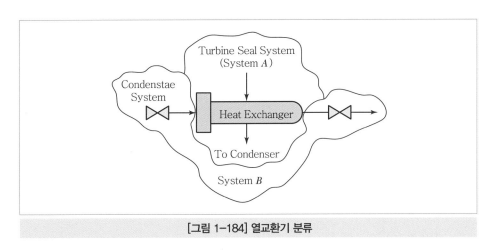

[그림 1-184] 열교환기 분류

② 계통 현장실사

개요

건설에서 시운전으로 계통 인계/인수가 이루어지기 전에 시운전 요원이 수행하는 모든 현장실사에 적용한다.

1. 일반사항

(1) 현장실사는 미결된 건설항목의 확인, 시공상태의 평가 및 종결 여부 판단을 하기 위한 활동이다.

(2) 시운전계통 담당자는 현장계통 추적 및 그 밖의 방법으로 담당계통에 정통하여야 한다.

(3) 분야별 현장실사는 관련된 분야의 계통 담당자와 동시에 수행할 수 있으며 지역/위치별로 수행한다.

(4) 계통 현장실사 수행을 위하여 필요한 서류는 설치요건, 기기의 크기, 정격 등을 포함한 다음과 같은 것이다.

    1) 전기단선도, 케이블 블랙선도

    2) 결선도

    3) 계통도

    4) 계측제어도면

    5) 구매시방서

    6) 기기 설치 시방서

    7) 기계 자재 사양서

    8) 공급자 제공도면

    9) 자재내역서

    10) 배선 개략도

    11) 케이블 목록

    12) 전기 배치도면

(5) 시운전계통 담당자는 2, 3, 4항에 제시된 검사항목에 따라 현장실사를 수행해야 한다.

(6) 계통 인계/인수 담당자는 현장실사와 관련된 담당부서 및 시운전계통 담당자와 일정, 방법을 사전에 조율한다.

(7) 시운전계통 담당자는 최종현장 실사 중 확인된 설치문제 및 미설치사항에 관하여 계통 현장실사 보고서를 작성하여야 한다. 시운전계통 담당자는 건설 마감반에서 작성한 미결항목 목록과 계통완료 점검 목록을 첨부한다.

(8) 현장실사 시 문제점이 발견되면 계통 인계/인수 이전에 해결하기 위한 시운전설계개선 요구서를 작성한다.

2. 기계 분야 현장실사

기계 분야 현장실사의 기본자료로 계통도 및 공급자 제공도면 등을 사용할 수 있고, 계통 현장실사 기준 중에 다음의 사항들을 중점적으로 점검하여야 한다.

(1) 기저판 및 고정볼트 설치상태와 그라우팅 완성상태 및 볼트의 조임 상태

(2) 기기는 구성품으로 완벽히 조립되었는지 확인

(3) 벨트나 커플링이 제대로 설치되고 초기 정렬이 수행되었는지 확인

(4) 벨트나 커플링 안전장치 설치 확인

(5) 기기는 윤활유가 공급되고 유위가 정상적이며, 주유기가 설치되어 충유되어 있는지 확인

(6) 압축공기 배관, 냉각수, 환기설비, 공급 및 배수 배관 등 보조계통 배관의 연결상태 확인

(7) 부식상태가 제한조건 이내인지 확인

(8) 구성품 표시가 정확, 명확 또는 적절한지 확인

(9) 계통 배관 및 덕트가 미설치 부분 없이 완벽하게 시공되었는지 확인하고 플랜지 볼트와 개스킷의 설치 및 조임 상태 확인. 배기관 및 배수관의 설치상태가 공기 및 연료의 막힘을 초래하지 않는지 확인하고, 배관 및 덕트가 인접 기기와의 간섭이 발생하지 않는지 확인

(10) 배관 및 덕트 행거, 지지대, 받침대 등의 설치상태와 임시설치가 있는지 파악하고 가동에 지장이 없을 만큼 충분한 성능을 가지고 있는지 확인

(11) 유량제한기, 오리피스, 확산기, 여과기가 설치되어 있고 유로 방향이 정확한지 확인
   🈁 일반적으로 유량 오리피스는 세정 후에 설치하고, 스페이스 플레이트에 개스킷과 함께 설치해야 한다.

(12) 보온재, 전열보온계통이 설치되고 각종 기기로의 접근 용이성 확인

(13) 주요 기기 근처의 청결상태 및 인화성 물질 유무 확인

(14) 밸브 및 댐퍼는 다음 항목이 점검되어야 한다.
   1) 유로
   2) 방위
   3) 밸브 및 댐퍼와 그의 구동원에 운전원 접근 용이성
   4) 밀봉장치 및 조임 정도
   5) 표식 번호표
   6) 몸체 밸브 플랜지, 보닛 및 볼트 체결 상태
   7) 밸브 축과 밸브 구동원의 윤활 상태
   8) 밸브 축과 이동상태, 밸브조작의 용이도 및 결합상태, 진동 및 공간 간섭 문제 확인
   9) 유로도면에 표시된 잠금장치 설치 확인
      🈁 하드 시트(Hard Seat) 밸브는 세정 후에 설치한다.

(15) 압력방출밸브와 안전밸브는 다음의 항목들이 점검되어야 한다.
   1) 밸브번호와 방출 설정치를 포함해서 표기가 적절한지 확인
   2) 밸브 설정치 조정 봉인이 완전한지 확인
   3) 꼬리표에 기재된 압력방출밸브 설정치가 설계요건상의 설정치와 일치하는지 확인

(16) 계통배관, 공기조화 덕트, 탱크 또는 기기의 작업자 출입구 및 일반출입구의 위치가 적당한지 확인

(17) 밸브, 댐퍼, 기기는 유지관리 및 교체가 가능하게 설치되었는지 확인

3. 전기 분야 현장실사

시운전계통 담당자는 현장실사 시 다음의 항목을 중점적으로 점검하여야 한다.

(1) 전기기기 접지 상태

(2) 제어스위치, 계전기, 지시등, 시동기, 과부하 계전기 등의 손상 및 누락 여부 확인

(3) 스위치기어, 전기판넬, 제어반, 전선관로의 문이나 보호판의 누락, 돌출, 또는 밀착불량 여부 확인

(4) 안전성 관련 기기의 분리 및 식별색상 일치 확인

(5) 다음과 같이 기기의 정격, 크기, 모델, 역률 등을 확인

　1) 전동기 마력, 전압 및 권선 접속

　2) 회로 차단기의 종류, 크기, 정격 및 차단값

　3) 자기, 접촉기와 과부하 전열기의 크기

　4) 변압기 정격(kVA), 전압, 권선 및 권선 결선

　5) 전력선의 크기, 종류 및 색상

　6) 퓨즈의 크기와 종류

　7) 계기용 변류기(CT)와 계기용 변압기(PT)의 비율

　8) 지시계의 범위

　9) 보호 계전기 모델번호

(6) 전기기기 및 전선로 주변의 청결상태

(7) 전동기 공간전열기 가동 또는 임시 전열기 설치상태 확인

(8) 캐비닛, 단자함, 접속함의 불필요한 구멍이 관막음되어 있는지 확인

4. 계측제어 분야 현장실사

계측제어 분야 현장실사 시 시운전계통 담당자는 다음의 항목을 중점적으로 점검하여야 한다.

(1) 기기 설치는 계기 외함 및 기기 접지가 확보되었는지 확인

(2) 퓨즈/차단기, 신호전송기, 회로판, 측정기, 감지기, 제어전원 공급장치, 작동장치 제어기 및 관련된 하드웨어와 같은 전자/전기기기의 손상 및 누락 여부 확인

(3) 계측기기 외함, 패널 또는 제어반의 문이나 보호판의 누락, 돌출 또는 밀착불량 여부 확인

(4) 계통계기의 설치 및 시험단자의 연결상태가 완전한지 그리고 최신 계통흐름도, 계통도면, 계기제어도면, 공급자도면 및 계기 색인에 따라 정확한 수량, 종류, 모델 및 범위가 일치하는지를 확인

(5) 계통 계기가 계기 배치도에 따라 정확한 위치에 견고히 설치되어 있는지 확인

(6) 관련된 계통의 계열별 식별 색상이 분류기준에 적합하게 설치되었는지 확인

(7) 계기나 감지선의 부식상태 및 용접부위의 손상 유무 확인

(8) 계기 식별 명패가 정확, 명확 또는 적절한지 확인

(9) 계기 외함과 구조물 또는 패널이 청결하고 건설 시의 먼지 및 쓰레기가 없는지 확인

(10) 계기관, 지지대, 연결관이 손상 없이 설치되었으며 부식 없이 견고히 설치되고 간섭상태 없음을 확인

(11) 감지선의 경사가 적절한지 여부 및 필요에 따라 배기 설비 유무 확인

■ 계통 현장실사 보고서 예

계통명 :			담 당	차 장	팀 장
검사항목	결 과	분 야	부적합사항		
			조치내용	승인/일자	

❸ 보호용 꼬리표 발행

> **개요**
> 보호용 꼬리표는 아래와 같이 두 가지 종류가 있다.
> • "조작금지" 꼬리표 : 사람 또는 기기의 위험한 상태를 인지 또는 차단하는 데 사용되고 기기의 고장 또는 정비 시 사용된다. "조작금지" 꼬리표는 시운전으로 기기가 인수됨을 나타내거나 계통 정렬을 목적으로 사용되어서는 안 된다.
> • "주의" 꼬리표 : 특별한 운전 요건을 나타내기 위하여 시험 시 일반적으로 사용되며 기기 조작에 대한 지침 또는 꼬리표 발행자의 연락처가 기재된다.

1. 절차

(1) 보호용 꼬리표

1) "조작금지" 꼬리표

적색 바탕에 검은색으로 "조작금지"라고 표기하고, 기기에 부착된 "조작금지" 꼬리표는 어떤 꼬리표보다 우선하며 동일 기기에 1개 이상의 "조작금지" 꼬리표를 부착할 수 있다. 적색 꼬리표가 부착된 기기는 다음 사항을 준수해야 한다.

① 밸브 조작 금지　　　　　　② 차단기 조작 금지
③ 전선 결선 금지　　　　　　④ 퓨즈 설치 금지
⑤ 회로/전기카드 전원가압 금지　⑥ 펌프 또는 전동기 기동 금지

2) "주의" 꼬리표

노란색 바탕에 검은색으로 "주의"라고 표기하며 "주의" 꼬리표가 부착된 기기는 꼬리표에 기재된 지침 또는 꼬리표에 기재되어 있는 요청자에 의해서 또는 지시하에서만 기기를 조작할 수 있다.

2. 보호용 꼬리표의 요청 및 발행

(1) 다음 사항을 포함하여 보호용 꼬리표 요청서를 작성한다.
　1) 시운전계통 담당자의 성명 및 전화번호
　2) 부착할 기기 및 계통
　3) 작업내용 또는 기타 사유 기술
　4) 꼬리표(주의/조작금지)의 종류 중 어느 한 개 선택
　5) 작업기간
(2) 시운전 시험 및 발전소 운전에 미치는 영향을 검토한다.
(3) 시운전계통 담당자는 담당 과장의 승인을 받은 후 꼬리표 발행을 위해 보호용 꼬리표 요청서를 작업관리실로 송부한다.
(4) 작업관리실 담당자는 보호용 꼬리표 요청서 접수 후 요청서 내용 및 담당 과장의 승인 등을 검토하고, 타 계통의 연관성 및 상반된 기기조작 상태를 요구하는 타 꼬리표 기 발행 여부

를 확인한 후 보호용 꼬리표 요청서에 서명 및 보호용 꼬리표 관리대장에 기록한다.

(5) 작업관리실 담당자는 꼬리표를 발행한다.

(6) 다음 사항을 준수하여 꼬리표를 부착하고 꼬리표 하단부를 보호용 꼬리표 요청서의 뒷면에 붙인다.

    1) 차단기, 단로기, 밸브 등이 꼬리표에 기재된 조건 및 위치를 확인한다.

    2) 꼬리표에 명시된 기기 및 설비에 견고히 부착한다.

    3) 각각의 꼬리표 부착이 적절함을 확인하고 꼬리표 상·하단 부분(발행자란), 보호용 꼬리표 요청서(부착자 성명 및 부착일 란)에 서명한다.

(7) 시운전계통 담당자는 꼬리표 부착 완료 후 관련 작업 수행을 감독한다.

(8) 작업이 종료되어 더 이상 꼬리표가 필요 없을 때 시운전계통 담당자는 꼬리표 요청서(제거자, 요청자란)에 서명 후 꼬리표를 제거한다.

(9) 시운전계통 담당자는 꼬리표를 제거한 후 꼬리표 요청서의 제거자 성명/제거일란에 서명한다. 작업관리실 담당자는 꼬리표 요청서를 보관한다.

3. 보호용 꼬리표 관리대장

보호용 꼬리표 관리대장은 작업관리실에서 유지·관리된다.

4. 계통 복구

시운전계통 담당자는 계통시험 또는 운전지원이 가능하도록 계통을 적절히 복구할 책임이 있다.

    ■ 조작금지 꼬리표 예

조작금지
• 꼬리표 번호 :
• 발　행　일 :
• 기　기　명 :
• 상태·위치 : • 작 업 내 용 :
• 요　청　자 : • 발　행　자 :

4 임시변경관리

개요

시운전 기간 동안, 시험의 원활한 수행을 위하여 때때로 임시변경이 요구된다. 임시변경은 관련된 도면이나 서류와 일치하지 않는 정렬 상태에서 기기의 배치 또는 변경을 말하며, 다음과 같은 경우에 포함된다.
- 기기 정렬상태에서 설치상태의 변경
- 전기 점퍼선 및 임시 리드선 등 기기의 운전 제어회로 변경
- 임시 부품이나 기자재의 설치
- 계기 설정치 변경

다음은 임시 변경으로 간주하지 않는다.
- 설치 미완료
- 시공 불량
- 검사, 교정, 수리 또는 유지 · 보수를 위하여 제거되었거나 해체된 기기
- 승인된 절차서에 따라 변경 수행 또는 복구

1. 임시변경요청서 발행

시운전시험 중 임시변경이 필요하면 시운전계통 담당자는 임시변경요청서를 아래 항목에 따라 작성하여 담당 부장의 승인을 받아 작업관리실에 제출한다.
(1) 임시변경 요청서를 아래의 항목에 따라 작성한다.
  임시변경 요청서의 일련번호, 발행부서, 호기 구분
(2) 임시변경 이유를 간단 명료하게 기록한다.
(3) 임시변경 관련 시험과 작업에 대한 내용을 기록한다.
(4) 임시변경 기기/장치/회로의 명칭과 번호를 기록한다.
(5) 5번 항에 임시변경 기기/장치/회로의 상태/위치를 기록한다.
(6) 6번 항에 기기/장치/회로의 임시변경 예상 기간을 기록한다. 만약 임시변경 예상기간의 연장이 필요하면 시운전담당 과장과 발전 과장이 협의하여 연장기간과 이유를 기록한 후 연장할 수 있다.
(7) 임시변경 기기/장치/회로의 안전성 관련 여부를 표시한다.
(8) 안전성 관련 사항일 경우 품질보증부의 검토와 서명을 받는다.
(9) 작업 중 주의사항 및 작업지침과 안전준수사항을 기록한다.
(10) 계통 담당자와 과장은 임시변경요청서에 확인사항을 기록한 후 서명한다.
(11) 시운전담당 부장이 최종확인 승인한다.

2. 임시변경 승인

(1) 작업관리실 담당자는 임시변경요청서를 검토하여 임시변경 꼬리표를 발행한 후 서명한다.
  시운전계통 담당자는 임시변경 요청서 작업내용에 대하여 발전과장에게 설명하여야 한다.

(2) 작업관리실 담당자는 임시변경요청서 원본과 임시변경 꼬리표 상부를 계통 담당자에게 배부한다. 계통 담당자가 작업 위치에 잘 보이도록 부착하고 하부는 작업관리실담당자가 임시변경요청서 사본에 부착한다.

3. 임시변경 수행

(1) 임시변경 작업자와 시운전계통 담당자는 꼬리표를 부착하고 임시변경 작업을 수행한 후 서명한다.
(2) 시운전 담당 과장은 임시변경 작업이 임시변경요청서 내용대로 수행되고 완료되었는지 확인한다.

4. 임시변경 복구

(1) 임시변경 작업자는 정상상태로 복구한다.
(2) 시운전계통 담당자와 시운전담당 과장은 복구 완료를 확인한다.

5. 임시변경 종결

(1) 시운전계통 담당자는 임시변경된 기기/장치/회로를 정상상태로 복구, 확인한 후 임시변경 꼬리표를 제거하여 임시변경요청서와 제거한 꼬리표를 작업관리실 담당자에게 반납한다.
(2) 작업관리실 담당자와 발전 과장은 임시변경요청서를 확인한다.
(3) 작업관리실 담당자는 임시변경 관리대장에 임시변경 완료사항을 기록하고 종결된 임시변경 요청서 원본을 유지 · 보관한다.

■ 임시변경 꼬리표 예

꼬리표 번호 : _____ 계　　　통 : _____ 기기/장치 또는 회로번호 : _____ 상 태 위 치 : _____	
변 경 사 유 : _____	
승 인 자 : _____ 변 경 자 : _____ 확 인 자 : _____ 일　　　시 : _____	
꼬리표 번호 : _____ 계　　　통 : _____ 기기/장치 또는 회로번호 : _____ 상 태 위 치 : _____	
변 경 사 유 : _____	
승 인 자 : _____ 변 경 자 : _____ 확 인 자 : _____ 일　　　시 : _____	

예방정비, 자재관리

① 기기/부품의 전용　　　　　　　　② 예방정비 관리
③ 시운전 측정 및 시험장비 검교정 관리　　④ 계측제어설비 교정
⑤ 시운전 자재관리

1 기기/부품의 전용

> **개요**
>
> 건설소에서 시운전반으로 인계된 계통은 건설인수시험, 세정, 가동 전 시험을 포함한 시운전 기간 동안 유지보수용 자재가 필요하다. 자재창고에 사용 가능한 자재가 없거나 필요한 자재구매에 긴 인도 일정이 소요될 때, 발전소 1, 2호기 상호 간 또는 동일 호기 내 어떤 위치에 있는 인증된 부품 및 기기의 전용으로 시운전 공정을 촉진하기 위함이다.

1. 시운전계통 담당자는 인수호기의 자재가 교체, 재작업 또는 수리가 필요할 경우 시운전설계개선요구서 또는 부적합보고서를 작성한다.
   시운전설계개선요구서 또는 부적합보고서에 기록되어야 할 사항은 다음과 같다.
   (1) 인계호기에서 인수호기로의 기기 및 부품 전용에 대한 지침 제공
   (2) 파손된 기기 및 부품의 처리방안 제공(재작업, 수리, 교체 등)
   (3) 인수호기 기기 및 부품의 설치에 대한 지침 제공

2. 시운전계통 담당자는 시운전설계개선요구서/부적합보고서의 조치방안으로 자재전용이 필요할 경우 인수호기용 자재전용요청서를 작성한다.
   (1) 시운전계통 담당자는 자재전용요청서의 발행, 승인 및 종결 시 기기/부품 전용 대장의 기록을 위해 시운전공무부장에게 제출한다.
   (2) 시운전공무부장 또는 시운전공무부장이 지정한 담당자는 자재전용요청서에 시운전설계개선요구서/부적합보고서 번호를 기입하고 자료관리실에 등록한다.

3. 시운전계통 담당자는 시운전설계개선요구서/부적합보고서 처리방안에 의해 요구되는 작업이행을 위해 인수호기용 시운전작업요청서 및 시운전작업허가서를 작성한다.

4. 시운전계통 담당자는 작업 종결 시 시운전설계개선요구서/부적합보고서, 시운전작업요청서/시운전작업허가서 및 자재전용요청서를 종결한다.

5. 시운전계통 담당자는 인계호기를 위해 다음 행위를 수행한다.
   (1) 현장기자재구매요청서에 의해 준비된 기기/부품이 도착하면 인계호기용 자재전용요청서를 작성한다.
   (2) 인계호기에 대한 재설치를 위한 시운전작업요청서/시운전작업허가서를 작성한다.
   (3) 작업종결 시 시운전작업요청서/시운전작업허가서 및 자재전용요청서를 종결한다.

② 예방정비관리

> **개요**
> 예방정비(PM)란 기기의 적절한 운전을 보장하며 기기의 수명을 연장시키기 위하여 수행하는 일상적인 유지 · 보수활동을 말한다.

1. 절차

(1) 시운전계통 담당자는 계통인수 전에 시운전 정비공사 계약자에게 예방정비대상 기기들에 대한 예방정비 작업요청서를 발행한다.

(2) 시운전 정비공사 계약자는 예방정비 작업요청서 접수대장에 기록 후 예방정비 기기 목록 및 예방정비 카드를 작성하고, 예방정비 관리자로부터 예방정비 카드 일련번호를 부여받는다.

(3) 예방정비 관리자는 절차에 따라 예방정비 카드에 일련번호를 부여하여 기록 · 관리하여야 하며, 시운전계통 담당자의 검토 및 승인을 받아야 한다.

(4) 예방정비 카드의 작성

1) 예방정비 카드 번호 : 예방정비 카드는 [그림 1-185]와 같으며, 다음과 같은 요령으로 카드를 작성한다.

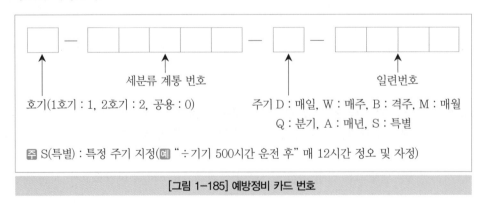

[그림 1-185] 예방정비 카드 번호

2) 주기(특기사항) : 지정한 주기를 설명

　　예 "(매월)"일 경우, "매월 첫째 주" 등과 같이 명시

　　　"(특별)"일 경우, "계통 담당자에게 통보받았을 때" 등으로 명시한다.

3) 기기 번호 : 기기 번호 또는 서술식 설명(**예** PDT XXX의 루트 밸브)

4) 위치 : 기기의 위치를 구체적으로 명시

5) 담당 부서 : 부서명 및 전화번호 명시

6) 참고사항 : 필요한 도면 번호, 공급자 설명서 번호, 절차서 번호 등 예방정비 수행에 필요한 사항들을 명시한다.

7) 필요 기자재 및 공기구 : 필요한 공기구 및 소모성 자재들을 명시하고, 특수 공기구들은 시운전에서 관리할 수 있도록 한다.

8) 특기사항 : 작업 수행에 대한 중요 제한사항 및 참고자료 등을 명시한다.

(5) 시운전계통 담당자는 예방정비 카드를 검토 및 승인 후 원본을 시운전 정비공사 계약자에게 송부하여 예방정비 업무를 수행하도록 한다.

(6) 예방정비 관리자는 예방정비 카드 등록대장과 모든 예방정비 카드를 유지·관리하여야 한다.

(7) 예방정비 관리자는 예방정비 카드 등록대장에 예방정비 카드 번호 및 예방정비 수행내역 등을 기록하고, 필요시 시운전 정비공사 계약자와 함께 예방정비를 수행하여야 한다.

(8) 시운전 정비공사 계약자는 예방정비 현장 점검표를 작성하여 비닐봉투에 넣어 현장 기기 또는 적절한 장소에 부착한다.

2. 예방정비 작업 수행(시운전 정비공사 계약자)

(1) 예방정비 카드 승인 후 월별 예방정비 계획표를 작성하고, 예방정비 활동을 수행하여야 한다.

(2) 예방정비 수행 시 각 예방정비 카드에 예방정비 수행 기록지를 작성하여 시운전계통 담당자의 확인을 받아야 한다.

(3) 예방정비 수행 시 기기 또는 부분품을 점검한 후 예방정비 현장 점검표에 기록 및 서명한다.

(4) 건설과정과 동일하게 계속 윤활유 주유 작업을 수행하기 위하여 건설과정에서 사용한 예방정비 수행카드를 검토한 후, 각 기기별로 주유관리 카드를 작성하여 시운전계통 담당자에게 승인을 받는다.

(5) 주유관리 카드는 승인 후 주유관리 대장에 기록하고 예방정비 카드에 첨부하며, 예방정비 수행 시 주유상태를 점검하고 필요시 주유한다.

(6) 예방정비 수행 시 기기의 상태가 추가적인 유지보수 또는 주의할 사항이 요구될 때 예방정비 수행 기록지의 "비고"란에 현황을 기록하고, 절차에 따라 예방정비 결함보고서를 작성한다.

3. 예방정비 결함보고서 작성 및 관리(시운전 정비공사 계약자)

(1) 예방정비 수행 시 이상 상태를 발견하면 예방정비 수행 기록지 "비고"란에 현황을 기록하고, 예방정비 결함보고서를 작성하여 예방정비 관리자에게 송부한다.

(2) 예방정비 관리자는 예방정비 결함보고서의 번호를 부여하고 예방정비 결함보고서 등록대장에 기록한 후 시운전계통 담당자에게 예방정비 결함보고서를 송부한다.

(3) 시운전계통 담당자는 예방정비 결함보고서를 검토한 후 필요한 조치방안을 수립하여 시운전 정비공사 계약자에게 송부한다.

　　주 시운전계통 담당자는 필요시 "부적합사항 보고서 발행 및 관리" 절차서에 따라 부적합사항 보고서를 발행한다.

(4) 예방정비 결함보고서의 조치방안에 따라 적절한 조치를 취한 후 조치내용을 예방정비 결함보고서에 기록하여 예방정비 관리자 및 시운전계통 담당자에게 보고한다.

(5) 조치결과를 확인하고 예방정비 결함보고서를 종결처리한다.

(6) 예방정비 관리자는 예방정비 결함보고서 등록대장에 그 결과를 기록하고 유지·관리한다.

(7) 시운전 정비공사 계약자는 월간 예방정비 보고서를 작성하여 예방정비 관리자에게 제출한다.

(8) 예방정비 관리자는 월간 예방정비 보고서를 검토한 후 시운전계통 담당자에게 제출하여 검토 및 승인을 받는다.

(9) 시운전계통 담당자는 예방정비 카드와 예방정비 수행 기록지를 충분히 검토하여 월간 예방정비보고서를 승인한다.

(10) 예방정비 카드 개정(시운전 정비공사 계약자)

　　1) 예방정비 카드의 개정사유가 발생하면 해당 기기에 대하여 절차에 따라 예방정비 카드를 신규로 발행한다.

　　2) 개정 전 예방정비 카드와 예방정비 수행 기록지 "비고"란에 "예방정비 카드번호 ○○○로 대체" 및 사유를 기록하고 등록대장에는 "비고"란에 "개정"으로 기록한다.

　　3) 개정 전 예방정비 카드 및 예방정비 수행 기록지는 예방정비 관리자의 기록 유지를 목적으로 신규 예방정비 카드와 함께 철하여 관리한다.

　　4) 예방정비 관리자는 승인된 신규 예방정비 카드를 예방정비 카드 등록대장에 기록한다.

❸ 시운전 측정 및 시험장비 검교정 관리

> **개요**
> 시운전시험 동안 사용되는 시험장비는 허용 범위 내에 정확도를 유지하기 위하여 적절하게 관리, 교정 및 조정 되어야 한다.

1. 교정

정량적 시험에 사용되는 모든 시험장비는 국가공인 표준기기에 의해 교정되었음을 식별하는 교정성적서를 보관한다. 단, 전원공급설비, 전동기 상회전지시계 영점조절 기록기 등과 같은 시험장비는 정량적 지시에 사용될 경우 교정이 필요 없다. 시운전 기전부 계측제어과장은 교정 및 교정 불필요 장비 여부를 결정하고, 교정대상 시험장비에 대해서는 자체/대외교정으로 구분한다.

(1) 자체교정

자체교정은 승인된 교정절차서 또는 제작사 취급 설명서에 따라 수행한다. 교정시험장비는 교정대상 시험장비보다 최소 4배 이상의 정확도를 갖거나 불가능 시 교정대상 시험장비의 허용오차 범위 내에서 교정이 가능한 표준장비를 사용한다.

이 절차서에서 언급되지 않은 사항은 제작사가 권고한 방법 또는 각종 표준서의 기술기준인 산업용 절차서를 참고하여 별도의 자체교정 절차서를 작성하며 다음 사항이 포함되어야 한다.

1) 절차서 번호, 날짜, 개정 및 시운전 실장의 승인
2) 교정대상 장비명
3) 교정장비 및 사용된 참조기준
4) 교정지침
5) 시험결선도
6) 점검, 시험, 측정 및 허용오차
7) 대체시험 혹은 예외사항
8) 필요시 특별한 지시사항

자체 교정은 소정의 시험장비 교정 성적서(압력, 온도, 복합)를 사용한다.

(2) 대외교정

시험장비 특정 항목의 교정요건이 자체 교정으로 수행할 수 없는 경우, 교정업무량 과중 및 일정상 자체 교정이 어려울 경우에는 시운전 기전부 계측제어 과장은 국가공인기관에 교정을 의뢰할 수 있다.

(3) 교정필증

1) 교정된 시험장비에는 관리번호, 교정일, 교정기관 및 교정유효기간을 식별하는 교정필증을 부착하며, 장비에 부착이 곤란할 경우 장비보관함에 부착한다.

2) 교정불량 시험장비는 사용보류 꼬리표를 부착하여 격리 보관하고, 사용보류 꼬리표에는 사용보류에 대한 이유와 조치해야 할 문제점에 대해 기록한다.

(4) 교정주기

교정주기는 국가공인표준에 정해진 주기와 방법에 따라 수행한다. 국가공인표준이 없는 경우에는 제작사가 제시한 지침서 요건에 따르거나, 해당 장비에 요구되는 정확도, 사용목적과 빈도, 고유의 안정성 및 기타 측정에 영향을 미치는 요소들을 근거로 하여 별도 승인된 기준에 따라 기전부 계측제어 과장이 결정한다.

2. 기록

각 시험장비는 교정주기, 교정절차서 및 표준기기에 따라 교정되었음을 문서화한다.

3. 시험장비관리(보관)

모든 시험장비를 지정된 장소에 등급별로 분류 보관하고, 장비실 담당자가 출입을 통제한다. 시험장비의 손상이나 변형을 방지하기 위해서 시험장비관리 절차서에 따라 적당한 환경조건(실내온도 25℃ 이하, 실내습도 30~80%)을 유지한다.

4. 시험장비 교정불량

시험장비가 교정불량으로 판명되면 해당 시험장비를 사용하여 수행된 이전의 검사 또는 시험결과에 대한 유효성 및 적정성을 평가하고 그 내용을 문서화한다.

(1) 시운전계통 담당자는 시험장비가 교정불량으로 판명되면 교정불량 보고서를 작성하여 시운전 기전부 계측제어 과장에게 보고한다.

(2) 시운전 기전부 계측제어 과장이나 담당자는 영향을 받은 시험장비에 대해 다음 상황에 따라 사용보류 표찰을 부착한다.

(3) 제한사용

1) 시험장비가 노후 또는 고장으로 일부의 기능을 쓸 수 없거나, 부품의 마모로 일부 범위에서 정밀도가 떨어지면 제한사용 시험장비로 구분하며 관리대장에 그 내용을 기록한다.

2) 제한사용 시험장비는 가능한 한 사용을 억제하고, 사용 시에도 제한되는 내용을 충분히 숙지한 후 제한 사용범위 내에서만 사용한다.

(4) 사용보류

1) 교정대상 시험장비 중 교정부적합 시험장비 및 고장장비는 사용보류 시험장비로 분류하고 관리카드에 그 내용을 기록한다.
2) 사용보류의 원인이 해소되면 교정 후 사용하며 그 내용을 관리카드에 기록한다. 차기교정일이 지난 시험장비는 사용보류로 분류하여 관리하되 관리대장에 그 내용을 기록하지 아니한다.

(5) 사용 불가

시험장비가 교정불량으로 더 이상 사용할 수 없다고 판단할 경우 사용 불가 꼬리표를 부착한다.

■ 교정필증 예

○ ○ 발전소 ○ 호기
장 비 명 : ＿＿＿＿＿＿＿
관 리 번 호 : ＿＿＿＿＿＿＿
설 비 번 호 : ＿＿＿＿＿＿＿
교 정 필 요 :   □
교정불필요 :   □

■ 시험장비 관리표 예

교정필증
교 정 번 호 :
장 비 명 :
관 리 번 호 :
교 정 일 자 :
유 효 일 자 :
교 정 일 자 :
○ ○ 발전소 기전부장

■ 사용보류 꼬리표 예

◎ 제한 사용	◎ 사용보류	◎ 사용불가
장비번호 : 장 비 명 : 제한일자 : 제한이유 :	장비번호 : 장 비 명 : 제한일자 : 보류이유 :	장비번호 : 장 비 명 : 제한일자 : 불가이유 :

4 계측제어설비 교정

> **개요**
> 발전소 상태를 감시하고 제어 및 조절하기 위해 사용하는 계측제어설비는 규정된 제한치 및 정확도 내에서 교정되어야 한다.

1. 절차

(1) 일반사항

1) 현장 설치 계기 및 루프의 교정은 교정 절차에 따라 수행한다.
2) 교정 수행 시 사용된 시험장비를 포함하여 수집된 모든 데이터는 자료수집 절차에 따라 수행한다.
3) 교정 완료 시 교정스티커 및 계기 제거 꼬리표 절차에 따라 해당 계기에 교정스티커를 부착하고, 교정기록지에 서명 날인한다. 계기 및 설비가 정상상태로 복구되면 모든 안전 꼬리표를 제거한다.
4) 계기 이력 카드는 기술지침서의 요건에 따른 계측제어설비 교정 및 유지 · 보수 이력을 수집하는 데 사용한다.

2. 교정

각 부서의 계측제어 과장은 해당 부서의 업무수행에 필요한 교정절차서를 작성할 책임이 있다. 이 교정절차서는 계측제어 분야 건설인수시험(CAT)에 사용하고 필요시 건설인수시험 프로그램에 따라 임시 절차서를 작성하여 사용할 수 있다.

3. 자료수집

현장 계측기로부터 수집된 계기 교정결과는 계측제어 시운전계통 담당자가 일반 데이터 기록지에 기재하며, 이 기록지는 다음 사항을 포함한다.

(1) 계측제어루프 확인 기록지는 계측제어루프의 정렬과 교정 확인에 사용한다.

(2) 계기 교정 기록지는 장비실 교정을 포함한 모든 계기 교정 중 취득한 교정자료를 기록하기 위해 사용한다.

(3) 만일 별도의 데이터 기록지를 사용한다면, 이 별도의 데이터 기록지는 반드시 절차서에 첨부한다.

4. 교정스티커 및 계기 제거 꼬리표

(1) 현장 설치 계기의 교정상태는 교정결과가 정상인 계기에 대해 교정스티커를 부착하고 교정불량 계기에 대해서는 계기 제거 꼬리표를 부착한다.

(2) 교정스티커에는 계기번호(혹은 일련번호), 교정 유효기간, 교정일자 및 교정 수행자의 성명을 기재한다.

(3) 만일 재교정 또는 재작업을 위해 계기를 제거할 시는 계기 제거 꼬리표를 교정불량 계기에 부착한다. 이 꼬리표는 계기번호, 제작사 일련번호, 교정불량에 대한 내용, 꼬리표 부착자의 성명, 부착된 날짜를 표시한다.

5. 교정불량 계기

(1) 시운전 계측제어계통 담당자는 교정계기가 비정상인 것을 발견하면 시운전 계측제어 과장 또는 대리인에게 통보한다.

(2) 시운전 계측제어 과장 또는 대리인은 재교정 또는 교체 여부를 결정하기 위해 교정불량 계기를 평가한다.

(3) 교정불량 계기로 판정되어 계기를 제거해야 할 경우에는 꼬리표를 부착한다.

(4) 교정불량 계기를 교체하는 경우에는 이력을 관리하기 위해 부적합사항 보고서(NCR)를 발행한다.

(5) 교정불량 계기의 불량교정 상태에 대한 조치가 완료되어 반납되면 시운전 계측제어계통담당자는 계기 제거 꼬리표를 폐기하고 부적합사항 보고서(NCR)를 종결한다.

(6) 상기 계기가 시험에 사용된 경우에는 종결된 부적합사항 보고서(NCR)를 시험서류에 첨부한다.

6. 계기 이력 카드

계기를 최초 교정한 후에도 대부분의 현장설치 계기들은 계기 편차, 고장 혹은 기술지침서상 감시 요건으로 인해 주기적인 재교정/정비가 필요하다. 시운전 담당과장이나 그 대리인은 교정업무와 연계하여 계기 이력 카드를 이용, 각 계기의 교정 및 유지ㆍ보수 이력을 관리한다.

7. 기록

발전소 영구설치 계기들에 대한 교정업무가 사전계획과 절차에 따라 수행되었음을 나타내는 관련 기록들을 유지ㆍ관리한다.

5 시운전 자재관리

> **개요**
>
> 본 절차서는 신고리 1, 2호기 시운전용 자재(기자재, 예비품, 시험용 장비, 소모성공기구 등)의 조달 및 관리에 필요한 제반 절차가 기술되어 있으며, 절차서 기술에 필요한 참고자료와 정의는 다음과 같다.

1. 정의

(1) 검수

구매된 자재가 계약서(주문서)상의 품명, 규격, 수량 등과 일치하는지 여부, 손상 여부 등을 검사하는 행위를 말한다.

(2) 기술검사

일반품목 자재의 규격일치, 성능, 재질상의 결함 여부, 손상 여부 등 제반 기술적인 사항을 검사하는 행위를 말한다.

(3) 품질검사

인수기자재(현장 기자재 및 예비품목)에 대한 품질하자 및 품질보증서류 구비 등 품질요건 준수의 이행 여부에 대한 검사를 수행하는 것을 말한다.

(4) 일반품목자재

일반자재 및 장비로서 사용 후 발전설비의 일부분을 구성하지 아니하는 물품을 말한다.

(5) 정비부분품

발전설비의 정비 또는 수리를 위한 것으로서 사용 후 발전설비의 일부분을 구성하는 물품을 말한다.

(6) 계측 및 공기구

설비에 부착되지 않은 수공구 및 휴대용 계측기를 말한다.

(7) 건설자재

발전소 건설 시 발전설비의 주요 부분을 구성하는 주 기기와 보조기기 및 패키지 단위로 구매하는 물품을 말한다.

(8) 현장 기자재

시운전 기간 중 소요되는 모든 기계, 기기, 공 · 기구, 장비 및 자재(일반 사무용 소모품, 비품, 난방, 차량연료 제외)로서 현장자재요청서(FMR)에 의해서 청구되는 다음 품목을 말한다.
1) 기존 계약 관련 신규품목의 구매 발생 및 수량 변경
2) 기존 계약과 관련 없는 신규품목
3) 사고 기자재의 대체품
4) 기자재 및 장비의 수리, 시험
5) 기타 긴급 소요자재 및 공급자 기술지원

2. 절차

(1) 구매 청구

1) 일반품목자재 구매청구
   구매 요청부서는 자재의 소요시기, 장소, 규격 등 구매에 필요한 제반사항을 검토하여 구매 요청한다.
2) 구매 요청부서는 관련 첨부문서를 자료관리시스템에 등록한다.
   ① 소요예산 및 구매수량 산출내역서
   ② 구매규격서(비표준 품목일 경우)
   ③ 신직서(적용 가석이 없는 경우)
3) 구매 예정금액 산정은 거래실례가격, 원가계산가격, 감정가격, 유사한 거래실례가격, 견적가격 순으로 적용하며 거래실례가격은 다음과 같다.
   ① 조달청장이 조사하여 공표한 가격
   ② 기획재정부장관이 지정하는 전문가격 조사기관이 조사하여 공표한 가격
   ③ 둘 이상의 사업자로부터 당해 물품의 거래실례를 직접 조사하여 확인한 가격

4) 구매 요청부서는 구매요청서 작성이 완료되면 일상감사 등의 합의 후 결재를 요청한다.

5) 구매 계약부서(자재부)는 구매 요청부서의 구매 요청서 검토 후 관련 절차에 따라 계약을 추진한다.

(2) 현장 기자재 구매청구

1) 구매 요청부서는 시운전 중 긴급히 조달해야 할 자재가 발생한 경우 현장 긴급자재 구매 절차에 따라 현장자재 요청 및 예산합의, 일상감사, 결재 등 필요한 절차를 거쳐 계약관리부로 구매한다.

　① 구매 규격서(기존 계약품목은 제외)

　② 구매 수량 산출내역서

2) 구매 요청부서는 상기 구매 규격서에 대한 품질검토가 필요한 경우 품질 보증부에 검토를 요청하여야 한다.

3) 구매 예정금액 산정은 거래실례가격, 원가계산가격, 감정가격, 유사한 거래실례가격, 견적가격 순으로 산정하도록 하고, 현장자재 요청서에 산출근거를 반드시 명시하여야 한다. 단, 거래실례가격은 다음과 같다.

　① 조달청장이 조사하여 공표한 가격

　② 기획재정부장관이 지정하는 전문가격 조사기관이 조사하여 공표한 가격

　③ 둘 이상 사업자로부터 당해 물품의 거래실례를 직접 조사하여 확인한 가격

4) 계약관리부는 현장 자재요청서(FMR)를 접수하면 다음 각 호의 사항을 검토 후 미비사항이 있을 경우 이를 보완하도록 요구하여야 한다.

　① 재고통제(단, 시운전용 기자재는 시운전반 자재관리부서에서 수행)

　② FMR 기재사항 누락 및 착오기재 여부

　③ 예산 추산 및 일상감사 필 여부

　④ 요청납기의 합리성 여부

　⑤ 구매규격의 첨부 여부 및 미비사항 유무

　⑥ 예산금액의 적정 여부 및 산출근거 명시 여부

　⑦ 품질보증 서류의 종류 명시 여부

　⑧ 기타 필요사항

3. 인수검사(검수)

(1) 일반품목자재 인수검사

1) 자재부서(자재부)는 검수 요청된 자재에 대하여 구매오더에 의거 외관 및 수량 검수를 한 후 품질부서 및 구매요청부서에 기술 및 품질검사를 요청한다.(단, 외관 및 수량검사 결과 기술 및 품질검사가 N/A인 것은 제외)

2) 기타 검수절차 및 검수결과 처리에 필요한 사항은 사규 물자관리요령(검수일반) 및 자재 분야 업무처리 절차에 따라 수행한다.

(2) 현장 기자재 인수검사(해외공급분)

1) 계약관리부의 통관담당자는 입고된 자재의 통관절차가 완료되면 선적서류(송장, 포장명세서, 선하증권, 보험증권 등)를 계약관리부의 검수담당자에게 인계한다.
2) 계약관리부의 검수담당자는 인계받은 통관서류에 의거 현장에 인도된 자재에 대한 외관(포장물 외관 및 내용물 외관) 검사 및 약정된 수량, 가격, 기타 계약조건과 일치하는지의 여부를 검사한다.
3) 계약관리부는 검수담당자는 인수검사 결과 과부족 또는 손상품이 있으면 건설기자재 인수검사 절차서에 따라 처리한다.
4) 기술 및 품질검사 담당자는 지정된 기일 내에 검사를 수행해야 하며 인수검사 결과 부적합사항 보고서(NCR), 서류결함통보서(DDN)를 발행할 경우, 관련 절차서에 따른다.
5) 계약관리부 담당자는 검사가 완료(품질검사 확인)된 후, NCR 발행으로 보험구상 대상 품목인 경우를 제외하고는 입고완료 처리한다.
6) 검수담당자는 하자품에 대하여 부적합사항의 처리결과에 따라 반송수리 및 기타 조치를 취한다.

(3) 현장기자재 인수검사(국내공급분)

국내 공급분 현장 기자재에 대한 인수검사 및 품질검사 절차는 해외 공급분 인수검사 절차에 따라 수행하며, 검사결과 처리에 필요한 사항은 사규 물자관리 요령에 따라 처리한다.

4. 재고관리

(1) 기자재 저장

1) 저장의 기본원칙
기기별(P.O별)·상태별(사용가능품, 사용불가능품, 보관품, 잉여품, 발송품 등)로 저장함을 원칙으로 한다.
2) 모든 기자재는 물리적 손상, 부식, 오염 등에 의한 성능저하 가능성을 최소화하고, 성능보장을 위하여 적정한 보호조치를 취해야 한다.
3) 품질보증 기술
발전소 품목의 포장, 운송, 인수, 저장 및 취급에 관한 품질보증 요건에 따른 저장등급별 기자재는 다음과 같이 분류되며, 기자재별 계약서 해당 요건 및 환경조건을 유지하여야 한다.

① A등급

    ㉠ 특수한 전자기기와 기계류

    ㉡ 환경에 민감한 특수재료와 그의 원료

    ㉢ 특수 핵물질 및 원료

② B등급

    ㉠ 계기류

    ㉡ 전기관통부

    ㉢ 축전지

    ㉣ 용접 전극봉과 전선(금속용기 내에 밀폐 · 밀봉된 용접 전극은 제작자의 특별한 저장 요건이 없는 한 C등급으로 분류 · 저장될 수 있다.)

    ㉤ 전동기 제어반(MCC), 스위치 기어, 제어 패널류

    ㉥ 전동기와 발전기류

    ㉦ 정밀기기 부품류

    ㉧ 개스킷, O-ring과 같은 조립예비품

    ㉨ 공기처리 필터류

    ㉩ 컴퓨터류

③ C등급

    ㉠ 펌프류   ㉡ 밸브류

    ㉢ 유체 필터류   ㉣ 원자로 내장품류

    ㉤ 컴프레서류   ㉥ 보조 터빈류

    ㉦ 계기 케이블류   ㉧ 보온재

    ㉨ 팬 및 송풍기류   ㉩ 시멘트

④ D등급

    ㉠ 탱크류

    ㉡ 열교환기와 그 부품류

    ㉢ 탈염기

    ㉣ 증발기

    ㉤ 배관류(스테인리스 8인치 이하, 탄소강 2인치 이하는 옥내보관)

    ㉥ 피복전선

    ㉦ 구조물류

    ㉧ 강재(Reinforcing Steel)

    ㉨ 기타 집합체(Aggregates)

⑤ 위험물

    ㉠ 화학제품

    ㉡ 페인트

    ㉢ 솔벤트와 이와 유사한 성질을 가진 위험물질

(2) 저장시설별 저장등급은 다음과 같이 운영한다.

    1) 제1창고 : A등급 및 B등급

    2) 제2창고 : B등급

    3) 제3창고 : C등급

    4) 제1, 2야적장 : D등급

(3) 저장구역은 창고번호 4자리와 저장위치번호 6자리로 구성함을 원칙으로 하되, 필요시 문자를 사용하여 다르게 표시할 수 있다.

①②③ ④-⑤⑥ ⑦-⑧⑨ ⑩

💬 **부여방법**
- ① 저장등급 : A, B, C, D
- ② 건설소, 발전소 : 1건설소(1), 2건설소(2), 1발전소(3)
- ③, ④ 일련번호
- ⑤ 층번호 : 1층(1), 2층(2), 야적장(0)
- ⑥, ⑦ 저장함 구역번호
- ⑧, ⑨ 저장가 수직번호, 야적장 소구역번호
- ⑩ 저장가 수평번호, 야적장 소구역번호

(4) 일반품목 자재의 저장위치 표시는 표준위치번호 제도에 의하며 예비품목, 현장기자재의 위치는 건설소 자재창고 위치번호체계에 의한다.

(5) 자재식별

    1) 모든 저장 기자재는 다음의 사항을 기입한 자재식별 꼬리표를 부착하여야 한다.

① 자재번호	② 품명 및 규격	③ Tag No.	④ 품질등급	⑤ 저장등급
⑥ 단위	⑦ 창고번호	⑧ 저장위치번호	⑨ 입고문서번호	⑩ 최종 입고수량
⑪ 최종 입고일	⑫ 총 재고	⑬ P.O. 번호	⑭ 공급자	

    2) 자재의 청구 및 재고관리에 필요한 식별번호는 자재목록에 의하여 부여한다.

    3) 기자재의 식별은 자재식별 절차에 따른다.

(6) 모든 저장상태는 아래와 같이 구분된 식별꼬리표를 부착하며 자재식별에 필요한 식별번호, 품명, 규격, 자재인수보고서 번호, 품질등급, 저장등급 등을 기재한다.

    1) 황색 꼬리표 : 사용 가능품

    2) 청색 꼬리표 : 보관품

    3) 녹색 꼬리표 : 잉여 품목

4) 적색 꼬리표 : 사용 불가능 품목

5) 백색 꼬리표 : 발송품

(7) 저장된 물자의 상태분류는 사용 가능품, 사용 불가능품, 보관품, 잉여품, 발송품 등으로 분류한다.

(8) 선입선출

모든 저장물자는 특별한 사유가 없는 한 선입선출 원칙에 따라 출고하여 장기저장으로 인한 품질 및 성능 저하를 방지한다.

(9) 자재 유지 · 보수

저장된 자재의 유지 · 보수는 기자재 유지 · 보수관리 절차서를 참조하여 수행한다.

(10) 자재 불출

1) 자재 불출

① 계약관리부 또는 자재부는 출고예약 내역을 확인하고 현품을 불출함과 동시에 수령인의 서명을 받는다.

② 출고예약된 물자를 소요예정일로부터 7일이 경과하여도 청구부서가 수령하지 않은 경우에는 출고예약을 취소할 수 있다.

2) 긴급불출

① 야간 또는 휴일에 긴급공사나 돌발사고가 발생하여 소정의 불출절차를 거치기 어려운 경우에는 당직책임자의 허가를 받은 후 당직자의 입회하에 불출할 수 있다.

② 긴급불출은 자재 긴급불출증에 의하며, 2부를 작성하여 1부는 당직자가 보관 후 계약관리부 또는 자재부에 인계하고 1부는 불출자가 사후 불출증 작성용으로 사용한다.

(11) 환입 및 보관

1) 환입 의뢰부서는 환입대상 자재 발생 시 미리 물자의 상태를 검사하여 사용 가능품만을 대상으로 환입한다.

2) 사용 불가능품 및 활용 가능성이 없는 물자는 물자청구부서 또는 기술부서에서 환경관리부서로 처분 요청한다.

3) 환입 의뢰부서는 환입자재에 대하여 다음의 활용 가능 여부에 따른 서류를 확보하여 품질검사부의 확인을 받아야 한다.

① 품질조건을 포함하여 본래 목적대로 사용이 가능한 자재 : 품질보증 관련 서류 및 활용 계획서

② 성능은 보장되지만 본래 목적대로 사용할 수 없는 자재 : 사유서 또는 검토서류

4) 환입의뢰부서는 환입증표와 현품을 계약관리부 또는 자재부에 제출, 이송한다.

5) 계약관리부 또는 자재부는 검사 및 분류의 적정성 여부와 품명 · 규격 · 수량 및 상태를 확인하고 환입 여부를 결정하여 처리한다.

(12) 반출

1) 물자의 반출은 아래의 기준 및 절차에 따라 수행되어야 한다.

2) 국내 공급분 일반 기자재가 반출될 경우 기자재 반출자는 출입관리시스템에서 반출증을 작성하여 반출승인자의 승인을 받은 후 반출한다.

3) 반출 승인권자는 보안과를 통하여 출입관리시스템에 등록하여야 한다.

(13) 기타

건설소 설치 후 시운전반에 인계한 설비 및 기자재가 시운전 과정에서 성능미달 또는 파손 등의 하자로 인해 자재공급자(Vendor)에게 반송되어 수리 후 재공급되는 경우 반출 및 인수 검사 등은 건설소의 관련 절차서에 따라 업무를 수행한다.

1) 건설기자재 인수검사

2) 부적합사항보고서 발행 및 관리

1 지역 인계/인수

> **개요**
>
> 지역 인계/인수는 공사가 완료된 건물에 대해서 건설소에서 발전소로 지역 관할권을 이관하는 것을 의미한다.
> 경우에 따라서 부분적인 지역 인계/인수를 할 수 있다. 건물유지 및 청결에 대한 책임은 지역 인계/인수 전에는
> 건설소, 지역 인계/인수 후에는 발전소에 있다.

1. 지역의 분할

지역의 분할은 지역 인계/인수 서류번호표를 참조한다. 어느 지역이 부여된 번호가 없다면 건
설소에 명기된 번호 또는 발전소와 건설소 간에 상호 협의하여 인계/인수해야 한다.

2. 지역 인계/인수 일정

지역 인계/인수는 그 지역의 미결작업 및 계통 인계/인수가 완료되었을 때 착수되어야 하며,
각 지역의 인계/인수 일정은 발전소 및 시운전과 상호 협의하여 건설소에서 결정한다.

3. 초기 잔여작업 목록 발행

지역 인계/인수 예정일 8주 전, 건설마감반은 예비 현장 실사 동안 사용할 지역잔여작업 목록
을 발전소 인수과에 제출해야 한다. 건설마감반은 예비현장 실사 시작 전 관련 건설부서가 초
기 잔여작업 항목을 완료하도록 해야 한다.

4. 예비 현장실사

지역 인계/인수 예정일 2주 전, 건설마감반에서 발전소 인수과로 발행한 예비 현장실사 통지
서에 따라 건설소와 발전소 담당자들은 공동으로 예비 현장실사를 수행한다. 각 현장 실사 담
당자는 지역 점검표, 잔여 작업목록 및 기타 필요 자료를 지참하고 예비 현장실사를 수행한다.
건설마감반은 최종 현장실사 전에 모든 잔여작업 항목들이 시정되고 작업이 완료되도록 해야
한다.

5. 최종 현장 실사

지역 인계/인수 예정일 1주일 전, 건설마감반에서 발전소 인수과로 발행된 최종현장 실사 통지서에 따라 발전소와 건설소의 담당자들은 공동으로 최종 현장 실사를 수행한다.

6. 지역 미결 항목

최종 현장실사 후, 건설 작업이 자재인도 및 기술적인 문제로 인해 연기되었을 때 지역 미결항목이 기기의 시운전 및 운전에 영향을 미치지 않을 경우 당 작업을 지역 인계/인수 후에 완료하도록 발전소와 건설소의 상호 협의를 거쳐 잔여작업에 대한 지역 미결 항목 목록을 작성한다. 건설마감반은 모든 미결 항목이 완료 예정일까지 완료될 수 있도록 관련 건설 부서를 독려하고 그 결과를 발전소 인수과에 제출한다.

7. 지역 인계/인수서 준비

건설소는 지역 인계/인수 서류 목록의 모든 내용이 포함된 지역 인계/인수서 2부(원본과 사본 각 1부)를 작성하고 작업 완료 증명서에 건설소 관련 부서장의 서명을 받아 건설작업이 완료되었음을 확인한다. 지역 인계/인수 서류는 분야별로 작성할 수 있다.

8. 지역 인계/인수서 접수 및 배부

건설마감반은 지역 인계/인수서 2부를 발전소 인수과에 제출한다. 발전소 인수과는 접수한 지역 인계/인수 서류 번호표를 지역 인계/인수 기록대장에 기록하고 관련 부서에 승인 여부를 검토 의뢰한다. 발전소 인수과는 접수 후 일주일 안에 인계/인수 서류의 승인 여부를 건설마감반에 통보하여야 한다.

9. 최종검사

(1) 발전소 담당 부서는 지역 인수를 승인할 것인지를 결정하기 위하여 최종검사를 수행한다. 최종 검사 후 부서장은 최종 검사 보고서에 서명한다.

(2) 지역 인계/인수서를 승인한 후 발전소 인수과에 송부한다. 최종 검사 중에 어떤 결함이 발견되었을 경우 부서장은 지역 잔여작업 목록을 작성하고 관련 부서가 검토하도록 조치한다.

(3) 만약, 최종 검사 동안에 미결 항목이 있다면 지역 인계/인수서는 지역 인계/인수서 반송 사유서와 함께 시정 조치하도록 건설마감반에 반송한다.

(4) 건설마감반이 지역 인계/인수서를 재제출하기 전에 건설소는 지역 인계/인수서에 재제출 번호를 기록하고 서명된 지역 인계/인수서 반송사유서를 재송부한다.

10. 지역 인계/인수서 승인

지역 인계/인수 서류의 승인은 지역 인계/인수서에 발전소 부소장이 서명함으로써 이루어진다. 발전소 안전부장은 지역 인계/인수서 승인을 건설 마감반에 통보한다.

11. 자료 보관 및 사본 송부

발전소 인수과는,
(1) 지역 인계/인수서 승인을 지역 인계/인수 기록대장에 기록하고 발전소 자료실에 원본을 보관한다.
(2) 지역 미결 항목 목록과 함께 지역 인계/인수서 복사본을 건설마감반에 송부한다.
(3) 지역 인계/인수서 승인 서신을 건설마감반에 송부한다.
(4) 지역 인계/인수서 복사본을 발전소 담당 부서에 송부한다.

12. 지역 인계/인수 후 지역관리

발전소 인수과는 지역 인계/인수 서류 인수 시 해당 지역의 열쇠를 건설소에서 인수하고 열쇠 인계/인수서를 작성한다. 발전소는 지역 인계/인수 이후 발전소 유지 · 관리와 기타 정비작업을 수행한다.

☑ 발전소계통 인계/인수

> **개요**
>
> 이 절차서는 시운전에서 발전소로 계통 또는 기기의 인계/인수에 관한 지침을 기술하고, 계통 또는 기기의 운전 및 유지 · 보수를 위한 조직 관할권 및 관리책임을 정의한다. 기기나 계통 인계/인수서의 승인은 기동 시험단계에서 출력상승 시험단계로 계통이 이관됨을 뜻한다.

1. 계통 인계/인수

(1) 계통 인계/인수일 3주 전

시운전계통 담당자는 인계/인수일이 3주 후로 예정되어 있거나 시운전 시험이 완료되면 계통 인계/인수 요청 및 잔여작업목록을 시운전계통 인수과에 제출해야 한다. 계통 인계/인수 요청 및 잔여작업목록은 미해결된 건설 인계/인수 미결항목과 시운전 설계개선요구서, 부적합보고서, 설계변경서, 설계변경통보서 등을 포함해야 한다. 시운전계통 인수과는 현장실사 및 회의를 계획하며 계통현황, 인계/인수 요청 및 잔여작업목록, 현장실사 예정일시를 현장실사 관련 부서에 통보한다.

(2) 계통 인계/인수일 2주 전

예정된 인계/인수일 2주 전, 인계/인수 계통의 담당자(시운전계통 담당자, 계통 인수과(주관), 발전소계통 인수과, 계통 담당자, 운전원)는 현장실사를 수행한다. 계통 현장실사 동안 모든 잔여작업항목은 시운전계통 담당자에 의해서 문서화되어야 하고, 현장 실사 후 시운전계통 담당자는 계통 미결항목, 잔여작업항목, 건설 잔여작업항목 및 기타 항목으로 계통 인계/인수 현장실사 보고서에 잔여작업 내용을 분류한다.

잔여작업항목은 계통 인계/인수서 승인 전에 결정되어야 한다. 건설 잔여작업항목(지역 인계/인수 관련 사항, 토목/건축 잔여작업) 및 기타 문제점들은 최신판계통 인계/인수 현장실사 보고서와 같이 계통 인계/인수 자료목록, 기타 항목란에 첨부할 수 있으며 시운전계통 인수과는 해당 건설 부서에 통보한다.

만약 필요하다면, 발전소계통 담당자는 다시 현장실사를 요청할 수 있고 계통 현장실사 동안 검출된 문제점을 논의하기 위한 회의를 요청할 수 있다. 세통 현장실사 후 계통 인계/인수 현장실사 보고서는 시운전계통 인수과에 의해 관련 부서에 제출한다.

시운전계통 담당자는 다음 내용을 포함하는 계통 인계/인수서를 준비한다.

1) 계통 인계/인수서
2) 계통 인계/인수자료 목록
3) 미결항목 목록
4) 계통 인계/인수범위 표시 계통도 및 도면번호
5) 미해결 시운전 설계개선요구서, 부적합보고서, 설계변경서, 설계변경통보서

6) 시운전 예비품 목록

7) 예방보수 기록

8) 특수공구 목록

9) 계통열쇠

10) 건설 인수시험결과

11) 세정결과

12) 가동 전 시험결과

13) 기능별 인계/인수 자료

14) 기타 항목

시운전계통 담당자는 시운전계통 인수과에 계통 인계/인수서 원본을 제출한다. 시운전계통 인수과는 이 절차서에 따라서 계통 인계/인수서를 검토하고 시운전 실장과 품질보증 부장에 의해서 승인된 후 계통 인계/인수서 2부(원본 1부, 사본 1부)를 예정된 인계/인수일 전 발전소계통 인수과에 제출한다.

(3) 계통 인계/인수 1주 전

만약 필요하다면, 시운전 및 발전소는 계통 인계/인수 승인 전 해결/완료되어야 하는 잔여 작업 항목을 확인하기 위해 최종 현장실사를 수행한다.

발전소계통 인수과는 계통 인계/인수서 접수 후 7일 이내에 해당 부서에 승인 또는 반송을 통보하도록 해야 한다.

발전소계통 인수과는 검토를 위해 해당 발전소 관련 부서장에게 계통 인계/인수서 서명지 및 계통 인계/인수서 1부를 보내야 한다.

발전소 관련 부서장은 5일 이내에 계통 인계/인수서에 기록된 시운전이 계통 인계/인수 전 완료하기로 한 미결 항목의 완료 여부의 검토를 포함한 계통 인계/인수자료 검토 완료 후 승인 또는 반송 여부를 결정하고 계통 인계/인수서 서명지에 서명한다.

1) 만약 계통 인계/인수서의 반송이 결정되면,

   ① 계통 인계/인수서 반송 사유서에 반송 사유를 기술한다.

   ② 계통 인계/인수서 반송 사유서 및 계통 인계/인수서 서명지를 포함한 계통 인계/인수서와 함께 발전소계통 인수과에 반송한다.

   ③ 발전소계통 인수과는 계통 인계/인수서와 계통 인계/인수서 반송 사유서 사본 1부를 시운전계통 인수과에 보내고 시운전이 신속한 시정조치를 취하도록 요청한다.

2) 만약 계통 인계/인수서의 승인이 결정되면,

   ① 발전소 관련 부서장은 계통인계/인수서를 검토하고 계통 인계/인수서 서명지에 서명한다.

   ② 계통 인계/인수서를 계통 인계/인수서 서명지와 함께 발전소계통 인수과로 보낸다.

(4) 계통 인계/인수일

발전소계통 인수과는 발전소 관련 부서장에 의해 승인된 계통 인계/인수서의 최종승인 절차를 수행한다.

계통 인계/인수서가 발전소 부소장에 의해 승인된 후 발전소계통 인수과는,

① 계통 인계/인수자료 승인을 기록하고 자료실에 있는 계통 인계/인수 자료 원본에 철한다.

② 해당 발전소 부서에 계통 인계/인수서 사본 1부를 보낸다.

③ 계통 인계/인수서, 서명지 및 미결 항목 목록을 계통 인계/인수 승인서에 첨부하여 시운전(특히, 시운전계통 인수과)에 보낸다.

2. 청색 관리용 꼬리표

계통 인수 후 발전소(발전부)는 시운전이 관리하는 녹색 꼬리표를 발전소에서 관리하는 청색 꼬리표로 대체하고, 계통 상태(열림/닫힘, 여자/비여자 및 개방/잠김 여부 등)를 확인한다. 수행은 시운전 부서와 협력해서 하고 시운전 꼬리표는 제거한다. 청색 관리용 꼬리표의 부착은 계통 인계/인수 후 해야 한다. 청색 꼬리표가 요구되지 않는 대표적 기기는 다음과 같다.

(1) 배관 스풀

(2) 전력용 전선

(3) 공기조화설비의 덕트

(4) 계기용 전선

3. 계통 인계/인수서 준비

(1) 인계/인수 미결항목 목록

시운전계통 담당자는 인계/인수 계통의 미결항목을 미결항목 목록에 기록한다. 만약 미결항목이 부적합보고서, 설계변경통보서, 설계변경서, 시운전설계개선요구서 관련이면 그 해당 번호를 미결항목 목록에 기록한다.

(2) 계통 인계/인수 범위 표시계통도, 도면번호(전기, 계측)

계통 인계/인수 범위를 정의하는 범위 표시 계통도와 도면번호는 계통 인계/인수서에 첨부된다.

(3) 미결 항목

미결 항목은 최소한 다음 사항을 계통 인계/인수 자료에 포함한다.

1) 부적합 보고서

2) 건설 결함항목(손상기기, 불완전한 건설 및 시험, 미반영 설계변경 자료)

3) 시운전 결함항목(설계개선 요구서의 미완료한 시험, 알려진 주요 작업)
4) 승인된 도면에 없는 미반영 설계변경 통보서
   설비수정 지연사항(설계변경, 기기공급사에 의해서 요구된 설계변경작업)

(4) 시운전 예비품 목록

인계/인수 계통의 시운전 예비품목은 계통 인계/인수서의 시운전 예비품 목록부분에 첨부한다.

(5) 예방보수 기록

예방보수 결과 기록은 분리되어 인수된다. 만약 시운전계통 담당자가 어떤 특별 정비기록을 가지고 있으면 이것을 첨부한다.

(6) 특수공구 목록

인계/인수 계통의 특수공구 목록은 계통 인계/인수서에 첨부된다. 단, 공구는 계통인계/인수서 승인 시 인수(관련 부서)된다.

(7) 계통열쇠

인계/인수 계통의 열쇠 목록은 계통 인계/인수서에 첨부된다. 그러나 열쇠는 계통인계/인수서 승인 시 인수(발전부)된다.

(8) 시운전 시험결과

시운전 시험결과 기록은 아래 내용을 포함한다.
1) 시험방법 및 목적물 기술
2) 승인기준에 따른 시험결과 비교
3) 시험 중 확인된 설계 및 건설 결함
4) 요청된 시정조치 및 변경, 담당 부서의 시정조치 및 변경 이행 계획
5) 설계 또는 성능기준에 따라 이행되지 않는 계통 또는 기기의 승인사유 및 불완전한 성능/결함으로 인하여 계통 또는 기기에 적용된 주의 및 제한사항
6) 계통 또는 기기의 성능에 대한 결과 시운전 시험결과 기록(건설인수시험, 계통세정, 가동전시험)은 시운전 행정 절차서에 의해 시운전 자료실에 보내진다. 그러나 시험요약지(특정건설 인수시험, 계통세정, 가동 전 시험) 사본 1부는 시운전 시험결과 항에 첨부해야 한다.
7) 만약 계통에 대한 시험 동안 어떤 특별시험이 수행되면 시운전계통 담당자는 특별시험 사건기록을 시운전 시험결과 항에 첨부해야 한다. 특별시험 발생 기록은 다음 내용을 포함해야 한다.

① 시험 동안 기기 또는 장비의 손상

② 세정 동안 기기 또는 장비의 침수 사고

③ 운전을 위한 기타 중요 문제점 및 정보

(9) 기능별 인계/인수서

기능별 인계/인수서는 별도로 분리되어 인계/인수된다.

(10) 기타 항목

계통 시운전 시험 문제점 또는 정보, 특히 현장실사 동안 확인된 건설 잔여작업 항목 및 기타 문제점 등은 계통 운전을 위한 계통 인계/인수서 내 기타 항목란에 포함된다.

4. 문서화

만약 필요하다면, 다음의 문서 및 목록은 해당 분야별 인계/인수자료로 분류된다. 문서는 반드시 기록관리체계의 요구조건에 따라 작성되어야 한다.

(1) 기계

1) 정렬 및 간극 기록

2) 압력시험 기록 및 인정서

3) 안전 및 방출 밸브 시험 기록

4) 진동 측정 결과

(2) 전기

1) 절연저항시험

2) 고전위시험

3) 보호계전기

4) 일체형 차단기

5) 지시계 및 변환기

6) 중전위 차단기

7) 전동기 제어반

8) 전동기

9) 저전압 회로 차단기

10) 계기용 변압기

11) 전력용 변압기

12) 케이블 단선 유무 점검

13) 전동기 회전 점검

14) 밸브 행정(전동기 구동 밸브 및 공기 구동 밸브)

(3) 계측 및 제어

1) 계기 교정 자료집

2) 컴퓨터 아날로그 입력신호(허용치, 값, 단위, 설명)

3) 디지털 입/출력 컴퓨터의 정확한 접속

4) 제어밸브 행정결과

5) 최신 배선도를 이용한 배선 단선 유무 점검

(4) 기타 문서

1) 가동 전 절차서 및 결과

2) 운전용 절차서(필요한 경우)

3) 계통 배선 목록

4) 시험 편차 목록

5) 설계편차가 준공 도면에 정정 수록되지 않았을 경우 준공상태를 표시한 모든 도면 또는 개정번호를 포함한 도면 목록

6) 점퍼 기록

7) 화학적 처리

8) 구조물 및 공기 차폐식 출입문 문서

9) 공급자 공장시험 기록

10) 정비기록

11) 시운전 예비품 목록(구매 주문서 관련)

12) 세정기록

(5) 계통 인계/인수서 반송기준

1) 문서

① 불완전(모든 부서 서명 미완료) 문서

② 누락된 기록/문서(또는 표기되지 않은 모든 미결사항)

③ 시험결과 불만족

④ 계통운전 불능을 초래한 미해결 부적합보고서, 시운전설계개선요구서, 설계변경통보서

⑤ 완료되지 않은 시험(세정, 수압시험, 전기, 기계, 계측)

2) 기계, 전기, 배관, 계측제어

① 불완전 설치(기기누락/건설 미결)

② 계통 제어/구성기기 운전 불능(운전원이 계통기기 감시/제어 불가)

③ 계통상태/운전 가능성이 기술지침서 요구사항 불만족

④ 계통 구성기기 시험 미시행 또는 시험 허용기준 불만족

⑤ 지원계통의 운전 불가능 또는 미인계/인수로 인해 인계/인수될 계통의 안전운전 불가능

3) 공학적/설계 결함

① 처리 또는 해결되지 않은 부적합보고서, 시운전설계개선요구서, 설계변경서

② 건설 재작업 또는 재설계로 인해 계통운전이 지연되는 장기 정지

③ 품질관리/품질보증 요구조건에 만족되지 않는 계통 및 기기(예 망실된 기기가 비안전 관련 기기로 대체되었을 경우)

❸ 운전 위임

개요

운전 위임은 시운전계통 부서에서 시운전 발전부로 운전위임서를 발행함으로써 이루어지며, 발행 시기는 다음과 같다. 정상적 운전위임서는 각 계통의 모든 건설인수시험, 계통세정, 가동 전 시험 수행이 완료되었을 때 발행한다. 계통의 어떤 기능시험이 수행되지 않았더라도 시운전계통 담당자가 정상적인 기능을 입증하고 주 제어실에서 기기감시를 하는 것이 효과적이라고 판단될 때 운전위임서를 발행한다.

1. 시운전 각 부서의 역할

(1) 시운전계통 담당자는 운전위임할 계통/설비의 각종 서류를 운전위임서에 따라서 준비한다.

(2) 시운전계통 담당자는 주 제어실에 비치된 서류를 검토하여 운전에 필요하나 주제어실 내에 없는 서류는 운전위임서에 목록을 첨부한다.

(3) 시운전계통 담당자는 시운전 발전부 직원을 위해 계통을 설명하고, 기능적인 면과 시운전계통 담당자의 경험을 통한 교육을 실시한다.

(4) 시운전계통 담당자는 시운전시험 경험을 기초한 주의사항, 운전지침 등을 운전원에게 제공한다.

(5) 시운전 각 부서장은 운전위임서에 서명하여 계통/설비를 시운전 발전부로 위임한다.

2. 시운전 발전부

(1) 시운전 발전과장은 운전위임계통에 대한 현장실사 후 미결목록에 서명한다.

(2) 시운전 발전부 담당자는 운전 위임서 목록을 기록 · 관리한다.

(3) 시운전 발전부장은 미결사항이 계통운전에 영향이 없을 경우 운전위임서에 서명하고 발전소로 인계/인수될 때까지 관련 계통을 관리한다.

❹ 시운전 교육훈련 및 자격 부여

개요

규제요건에 따라 품질에 영향을 미치는 시험업무를 수행하는 시운전 및 발전소 요원의 자격 부여에 대한 제반 절차가 필요하다.

1. 일반사항

(1) 시운전 반장은 본부장으로부터 Ⅲ등급 자격을 부여받고, 시운전 요원은 시운전 반장으로부터 자격을 부여받는다.

(2) 자격부여 교육은 개별교육과 집합교육으로 구분하여 실시한다.

(3) 개별교육은 교육대상 인원이 10인 미만인 경우 소속 부서장의 책임하에, 집합교육은 10인 이상인 경우 교육주관 부서장의 책임하에 시행하는 교육이다.

(4) 자격부여 교육은 개별교육은 2주, 집합교육은 1주간 실시함이 원칙이다.

(5) 자격부여에 대한 교육은 다음 사항을 포함하여야 한다.

    1) 시운전행정절차서의 구성체계 및 내용

    2) 발전소 품질보증에 관한 내용

    3) 시운전 시험에 적용되는 기술규격에 관한 내용

(6) 시험을 실제적으로 수행함으로써 얻어지는 직접적 경험이 필요하다고 판단되는 경우, 교육 주관부서장은 적절한 훈련계획을 수립하여 현장 직무훈련을 실시한다.

(7) 시운전 요원의 자격등급은 학력, 경력 및 담당업무 등에 따라 3등급으로 구분한다.

    🈯 시운전 요원은 다음의 자격을 갖추어야 한다.

        ① 시운전계통 담당자(System Engineer) : 등급 Ⅰ 또는 Ⅰ 이상

        ② 시운전 과장(Section Chief) : 등급 Ⅱ 또는 Ⅱ 이상

        ③ 시운전 심의위원회 위원(Test Working Group) : 등급 Ⅲ

(8) 교육 주관부서장은 해당 부서 시험요원의 경력 및 교육요건, 업무 관련 경력 등이 하위등급 자격에서 상위등급으로 상향 조정할 수 있는 수준인지 확인하여 자격 검토서를 작성한 다음 등급조정을 의뢰한다.

(9) 시운전 요원은 자격 인증서 승인일부터 부여받은 자격 등급에 준하여 업무를 수행할 수 있다.

(10) 자격이 부여되지 않은 자는 시험 유자격자의 감독하에 자료수집이나 설비 또는 기기 운전 업무를 수행할 수 있다.

2. 교육 수행 및 평가

(1) 개별교육인 경우

각 부서는 전입직원이 배치되면, 다음 사항을 수행한다.

1) 자격부여 프로그램에 따라 교육계획을 수립 · 시행한다.

2) 교육 완료 후, 시운전 요원의 학력, 경력 및 수행할 업무 등을 고려하여 다음 항목을 작성하여 교육주관 부서에 제출하고, 평가시험을 의뢰한다.

    ① 시운전 요원 자격 검토서

    ② 시운전 교육훈련 보고서

    ③ 시운전 필독목록

    ④ 시운전 자격부여 검토서

    ⑤ 업무별 자격요건

(2) 집합교육인 경우

교육주관부서는 전입직원이 배치되면 다음 사항을 수행한다.

1) 자격부여 프로그램에 따라, 교육계획 수립 및 강사를 선임하여 교육을 수행한다.

2) 교육 완료 후, 다음 항목을 작성한다.
   ① 시운전 교육훈련 보고서
   ② 시운전 필독목록

3) 소속 부서장은 시운전 요원의 학력, 경력 및 수행할 업무 등을 고려하여 교육담당과에 제출한다.

3. 평가

교육주관부서는 다음과 같이 평가시험을 실시하고, 시험결과를 종합 관리한다.

(1) 시험형식 : 객관식으로 100점 만점

(2) 시험문제 : 자격부여 교육 프로그램을 기준으로 하되 다양하게 출제

(3) 합격 판정 기준
   1) 60점 이상 : 합격
   2) 50~59점 : 재시험 후, 60점 이상이면 합격
   3) 50점 미만 : 재교육 및 재평가 실시

4. 자격부여 및 관리

(1) 자격부여

1) 소속부서장은 자격부여 대상자의 해당 등급 자격요건 및 평가시험 결과가 만족되면 시운전 요원 자격 검토서를 작성하여 교육담당부서에 제출한다.

2) 교육주관부서장은 자격 인증서를 작성하고 시운전 요원 자격 검토서와 같이 시운전 반장에게 신청한다.

3) 시운전 반장은 자격부여 대상자의 교육이수 시간, 업무경력 및 자격검토서 등이 시험요원 자격요건에 적합하다고 판단되면 이를 승인한다.

4) 교육주관부서장은 시운전 요원 자격 인증서를 자격 취득자에게 송부하고 자격 부여 관련 서류는 보관한다.

(2) 자격관리

1) 시운전 요원 자격은 3년간 유효하며, 각 부서장은 최소한 3년에 1회씩 자격 재평가를 수행해야 한다. 재평가 결과가 만족스러우면 자격 유효기간은 3년 연장되며, 그렇지 못한 경우 자격이 만족될 때까지 해당 업무를 수행할 수 없다.

2) 1년 이상 시운전 관련 업무에 종사하지 않을 경우 자격을 다시 부여하여야 한다.

APPENDIX
과년도기출문제

플랜트엔지니어 2급 필기 · 실기 시험은 2020년까지 치러지지 않았으므로 1급 기출문제와 정답만 공개합니다.

〈수험자 유의사항〉

1. 답안카드는 반드시 검은색 컴퓨터용 사인펜으로 기재하고 마킹하여야 합니다.

2. 답안카드의 채점은 전산 판독결과에 따르며 문제지 형별 및 답안란의 마킹 누락, 마킹 착오로 인한 불이익은 전적으로 수험자의 귀책사유임을 알려드립니다.

3. 답안카드를 잘못 작성했을 시에는 카드를 새로 교체하거나 수정테이프를 사용하여 수정할 수 있으나 불완전한 수정처리로 인해 발생하는 채점결과는 수험자의 책임이므로 주의하기 바랍니다.
   – 수정테이프 이외의 수정액, 스티커 등은 사용 불가
   – 답안카드 왼쪽(성명, 수험번호 등) 마킹란을 제외한 '답안마킹란'만 수정 가능

4. 감독위원 확인이 없는 답안카드는 무효 처리됩니다.

5. 부정행위 방지를 위하여 시험문제지에도 수험번호와 성명을 기재하여야 합니다.

6. 시험시간이 종료되면 즉시 답안작성을 멈춰야 하며, 종료시간 이후 계속 답안을 작성하거나 감독위원의 답안제출 지시에 불응할 때에는 채점대상에서 제외될 수 있습니다.

7. 시험 중에는 통신기기 및 전자기기(휴대용 전화기 등)를 소지하거나 사용할 수 없습니다.

2013년 1회 **필기시험**

SUBJECT **01** | Process

01 문제해결 과정 6단계에서 가장 먼저 진행해야 하는 단계는 다음 중 어느 것인가?

㉮ 분석 ㉯ 가설 설정
㉰ 이슈 세분화 ㉱ 문제정의

02 다음 중 계약자유의 원칙을 제한하는 내용 중 타당하지 않은 것은?

㉮ 의사 등 공익적 직무 담당자의 경우 계약체결의 자유가 제한되는 경우가 있다.
㉯ 강행법규에 위반하는 계약내용은 무효로 한다.
㉰ 항공운송계약 등 약관에 의한 계약도 규제되는 경우가 있다.
㉱ 계약자유의 원칙상 어떤 경우도 계약방식을 제한하는 경우는 없다.

03 프로젝트 관리와 거리가 먼 것은?

㉮ 반복적인 일상 업무를 위한 경영 이론이다.
㉯ 유일한 제품 또는 서비스를 창조하는 경영 활동이다.
㉰ 착수와 기획 프로세스가 있다.
㉱ 새로운 제품을 개발하는 것도 프로젝트이다.

04 원가관리 프로세스에 포함되지 않는 것은?

㉮ 원가 산정 ㉯ 공량 산정
㉰ 예산 결정 ㉱ 원가 통제

05 민간투자 SOC 사업 중 사업시행자가 건설하고, 소유권을 이전하여 운영하며, 기간 만료 시 정부·지자체로 소유권을 이전하는 방식은?

㉮ BTO ㉯ BTL
㉰ BOT ㉱ BOO

06 계약금액이 320억 원인 플랜트 공사의 경우 고용노동부 무재해목표달성기준으로 올바른 것은?

㉮ 100만 시간 ㉯ 70만 시간
㉰ 50만 시간 ㉱ 30만 시간

07 건설기술관리법상 안전관리계획 수립대상공사가 아닌 것은?

㉮ 시특법상 1종 및 2종 시설물의 건설공사
㉯ 지하 10m 이상 굴착공사 또는 폭발물을 사용하는 건설공사로서 20m 안에 시설물이 있거나 100m 안의 양육가축에 영향이 예상되는 건설공사
㉰ 원자력 시설공사
㉱ 인가, 허가, 승인 행정기관의 장이 안전관리가 필요하다고 인정하는 건설공사

정답 **1** ㉱ **2** ㉱ **3** ㉮ **4** ㉯ **5** ㉰ **6** ㉮ **7** ㉰

08 품질을 준수하기 위해서 들어가는 비용은?

㉮ 재작업 ㉯ 교육 훈련

㉰ 폐기 ㉱ 보증비용

09 품질 통제란?

㉮ 관련된 품질규격에 따를지를 결정하기 위하여 특정한 프로젝트 결과를 모니터하는 것

㉯ 규정을 기본으로 전반적인 프로젝트 성과를 평가하는 것

㉰ 프로젝트의 효과와 효율을 증진시키기 위하여 취하는 행동

㉱ 프로젝트에 관련된 품질기준을 파악하는 것

10 Risk Management의 필요성 중 환경 변화의 원인이 아닌 것은?

㉮ Project의 전문화, 복잡화

㉯ 시장의 국제화

㉰ Project 건설비용 조달 규모의 대형화

㉱ 공사기간 장기화 및 전문기술 요구

11 Risk Management Process를 순서대로 바르게 나열한 것은?

```
가. Identity risks
나. Analyze risks
다. Prioritize and map risks
라. Resolve risks(Response)
마. Monitor and control risks
```

㉮ 다 → 라 → 가 → 나 → 마

㉯ 나 → 가 → 다 → 라 → 마

㉰ 마 → 다 → 가 → 라 → 나

㉱ 가 → 나 → 다 → 라 → 마

12 재무제표에 관한 다음의 설명 중 맞지 않는 것은?

㉮ 자산은 기업이 소유한 모든 종류의 경제적 자원으로서 기업이 보유한 미래의 경제적 편익 또는 경제적 권리를 말한다.

㉯ 자산 중에 기업의 정상운영기간 내에 현금이나 그와 유사한 것으로 실현될 수 있는 자산을 유동자산이라고 한다.

㉰ 부채는 기업의 외부 조직에 대하여 재화나 용역을 제공할 의무나 채무를 말한다.

㉱ 자산, 부채, 자기자본에 관한 내용은 손익계산서를 분석하면 알 수 있다.

13 전력계통 운용상 발전소 운전방식의 종류 중 적절치 않은 것은?

㉮ 기저부하(Base Load) 운전

㉯ 중간부하(Load Cycling) 운전

㉰ 첨두부하(Peak Load) 운전

㉱ 일일기동정지(Two Shift) 운전

14 다음은 터빈의 기동방식에 관한 내용이다. 잘못 기술된 것은?

㉮ 냉간기동(Cold Start) : 96시간 정지 후 기동

㉯ 난간기동(Warm Start) : 50~58시간 이상 정지 후 기동

㉰ 열간기동(Hot Start) : 6~12시간 경과 후 기동

㉱ 재기동(Restart) : 돌발정지 24시간 경과 후 재기동

---

15 시추선이란 해상유전 개발을 위하여 인력과 장비를 탑재하여 시추작업을 수행할 수 있는 해양구조물로서 최근 해양플랜트 부문에서 고부가가치 산업으로 각광받고 있다. 8,000 ft 이상의 심해시추 시 사용되며, Anchor, Dynamic Positioning 또는 양자를 병행하여 시추선의 위치를 고정할 수 있도록 설계된 시추선은 무엇인가?

㉮ Jack−up
㉯ Semi Submersible
㉰ Barge
㉱ Drill ship

16 석유탐사방법 중 지표 또는 해상에서 인위적으로 파를 발사하여 지하지층의 경계면에서 반사되어 돌아오는 반사파를 분석하여 석유 부존 가능성이 높은 유망 구조를 도출하는 탐사방법은 무엇인가?

㉮ 중자력탐사
㉯ 탐사시추
㉰ 지표지질조사
㉱ 탄성파탐사

17 아래 해양플랜트 설비의 종류와 그 기능을 제대로 연결하고 있지 못한 것은?

㉮ FPSO−심해에서 원유의 생산과 저장뿐만 아니라 하역 등을 수행
㉯ Fixed Platform−비교적 낮은 해역에서 Jacket이라는 구조물의 지지를 받음
㉰ Decommissioning Vessel−해양설비의 운반 설치를 용이하게 하기 위한 설비
㉱ ROV−원격으로 조정하도록 고안되어 심해 등 열악한 환경에서 작업이 가능

18 해양설비에 있어서 고정식과 부유식의 기능을 모두 지니면서 필요한 경우에만 고정식 설비의 기능을 수행할 수 있도록 고안된 시스템을 무엇이라고 하는가?

㉮ Jacket System
㉯ Jack−up System
㉰ Float−over System
㉱ Float−off System

19 태양광발전의 장점으로 보기 어려운 것은?

㉮ 에너지원이 청정하며 무한함
㉯ 유지보수가 다소 용이
㉰ 긴 수명(20년 이상)
㉱ 초기투자비가 높음

20 풍력발전기에 들어가는 구성요소가 아닌 것은?

㉮ 블레이드   ㉯ 기어박스(감속기)
㉰ 발전기   ㉱ 발전셀

21 한국형 원전에 관한 내용이다. 적절치 않은 것은?

㉮ 한국표준형 원전(OPR−1000)은 순수한 우리기술의 국산원전으로 발전용량은 1,000 MW이다.
㉯ 영광원자력 3, 4호기는 최초의 한국표준형 원전이다.
㉰ 한국표준형 원전은 우수한 안전성을 갖고 있으며 미국 원전에 비해 고장과 사고위험을 현저하게 감소시켰다.
㉱ 신형 경수로(APR 1400)는 안전성과 이용률이 뛰어난 원전으로 설계수명이 60년이며 UAE에 4기를 수출한 바 있다.

22 방사성 폐기물에 관한 설명 중 적절치 않은 것은?

㉮ 고준위 폐기물은 반감기 20년 이상의 알파선을 방출하는 폐기물로서 사용 후 핵연료가 이에 속한다.

㉯ 중·저준위 폐기물은 고준위 방사성 폐기물 이외의 방사성 폐기물을 말한다.

㉰ 중·저준위 폐기물은 방사선 관리구역에서 사용한 물질들로서 휴지, 공기필터, 작업복, 장갑 등이며 수거 후 소각 처리한다.

㉱ 방사성 폐기물은 성상에 따라 고체폐기물, 액체폐기물 및 기체폐기물로 구분한다.

23 담수 플랜트 생산단위 용량표시단위 중 10 MIGD에 대한 환산량으로 올바른 것은?

㉮ 4,546m³/day   ㉯ 3,785m³/day

㉰ 45,460m³/day   ㉱ 37,850m³/day

24 해수담수화 기술동향으로 가장 적합한 것은?

㉮ 역삼투압법으로 패러다임이 변하고 있다.

㉯ 현재까지 설치실적은 역삼투압법이 가장 많다.

㉰ 우리나라의 핵심 기반기술은 최고수준 국가에 비해 75% 수준이다.

㉱ 단위당 생산비용이 가장 낮은 방식은 MSF 방식이다.

25 공정관리프로그램(PRIMAVERA P6)에서 WBS는 몇 Level까지 표현할 수 있는가?

㉮ 1 Project   ㉯ 2 Project

㉰ 50 Project   ㉱ 제한이 없다.

SUBJECT **02** | Engineering

26 도면에 치수 및 공차표시에 관한 설명 중 틀린 것은?

㉮ 도면에 표기하는 모든 치수는 공차의 적용을 받을 수 있도록 일반공차를 명기한다.

㉯ 일반공차 적용 외 치수는 필히 치수와 함께 공차를 명기한다.

㉰ 공차는 부품의 기능 또는 호환성에 대하여 극한적인 경우에 적용한다.

㉱ 원활한 조립을 위하여 부품의 기능 이상으로 공차를 적용한다.

27 시스템을 설계할 경우 고려해야 할 항목 중 관계가 적은 것은?

㉮ 발주사양서에 명기된 성능 및 규격사항

㉯ 배치위치 및 관련 시스템 간 제한사항

㉰ 품질보증 및 시험평가 절차사항

㉱ 조립, 설치, 운용 및 정비 효율성 관련 사항

28 플랜트 전기분야 설계업무에 포함된다고 할 수 없는 것은?

㉮ 주전원 및 보조전원계통 설계

㉯ 전선로 및 기기배치 설계

㉰ 전력요금계획 수립

㉱ 전기설비 설계

29 전기분야 설계도면의 하나로서 포설되는 케이블의 설치경로를 나타내는 도면은 다음 중 어떤 것인가?

㉮ Cable Tray & Raceway Layout

㉯ Equipment Layout

㉰ Lighting Layout

㉱ Grounding Layout

정답 **22** ㉰ **23** ㉰ **24** ㉮ **25** ㉰ **26** ㉱ **27** ㉰ **28** ㉰ **29** ㉮

30 생산설비별 실내환경에 미치는 영향요소가 잘못 구성된 것은?

㉮ 화학공장 – 열, 수증기
㉯ 제철소 – 악취
㉰ 금속가공판금공장 – 진동
㉱ 도장공장 – 유해화학물질

31 중동지역 건축물의 바닥재로서 가장 적합하지 않은 것은?

㉮ PVC TILE
㉯ GRANITE GRES TILE
㉰ COLOR HARDENER
㉱ ACCESS FLOOR

32 다음 중 Design Information과 주관 분야가 잘못 짝지어진 것은?

㉮ P & ID – 공정분야
㉯ Underground Cable Information – 계장분야
㉰ Equipment List – 건축분야
㉱ Plot Plan – 배관분야

33 다음은 Plant 토목설계에서 유의해야 할 사항들을 나열한 것이다. 이 중 잘못 표현된 것은?

㉮ 설계 오류를 줄이기 위해서는 분야 간에 원활하고 지속적인 Coordination이 필요하다.
㉯ 토목분야는 설계, 시공 모두 선행공정이므로 전체 Schedule에 지대한 영향을 준다.
㉰ Plant Engineer는 자신의 전공분야뿐 아니라 관련 분야에도 관심을 가져야 한다.
㉱ Composite 도면에 Underground 매설물, 기초 등을 실제 Scale로 작성하여 Interface를 Check할 필요가 있다.

34 설계도서 검토 요건이 아닌 것은?

㉮ 연관 설비들과의 문제점은 없는가?
㉯ 규정, 규격 및 규제 요건에 만족하는가?
㉰ 시운전 및 주기적인 시험 요건이 반영되었는가?
㉱ 제시한 가격이 시세와 큰 차이는 없는가?

35 설계기준서 작성 시 고려되지 않아도 될 사항은?

㉮ 성능요건
㉯ 사업주 표준설계
㉰ 규제요건
㉱ 설계관리절차

36 다음 중 공정의 모든 기계장치류, 배관, 제어계통 등과 정상운전, 비상사태, 시운전과 Shut – down 운전을 위한 모든 시설이 표시되어 상세 설계의 모든 정보를 알 수 있는 가장 중요한 도면은?

㉮ Process Flow Diagram
㉯ Piping & Instrument Diagram
㉰ Process Block Diagram
㉱ Instrument Logic Diagram

37 P & ID가 Issue되는 순서대로 표기한 것은?

㉮ IFA – Preliminary – AFC – AFD – As Built
㉯ Preliminary – IFA – AFC – AFD – As Built
㉰ Preliminary – IFA – AFD – AFC – As Built
㉱ IFA – Preliminary – AFD – AFC – As Built

---

38 발전소 일반설계 기준이 아닌 것은?

㉮ 사용 연료 조건
㉯ 지진 계수
㉰ 기자재 공급업체 목록
㉱ 소 내 공급 전원

39 석탄화력발전소 계통 구성에서 석탄 연소와 직접적인 관계가 없는 계통은?

㉮ 회처리설비 계통
㉯ 집진설비 계통
㉰ 탈황설비 계통
㉱ 냉각수 계통

40 원자력발전소의 보호 및 안전설비의 설계특성을 설명한 것이다. 틀린 것은?

㉮ 설계원칙으로 다중성, 독립성, 다양성, 물리적 분리 및 고유안전개념이 적용된다.
㉯ 독립성은 2개 이상의 기기를 물리적으로 상호 분리 독립 설치하되 전기적으로는 분리하지 않아도 되는 것이다.
㉰ '다양성'은 동일 기능을 가진 2가지 이상의 다른 기기를 설치하는 개념이다.
㉱ '다중성'은 2개 이상의 동일 기능의 설비를 설치하는 개념이다.

41 유체의 흐름을 조절하는 밸브는 어느 것인가?

㉮ Gate Valve/Check Valve
㉯ Glove Valve/Ball Valve
㉰ Angle Valve/Butterfly Valve
㉱ Glove Valve/Angle Valve

42 기계설계 업무절차 순서로 옳은 것은?

㉮ M/R 작성 − V/P Check − P/O Issue − TBE
㉯ V/P Check − P/O Issue − TBE − M/R 작성
㉰ M/R 작성 − V/P Check − TBE − P/O Issue
㉱ M/R 작성 − TBE − P/O Issue − V/P Check

43 전기설계 시 고려해야 할 사항이 아닌 것은?

㉮ 전기기기는 관련자 외의 사람이 쉽게 접근하거나 접촉할 수 없도록 하고 조작 시 운전원에 대해 위험이 없어야 한다.
㉯ 설비는 장래의 증설을 고려하되 최적화하여 경제적이어야 한다.
㉰ 고장 발생 시 파급범위는 고려하지 않아도 된다.
㉱ 전원공급점은 최대한 부하중심점에 둔다.

44 도면작성에 필요한 기술계산은 미리 수행해야 하고, 연관 자료 및 필요한 사항을 먼저 확인하는 것도 아주 중요하다. 도면작성 이전에 검토해야 할 대상이 아닌 것은?

㉮ 건물 및 구조물의 층고, 운반기계 위치 등
㉯ 제작사 공급범위와 중첩 여부
㉰ 도면작성 계약사의 엔지니어링 실태
㉱ 설비 · 기계류의 전압 및 제어방식

45 P & ID를 통해 얻을 수 있는 정보가 아닌 것은?

㉮ Equipment Size/Operating Condition
㉯ Operator Emergency Evacuation Plan
㉰ Line Size
㉱ Interlock Cause & Effect

46 DCS의 신뢰성을 높이기 위해 이중화로 구성하는 방법이 아닌 것은?

㉮ Network   ㉯ Controller
㉰ I/O Module   ㉱ Field Device

47 Vertical Vessel Foundation 설계 시 고려되어야 할 Loading이 아닌 것은?

㉮ Earthquake Load
㉯ Bundle Pull Load
㉰ Wind Load
㉱ Test Load

48 Tank 기초 설계에서 요구되지 않는 하중은?

㉮ Wind Load
㉯ Friction Load
㉰ Seismic Load
㉱ Full Water Test

49 플랜트 설계기준에 포함되지 않은 것은?

㉮ Project Schedule
㉯ Client Requirements
㉰ Codes and Standards
㉱ Local Regulations

50 End user의 PQ심사(Pre-qualification) 시 고려대상이 아닌 것은?

㉮ Reference Record
㉯ Financial Status
㉰ Experts Resources
㉱ Head Quarter(HQ) Location

SUBJECT **03** | Procurement

51 플랜트 구매방식에 대한 설명으로 올바르지 않은 것은?

㉮ 지명경쟁입찰 – 승인된 Vendor List상 Ready for RFQ 업체를 선정하여 경쟁입찰을 실시하는 구매방식
㉯ 부대입찰 – Project 수주 전(입찰시점) 해당 Item 특성상 또는 발주처 요구사항을 고려하여 업체선정 및 가격확정을 목적으로 실시하는 구매방식
㉰ Reverse Auction(역경매) – 견적업체의 입찰자 중 최저가 업체만 남을 때까지 경쟁입찰을 실시하는 구매방식
㉱ 공개경쟁입찰 – Open Market을 이용 다수의 견적업체를 초청하여 공개경쟁을 통한 구매방식

52 구매 Cycle 단축을 위한 전략에 해당되지 않는 것은?

㉮ Strategic Alliance 체결
㉯ 지명경쟁입찰
㉰ Shorting Bidding
㉱ 단가/물량 계약

53 Letter of Intent(LOI)의 구성에 포함되지 않는 것은?

㉮ 기자재 명세 및 가격
㉯ 상세한 기술사양서
㉰ 구매 조건
㉱ 제한 조건

정답 **46** ㉱ **47** ㉯ **48** ㉯ **49** ㉮ **50** ㉱ **51** ㉰ **52** ㉯ **53** ㉯

54 Procurement Procedure 작성 시 포함되지 않는 것은?

㉮ 구매업무 전략에 대한 사항
㉯ Expediting & Inspection에 대한 사항
㉰ 시운전에 대한 사항
㉱ 현장 구매에 대한 사항

55 밸브 중에서 역류 방지용 목적으로 사용되는 것은?

㉮ Gate Valve
㉯ Globe Valve
㉰ Check Valve
㉱ Butterfly Valve

56 Vendor Drawing/Print Review 시점은?

㉮ Piping Material Specification 작성 직후
㉯ MTO(Material Take-Off) 직후
㉰ Piping Material Specification 작성 전
㉱ Purchase Order 작성 후

57 Fitting에 포함되지 않는 것은?

㉮ Flange   ㉯ Elbow
㉰ Tee   ㉱ Olet

58 Piping의 영구 폐쇄 목적으로 사용되는 것이 아닌 것은?

㉮ Valve
㉯ Blind Flange
㉰ Plug
㉱ Cap

59 구매사양서의 목적을 가장 바르게 설명한 것은 무엇인가?

㉮ 플랜트 공사의 기자재 구매를 위한 문서
㉯ 기기의 설계, 제작, 검사, 시험 및 납품을 하는 공급자에게 계약서 및 설계서, 정보 및 자료의 내용으로 기준을 제공하는 문서
㉰ 기자재 구매를 위해 사양 및 수량이 기입된 문서
㉱ 구매 관련 사항을 종합하여 기자재 업체에 견적을 요청하는 문서

60 다음에 해당하는 것을 보기에서 고르시오.

> 기자재 구매를 위해 사양 및 수량이 기입된 문서

㉮ 구매사양서
㉯ MR(Material Requisition)
㉰ RFQ(Request For Quotation)
㉱ Vendor Print

61 구매사양서를 작성할 때 포함되어야 할 일반 요건은 무엇인가?

㉮ 설계기준
㉯ 업무흐름도
㉰ Vendor Print
㉱ 기술입찰평가서

62 구매사양서를 작성할 때 반드시 포함되어야 하는 사항이 아닌 것은?

㉮ 일반사항
㉯ 공급범위
㉰ 기술요구사항
㉱ 기술입찰평가서

63 석탄화력발전소 Stack Gas Monitoring 설비의 감시대상에 포함되지 않는 것은?

㉮ SOx
㉯ NOx
㉰ 미세먼지
㉱ 암모니아

64 계장자재 구매사양서 중에서 "Scope of Supply" 항목에서 언급하지 않아도 되는 것은?

㉮ 계약자 공급범위에 포함시켜야 할 자재명세(Items Included)
㉯ 계약자 공급범위에 불포함되는 자재명세(Items Not Included)
㉰ 기자재 공급자의 자격요건
㉱ 계약자 공급품목의 설치도 포함 여부

65 다음 도서항목 중에서 분산제어설비(DCS) 계약자가 제출하지 않아도 되는 것은?

㉮ P & ID
㉯ I/O Lists
㉰ Internal Wiring Diagrams and External Connection Diagrams
㉱ Operation and Maintenance Instruction Manuals

66 계장자재 구매사양서(Contract)의 내용에 포함되지 않아도 되는 것은?

㉮ GTC
㉯ Technical Specification
㉰ Technical Data, Drawing etc.
㉱ Bid Evaluation Report

67 다음 중 레미콘 공장에서 시멘트, 골재, 물 등을 균일 혼합 계량하여 생산하는 설비를 무엇이라 하는가?

㉮ 사일로 플랜트
㉯ 트럭믹서
㉰ 에지데이터 트럭
㉱ 배처플랜트

68 다음 중 플랜트 건축에서 선제작이 가능하고 조립식 공법에 의한 공기단축이 가능한 구조 형식은 어느 것인가?

㉮ 철근콘크리트구조
㉯ 철골구조
㉰ 목구조
㉱ 조적식 구조

69 콘크리트 운반차는 트럭믹서를 사용하여 재료분리를 방지하기 위하여 현장에 몇 시간 이내에 도착하여야 하는가?

㉮ 0.5시간
㉯ 1.0시간
㉰ 1.5시간
㉱ 2.5시간

70 다음 중 신축공사에 앞서 검토 파악해야 할 건설재료의 성질에 대한 설명 중 가장 부적합한 것은?

㉮ 사용목적에 알맞은 공학적 성질을 가질 것
㉯ 경제성의 배제
㉰ 사용환경에 대하여 안정하고 내구성은 가질 것
㉱ 대량 공급이 가능할 것

71 Steel Structure의 특성을 설명한 것 중 잘못 기술된 항목은?

㉮ 공기 중 또는 수중에 장기간 노출될 경우 녹슬기 쉽다.

㉯ 고열에 노출이 지속될 경우 재료의 강도가 급격히 저하될 수 있다.

㉰ 콘크리트구조물에 비해 취성파괴에 취약하다.

㉱ 주기적인 반복하중에 의해 피로파괴가 진행될 수 있다.

72 Plant에 설치되는 일반적인 Steel Structure로 분류하기 어려운 구조물은?

㉮ Bridge Structure

㉯ Process and Utility Pipe Rack

㉰ Equipment Supporting Structure

㉱ Pump and Compressor Shelter

73 자재 구매의 일반적인 핵심성과지표(KPI)로 여기는 사항이 아닌 것은?

㉮ 제조물 책임법(PL)

㉯ 품질(Quality)

㉰ 가격(Cost)

㉱ 납기(Delivery)

74 자재 구매가 기업의 원가 측면에서 일반적으로 볼 때 전체 원가에 차지하는 비율은?

㉮ 40% ㉯ 50%
㉰ 60% ㉱ 70%

75 자재 구매 시 필요한 기본적인 문서가 아닌 것은?

㉮ 구매사양서(PS)

㉯ 총소유비용(TCO)

㉰ 자재인증서(C of C)

㉱ 구매요청서(POR)

---

76 건설결함 처리 및 관리에 관한 설명 중 틀린 것은?

㉮ 건설결함이란 제작 및 시공상의 결함으로 설계 및 시방서상의 기준을 벗어난 계통 및 설비로 성능이 불만족스러운 상태

㉯ 시공부서는 건설결함사항에 대한 조치의 뢰서 작성

㉰ 시공부서는 시운전 작업허가 취득 및 조치 요구일까지 작업 완료

㉱ 시운전 주관부서는 종결처리 확인 및 승인 후 건설결함 꼬리표 제거

77 시운전 자재 관리에 관한 사항이다. 타당하지 않은 것은?

㉮ 인수검사는 품명, 규격, 수량 등과 일치 여부, 손상 여부 및 제반 관련서류의 적정성 여부를 검사하는 행위이다.

㉯ 기술검사는 규격 및 성능 일치, 재질상의 결함 등 기술적인 사항을 검사하는 행위이다.

㉰ 품질검사는 품질하자 및 품질보증 서류 구비 등 품질요건 준수의 이행 여부를 검사하는 행위이다.

㉱ 상기 3종류의 검사는 독립적인 판단을 위하여 각각 별도로 시행하여야 한다.

정답 **71** ㉰ **72** ㉮ **73** ㉮ **74** ㉰ **75** ㉯ **76** ㉯ **77** ㉱

78 시운전업무는 플랜트를 정상적으로 가동하기 위한 일련의 과정이다. 다음 중 시운전업무와 관련이 없는 과정은?

㉮ Planning
㉯ Engineering
㉰ Commissioning
㉱ Start Up 및 Performance Test Run

79 시운전 수행 자료가 아닌 것은?

㉮ Contract
㉯ 시운전 Schedule
㉰ Sub-system Marked Up
㉱ 시운전 관련 Procedure

80 증기터빈의 구성요소가 아닌 것은?

㉮ Shell & Hood
㉯ Moving Blade
㉰ Nozzle & Diaphragm
㉱ Condenser

81 축 정렬에 포함되지 않는 것은?

㉮ Casing Alignment
㉯ Control Valve Alignment
㉰ Bearing Alignment
㉱ Coupling Alignment

82 다음 배관작업 순서가 맞는 것은?

㉮ Fit-up 검사 → 용접 → RT 검사 → 수압시험
㉯ 용접 → 후열처리 → 수압시험 → RT 검사
㉰ 예열 → 용접 → RT 검사 → 후열처리
㉱ 육안검사 → 용접 → 후열처리 → RT 검사

83 보온의 목적으로 틀린 것은?

㉮ 열확산 방지(화재위험 방지)
㉯ 열침입 방지(표면결로 방지, 빙결 방지)
㉰ 소음 감소, 진동 흡수
㉱ 배관 외부 녹슬음 방지

84 현장에 전기 공사를 하는 목적은 무엇인가?

㉮ 변전소를 설치하기 위해
㉯ 부하에 전력을 공급하기 위해
㉰ 케이블을 설치하기 위해
㉱ 전선로를 설치하기 위해

85 부하의 역률을 개선시키는 목적은?

㉮ 유효전력을 증가시키기 위하여
㉯ 무효전력을 증가시키기 위하여
㉰ 유효전력을 감소시키기 위하여
㉱ 저항을 감소시키기 위하여

86 계측제어의 검측 요소가 아닌 것은?

㉮ 온도 ㉯ 유량
㉰ 수위 ㉱ 전압

87 계기용 Root Valve 인출 위치에서 Process Pipe 단면상 방향이 맞는 것은?

㉮ 물-하향
㉯ 물-상향
㉰ Gas-하향
㉱ Steam-하향

88 자재 및 하도급공사 발주 의뢰계획 수립 시 고려해야 할 사항과 밀접하지 않은 것은?

㉮ 해당 공종 실제 착공일
㉯ 공사금액
㉰ 현장설명일
㉱ 계약일

89 하도급업체 선정 시 고려해야 할 사항 중 비교적 중요도가 낮은 것은?

㉮ 대표이사의 학력, 경력
㉯ 유사공사 실적 및 평판(품질, 안전관리 등)
㉰ 기능공 동원능력
㉱ 타 현장 저가수주(손실 발생하는 계약) 여부

90 화력발전소 철근콘크리트공사 중 난이도와 중요도가 가장 높고 안전사고의 우려가 높은 공사는?

㉮ 보일러 기초
㉯ 터빈건물 기초
㉰ 터빈발전기 Pedestal
㉱ 연돌기초

91 다음 준공단계 업무 중 가장 중요한 것은?

㉮ 하자 보수용 자재 확보
㉯ 설계변경사항 및 실제 시공상태가 준공도면에 반영되었는지 확인
㉰ 현장 정리 정돈
㉱ 공사비 및 노임 체불 여부 확인

92 건설업 및 토목공사의 특성에 관한 설명 중 옳지 않은 것은?

㉮ 수주산업
㉯ 옥외 이동 생산으로 현지 생산
㉰ 단품 주문 생산
㉱ 일반적으로 생산기간이 단기

93 공사현장의 공정관리 실시에 관한 사항 중 옳지 않은 것은?

㉮ 현장 소장은 공정표가 계절 및 기후의 영향을 고려했는지 충분히 검토하고, 경제적인 속도로 작업이 실시되는지 파악해야 한다.
㉯ 공사 담당자는 공정계획에 따라 작업을 지시하여야 하고, 공사 진척사항을 늘 파악해 둔다.
㉰ 현장 여건상 또는 민원 등의 사유로 공정표 변경 사유 발생 시 수시로 수정해야 한다.
㉱ 현장 소장이 주관하는 월간 및 주간 공정 회의에는 하도자 대표 및 관계자는 참석하지 않아도 무관하다.

94 건설공사에서 공사원가 중 직접 공사비에 해당되는 항목은?

㉮ 재료비, 노무비, 기계비
㉯ 공통 가설비
㉰ 현장 관리비
㉱ 공동 전력 및 기계비

95 철골의 현장설치 순서가 바르게 된 것은?

㉮ Anchor Bolt 설치 → 기둥 → Girder → Beam → Plumbing → 접합 → 녹막이칠 → 검사 → 내화피복
㉯ Anchor Bolt 설치 → 기둥 → Beam → Girder → Plumbing → 접합 → 녹막이칠 → 검사 → 내화피복
㉰ Anchor Bolt 설치 → 기둥 → Girder → Beam → Plumbing → 접합 → 검사 → 녹막이칠 → 내화피복
㉱ Anchor Bolt 설치 → 기둥 → Beam → Girder → Plumbing → 녹막이칠 → 접합 → 검사 → 내화피복

---

96 Anchor Bolt 매립방법이 아닌 것은?

㉮ 고정매립 ㉯ 나중매립
㉰ 가동매립 ㉱ 동시매립

97 철골구조공사의 특징이 아닌 것은?

㉮ 강재가 철근콘크리트보다 훨씬 높은 강도와 인성을 가지고 있다.
㉯ 고온에서 내화성이 높다.
㉰ 가설속도가 빠르고 사전조립이 가능하다.
㉱ 세장(細長)할수록 좌굴의 위험성이 증가한다.

98 연약지반의 구조물 기초에 적합한 공사방법은?

㉮ 구조물 깊이까지만 터파기 후 콘크리트 구조물을 타설한다.
㉯ 파일공사를 지지층까지 항타 후 그 위에 콘크리트 구조물을 타설한다.
㉰ 원 지반까지만 터파기 후 다짐 없이 콘크리트 구조물을 타설한다.
㉱ 구조물 깊이보다 2배 이상 터파기 후 자갈을 깔고 콘크리트 구조물을 타설한다.

99 기계 분류 중 Rotating Equipment가 아닌 것은?

㉮ Compressor & Turbine
㉯ Pump
㉰ Fan & Blower
㉱ Tank

100 공사기간 중 타 공정과 전기, 계장공사 시점이 맞는 것은?

㉮ 배관공사가 후행 공사다.
㉯ 기계공사가 후행 공사다.
㉰ 건축공사가 후행 공사다.
㉱ 상기 공사(배관 · 기계 · 건축) 다음에 이루어지는 공사다.

2014년 2회 필기시험

P　L　A　N　T　E　N　G　I　N　E　E　R

SUBJECT 01 | Process

01 이미 사전에 정해 놓은 논리의 틀 안에 현상을 넣어 분석하는 기법은 다음 중 어느 것인가?

㉮ MECE
㉯ 논리시나리오 사고
㉰ 프레임 워크
㉱ 연역적 사고

02 MECE 분석을 설명한 내용으로 틀린 것은 다음 중 어느 것인가?

㉮ 전체를 확인한다.
㉯ 소분류에서 대분류 순으로 분석한다.
㉰ 분류된 항목을 채워나간다.
㉱ 전체적으로 중복되거나 누락된 것이 없는지를 확인한다.

03 다음 중 계약자유의 원칙을 제한하는 내용 중 타당하지 않는 것은?

㉮ 의사 등 공익적 직무 담당자의 경우 계약체결의 자유가 제한되는 경우가 있다.
㉯ 강행법규에 위반하는 계약내용은 무효로 한다.
㉰ 항공운송계약 등 약관에 의한 계약도 규제되는 경우가 있다.
㉱ 계약자유의 원칙상 어떤 경우도 계약방식을 제한하는 경우는 없다.

04 다음 중 국제계약과 국내계약의 차이점이 아닌 것은?

㉮ 법률제도의 차이
㉯ 상이한 관세, 화폐제도
㉰ 상관습의 차이
㉱ 계약자유의 원칙

05 국제계약의 특성을 설명한 내용 중 옳지 않은 것은?

㉮ 상이한 국가영역 내에 영업소를 보유할 것
㉯ 상이한 법률제도
㉰ 상이한 관세제도
㉱ 상이한 계약성립제도

06 프로젝트 이해관계자에 관한 기술이다. 가장 거리가 먼 것?

㉮ 이해관계자는 프로젝트의 실행 과정이나 결과 때문에 이익이나 손해를 보는 개인 또는 조직을 말한다.
㉯ 프로젝트를 선택하고 감시를 담당하는 포트폴리오 매니저도 이해관계자에 해당한다.
㉰ 프로젝트에 인력을 파견하고 있는 제3국의 인력공급 업체는 이해관계자라고 말할 수 없다.
㉱ 환경설비의 설치를 반대하는 지역 주민도 이해관계자로 보아야 한다.

정답 1 ㉰ 2 ㉯ 3 ㉱ 4 ㉱ 5 ㉱ 6 ㉰

07 네트워크 일정표에서 프로젝트 총 기간은 어떻게 결정되는가?

㉮ 여유공정에 의해 결정된다.
㉯ 주 공정 경로의 기간에 의해 결정된다.
㉰ 네트워크 경로 중 가장 짧은 기간이다.
㉱ 총 여유공정을 모두 합한 것이다.

08 다음은 리스크관리의 프로세스를 언급한 것이다. 거리가 가장 먼 것은?

㉮ 리스크 식별
㉯ 리스크 분석
㉰ 리스크 감시 및 통제
㉱ 리스크 책임

09 안전관리의 정의로 가장 적절한 것은?

㉮ 인명과 재산의 손실에 대한 분석활동
㉯ 위험한 요소의 조기 발견 및 예측으로 재해를 예방하려는 활동
㉰ 기업의 형사적 · 민사적 책임을 면하기 위한 활동
㉱ 안전사고 발생 시 사후처리활동

10 건설기술관리법상 안전관리계획 수립대상공사가 아닌 것은?

㉮ 시특법상 1종 및 2종 시설물의 건설공사
㉯ 지하 10m 이상 굴착공사 또는 폭발물을 사용하는 건설공사로서 20m 안에 시설물이 있거나 100m 안의 양육가축에 영향이 예상되는 건설공사
㉰ 원자력 시설공사
㉱ 인가, 허가, 승인 행정기관의 장이 안전관리가 필요하다고 인정하는 건설공사

11 품질은?

㉮ 고객의 필요에 적합
㉯ 고객만족에 추가적인 것
㉰ 요구사항에(시방서 그리고 사용의 적당) 적합
㉱ 관리의 요구사항에 적합

12 현대적인 품질관리와 현대적인 프로젝트 관리는 무엇에 초점이 맞춰지는가?

㉮ 고객 만족
㉯ 검사보다 예방이 우선
㉰ 관리 책임
㉱ 위 사항 모두

13 기업이 소유한 모든 종류의 경제적 자원으로서 기업이 보유한 미래의 경제적 편익, 경제적 권리를 나타내는 것은?

㉮ 자산   ㉯ 자본
㉰ 부채   ㉱ 투자

14 다음 자료에서 부채비율로 알맞은 것은?

> • 재고자산 200억 원
> • 매입채무 400억 원
> • 장기차입금 600억 원
> • 자본금 500억 원
> • 자본잉여금 100억 원
> • 이익잉여금 400억 원

㉮ 60%   ㉯ 100%
㉰ 83.3%   ㉱ 120%

15 다음은 터빈의 기동방식에 관한 내용이다. 잘못 기술된 것은?

㉮ 냉간기동(Cold Start) : 96시간 정지 후 기동
㉯ 난간기동(Warm Start) : 50~58시간 이상 정지 후 기동
㉰ 열간기동(Hot Start) : 6~12시간 경과 후 기동
㉱ 재기동(Restart) : 돌발정지 24시간 경과 후 재기동

16 순환수계통(Circulating Water System)에 관한 내용이다 적절치 않은 것은?

㉮ 재순환방식 : 냉각수가 풍부하지 않은 내륙에 발전소가 위치할 때 주로 채택
㉯ 직접순환방식 : 바닷가에 발전소가 위치할 때 채택. 한번 냉각에 쓰인 물은 재순환하지 않고 바다로 방류
㉰ 취수구(Intake)에는 Coarse Screen, Fine Screen, Traveling Band Screen 및 Mussel Filter 등이 단계적으로 설치되어 있어 해수의 이물질들을 걸러낸다.
㉱ '스펀지 볼 클리닝'은 콘덴서 튜브 내부를 세정하여 이물질 침착을 방지하는 것으로 발전소 운전 중에는 사용하지 않는다.

17 원자력발전소 1차 계통의 주요 설비를 나열한 것이다. 적절치 않은 것은?

㉮ 원자로(Reactor)
㉯ 증기발생기(Steam Generator)
㉰ 냉각재 펌프(Reactor Pump)
㉱ 복수펌프(Condensate Pump)

18 원자로의 안전운전을 위한 조치들이다. 적절치 않은 것은?

㉮ 세계원전사업자회의(WANO)에 의한 감시, 감독
㉯ 국제원자력기구(IAEA)의 정기적인 사찰
㉰ 정부에서 파견된 안전감독관의 상주
㉱ 운전원에 대한 철저한 교육 훈련

19 방사성 폐기물에 관한 설명 중 적절치 않은 것은?

㉮ 고준위 폐기물은 반감기 20년 이상의 알파선을 방출하는 폐기물로서 사용 후 핵연료가 이에 속한다.
㉯ 중/저준위 폐기물은 고준위 방사성 폐기물 이외의 방사성 폐기물을 말한다.
㉰ 중/저준위 폐기물은 방사선 관리구역에서 사용한 물질들로서 휴지, 공기필터, 작업복, 장갑 등이며 수거 후 소각 처리한다.
㉱ 방사성 폐기물은 성상에 따라 고체폐기물, 액체폐기물 및 기체폐기물로 구분한다.

20 담수 플랜트 생산단위 용량표시단위 중 10 MIGD에 대한 환산량으로 올바른 것은?

㉮ 4,546m³/day
㉯ 3,785m³/day
㉰ 45,460m³/day
㉱ 37,850m³/day

21 해수담수화 기술 중 금속관 외부에 해수를 분무하여 내부에 흐르는 증기를 응축시키는 방법은?

㉮ MSF ㉯ ED
㉰ RO ㉱ MED

22 우리나라 업체가 세계 1위인 해수담수화 방식은?

㉮ 역삼투압법(RO) ㉯ 전기투석법
㉰ 증발법 ㉱ 냉동법

23 아래 해양 플랜트 설비의 종류와 그 기능을 제대로 연결하고 있지 못한 것은?

㉮ FPSO – 심해에서 원유의 생산과 저장뿐만 아니라 하역 등을 수행
㉯ Fixed Platform – 비교적 낮은 해역에서 Jacket이라는 구조물의 지지를 받음
㉰ Decommissioning Vessel – 해양설비의 운반 설치를 용이하게 하기 위한 설비
㉱ ROV – 원격으로 조정하도록 고안되어 심해 등 열악한 환경에서 작업이 가능

24 해저 시추설비에서 아래의 기능을 수행하도록 고안된 시스템은 무엇인가?

- Drilling에 의한 Cuttings를 Downhole에서 제거
- Mud Density 유지를 통한 적정 압력 조정
- Sealing 및 적정 수준에서 Casing 방식 효과

㉮ Mud System
㉯ Cement System
㉰ Hydraulic Power System
㉱ Top　Drive System

25 다음 중 태양광의 에너지 변환효율을 높이기 위한 방법이 아닌 것은?

㉮ 가급적 태양빛이 반도체 내부에 많이 흡수되도록 한다.

㉯ 태양빛에 의해 생성된 전자가 쉽게 소멸되지 않고 외부 회로까지 전달되도록 한다.
㉰ p－n 접합부에 큰 자기장이 생기도록 소재를 선택해야 한다.
㉱ p－n 접합부에 큰 전기장이 생기도록 공정을 설계토록 해야 한다.

SUBJECT **02** | Engineering

26 세부사업수행계획서 내용에 포함하지 않아도 될 항목은?

㉮ 기본일정계획 및 상세일정계획
㉯ 기술자료 작성/승인 범위 및 형상관리 절차
㉰ 품질보증계획/주요품목 인도일정 및 수리 부속품 목록
㉱ 최종성능검사절차서 및 최종검사보고서 양식

27 시스템을 설계할 경우 고려해야 할 항목 중 관계가 적은 것은?

㉮ 발주 사양서에 명기된 성능 및 규격사항
㉯ 배치위치 및 관련 시스템 간의 제한사항
㉰ 품질보증 및 시험평가 절차사항
㉱ 조립, 설치, 운용 및 정비 효율성 관련 사항

28 플랜트 내 전력계통을 한눈에 파악할 수 있는 기본 도면으로서 전원인입단에서부터 부하단까지의 주요 전기기기를 표시하는 도면은?

㉮ Electrical Key Single Line Diagram
㉯ Electrical Schematic Diagram
㉰ Electrical Block Diagram
㉱ Electrical Logic Diagram

정답 **22** ㉰ **23** ㉰ **24** ㉮ **25** ㉰ **26** ㉱ **27** ㉰ **28** ㉮

29 현장에서 공사용 도면을 변경하여 시공하려고 할 때 발급해야 할 도서는 무엇인가?

㉮ DCN   ㉯ VP

㉰ FCR   ㉱ MR

30 다음은 Plant 토목설계에서 유의해야 할 사항들을 나열한 것이다. 이 중 잘못 표현된 것은?

㉮ 설계 오류를 줄이기 위해서는 분야 간에 원활하고 지속적인 Coordination이 필요하다.

㉯ 토목분야는 설계, 시공 모두 선행공정이므로 전체 Schedule에 지대한 영향을 준다.

㉰ Plant Engineer는 자신의 전공 분야뿐 아니라 관련 분야에도 관심을 가져야 한다.

㉱ Composite 도면에 Underground 매설물, 기초 등을 실 Scale로 작성하여 Interface를 Check 할 필요가 있다.

31 번호 부여체계(Project Numbering System)의 적용대상이 아닌 것은?

㉮ 자재 분류번호

㉯ 도면/문서 분류번호

㉰ 건설장비 분류

㉱ 공정단위작업 분류번호

32 엔지니어링 도면에 대한 설명 중 기술이 옳지 않은 것은?

㉮ 예비도면이란 사업주의 검토, 승인 또는 입찰용 등의 목적으로 발행되는 도면으로 제작이나 시공을 위해 발행되기 전의 도면을 말한다.

㉯ 설계도면이란 제작 및 건설 등을 목적으로 발행된 도면을 말한다.

㉰ 스케치는 제작이나 시공 목적으로 사용될 수 없다.

㉱ 예비도면의 개정 번호는 아리비아 숫자(0, 1, 2, …)로 표시된다.

33 공정의 모든 기계장치류, 배관, 제어계통 등과 정상운전, 비상사태, 시운전과 Shut-down 운전을 위한 모든 시설이 표시되어 상세 설계의 모든 정보를 알 수 있는 가장 중요한 도면은?

㉮ Process Flow Diagram

㉯ Piping & Instrument Diagram

㉰ Process Block Diagram

㉱ Instrument Logic Diagram

34 Plant 수행과정 중 공정설계장치를 기준으로 하여 Job을 수행하기 위한 기본방침을 정하고 Project 수행의 기본자료 수집과 설계를 병행하는 단계는?

㉮ 상세설계 단계

㉯ 조달 및 제작 단계

㉰ 기본설계 단계

㉱ 견적 및 계약단계

35 다음은 Pressure Relief Valve를 설치할 때 고려해야 할 사항이다. 이 중 옳지 않은 설명은?

㉮ Relief Valve는 Vessel이나 Vessel에 연결된 근처 배관에 설치하고 Relief Valve 전/후단에는 Block Valve를 설치하면 안 된다.

㉯ Relief Valve는 보호하려는 시스템과 Discharge Header보다 높이 위치해야 한다. Relief Piping은 Pocket이 없어야 한다.

㉰ Relief Valve 전/후단에도 LO(Locked Open)나 CSO(Car Sealed Open) 처리된 Block Valve라면 설치할 수 있다.

정답 **29** ㉰   **30** ㉯   **31** ㉰   **32** ㉱   **33** ㉯   **34** ㉰   **35** ㉰

㉱ Closed Thermal Relief Valve의 Discharge는 Downstream Process Line이나 Vessel로 한다. Downstream Block Valve를 설치한다.

36 **Control Valve를 설치할 때 고려해야 할 사항 중에서 바르지 않은 것은?**

㉮ F.O/F.C와 같은 Control Valve의 Fail Position을 Valve 아래 표기한다.
㉯ Control Valve가 작동되지 않을 경우 공장효율이 떨어지거나 운전에 영향을 미치거나 안전하지 않을 경우는 Bypass를 설치한다.
㉰ 모든 Control Valve에는 Hand Wheel을 설치한다.
㉱ 모든 Control Valve의 전단에 Bleed Valve를 설치한다.

37 **복수기에 인입된 터빈의 배출증기와 바이패스 증기를 응축시켜 급수로 재사용할 수 있도록 복수기에 냉각수를 공급하는 계통은?**

㉮ 복수 계통
㉯ 기기 냉각수 계통
㉰ 복수 저장 및 이송 계통
㉱ 순환수 계통

38 **다음 계통 설명 중에서 설명이 바르게 된 것은?**

㉮ 주증기 계통은 보일러에서 나온 증기를 중압터빈으로 연결시키는 배관 계통이다.
㉯ 염소주입설비 계통은 기기 냉각수 중에 포함된 유해물질을 제거하기 위해 염소를 주입시키는 계통이다.
㉰ 탈질설비는 화석연료 연소 후에 생성된 가스 중에서 유황산화물(SOx)을 제거하는 계통이다.
㉱ 통풍설비 계통은 보일러에서 화석연료를 연소시키기 위해 필요한 연소용 공기를 공급하고, 연소 후 발생되는 연소가스를 연돌을 통해 안전하게 대기로 배출시켜 주는 계통이다.

39 **원자력발전소의 보호 및 안전설비의 설계 특성을 설명한 것이다. 틀린 것은?**

㉮ 설계원칙으로 다중성, 독립성, 다양성, 물리적 분리 및 고유안전개념이 적용된다.
㉯ 독립성은 2개 이상의 기기를 물리적으로 상호 분리 독립 설치하되 전기적으로는 분리하지 않아도 되는 것이다.
㉰ '다양성'은 동일 기능을 가진 2가지 이상의 다른 기기를 설치하는 개념이다.
㉱ '다중성'은 2개 이상의 동일 기능의 설비를 설치하는 개념이다.

40 **원자력발전소 설계기준 중 안전등급(Safety Class) 분류에 대한 설명이다. 틀린 것은?**

㉮ 교육과학기술부 제2002－21호, ANSI 및 PWR의 원자력 설계기준에 따라 안전성 중요도를 고려하여 4개의 안전등급으로 분류
㉯ 안전등급－1(SC－1)은 원자로 압력경계를 이루고 KEPIC MN의 요건 적용
㉰ 안전등급－2(SC－2)는 핵분열 생성물의 유출을 방지하거나 격리하는 기능
㉱ 비안전등급(NNS)은 KEPIC MN이 적용되는 안전등급 2의 기기

정답 36 ㉰ 37 ㉱ 38 ㉱ 39 ㉯ 40 ㉱

41 Strainer 시스템을 설계할 경우 고려해야 할 항목 중 관계가 적은 것은?

㉮ 조립, 설치, 운용 및 정비 효율성 관련 사항
㉯ Pressure Drop 및 Open Area
㉰ Welding Procedure Specification & Procedure Qualification Record
㉱ 발주사양서에 명기된 재질 규격 및 기술 Data 사항

42 기계설계 업무절차 순서가 옳은 것은?

㉮ M/R 작성 – V/P Check – P/O Issue – TBE
㉯ V/P Check – P/O Issue – TBE – M/R 작성
㉰ M/R 작성 – V/P Check – TBE – P/O Issue
㉱ M/R 작성 – TBE – P/O Issue – V/P Check

43 Cable Schedule 작성 시 불필요한 자료는 무엇인가?

㉮ Load List
㉯ Plot Plan
㉰ Main Cable Route Plan
㉱ Civil Plan

44 긴급차단밸브의 동작에 관련된 Control 시스템은?

㉮ SIS(ESD) ㉯ Governor
㉰ PID loop ㉱ PSV

45 Controller는 분산하고 정보는 집중하여 신뢰성과 유연성을 높인 장치는?

㉮ PLC ㉯ DCS
㉰ SCADA ㉱ TMR

46 지반공학(Geotechnical Engineering)의 특징이 아닌 것은?

㉮ Time independent
㉯ Affected by pressure
㉰ Heterogeneous
㉱ Anisotropic

47 Plant 건축설계의 특징을 잘못 정의한 것은?

㉮ Vendor Control 및 Vendor Data Review 가 사업수행 성공의 관건이다.
㉯ 기술분야 간 Interface Check 및 Coordination이 필수적이며 원활해야 한다.
㉰ 각종 기계, 전기, 전자기기, 배관설비 등을 위한 건축 및 구조물을 설계하며, 특히 유지 보수보다는 신규 Plant에 시설비를 투자하는 경향이 있다.
㉱ 기술분야 간 Interface Check 및 Coordination이 필수적이다.

48 Engineering Key Drawings과 가장 거리가 먼 것은?

㉮ P & ID
㉯ Instrument Cable Route Drawing
㉰ Overall Plot Plan
㉱ Electric Single Line Diagram

49 설계기준서 작성 시 고려하지 않아도 되는 사항은?

㉮ 성능요건
㉯ 사업주 표준설계
㉰ 규제요건
㉱ 설계관리 절차

정답 **41** ㉮ **42** ㉱ **43** ㉱ **44** ㉮ **45** ㉯ **46** ㉮ **47** ㉰ **48** ㉯ **49** ㉱

50 질소를 생산하는 공정 중 CO_2가 발생할 수 없으며 가장 높은 순도의 질소를 생산할 수 있는 공정은 다음 중 어느 것인가?

㉮ Air Separation Process
㉯ Ammonia Cracking Process
㉰ PSA Process
㉱ Oil Fired Process

SUBJECT **03** | Procurement

51 구매 Cycle 단축을 위한 전략에 해당되지 않는 것은?

㉮ Strategic Alliance 체결
㉯ 지명 경쟁 입찰
㉰ Shorting Bidding
㉱ 단가/물량 계약

52 RFQ의 구성 요소가 아닌 것은?

㉮ Instruction to Bidder(ITB)
㉯ Technical Requisition
㉰ Source Inspection Plan
㉱ Kick Off Meeting Agenda

53 Equipment 자재의 특성인 것은?

㉮ 표준품(Line Productive Item)
㉯ 적용 Code 또는 제작사의 Model 사양
㉰ 노반 승인이 불필요한 경우가 있음
㉱ 주문품(Order Made, Engineered Item)

54 Procurement Procedure 작성 시 포함되지 않는 것은?

㉮ 구매업무 전략에 대한 사항
㉯ Expediting & Inspection에 대한 사항
㉰ 시운전에 대한 사항
㉱ 현장 구매에 대한 사항

55 배관 Engineering의 제일 초기 도면으로서 Equipment 및 구조물에 대한 배치도를 무엇이라 하는가?

㉮ Plot Plan ㉯ ELP
㉰ Route Study ㉱ Isometric

56 Pipe 제작에 따른 구분으로 Welding Joint가 없는 Pipe는 무엇인가?

㉮ API Pipe
㉯ ERW Pipe
㉰ EFW Pipe
㉱ Seamless Pipe

57 Valve를 선택할 시 유량 조절이 가능하고 Quick Open/Close가 불필요한 Control bypass 부분에서 사용 가능한 Valve는 어떤 것인가?

㉮ Gate Valve ㉯ Globe Valve
㉰ Ball Valve ㉱ Plug Valve

58 Refinery Plant에서 Steam Service(A 106, Gr B) 500 deg. F에서 적용되는 허용응력은?

㉮ 16.0ksi ㉯ 18.9ksi
㉰ 21.6ksi ㉱ 20.0ksi

정답 **50** ㉮ **51** ㉯ **52** ㉱ **53** ㉱ **54** ㉰ **55** ㉮ **56** ㉱ **57** ㉯ **58** ㉯

59 밸브 중에서 가장 많이 쓰이며, 양방향 Flow에 On – Off가 주목적으로 사용되는 것이 아닌 것은?

㉮ Gate Valve   ㉯ Globe Valve

㉰ Plug Valve   ㉱ Ball Valve

60 ASME Class Rating으로 표기되는 Item이 아닌 것은?

㉮ Valves   ㉯ Gasket

㉰ Flange   ㉱ Pipe

61 Piping Material Engineer의 역무 범위가 아닌 것은?

㉮ Piping Material Specification 작성

㉯ MTO(Material Take – Off) 작성

㉰ Material Requisition 작성

㉱ Valve Data Sheet 작성

62 Long Radius Elbow의 반경은?

㉮ $1.0 \times D$ ㉯ $1.5 \times D$

㉰ $2.0 \times D$ ㉱ $2.5 \times D$

63 Pressure Rating 관련 설명 중 틀린 것은?

㉮ 숫자가 높을수록 고온 고압에 적용된다.

㉯ 동일 온도에서 동일 압력일지라도 재질에 따라 Class Rating은 달라진다.

㉰ 동일 온도에서 동일 압력일지라도 재질에 따라 Class Rating은 달라지지 않는다.

㉱ Class Rating이 높으면 낮은 Rating에 사용할 수 있다.

64 구매사양서의 목적을 가장 바르게 설명한 것은 무엇인가?

㉮ 플랜트 공사의 기자재 구매를 위한 문서

㉯ 기기의 설계, 제작, 검사, 시험 및 납품을 하는 공급자에게 계약서 및 설계서, 정보 및 자료의 내용으로 기준을 제공하는 문서

㉰ 기자재 구매를 위해 사양 및 수량이 기입된 문서

㉱ 구매 관련 사항을 종합하여 기자재 업체에 견적을 요청하는 문서

65 다음의 설명에 해당하는 것을 보기에서 고르시오.

> 구매 관련 사항을 종합하여 기자재 업체에 견적을 요청하는 문서

㉮ 구매사양서

㉯ MR(Material Requisition)

㉰ RFQ(Request for Quotation)

㉱ Vendor Print

66 구매사양서를 작성할 때 반드시 포함되어야 하는 사항이 아닌 것은?

㉮ 일반사항   ㉯ 공급범위

㉰ 기술요구사항   ㉱ 기술 입찰 평가서

67 다음 ( ) 안에 공통으로 들어갈 말을 고르시오.

> ( )의 적용범위는 프로젝트에서 구매하는 기자재의 공급자 선정과 관련하여 2개 이상의 공급업체들이 제출한 기술 견적서를 검토하여 적합한 기자재를 구매하기 위한 플랜트 ( )업무에 적용한다.

㉮ Vendor Print

㉯ 구매사양서

㉰ 기술 입찰 평가

㉱ RFQ(Request for Quotation)

정답 **59** ㉯ **60** ㉱ **61** ㉯ **62** ㉯ **63** ㉰ **64** ㉯ **65** ㉰ **66** ㉱ **67** ㉰

68 다음은 무엇에 대한 설명인가?

> • 매도인이 물품의 수출통관 절차를 마친 후, 지정된 선박에 적재하였을 때 또는 이미 인도된 물품을 Procure(입수)하는 것으로써 그 의무를 완수하게 되는 거래 조건
> • 해상운송 또는 내수로 운송 시에만 사용 → 운송비 및 보험료는 매수인이 부담

⑦ EXW(Ex Works, 공장인도)

⑭ FCA(Free Carrier, 운송인인도)

⑮ FAS(Free Alongside Ship, 선측인도)

⑯ FOB(Free On Board, 본선인도)

69 계장자재 구매사양서 중에서 "Scope of Supply" 항목에서 언급하지 않아도 되는 것은?

⑦ 계약자 공급범위에 포함시켜야 할 자재명세(Items Included)

⑭ 계약자 공급범위에 불포함되는 자재명세(Items Not Included)

⑮ 기자재 공급자의 자격요건

⑯ 계약자 공급품목의 설치도 포함 여부

70 분산제어설비(DCS) 설계 시 일반적으로 Redundancy 적용범위에 포함되지 않는 부위는?

⑦ Power Supply System of DCS

⑭ Data Highway of DCS

⑮ Main Processor Card of DCS

⑯ I/O Card of DCS

71 콘크리트 타설 시 굳지 않은 시멘트 풀, 모르타르 및 콘크리트에 있어서 윗면으로 물이 스며오르는 현상을 무엇이라 하는가?

⑦ 중성화 현상　　⑭ 레이턴스

⑮ 블리딩 현상　　⑯ 워터게인 현상

72 콘크리트 운반차는 트럭믹서를 사용하여 재료 분리를 방지하기 위하여 현장에 몇 시간 이내에 도착하여야 하는가?

⑦ 0.5시간　　⑭ 1.0시간

⑮ 1.5시간　　⑯ 2.5시간

73 Steel의 종류를 구분하여 설명한 내용 중 Cast Iron(주철)과 Carbon Steel(탄소강)에 관련된 내용이다. 잘못 기술된 항목은?

⑦ 일반적으로 탄소함량이 1.7%보다 높은 경우 Cast Iron으로 분류된다.

⑭ Cast Iron은 Carbon Steel보다 인성과 연성이 좋아 가공이 용이하다.

⑮ 일반적으로 탄소함량이 1.7% 미만인 경우 Carbon Steel로 분류된다.

⑯ 구조용 철강재로 사용되는 Carbon Steel의 탄소함량은 0.15%에서 0.29% 범위이다.

74 자재 구매 시 필요한 기본적인 문서가 아닌 것은?

⑦ 구매사양서(PS)

⑭ 총소유비용(TCO)

⑮ 자재인증서(C of C)

⑯ 구매요청서(POR)

75 자재 구매 용어 중 적당하지 않은 것은?

⑦ 자재시험성적서(CMTR)
  : Certificated Material Test Report

⑭ 자재구매요청서(POR)
  : Purchase Order Request

⑮ 자재인증서(C of C)
  : Certificate of Compliance or Conformance

⑯ 총소유비용(TCO)
  : Total Cost of Owner

정답 **68** ⑯　**69** ⑮　**70** ⑯　**71** ⑮　**72** ⑮　**73** ⑭　**74** ⑭　**75** ⑯

76 시운전 조직 및 책임에 관한 사항으로 틀린 것은?

㉮ 시운전반의 조직은 공무부, 원자로부, 터빈부, 기전부 및 발전부, 품질관리부 등이다.

㉯ 공무부는 공무, 안전, 공정, 계통인수, 법정검사수검, 긴급자재구매업무를 수행한다.

㉰ 원자로부, 터빈부 및 기전부는 각각 기계과, 전기과, 계측제어과로 구성된다.

㉱ 발전부는 운영과, 정기점검과 및 발전과로 구성된다.

77 시운전 조직 간 책임한계에 관한 내용이다. 적절치 않은 것은?

㉮ 건설소의 임무는 시공기술시방에 따라 기자재 설치, 건설완료점검 및 기기별 기능시험 등을 수행하여 시운전반으로 적기 인계하는 것이다.

㉯ 시운전반은 건설소로부터 계통 및 설비를 인수 후 설계기준에 따라 Phase A 및 B 단계의 시운전 시험업무를 수행한다.

㉰ 발전소에서는 시운전반으로부터 계통 및 설비를 인수 후 설계기준에 따라 Phase B, C 및 D 단계의 시험업무를 수행한다.

㉱ Phase A 단계에서는 가동 전 시험, B 단계에서는 저출력시험, C 단계에서는 출력상승시험, D 단계에서는 인수성능시험을 한다.

78 건설결함처리 및 관리에 관한 설명 중 틀린 것은?

㉮ 건설결함이란 제작 및 시공상의 결함으로 설계 및 시방서상의 기준을 벗어난 계통 및 설비로 성능이 불만족스러운 상태

㉯ 시공부서는 건설결함사항에 대한 조치의 뢰서 작성

㉰ 시공부서는 시운전작업허가 취득 및 조치 요구일까지 작업 완료

㉱ 시운전 주관부서는 종결처리 확인 및 승인 후 건설결함 꼬리표 제거

79 시운전 자재 관리에 관한 사항이다. 타당하지 않은 것은?

㉮ 인수검사는 품명, 규격, 수량 등과 일치 여부, 손상 여부 및 제반 관련 서류의 적정성 여부를 검사하는 행위이다.

㉯ 기술검사는 규격 및 성능 일치, 재질상의 결함 등 기술적인 사항을 검사하는 행위이다.

㉰ 품질검사는 품질하자 및 품질보증 서류 구비 등 품질요건 준수의 이행 여부를 검사하는 행위이다.

㉱ 상기 3종류의 검사는 독립적인 판단을 위하여 각각 별도로 시행하여야 한다.

80 시운전 수행 자료가 아닌 것은?

㉮ Contract

㉯ 시운전 Schedule

㉰ Sub-system Marked Up

㉱ 시운전 관련 Procedure

81 Pre-commissioning 작업이 아닌 것은?

㉮ Steam blowing

㉯ Drivers Solo Run

㉰ Vessel Inspection

㉱ Function Test

82 Commissioning의 주요업무가 아닌 것은?

㉮ Refractory Dry – Out
㉯ Interlock Function Test
㉰ Pig Cleaning
㉱ O_2 Freeing

83 Utility 설비에 해당하지 않는 것은?

㉮ Electric system
㉯ Cooling Tower
㉰ Instrument Air
㉱ Reservoir

84 다음 중 관계가 틀린 것은?

㉮ 보일러 : 화학적 에너지 → 열에너지
㉯ 콘덴서 : 열에너지 → 운동에너지
㉰ 발전기 : 기계적 에너지 → 전기적 에너지
㉱ 터빈 : 열에너지 → 기계적 에너지

85 터빈에 사용되는 Bearing에 관한 설명으로 틀린 것은?

㉮ 터빈에 사용되는 베어링은 Sliding Bearing 이다.
㉯ 터빈에 사용되는 Journal Bearing은 크게 원통형(Cylindrical Bore Type)과 타원형(Elliptically – shaped Bore Type) 베어링이다.
㉰ Tilting Pad Bearing은 오늘날 고압, 재열의 대용량 증기터빈에 많이 사용된다.
㉱ Thrust Bearing은 저압터빈 측에 설치되어 Rotor가 저압터빈 측으로 밀리는 것을 방지한다.

86 다음은 Casing Alignment 방법에 사용되지 않는 것은?

㉮ Straight Edge 이용 방법
㉯ 피아노선 방법
㉰ 기준 축(dummy Shaft) 방법
㉱ Laser선 방법

87 다음 배관작업 순서로 맞는 것은?

㉮ Fit – up 검사 → 용접 → RT 검사 → 수압시험
㉯ 용접 → 후열처리 → 수압시험 → RT 검사
㉰ 예열 → 용접 → RT 검사 → 후열처리
㉱ 육안검사 → 용접 → 후열처리 → RT 검사

88 다음 비파괴 및 비파괴 검사 관련 사항 중 틀린 것은?

㉮ 비파괴시험 중 RT는 발주처가 시행한다.
㉯ RT검사는 용접 후 시행하고 이상이 없을 시 후열 처리한다.
㉰ RT검사 이외의 비파괴검사 PT, MT 등은 Code나 도면 요구 시 시공사가 실시한다.
㉱ 소켓 용접부는 MT, PT를 실시한다.

89 Welding Procedure Specification(WPS)상에 없는 정보는?

㉮ 이음 형태
㉯ 용접자세, 모재, 용가재
㉰ 예열 및 후열 처리 정보
㉱ 발행회사

90 Raceway(전선로)는 무엇을 위한 것인가?

㉮ Cable Tray를 말한다.
㉯ 전선(Cable)을 설치하기 위한 것이다.
㉰ 전선관을 설치하는 방법을 말한다.
㉱ 차단기를 설치하는 방법이다.

91 조명설비에서 연색성은 무엇을 뜻하는 것인가?

㉮ 색온도를 구분하기 위한 것이다.
㉯ 조명의 조도를 조정하는 것이다.
㉰ 광원에서 발산되는 빛이 사물에 비칠 때의
  사람의 느낌을 구분한 것이다.
㉱ 광원의 밝기의 정도를 나타내는 것이다.

92 계기용 Root Valve 인출 위치가 Process
Pipe 단면상 방향이 맞는 것은?

㉮ 물 – 하향   ㉯ 물 – 상향
㉰ Gas – 하향   ㉱ Steam – 하향

93 도압 배관 설치 시 기울기를 필히 주어야 한
다. 이유는 무엇인가?

㉮ 기체가 발생될 수 있기 때문
㉯ 응축수 및 기포의 관 내 정체현상을 방지
  하기 위하여
㉰ 먼지가 유입될 수 있기 때문
㉱ 공기의 유입을 차단하기 위해

94 하도급업체 선정 시 고려해야 할 사항 중 비
교적 중요도가 낮은 것은?

㉮ 대표이사의 학력, 경력
㉯ 유사공사 실적 및 평판(품질, 안전관리 등)
㉰ 기능공 동원능력
㉱ 타 현장 저가수주(손실 발생하는 계약) 여부

95 시공단계 공정관리업무의 중점관리사항으로
관계가 가장 먼 것은?

㉮ 시공일정에 해당 도면이 접수될 수 있도록
  설계일정을 모니터링 한다.
㉯ 도면접수 상황에 맞춰 시공일정을 조정하
  고 시공기간을 단축한다.
㉰ 도면작성, 승인, 배포에 대한 Process를 사
  전 합의하여 설계오류 여부를 검토한다.
㉱ 설계에 필요한 각종 기자재 Data가 적기에
  설계자에게 전달되는지를 모니터링한다.

96 아스팔트 포장 시공 순서도를 올바르게 나열
한 것은?

㉮ 보조기층 포설 및 다짐 – 프라임 코팅 – 기
  층 포설 – 택코팅 – 포층 포설
㉯ 보조기층 포설 및 다짐 – 택코팅 – 기층 포
  설 – 프라임 코팅 – 포층 포설
㉰ 보조기층 포설 및 다짐 – 프라임 코팅 – 포
  층 포설 – 택코팅 – 기층 포설
㉱ 보조기층 포설 및 다짐 – 택코팅 – 포층 포
  설 – 프라임 코팅 – 기층 포설

97 배관의 구성 요소 중 Fitting 부품이 아닌 것은?

㉮ Elbow   ㉯ Tee
㉰ Reducer   ㉱ Valve

98 아래 Valve 중 유량조정 Valve는?

㉮ Gate Valve
㉯ Globe Valve
㉰ Ball Valve
㉱ Safety Valve

정답 **90** ㉯ **91** ㉰ **92** ㉮ **93** ㉯ **94** ㉮ **95** ㉯ **96** ㉮ **97** ㉱ **98** ㉯

99 공사기간 중 타 공정과 전기 · 계장 공사시점
이 맞는 것은?

㉮ 배관공사가 후행 공사다.

㉯ 기계공사가 후행 공사다.

㉰ 건축공사가 후행 공사다.

㉱ 상기 공사(배관, 기계, 건축) 다음에 이루
어지는 공사다.

100 시공 Cost 분석 CBS(Cost Breakdown St-
ructure)에 맞게 작성하는 방법은?

㉮ Unit Cost를 산정 후 : 자재비 + 노무비 +
장비비 + 경비(In Direct 포함)

㉯ Unit Cost를 산정 후 : 노무비 + 장비비 +
경비(In Direct 포함)

㉰ Unit Cost를 산정 후 : 자재비 + 경비(In
Direct 포함)

㉱ Unit Cost를 산정 후 : 자재비 + 노무비 +
경비(In Direct 포함)

2016년 2회 필기시험

P L A N T E N G I N E E R

SUBJECT **01** | Process

01 문제해결 과정 6단계에서 가장 먼저 진행해야 하는 단계는 다음 중 어느 것인가?

㉮ 분석
㉯ 가설 설정
㉰ 이슈 세분화
㉱ 문제 정의/목표 설정

02 사업 포트폴리오 중에서 높은 수익성을 주는 동시에 안정적인 현금흐름을 기대할 수 있는 영역은 다음 중 어느 것인가?

㉮ Star
㉯ Cash Cow
㉰ Dog
㉱ Problem Child

03 창의적인 해결책을 마련하기 위한 아이디어 창출기법인 "브레인스토밍"의 4대 원칙이 아닌 것은?

㉮ 자유분방한 사고
㉯ 아이디어의 양보다 질 우선
㉰ 회의 중 비판 금지
㉱ 개선된 아이디어 발굴

04 협상에서 중요한 것, 즉 목적은 무엇인가?

㉮ 목표 범주 설정
㉯ 상호 이익 선택
㉰ 일방적인 계약
㉱ 절차보다는 이익

05 문제해결 프로세스의 분석실행 단계에서 1차 자료의 종류가 아닌 것은?

㉮ 설문조사
㉯ 관찰조사
㉰ 인터넷 서칭
㉱ 그룹 인터뷰

06 영문서한 작성 시 반드시 필요한 사항이 아닌 것은?

㉮ Letterhead
㉯ Date
㉰ Inside address
㉱ subject

07 번호부여체계(Project Numbering System)의 적용 대상이 아닌 것은?

㉮ 자재 분류번호
㉯ 도면/문서 분류번호
㉰ 건설장비 분류
㉱ 공정단위작업 분류번호

08 민간투자 SOC 사업 중 사업시행자가 건설하고, 소유권 이전하여 운영하고, 기간 만료 시 정부, 지자체로 소유권 이전하는 방식은?

㉮ BTO
㉯ BTL
㉰ BOT
㉱ BOO

정답 **1** ㉱ **2** ㉯ **3** ㉯ **4** ㉯ **5** ㉰ **6** ㉱ **7** ㉰ **8** ㉰

09 엔지니어링 도면에 대한 설명 중 기술이 옳지 않은 것은?

㉮ 예비도면이란 사업주의 검토, 승인 또는 입찰용 등의 목적으로 발행되는 도면으로 제작이나 시공을 위해 발행되기 전의 도면을 말한다.

㉯ 설계도면이란 제작 및 건설 등을 목적으로 발행된 도면을 말한다.

㉰ 스케치는 제작이나 시공 목적으로 사용될 수 없다.

㉱ 예비도면의 개정 번호는 아리비아 숫자(0, 1, 2, …)로 표시된다.

10 안전관리의 정의로 가장 적절한 것은?

㉮ 인명과 재산의 손실에 대한 분석활동

㉯ 위험한 요소의 조기 발견 및 예측으로 재해를 예방하려는 활동

㉰ 기업의 형사적, 민사적 책임을 면하기 위한 활동

㉱ 안전사고 발생 시 사후처리 활동

11 하인리히가 주장한 재해구성 비율로 올바른 것은?

㉮ 1 : 29 : 300 ㉯ 1 : 30 : 30 : 600

㉰ 1 : 9 : 90 ㉱ 1 : 12 : 30

12 프로젝트 품질 관리에 대한 근본적인 책임은 누구에게 있는가?

㉮ 프로젝트 엔지니어

㉯ 구매 대리인

㉰ 품질 관리인

㉱ 프로젝트 매니저

13 리스크 관리의 주목적은 무엇인가?

㉮ 리스크 예방

㉯ 일정 단축

㉰ 원가 절감

㉱ 품질 향상

14 LNG 액화 플랜트 즉 Train의 구성을 위해 반드시 요구되는 주요 설비로 볼 수 없는 것은?

㉮ 압축기 (Compressors)

㉯ 열교환기 (Heat Exchangers)

㉰ 증기 발생기 (Steam Generators)

㉱ 플래쉬 밸브 (Flash Valves)

15 다음 LNG 플랜트에 대한 설명으로 옳은 것은?

㉮ 천연가스는 자연친화적 자원으로 불순물을 포함하고 있지 않다.

㉯ 초저온 액화공정을 통해 액체 연료로 전환하여 천연가스의 부피를 감소시킨다.

㉰ 수분제거는 액화가 이루어지고 난 후에 이루어진다.

㉱ 천연가스 내의 탄산가스는 기화 분리되므로 제거가 필요하지 않다.

16 다음은 발전소 기기배치 요건이다. 적절치 않은 것은?

㉮ 접근성(Accessability)

㉯ 운전성(Operability)

㉰ 유지보수성(Maintainability)

㉱ 유용성(Availability)

17 전력은 수요와 공급의 동시성이라는 특성이 있다. 이에 따라서 전기품질이 결정되는바 아래 요소 중 해당되지 않는 것은 어느 것인가?

㉮ 전압
㉯ 전류
㉰ 주파수
㉱ 무정전

18 발전소의 입지는 대개 바닷가에 위치하여 있다. 그 이유에 해당되지 않는 것은?

㉮ 풍부한 냉각수를 확보하기가 용이하다.
㉯ 배기가스, 폐수 등의 오염물질 배출에 비교적 자유롭다.
㉰ 중량물의 운반, 연료의 운반을 위한 선박의 접안이 편리하다.
㉱ 도시 등 인구 밀집 지역보다 용지확보가 용이하다.

19 한국형원전에 관한 내용이다. 적절치 않은 것은?

㉮ 한국표준형원전(OPR-1000)은 순수한 우리기술의 국산원전으로 발전용량은 1,000MW이다.
㉯ 영광원자력 3, 4호기는 최초의 한국표준형원전이다.
㉰ 한국표준형원전은 우수한 안전성을 갖고 있으며 미국 원전에 비해 고장과 사고위험을 현저하게 감소시켰다.
㉱ 신형경수로(APR 1400)는 안전성과 이용률이 뛰어난 원전으로 설계수명이 60년이며 UAE에 4기를 수출한 바 있다.

20 해수담수화 기술 중 반투막을 사용하고 해수에 삼투압 이상의 압력을 가하면 물은 통과시키지만 염분 등은 통과하지 않는 원리를 이용한 방법은?

㉮ 하이브리드 방식　㉯ 전기투석법
㉰ 투과증발법　㉱ 역삼투압법

21 다음 중 해수담수화 플랜트의 주 기기 BOP 설비가 아닌 것은?

㉮ Vacuum System
㉯ Fire Fighting System
㉰ Pump & Motor
㉱ Chemical Dosing System

22 일반적으로 지하 저류층에서 생산되는 유체는 천연가스, 원유, 물 3상으로 구성되어 있는 경우가 많은데, 이러한 3상의 유체를 분리하기 위하여 석유 생산 현장에서 가장 일반적으로 널리 사용되는 설비는 무엇인가?

㉮ Heat Exchanger
㉯ Stabilizer
㉰ Separator
㉱ Distillation Column

23 해양설비에 있어서 고정식과 부유식의 기능을 모두 지니면서 필요한 경우에만 고정식 설비의 기능을 수행할 수 있도록 고안된 시스템을 무엇이라고 하는가?

㉮ Jacket System
㉯ Jack-up System
㉰ Float-over System
㉱ Float-off System

24 태양광발전의 장점으로 보기 어려운 것은?

㉮ 에너지원이 청정하며 무한함
㉯ 유지보수가 다소 용이
㉰ 긴 수명(20년 이상)
㉱ 초기투자비가 높음

25 풍력발전기에 들어가는 구성요소가 아닌 것은?

㉮ 블레이드 ㉯ 기어박스(감속기)
㉰ 발전기 ㉱ 발전셀

SUBJECT **02** | Engineering

26 플랜트 설계기준에 포함되지 않은 것은?

㉮ Project Schedule
㉯ Client Requirements
㉰ Codes And Standards
㉱ Local Regulations

27 Equipment Foundation 설계를 위한 관련 분야 Information이 아닌 것은?

㉮ Vendor Drawing(or Engineering Drawing)
㉯ Plot Plan(Equipment Layout Drawing)
㉰ Underground Drawing
㉱ Re-bar bender Drawing

28 지반조사의 목적으로 볼 수 없는 것은?

㉮ 구조물에 적합한 기초의 형식과 근입깊이 결정에 필요하다.
㉯ 기초의 지지력 계산에 이용된다.

㉰ 지반의 구성상태 및 각 토층의 지반정수를 알기 위한 것이 아니다.
㉱ 지반조건에 따른 시공법의 결정에 이용된다.

29 토목 구조 설계(Design)을 위해 필요한 관련 분야 Information이 아닌 것은?

㉮ Vendor Drawing(or Engineering Drawing)
㉯ Plot Plan(Equipment Layout Drawing)
㉰ Underground Drawing
㉱ P & ID

30 Plant 토목설계를 위하여는 Site Survey를 해야 하는데 Site Survey 업무내용이 아닌 것은?

㉮ Preliminary and General Investigation
㉯ Detailed Investigation
㉰ Clarification Survey
㉱ Site Preparation

31 발전소 일반 설계기준이 아닌 것은?

㉮ 사용 연료 조건
㉯ 지진계수
㉰ 기자재 공급업체 목록
㉱ 소 내 공급전원

32 설계도서 검토 요건이 아닌 것은?

㉮ 연관 설비들과의 문제점은 없는가?
㉯ 규정, 규격 및 규제 요건에 만족하는가?
㉰ 시운전 및 주기적인 시험 요건이 반영되었는가?
㉱ 제시한 가격이 시세와 큰 차이는 없는가?

정답 **24** ㉱ **25** ㉱ **26** ㉮ **27** ㉱ **28** ㉰ **29** ㉱ **30** ㉱ **31** ㉰ **32** ㉱

33 Pipe 제작에 따른 구분으로 welding joint가 없는 pipe는 무엇인가?

㉮ API Pipe ㉯ ERW Pipe
㉰ EFW Pipe ㉱ Seamless Pipe

34 배관 Engineering의 제일 초기 도면으로서 Equipment 및 구조물에 대한 배치도를 무엇이라 하는가?

㉮ Plot Plan ㉯ ELP
㉰ Route Study ㉱ Isometric

35 다음 중 Plant Layout 시 가장 우선을 두어야 할 조건은?

㉮ 경제성 ㉯ 미관성
㉰ 안전성 ㉱ 조작성

36 석탄 화력발전소 계통 구성에서 석탄 연소와 직접적인 관계가 없는 계통은?

㉮ 회 처리설비 계통
㉯ 집진설비 계통
㉰ 탈황설비 계통
㉱ 냉각수 계통

37 Code에 대한 설명 중 맞는 것은?

㉮ ASME에서 작성한 rule을 말한다.
㉯ AWS에서 작성한 rule을 말한다.
㉰ 계약서상 언급된 국가나 주에서 채택된 Standard를 말한다.
㉱ Standard와 동일하다.

38 RO Plant의 성능을 결정하는 가장 큰 요인은?

㉮ 전처리 성능
㉯ Membrane
㉰ 원수(Raw Water)
㉱ HP Pump

39 전기설계 시 고려해야 할 사항이 아닌 것은?

㉮ 전기기기는 관련자 외의 사람이 쉽게 접근하거나 접촉할 수 없도록 하고 조작 시 운전원에 대해 위험이 없어야 한다.
㉯ 설비는 장래의 증설을 고려하되 최적화하여 경제적이어야 한다.
㉰ 고장 발생 시 파급범위는 고려하지 않아도 된다.
㉱ 전원 공급점은 최대한 부하중심점에 둔다.

40 도면작성에 필요한 기술계산은 미리 수행해야 하고, 연관 자료도 먼저 검토해야 하며, 필요한 사항을 먼저 확인하는 것이 아주 중요하다. 도면작성 이전에 검토할 대상이 아닌 것은?

㉮ 건물 및 구조물의 층고, 운반기계 위치 등
㉯ 제작사 공급범위와 중첩 여부
㉰ 도면작성 계약사의 엔지니어링 실태
㉱ 설비, 기계류의 전압 및 제어방식

41 전기분야 상세설계 단계에서 수행되는 업무로 볼 수 없는 것은?

㉮ 공사용 도면 작성
㉯ 전기기기 구매규격서 작성
㉰ 전원기본계획안 수립
㉱ 설계계산서 작성

42 다음 중 전기 분야 설계도면 및 도서에 포함되지 않는 것은?

㉮ Load List
㉯ Cable Schedule
㉰ Piping Diagram
㉱ Single Line Diagram

43 Control Valve를 설치할 때 고려해야 할 사항 중에서 바르지 않은 것은?

㉮ F.O/F.C와 같은 Control Valve의 Fail Position을 Valve 아래 표기한다.
㉯ Control Valve가 작동되지 않을 경우 공장 효율이 떨어지거나 운전에 영향을 미치거나 안전하지 않을 경우는 Bypass를 설치한다.
㉰ 모든 Control Valve에는 Hand Wheel을 설치한다.
㉱ 모든 Control Valve의 전단에 Bleed Valve를 설치한다.

44 계기시스템의 용도 중 설정값에 도달했을 때 설비보호를 위해 설비를 정지시키는 데 사용하는 것은?

㉮ Trip
㉯ Alarm
㉰ Control
㉱ Indicating

45 보일러에서 가장 기본이 되는 제어는?

㉮ 수치제어
㉯ 시퀀스 제어
㉰ 피드백 제어
㉱ 자동조절

46 다음 중 HAZOP 검토에 대한 설명 중 맞는 것은?

㉮ 공장이나 장치의 위험물과 조업성을 찾아내기 위한 체계적인 기술
㉯ 공정의 초기 경제성을 판단하기 위한 평가 기술
㉰ 공정설계가 환경 규제를 잘 만족하고 있는지를 평가하는 기술
㉱ 설계된 공정에 대한 관련 기존 특허 분석 검토 기술

47 화공 Plant에서 계장의 제어와 감시의 대상이 되는 주된 4대 요소가 아닌 것은?

㉮ 온도　　　　　㉯ 압력
㉰ 유량　　　　　㉱ 부피

48 설계의 진행 순서를 단계별로 구분할 때 다음 중 가장 먼저 수행하는 것은?

㉮ FEED 설계
㉯ Basic Design
㉰ Feasibility Study
㉱ Field Engineering

49 다음 중 P & ID에 표현되지 않는 것은?

㉮ 계기타입
㉯ Tag number
㉰ 계기 제조사
㉱ Control loop

50 다음 중 공정의 모든 기계장치류, 배관, 제어 계통 등과 정상운전, 비상사태, 시운전과 Shut-down 운전을 위한 모든 시설이 표시되어 상세설계의 모든 정보를 알 수 있는 가장 중요한 도면은?

㉮ Process Flow Diagram
㉯ Piping & Instrument Diagram
㉰ Process Block Diagram
㉱ Instrument Logic Diagram

SUBJECT **03** | Procurement

---

51 하도급업체 선정 시 고려해야 할 사항 중 비교적 중요도가 낮은 것은?

㉮ 대표이사의 학력, 경력
㉯ 유사 공사 실적 및 평판(품질, 안전관리 등)
㉰ 기능공 동원 능력
㉱ 타 현장 저가수주(손실 발생하는 계약) 여부

52 기술평가(TBE) 시 확인하거나 평가해야 할 항목이 아닌 것은?

㉮ 기본설계/상세설계 조건
㉯ 검사 항목
㉰ 공급범위
㉱ 대금지불조건

53 다음 중 계약 후 상세 단계에 포함되지 않는 것은?

㉮ Vendor 도면 및 절차서 승인
㉯ Fabrication
㉰ Sub-order Control(제조용 자재)
㉱ TBE(Technical Bid Evaluation)

54 기계설계팀의 조직 및 업무에서 Engineer의 담당업무가 아닌 것은?

㉮ TBE Sheet 작성
㉯ Lead Engineer 선정
㉰ MR 작성
㉱ VP 검토

55 Vendor Print 검토 시 고려사항이 아닌 것은?

㉮ 설계 입력자료 확인
㉯ 추가 투입 원가
㉰ 성능, 신뢰성, 유지 보수성
㉱ 유사 프로젝트 데이터와 비교 검증

56 견적서 검토 대상 및 배포에 대한 설명 중 틀린 것은?

㉮ 기술견적서 검토는 기술평가 담당자가 주관하여야 한다.
㉯ 기기의 구성 및 특성에 따라서 유관 부서 설계팀의 협조를 받아 기술평가업무를 수행한다.
㉰ 견적서는 대외비이므로 배포업무는 되도록이면 삼가야 한다.
㉱ 유관 설계팀과 상호 협의를 통하여 기술평가를 수행할 시 기술검토 내용을 공유하여 진행하여야 한다.

57 설계도서 제출 용도가 아닌 것은?

㉮ 승인이 필요한 승인/검토 서류 – For Review/Approval
㉯ 승인 후 조립, 설치, 제작용 서류 – For Construction
㉰ 가격협상 및 계약을 위한 서류–For Cost
㉱ 제작, 조립, 설치 후 발행하는 최종 서류 – As Built

정답 **50** ㉯ **51** ㉮ **52** ㉱ **53** ㉱ **54** ㉯ **55** ㉯ **56** ㉰ **57** ㉰

58 RFQ의 구성요소가 아닌 것은?

㉮ Kick Off Meeting Agenda
㉯ Instruction to Bidder(ITB)
㉰ Technical Requisition
㉱ Source Inspection Plan

59 Letter of Intent(L/I)에 포함되는 요소가 아닌 것은?

㉮ 기자재 명세 및 가격
㉯ 구매 조건
㉰ 구매 제한 조건
㉱ 상세한 기술 사양서

60 PO의 구성에 포함되지 않는 것은?

㉮ 구매일반계약조건 및 특별약관
㉯ 공장 검사 요구사항
㉰ 구매품의서
㉱ 기술사양서

61 다음 중 설계도서/도면의 검토사항에 포함되지 않는 것은?

㉮ 원가투입의 적절성 여부
㉯ 관련 도면과의 상호 일치 여부
㉰ 기자재 기술사양과의 일치 여부
㉱ 도면 Title Block상에 내용 및 도면 개정번호(Revision Status)의 정확한 기입 여부

62 Equipment 사재의 특성인 것은?

㉮ 표준품(Line Productive Item)
㉯ 적용 Code 또는 제작사의 Model 사양
㉰ 도면 승인이 불필요한 경우가 있음
㉱ 주문품(Order Made, Engineered Item)

63 자재구매 시 필요한 기본적인 문서가 아닌 것은?

㉮ 구매사양서(PS)
㉯ 총소유비용(TCO)
㉰ 자재인증서(C of C)
㉱ 구매요청서(POR)

64 Expeditor의 책임에 대한 설명 중 틀린 것은?

㉮ 적기에 자재가 공급될 수 있도록 Expediting Plan 작성
㉯ 공급자 측의 담당자 선정
㉰ 공급자 선정과 동시에 업무적 특성에 맞추어 Expediting 우선순위 결정
㉱ Project 전체 공정 및 물류 계획에 기초하여 Expediting Type을 결정

65 신규 기자재 업체 평가 시 고려할 항목이 아닌 것은?

㉮ 재무 신용도
㉯ 원자재 보유 여부
㉰ 납기 경쟁력
㉱ 품질 경쟁력

66 다음 중 납기관리(Expediting)의 목적이 아닌 것은?

㉮ 계약납기 준수
㉯ 공사순서 조정
㉰ 공기 내 준공 및 공사비 절감
㉱ 계약납기 단축으로 계약원가 절감

67 다음 계약방식 중에서 경쟁입찰방식으로 볼 수 없는 것은?

㉮ Open Bidding
㉯ Optional Contract
㉰ Selective Bidding
㉱ Competitive Bidding

68 검사방법 분류에 해당하지 않는 것은?

㉮ 전수검사(Total Quality Inspection)
㉯ 절반검사(Half Quality Inspection)
㉰ Sample 검사
㉱ 서류검사(Document Inspection)

69 계약 특수 조건에 포함되지 않는 것은?

㉮ 공급범위
㉯ 적용규격 및 표준
㉰ 도서 제출
㉱ 현장 기후 조건

70 부적합 보고서[Non-conformance Report (NCR)]가 작성되지 않는 경우는?

㉮ 사용 재료가 설계도면, 구매 사양서, 관련 규격과 상이한 경우
㉯ 제작품의 치수가 도면과 상이하게 제작된 경우
㉰ 검사원의 경험으로 품질과 안전성에 영향이 있을 것이라 판단하는 경우
㉱ 주요 검사 또는 시험을 위한 설비가 없거나 준비되지 않아 판정할 수 없는 경우

71 Project Procurement Manager(PPM)가 Procurement Plan을 작성하기 전 검토해야 할 최소한의 정보가 아닌 것은?

㉮ Project 수행에 관련된 내부 인원의 요구사항
㉯ Project 원 계약 및 Project의 목표
㉰ Project Option 사항
㉱ Project Manager 및 Client의 요구 사항

72 Project Procurement Manager(PPM)가 발주처에 승인받아야 할 구매 관련 Document가 아닌 것은?

㉮ Procurement Status Report(PSR)
㉯ Equipment List
㉰ Inspection Status Report
㉱ Expediting Status Report

73 프로젝트 정보수집 및 입찰 단계에서 행해지는 Activity는?

㉮ 프로젝트 수행조직 확정
㉯ ITB 입수 및 배포
㉰ WPS 작성
㉱ 설치현황 Monitoring

74 기자재 구매계약을 위한 수행업무를 순서대로 나열한 것은?

㉮ 계약체결 → 입찰평가 → ITB 작성 → 인수통보
㉯ 계약체결 → ITB 작성 → 입찰평가 → 인수통보
㉰ ITB 작성 → 입찰평가 → 계약체결 → 인수통보
㉱ ITB 작성 → 계약체결 → 입찰평가 → 인수통보

정답 **67** ㉯ **68** ㉯ **69** ㉱ **70** ㉰ **71** ㉮ **72** ㉯ **73** ㉯ **74** ㉰

75 기자재 납품이 계약서에 명시된 일정보다 지연되었을 때, 납품 지연에 따른 벌과금 등 계약자에 대한 조치사항은 다음 중 어느 항목과 관련이 있는가?

㉮ GTC의 Contract Amount
㉯ GTC의 Liquidated Damages
㉰ Technical Spec의 Delivery Schedule
㉱ Technical Spec의 Bid Data Form

SUBJECT **04** | Construction

---

76 다음 중 레미콘 공장에서 시멘트, 골재, 물 등을 균일 혼합 계량하여 생산하는 설비를 무엇이라 하는가?

㉮ 사일로 플랜트 ㉯ 트럭믹서
㉰ 에지테이터 트럭 ㉱ 배처 플랜트

77 다음 신축공사에 앞서 검토 · 파악해야 할 건설재료의 성질에 대한 설명 중 가장 부적합한 것은?

㉮ 사용 목적에 알맞은 공학적 성질을 가질 것
㉯ 경제성의 배제
㉰ 사용 환경에 대하여 안정하고 내구성을 가질 것
㉱ 대량 공급이 가능할 것

78 다음 준공단계 업무 중 가장 중요한 것은?

㉮ 하자보수용 자재 확보
㉯ 설계변경사항 및 실제 시공상태가 준공도면에 반영되었는지 확인
㉰ 현장 정리 정돈
㉱ 공사비 및 노임 체불 여부 확인

79 착공 전 숙지해야 할 계약서 내용과 거리가 먼 것은?

㉮ 회사 내부 규정
㉯ 도면, 시방서, 내역서
㉰ 대금지급조건
㉱ 사업승인조건

80 파일공사 중 시항타 목적에 대한 내용으로 올바르지 않은 것은?

㉮ 지반조사 보고서와의 일치 여부 확인
㉯ 지반조건의 확인
㉰ 항타 시공 관리 기준 설정
㉱ 파일의 강도 측정

81 착공계 제출 시 구비서류에 해당되는 사항이 아닌 것은?

㉮ 착공계(발주처 서식)
㉯ 현장기술자 지정 신고서
㉰ 건설공사 예정공정표
㉱ 도로 점용 및 굴착 허가서

82 건축물의 높고 낮음의 기준과 좌표가 되므로 이동할 우려가 없는 곳을 선정하여 표시하고 파손, 변형 등이 없도록 해야 하는 것에 대한 것으로 가장 적합한 것은 ?

㉮ 지반고
㉯ Bench Mark
㉰ 좌표
㉱ 보조점

정답 **75** ㉯ **76** ㉱ **77** ㉯ **78** ㉯ **79** ㉮ **80** ㉱ **81** ㉱ **82** ㉯

83 준공검사 시 감독조서(감리조서) 구비서류에 해당되지 않는 것은?

㉮ 품질시험, 검사성과 총괄표
㉯ 공사의 사전 검측 확인 서류
㉰ 품질관리 및 안전관리 계획서
㉱ 시공 후 매몰 부분에 대한 감독자의 검사 기록서류 및 시공사진

84 다음 중 플랜트 건축에서 선제작이 가능하고 조립식 공법에 의한 공기 단축이 가능한 구조 형식은 다음 중 어느 것인가?

㉮ 철근 콘크리트 구조
㉯ 철골구조
㉰ 목구조
㉱ 조적식 구조

85 Steel Structure의 특성을 설명한 것 중 잘못 기술된 항목은?

㉮ 공기 중 또는 수중에 장기간 노출될 경우 녹슬기 쉽다.
㉯ 고열에 노출이 지속될 경우 재료의 강도가 급격히 저하될 수 있다.
㉰ 콘크리트 구조물에 비해 취성파괴에 취약하다.
㉱ 주기적인 반복하중에 의해 피로파괴가 진행될 수 있다.

86 Plant에 설치되는 일반적인 Steel Structure로 분류하기 어려운 구조물은?

㉮ Bridge Structure
㉯ Process and Utility Pipe Rack
㉰ Equipment Supporting Structure
㉱ Pump and Compressor Shelter

87 4대 시공관리기법에 대한 다음 기술 중 옳지 않은 것은?

㉮ 공정관리 : 가장 합리적이고 경제적인 공정계획을 수립하고 관리한다.
㉯ 품질관리 : 설계도나 공사시방서 등에 규정된 품질을 유지하기 위한 목적으로 실시하는 관리
㉰ 원가관리 : 공정관리, 품질관리, 안전관리와는 상호 관련성이 없다.
㉱ 안전관리 : 근로자 및 일반시민의 안전 확보를 목적으로 하는 관리

88 플랜트 철공공사의 특징이 아닌 것은?

㉮ 타 공종과의 간섭이 많다.
㉯ 가설공사가 단순하다.
㉰ 대형 장비가 많이 사용된다.
㉱ 부재의 형태가 다양하고 수량이 많다.

89 다음 중 배관작업 순서가 맞는 것은?

㉮ Fit-up 검사 → 용접 → RT 검사 → 수압시험
㉯ 용접 → 후열처리 → 수압시험 → RT 검사
㉰ 예열 → 용접 → RT 검사 → 후열처리
㉱ 육안검사 → 용접 → 후열처리 → RT 검사

90 Welding Procedure Specification(WPS)상에 없는 정보는?

㉮ 이음 형태
㉯ 용접자세, 모재, 용가재
㉰ 예열 및 후열 처리 정보
㉱ 발행 회사

91 다음 배관용접에 관한 사항 중 틀린 것은?

㉮ 모든 용접은 용접 관련 지침서 및 승인된 WPS 사양에 따라 실시되어야 한다.

㉯ 모든 용접은 용접 관리 절차에 규정한 자격이 인증된 용접사에 의해 행해져야 한다.

㉰ 용접 깊이가 3.2mm 미만인 용접부나 모재의 보수 용접에는 2층 용접을 하여야 한다.

㉱ 두께가 6.5mm 이상인 홈 용접(Groove Weld)은 적어도 3층 용접을 하여야 한다.

92 보온의 목적으로 틀린 것은?

㉮ 열 확산 방지(화재 위험 방지)

㉯ 열 침입 방지(표면결로 방지, 빙결 방지)

㉰ 소음 감소, 진동 흡수

㉱ 배관 외부 녹슴 방지

93 건설결함 처리 및 관리에 관한 설명 중 틀린 것은?

㉮ 건설결함이란 제작 및 시공상의 결함으로 설계 및 시방서상의 기준을 벗어난 계통 및 설비로 성능이 불만족스러운 상태

㉯ 시공부서는 건설결함사항에 대한 조치 의뢰서 작성

㉰ 시공부서는 시운전 작업허가 취득 및 조치 요구일 까지 작업완료

㉱ 시운전 주관부서는 종결처리 확인 및 승인 후 건설결함 꼬리표 제거

94 준공단계에서 시설물 인계인수에 포함되지 않는 것은?

㉮ 시운전 결과 보고서

㉯ 운영지침서

㉰ 예비 준공검사 결과

㉱ 시공계획서

95 작업의뢰서 처리/관리에 관한 사항으로 틀린 것은?

㉮ 작업의뢰서는 시운전 중 발견되는 보수 및 결함 사항에 대하여 지정된 사람만이 발행할 수 있다.

㉯ 작업의뢰서는 N(정상작업) 및 S(정지작업)로 구분한다.

㉰ 작업의뢰 꼬리표를 부착하여 중복발행을 방지한다.

㉱ 등록된 작업의뢰서는 전산 관리하고 계통 번호별, 주관부서/작업부서별, 작업진행 상태별로 구분 출력할 수 있다.

96 Pre—commissioning 기간 중 Piping 작업이 아닌 것은?

㉮ Hydro Test

㉯ Flushing/Blowing

㉰ Loop Test

㉱ Chemical Cleaning

97 시운전 공정관리 회의에 관한 내용 중 적절치 않은 것은?

㉮ 주 공정회의, 월간 공정회의, 주간 공정회의로 구분 시행한다.

㉯ 주 공정회의는 발전소장이 의장이 되고 발전소 및 시운전 참여사의 PM 및 시운전 책임자가 참여한다.

㉰ 시운전 회의에서는 공정전반, 추진공정 및 분야별 추진계획, 조치사항 추진계획 등을 다룬다.

㉱ 회의는 가급적 짧게 하는 것이 효율적이며, 가능한 한 부서 간 또는 관련사 간 미묘한 문제는 다루지 않는 것이 좋다.

98 시운전업무는 플랜트를 정상적으로 가동하기 위한 일련의 과정이다. 다음 중 시운전 업무와 관련이 없는 과정은?

㉮ Planning
㉯ Engineering
㉰ Commissioning
㉱ Start-up 및 Performance Test Run

99 Pre-commissioning 작업이 아닌 것은?

㉮ Steam blowing
㉯ Drivers Solo Run
㉰ Vessel Inspection
㉱ Function Test

100 다음은 시험현장에서 취해야 할 선행/주의사항들이다. 틀린 것은?

㉮ 시험원은 효율적인 시험을 위하여 노력해야 하고 확실한 판단이 서면 감독자의 확인 및 지시 없이도 시험하고자 하는 기기의 전원을 투입할 수 있다.
㉯ 루프를 구성하는 계기는 최신 도면 및 자료에 따라서 시공되고 검교정을 필한 시험장비로 시험되어야 한다. 또한 검교정필증이 부착되어 있어 누구라도 항시 확인 가능해야 한다.
㉰ 모든 시험원은 사전에 안전작업 순서, 방법, 절차 등을 숙지하고 기검토 수립된 시험계획에 따라 시험을 수행하여야 한다.
㉱ 시험요원 및 장비의 위해를 방지하기 위해 청결을 유지하고 출입통제선, 위험표지, 꼬리표 취부 등의 안전조치를 취해야 한다.

2017년 3회 필기시험

P L A N T E N G I N E E R

---

01 사업 포트폴리오 중에서 높은 수익성을 주는 동시에 안정적인 현금흐름을 기대할 수 있는 영역은 다음 중 어느 것인가?

㉮ Star
㉯ Cash Cow
㉰ Dog
㉱ Problem Child

02 냉각재에 따른 원자로형에 대한 설명이다. 맞지 않는 것은?

㉮ 발전용 원자로서 가압경수형, 가압중수형 및 비등수형 원자로는 냉각재로 물을 사용한다.
㉯ 우리나라에서는 가압경수로가 대부분이고 가압중수로는 월성원전에만 신월성 1, 2호기 포함 6기가 있다.
㉰ 일본 후쿠시마 원전은 비등수형 원자로로서 원자로 냉각재를 증발시켜 직접 터빈을 돌리는 형식으로 구조가 간단하고 건설비가 싼 반면에 방사능 누출의 위험성이 매우 높고 특히 사고 시에는 치명적인 구조이다.
㉱ 냉각재의 종류에 따라 물냉각, 기체냉각 및 액체금속냉각로로 구분된다.

03 다음 중 국제계약의 특성으로 볼 수 없는 것은?

㉮ 국제계약은 국내계약에 비해 계약내용을 자세히 규정하는 것이 일반적이다.
㉯ 국제계약에서 적용 법률은 자국법을 적용하는 것이 유리하다.
㉰ 운송조건은 incoterms 조건이 널리 이용되는 추세에 있다.
㉱ 계약에 관한 분쟁 해결은 발주처의 법을 적용함이 일반적이다.

04 승낙에 대한 설명 중 옳지 않은 것은?

㉮ 승낙은 청약자가 제시한 방법에 따라 행해야 한다.
㉯ 승낙은 무조건적인 것이어야 한다.
㉰ 조건을 일부 변경해서 하는 승낙은 유효하다.
㉱ 조건부 승낙은 청약을 거절한 것으로 본다.

05 순환수계통(Circulating Water System)에 관한 내용이다 적절치 않은 것은?

㉮ 재순환방식 : 냉각수가 풍부하지 않은 내륙에 발전소가 위치할 때 주로 채택
㉯ 직접순환방식 : 바닷가에 발전소가 위치할 때 채택. 한번 냉각에 쓰인 물은 재순환하지 않고 바다로 방류
㉰ 취수구(Intake)에는 Coarse Screen, Fine Screen, Traveling Band Screen 및 Mussel Filter 등이 단계적으로 설치되어 있어 해수의 이물질들을 걸러낸다.
㉱ '스펀지 볼 클리닝'은 콘덴서 튜브 내부를 세정하여 이물질 침착을 방지하는 것으로 발전소 운전 중에는 사용하지 않는다.

정답 1 ㉯ 2 ㉯ 3 ㉱ 4 ㉰ 5 ㉱

06 원가관리 프로세스에 포함되지 않는 것은?

㉮ 원가 산정　　㉯ 공량 산정
㉰ 예산 결정　　㉱ 원가 통제

07 발전소 설계 일반조건으로 적절치 않은 것은?

㉮ 기압, 기온, 강수량, 풍속, 적설량 등 기상 조건을 고려
㉯ 조수간만, 설계파고 등 해상조건을 고려
㉰ 해수, 담수 등 냉각수 확보요건 검토
㉱ 지역 여론과 민심 파악

08 일정표 작성을 위한 프로젝트 활동(Activity)을 구성하기에 가장 좋은 방법은 다음 중 무엇에 의존 하는가?

㉮ 작업분류체계(WBS)
㉯ 주 경로(Critical Path)
㉰ 업무 시작 일자
㉱ 담당 조직

09 다음 중 심해저(Subsea) Oil & Gas 설비의 종류가 아닌 것은?

㉮ PLEM　　㉯ PLET
㉰ Riser Guide　　㉱ Manifolds

10 아래 해양플랜트 설비의 종류와 그 기능을 제대로 연결하고 있지 못한 것은?

㉮ FPSO - 심해에서 원유의 생산과 저장뿐만 아니라 하역 등을 수행
㉯ Fixed Platform - 비교적 낮은 해역에서 Jacket이라는 구조물의 지지를 받음

㉰ Decommissioning Vessel - 해양설비의 운반 설치를 용이하게 하기 위한 설비
㉱ ROV - 원격으로 조정되어 심해 등 열악한 환경에서 작업이 가능

11 다음과 같은 네트워크 공정표에서 Critical Path는?

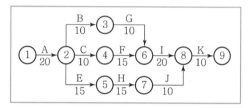

㉮ A - C - F - I - K
㉯ A - B - G - I - K
㉰ A - D - F - I - K
㉱ A - E - H - J - K

12 다음 중 Fixed Platform의 특징이나 장단점이 아닌 것은?

㉮ 수심이 비교적 낮은 지역에 설치할 수밖에 없다
㉯ Jacket이나 Concrete 구조물 등의 하부 Support Structure가 반드시 있어야 한다
㉰ Concrete의 경우, 물 위에 띄우는 만큼 Spread Mooring 또는 Turret 등과 같은 다양한 형태의 Mooring System이 요구된다.
㉱ Jacket의 경우, Piling을 통해 해저 지하 암반까지 고정시킨다.

13 Project Financing의 특징이 아닌 것은?

㉮ 복합 사업

㉯ 구조화 금융

㉰ 이해 당사자 간 위험배분

㉱ 담보의 한정

14 재해 위험 요소에 대한 안전대책으로 적절하지 않은 것은 ?

㉮ 철골부재 상부 이동 : 2중 안전고리 착용

㉯ 굴착작업 : 안식각 확보

㉰ 동바리 등 가설재 : 철재 사용

㉱ 수직승강용 사다리 : 안전 커버 설치

15 건설기술관리법상 안전관리계획 수립 대상 공사가 아닌 것은?

㉮ 시특법상 1종 및 2종 시설물의 건설공사

㉯ 지하 10m 이상 굴착공사 또는 폭발물을 사용하는 건설공사로서 20m 안에 시설물이 있거나 100m 안의 양육가축에 영향이 예상되는 건설공사

㉰ 원자력 시설공사

㉱ 인가, 허가, 승인 행정기관의 장이 안전관리가 필요하다고 인정하는 건설공사

16 중대재해에 대한 기준이 아닌 것은?

㉮ 사망자가 1인 이상 발생

㉯ 전치 3개월 이상의 부상자가 동시에 2인 이상 발생

㉰ 부상자 또는 직업성 질병자가 동시에 10인 이상 발생

㉱ 사망자가 3인 이상 발생

17 산안법상 안전관리자 선임 기준 및 자격으로 올바르지 않은 것은?

㉮ 공사금액 1,500억 원 이상 또는 상시근로자 900인 이상 시 건설안전기술사 1인 또는 건설안전기사 실무경력 10년 이상인 자 1인 배치

㉯ 공사금액 800억 원 이상 또는 상시근로자 600인 이상 시 안전관리자 1인과 건설안전기사 또는 건설안전산업기사 중 1인 배치

㉰ 공사금액 120억 원 이상 건설공사(토목공사는 150억 원 이상) 시 안전관리자 1인 배치

㉱ 안전관리자의 자격은 특별한 규정이 없고 소속 회사 직원이면 인정한다.

18 방독마스크의 사용 조건에 적합한 산소농도는 몇 % 이상인가?

㉮ 18%

㉯ 20%

㉰ 16%

㉱ 22%

19 다음 중 PV 발전의 원리에 해당하는 반도체 결합구조에 해당하는 것은?

㉮ p-n-p 반도체 결합

㉯ n-n 반도체 결합

㉰ p-p 반도체 결합

㉱ p-n 반도체 결합

20 Risk Management Process를 바르게 나열한 것은?

가. Identity Risks
나. Analyze Risks
다. Prioritize And Map Risks
라. Resolve Risks(Response)
마. Monitor And Control Risks

㉮ 다 → 라 → 가 → 나 → 마
㉯ 나 → 가 → 다 → 라 → 마
㉰ 마 → 다 → 가 → 라 → 나
㉱ 가 → 나 → 다 → 라 → 마

21 재무제표에서 계정과목들 사이의 비율(재무비율)에 대한 계산방법으로 틀린 것은?

㉮ 부채비율[(부채총액/자기자본×100) 또는 (부채총액/총자본×100)]
㉯ 자기자본비율(자기자본비/총자본×100)
㉰ 유동비율(유동부채/유동자본×100)
㉱ 부가가치율(부가가치액/매출액×100)

22 다음 자료에서 부채비율로 알맞은 것은?

• 재고자산 200억 원, 매입채무 400억 원
• 장기차입금 600억 원, 자본금 500억 원
• 자본잉여금 100억 원, 이익잉여금 400억 원

㉮ 60%　　　　㉯ 100%
㉰ 83.3%　　　㉱ 120%

23 정제공정(Purification)에 대한 다음 설명 중 옳지 않은 것은?

㉮ 수첨탈황 : 촉매하에서 수소를 첨가, 반응시켜 유황분, 질소 등 불순물을 제거
㉯ 메록스 : 경질유분에 포함된 황화수소를 제거하고 머캅탄 성분을 이황화물로 전환/제거
㉰ 중유탈황 : 중유를 그대로 가열하여 촉매 존재하에서 수소화 및 수첨 분해하여 탈황
㉱ 접촉개질 : 증류탑 스트리핑 스팀의 응축수 중 H2S/NH3 가스를 탈염수에 접촉하여 제거

24 화력발전소에서 효율을 높이기 위하여 채택하는 열 사이클 방식이다. 이 중 재열 사이클에 해당하는 것은 어느 것인가?

㉮ 터빈 중간에서 증기를 추출하여 급수를 가열한다.
㉯ 터빈에서 팽창한 증기를 추출하여 보일러로 되돌려 보내고 가열 후 다시 터빈으로 보낸다.
㉰ 터빈의 내부 손실을 경감시켜 열역학적으로 효율을 높이는 방식이다.
㉱ 급수를 이코노마이저에서 가열하는 것이다.

25 전력은 수요와 공급의 동시성이라는 특성이 있다. 이에 따라서 전기품질이 결정되는바 아래 요소 중 전기품질에 해당되지 않는 것은 어느 것인가?

㉮ 전압　　　　㉯ 전류
㉰ 주파수　　　㉱ 무정전

26 Tank 기초 설계에서 요구되지 않는 하중은?

㉮ Wind Load ㉯ Friction Load
㉰ Seismic Load ㉱ Full Water Test

27 다음은 Plant 토목설계에서 유의해야 할 사항들을 나열한 것이다. 이 중 잘못 표현된 것은?

㉮ 설계 오류를 줄이기 위해서는 분야 간에 원활하고 지속적인 Coordination이 필요하다.
㉯ 토목 분야는 설계, 시공 모두 선행공정이므로 전체 Schedule에 지대한 영향을 준다.
㉰ Plant Engineer는 자신의 전공 분야뿐 아니라 관련 분야에도 관심을 가져야 한다.
㉱ Composite 도면에 Underground 매설물, 기초 등을 실 Scale로 작성하여 Interface를 Check할 필요가 있다.

28 Sand Mat의 역할로 볼 수 없는 것은?

㉮ 연약한 점토 및 실트 지반의 직접적인 개량효과 기대
㉯ 연약지반 상부의 배수층 형성
㉰ 성토 내 지하 배수층 형성
㉱ 시공기계의 주행성(Trafficability) 확보

29 Plant 건축 설계의 특징을 잘못 정의 한 것은?

㉮ Vendor Control 및 Vendor Data Review가 사업수행 성공의 관건이다.
㉯ 기술 분야 간 Interface Check 및 Coordination이 필수적이며 원활해야 한다.

㉰ 각종 기계, 전기, 전자기기, 배관설비 등을 위한 건축 및 구조물을 설계하며, 특히 유지 보수보다는 신규 Plant에 시설비를 투자하는 경향이 있다.
㉱ 기술 분야 간 Interface Check 및 Coordination이 필수적이다.

30 기계설계 업무절차 순서가 옳은 것은?

㉮ M/R 작성 − V/P Check − P/O Issue − TBE
㉯ V/P Check − P/O Issue − TBE − M/R 작성
㉰ M/R 작성 − V/P Check − TBE − P/O Issue
㉱ M/R 작성 − TBE − P/O Issue − V/P Check

31 아래 Valve 중 유량조정 Valve는?

㉮ Gate Valve
㉯ Globe Valve
㉰ Ball Valve
㉱ Safety Valve

32 응력 해석 시 고려되어야 할 하중이 아닌 것은?

㉮ 열팽창하중
㉯ 배관하중
㉰ 배관지지대하중
㉱ 지진하중

정답 **26** ㉯ **27** ㉯ **28** ㉮ **29** ㉰ **30** ㉱ **31** ㉯ **32** ㉰

33 Valve의 Size와 Rating의 정의를 정확하게 설명하는 것은?

㉮ Valve의 Size는 밸브의 크기를 말하며 Rating은 밸브의 사용압력을 호칭한다.

㉯ Valve의 Size는 Flange와 연결되는 내경의 크기를 말하며 Rating은 밸브의 설계압력을 호칭한다.

㉰ Valve의 Size는 Flange와 연결되는 내경의 크기를 호칭하며, Rating은 배관의 압력, 즉 밸브의 사용압력을 호칭한다.

㉱ Valve의 Size는 Flange와 연결되는 내경의 크기를 말하며 Rating은 배관의 설계압력을 호칭한다.

34 연료의 성분이 보일러 설계에 미치는 영향이다. 적절한 것은?

㉮ 발열량 – 연소설비와 송풍기의 용량

㉯ 휘발분 – 연소로 크기, 튜브 간격

㉰ 유황분 – 연소설비 화재 및 폭발

㉱ 회분 – 공기예열기 전열면 끝 단 부식

35 발전소 급수 및 증기계통에 대한 설명이다. 적절치 않은 것은?

㉮ 주증기 계통 : 보일러 최종 과열기 출구 노즐에서부터 터빈의 주증기 정지 밸브 입구까지의 배관

㉯ 급수계통 : 보일러급수 저장탱크로부터 급수펌프로 고압급수를 열기(2열 3단)를 거쳐서 보일러 절탄기 입구로 공급하는 계통

㉰ 급수가열기 : 터빈에서 팽창 중인 증기를 추출하여 보일러에 공급되는 급수를 가열하여 계통의 열효율을 향상시키는 설비

㉱ 보조증기계통 : 발전소 보일러 정지 시 가동하여 부분적으로 터빈/발전기를 구동하는 증기설비 계통

36 증기터빈의 구성요소가 아닌 것은?

㉮ Shell & Hood

㉯ Moving Blade

㉰ Nozzle & Diaphragm

㉱ Condenser

37 증기의 열에너지를 이용하는 발전방식은?

㉮ 복합화력　　㉯ 양수발전

㉰ 파력발전　　㉱ 풍력발전

38 다음 중 Fixed Tubesheet Type(고정 관판형) 열교환기의 특징이 아닌 것은 ?

㉮ 오염(Fouling)이 작거나 부식성이 작은 유체가 동체 측을 통과할 경우 적합한 열교환기이다.

㉯ 동체 측(Shellside)과 전열관 측(Tubeside) 유체 온도 차이가 클 경우 열팽창 차이에 의해 동체나 전열관에 과다하게 발생하는 응력을 완화해주기 위하여 필요시 신축이음(Expansion Joint)를 설치해야 한다.

㉰ 동체 측은 청소(Mechanical cleaning) 및 점검이 곤란하다.

㉱ TEMA Type으로 AEM, BES와 같은 것이 이에 해당한다.

39 Code에 대한 설명 중 맞는 것은?

㉮ ASME에서 작성한 Rule을 말한다.

㉯ AWS에서 작성한 Rule을 말한다.

㉰ 계약서상 언급된 국가나 주에서 채택된 Standard를 말한다.

㉱ Standard와 동일하다.

정답　33 ㉰　34 ㉮　35 ㉱　36 ㉱　37 ㉮　38 ㉱　39 ㉰

40 RO Plant의 성능을 결정하는 가장 큰 요인은?

㉮ 전처리 성능
㉯ Membrane
㉰ 원수(Raw Water)
㉱ HP Pump

41 전기설계 시 고려해야 할 사항이 아닌 것은?

㉮ 전기기기는 관련자 외의 사람이 쉽게 접근하거나 접촉할 수 없도록 하고 조작 시 운전원에 대해 위험이 없어야 한다.
㉯ 설비는 장래의 증설을 고려하되 최적화하여 경제적이어야 한다.
㉰ 고장 발생 시 파급범위는 고려하지 않아도 된다.
㉱ 전원공급점은 최대한 부하중심점에 둔다.

42 차단기를 선정할 때 고려해야 할 조건으로 알맞은 것은?

㉮ 차단용량 계산값과 같은 정격 차단용량을 가진 것을 사용한다.
㉯ 정격 차단시간은 임의로 설정하여 결정한다.
㉰ 차단기의 정격 전류는 장래의 증설 계획을 고려하지 않아도 된다.
㉱ 공칭 전압에 대한 정격 전압을 결정한다.

43 Cable Schedule 작성 시 고려해야 할 사항이 아닌 것은?

㉮ Cable Number
㉯ Equipment Number
㉰ 길이(Length)
㉱ 계기 목록

44 분산제어시스템(DCS) 적용 시 장점이 아닌 것은?

㉮ Loop를 복합적으로 연결시킬 수 있으므로 Advanced Control이 가능하다.
㉯ 하나의 제어기로 전체 플랜트의 집중적인 제어 감시가 가능하다.
㉰ 상위 Computer와의 접속이 가능해져 Computer의 Data 처리 및 Management 기능을 상위에 적용시킬 수 있다.
㉱ 자체 System의 진단 기능으로 Plant의 운전을 훨씬 안전하게 할 수 있고, 문제 발생 시 신속하게 대처할 수 있다.

45 Control Valve를 설치할 때 고려해야 할 사항으로 바르지 않은 것은?

㉮ F.O/ F.C와 같은 Control Valve의 Fail Position을 Valve 아래 표기한다.
㉯ Control Valve가 작동되지 않을 경우 공장 효율이 떨어지거나 운전에 영향을 미치거나 안전하지 않을 경우는 Bypass를 설치한다.
㉰ 모든 Control Valve에는 Hand Wheel을 설치한다.
㉱ 모든 Control Valve의 전단에 Bleed Valve를 설치한다.

46 폐회로 제어 시스템(Closed-loop or Feed back Control System)에 대한 설명으로 적합한 내용은?

㉮ 출력이 제어시스템에 아무런 영향을 주지 않는다.
㉯ 외란에 의하여 발생하는 오차를 수정하는 기능이 없다.
㉰ Sequence Control System이다.
㉱ 제어편차가 제어장치에 입력되어 편차를 줄이는 제어동작을 한다.

정답 **40** ㉯ **41** ㉰ **42** ㉱ **43** ㉱ **44** ㉯ **45** ㉰ **46** ㉱

47 전력계통 운용상 발전소 운전방식의 종류 중 적절치 않은 것은?

㉮ 기저부하(Base Load) 운전
㉯ 중간부하(Load Cycling) 운전
㉰ 첨두부하(Peak Load) 운전
㉱ 일일기동정지(Two shift) 운전

48 질소를 생산하는 공정 중 CO_2가 발생할 수 없으며 가장 높은 순도의 질소를 생산할 수 있는 공정은 다음 중 어느 것인가?

㉮ Air Separation Process
㉯ Ammonia Cracking Process
㉰ PSA Process
㉱ Oil Fired Process

49 다음 중 P & ID에 표현되지 않는 것은?

㉮ 계기 타입
㉯ Tag Number
㉰ 계기 제조사
㉱ Control Loop

50 다음 중 differential pressure의 원리를 이용하지 않는 것은?

㉮ Orifice Flow Meter
㉯ RTD
㉰ Venturi Tube
㉱ DP Level Transmitter

SUBJECT **03** | Procurement

51 자재구매 용어 중 적당하지 않은 것은?

㉮ 자재시험성적서(CMTR) : Certificated Material Test Report
㉯ 자재 구매요청서(POR) : Purchase Order Request
㉰ 자재인증서(C of C) : Certificate of Compliance or Conformance
㉱ 총소유비용(TCO) : Total Cost of Owner

52 하도급업체 선정 시 고려해야 할 사항 중 비교적 중요도가 낮은 것은?

㉮ 대표이사의 학력, 경력
㉯ 유사 공사 실적 및 평판(품질, 안전관리 등)
㉰ 기능공 동원 능력
㉱ 타 현장 저가수주(손실 발생하는 계약) 여부

53 TBE 작성 시 유의사항이 아닌 것은?

㉮ 견적서 내용의 기술서류 상태가 불량한 업체나 기술수준이 현저히 낮다고 평가되어 있는 업체는 제외할 수 있다.
㉯ 평가는 객관적인 자세로 수행하며, 내외부로부터의 어떠한 요청사항도 배제되어야 한다.
㉰ 평가는 Inquiry별로 제출된 업체의 견적서를 동시에 평가함을 원칙으로 한다.
㉱ 기술자료에 궁금한 사항이 있으면 추후 계약 후 확인하도록한다.

정답 **47** ㉱ **48** ㉮ **49** ㉰ **50** ㉯ **51** ㉱ **52** ㉮ **53** ㉮

54 플랜트 구매방식에 대한 설명이 올바르지 않은 것은?

㉮ 지명경쟁입찰 - 승인된 Vendor List상 Ready for RFQ 업체를 선정하여 경쟁입찰을 실시하는 구매방식

㉯ 부대입찰 - Project 수주 전(입찰시점) 해당 Item 특성상 또는 발주처 요구사항을 고려하여 업체선정 및 가격 확정을 목적으로 실시하는 구매방식

㉰ Reverse Auction(역경매) - 견적업체의 입찰자 중 최저가 업체만 남을 때까지 경쟁 입찰을 실시하는 구매방식

㉱ 공개경쟁입찰 - Open Market을 이용 다수의 견적업체를 초청하여 공개경쟁을 통한 구매방식

55 설계도서 제출 용도가 아닌 것은?

㉮ 승인이 필요한 승인/검토 서류 - For Review/Approval

㉯ 승인 후 조립, 설치, 제작용 서류 - For Construction

㉰ 가격협상 및 계약을 위한 서류 - For Cost

㉱ 제작, 조립, 설치 후 발행하는 최종 서류 - As Built

56 Letter of Intent(L/I)에 포함되는 요소가 아닌 것은?

㉮ 기자재 명세 및 가격

㉯ 구매 조건

㉰ 구매 제한 조건

㉱ 상세한 기술 사양서

57 Expeditor의 업무를 설명한 것 중 틀린 것은?

㉮ 담당 품목의 발주와 관련하여 업무 범위와 특이 계약사항 및 조건에 대하여 숙지

㉯ 1차 Vendor에서 2차 Vendor로 하도급된 주요 Order들에 대한 관리와 Expediting

㉰ 검사 실시 및 선적, 운송 관리

㉱ Engineer에게 관련 서류가 제출될 수 있도록 지원

58 Expediting Level을 구분할 경우 포함되지 않는 것은?

㉮ Grade S ㉯ Grade A

㉰ Grade B ㉱ Grade F

59 기자재 구매계약을 위한 수행 업무를 순서대로 나열한 것은?

㉮ 계약체결 → 입찰평가 → ITB 작성 → 인수통보

㉯ 계약체결 → ITB 작성 → 입찰평가 → 인수통보

㉰ ITB 작성 → 입찰평가 → 계약체결 → 인수통보

㉱ ITB 작성 → 계약체결 → 입찰평가 → 인수통보

60 Non-conformance Report(NCR) 조치 사항이 아닌 것은?

㉮ Hold Point ㉯ Reject

㉰ Use-As-Is ㉱ Rework

정답 **54** ㉯ **55** ㉰ **56** ㉱ **57** ㉯ **58** ㉱ **59** ㉰ **60** ㉮

61 다음 중 운송과 관련한 납기관리 사항 중 틀린 것은?

㉮ Detailed Fabrication Schedule의 Major Milestone 확인

㉯ Pre-delivery Item이 있는지와 운송 예정 일자를 확인

㉰ 선편 확보 및 운송을 위한 Road Permit과 Route Survey 필요 여부 검토

㉱ Sub-order 중 별도 운송이 필요한 경우를 파악

62 Inspector(검사원)의 책임이 아닌 것은?

㉮ 부적합 제품의 식별

㉯ 부적합 제품의 격리

㉰ 부적합 사항의 보고

㉱ NCR의 작성 및 배포

63 Use-As-Is에 대한 설명으로 맞는 것은?

㉮ 검사에서 부적합 사항이 제품의 불량 문제로 인한 경우로 불량 부분을 재가공 또는 일부 재제작하여 교체, 재조립 등으로 요구된 사양에 맞도록 조치시키는 것

㉯ 검사에서 부적합 사항이 제품의 불량 문제로 인한 경우로 제품의 성능과 안전성에 문제가 없도록 불량 부분을 보수하여 사용토록 조치시키는 것

㉰ 검사에서 부적합 사항이 제품의 불량 부분이 보수로도 원상태를 회복할 수 없고 제품의 성능 또는 안전성에 영향을 미칠 수 있어 제품을 사용치 못하게 하는 것

㉱ 검사에서 부적합 제품으로 판정되었으나 부적합 내용이 제품의 성능 및 안전성이 사용상 문제점이 없다고 판단되었을 경우 제품을 그대로 사용하게 하는 것

64 검사방법 분류에 해당하지 않는 것은?

㉮ 전수검사(Total Quality Inspection)

㉯ 절반검사(Half Quality Inspection)

㉰ Sample 검사

㉱ 서류검사(Document Inspection)

65 구매절차 순서는?

㉮ MR 작성 → 구매실행계획 → 입찰의향서 → 기술평가 → 계약체결

㉯ MR 작성 → 입찰의향서 → 기술평가 → 구매실행계획 → 계약체결

㉰ MR 작성 → 구매실행계획 → 기술평가 → 입찰의향서 → 계약체결

㉱ MR 작성 → 기술평가 → 입찰의향서 → 구매실행계획 → 계약체결

66 Bid Evaluation Factors 중 Cost Evaluation Factor에 포함되지 않는 것은?

㉮ Material Price(자재비)

㉯ Quotation Validity(견적 유효 기간)

㉰ Payment Conditions(지불 조건)

㉱ Escalation(금액 상승 요건)

67 MR 작성 시 유의사항이 아닌 것은?

㉮ Kick Off Meeting 일정, 도서 제출 일정 등 상세한 사항 등이 정확하게 명기되어야 한다.

㉯ 업체의 공급범위, 업무수행 범위, 도서 제출 목록들이 포함되어야 한다.

㉰ 예비품, Special tool 등 본 기기 이외의 필요한 option item 등도 정확하게 명기되어 업체 견적에 포함될 수 있어야 한다.

㉱ 관련 부서 요구사항이 정확하게 명기되어 업체 견적서에 포함될 수 있게 하여야 한다.

68 기술평가표(TBE Table)에 대한 설명 중 틀린 것은?

㉮ 기술사항들에 대해 각 항목별 구체적인 검토를 위해 작성한다.

㉯ 각 견적서의 기술적인 우위 여부를 알기 쉽게 판단하기 위함이다.

㉰ 기기의 종류나 특성에 관계없이 동일하게 작성되어야 한다.

㉱ 구체적이고 일목 요연하게 작성되어야 한다.

69 계장자재 구매사양서의 "Scope of Supply" 항목에서 언급하지 않아도 되는 것은?

㉮ 계약자 공급범위에 포함시켜야 할 자재 명세(Items Included)

㉯ 계약자 공급범위에 불포함되는 자재 명세 (Items Not Included)

㉰ 기자재 공급자의 자격요건

㉱ 계약자 공급품목의 설치도 포함 여부

70 Vendor Drawing/Print Review 시점은?

㉮ Piping Material Specification 작성 직후

㉯ MTO(Material Take-off) 직후

㉰ Piping Material Specification 작성 전

㉱ Purchase Order 작성 후

71 Hold Point(필수확인점)에 대한 설명이 맞는 것은?

㉮ 지정된 조직에 의해 입회되도록 지정된 검사점

㉯ 검토자에 의해 제시되는 요건에 일치함을 보여주는 문서화 기록을 확인하는 검사점

㉰ 지정된 조직 또는 기관의 서면 승인 없이는 공정을 진행시킬 수 없는 검사점

㉱ 수행될 주요 작업공정에 대한 관련 검사 사항을 기록한 검사 문서

72 다음 중 납기관리(expediting) 목적이 아닌 것은?

㉮ 계약납기 준수

㉯ 공사순서 조정

㉰ 공기 내 준공 및 공사비 절감

㉱ 계약납기 단축으로 계약원가 절감

73 기자재 품질검사 시 상주검사가 요구되는 품질검사로 해당 Project의 전 공정을 상주 검사자가 전담 관리하는 검사 Level은?

㉮ Level 1 ㉯ Level 2

㉰ Level 3 ㉱ Level 4

74 기자재 계약협상 단계(협의 회의)에 대한 설명 중 알맞지 않은 것은?

㉮ 가능한 한 공급범위 조정 및 설계 변경안은 기술평가 단계에서 확정된 안으로 계약 협상하여야 한다.

㉯ 만약에 한 품목의 공급범위를 조정하면, 주변에 다른 연관되는 설비의 공급범위도 함께 조정되어야 한다.

㉰ 시스템 설계 관련 사항을 계약 협상 테이블에서 변경하는 것은 일반적인 일이다

㉱ 계약 협상 과정에서 조정된 공급범위는 플랜트 공사를 완성하기 위하여 타 패키지에 반영하여야 한다.

정답 **68** ㉰ **69** ㉰ **70** ㉱ **71** ㉰ **72** ㉱ **73** ㉮ **74** ㉰

75 다음 중 Sub-order 단계에서 확인하여야 할 사항이 아닌 것은?

㉮ Major Vendor Print의 예정된 일자에 해당 Vendor Print를 제출할 수 있는지 확인

㉯ Major Item을 확인하고, Vendor가 제출한 Sub-order Plan에서 제작 일정을 확인하여 등록

㉰ 만일 예정된 일자에 해당 Item이 발주되지 않을 경우 후속 공정에 미치는 영향을 파악

㉱ Pending 및/또는 Overdue에 대해서 관련 조직과 조속히 해결하도록 Coordination

SUBJECT **04** | Construction

---

76 다음 준공단계 업무 중 가장 중요한 것은?

㉮ 하자보수용 자재 확보

㉯ 설계변경사항 및 실제 시공상태가 준공도면에 반영되었는지 확인

㉰ 현장 정리 정돈

㉱ 공사비 및 노임 체불 여부 확인

77 건설업 및 토목공사의 특성에 관한 설명 중 옳지 않은 것은?

㉮ 수주산업

㉯ 옥외 이동 생산으로 현지 생산

㉰ 단품 주문 생산

㉱ 일반적으로 생산기간이 단기

78 아스팔트 포장 시공순서를 올바르게 나열한 것은?

㉮ 보조기층 포설 및 다짐 - 프라임 코팅 - 기층 포설 - 택코팅 - 포층 포설

㉯ 보조기층 포설 및 다짐 - 택코팅 - 기층포설 - 프라임 코팅 - 포층 포설

㉰ 보조기층 포설 및 다짐 - 프라임 코팅 - 포층 포설 - 택코팅 - 기층 포설

㉱ 보조기층 포설 및 다짐 - 택코팅 - 포층 포설 - 프라임 코팅 - 기층포설

79 직접 기초와 깊은 기초에 대한 기술 중 옳지 않을 것은?

㉮ 깊은 기초는 말뚝 시공 후 말뚝부두에 확대 기초를 타설하는 탄성체 기초이다.

㉯ 직접 기초는 지지층이 깊은 심도에 분포하는 경우에 적용한다.

㉰ 깊은 기초는 직접 시공이 어려운 경우에 적용한다.

㉱ 직접 기초는 인접구조물, 지하매설물, 침투유량 등 직접 기초 시공 시 문제가 없는 경우에 적용한다.

80 매립공사 시공절차 중 사전조사 단계를 잘못 기술한 것은?

㉮ 토질보고서를 참조하여 절토구간의 토질 특성을 파악한다.

㉯ 현장답사에 의해 토공사 구간의 위치 및 연약지반 여부 등을 조사한다.

㉰ 토취장 및 사토장에 대한 운반거리 및 규모를 조사한다.

㉱ 교통소통대책 및 가설도로계획은 사전조사 단계 검토 대상이 아니다.

정답 **75** ㉮ **76** ㉯ **77** ㉱ **78** ㉮ **79** ㉯ **80** ㉱

81 연약지반 구조물 기초에 적합한 공사 방법은?

㉮ 구조물 깊이까지만 터파 후 콘크리트 구조물을 타설한다.

㉯ 파일공사를 지지층까지 항타 후 그 위에 콘크리트 구조물 타설한다.

㉰ 원 지반까지만 터파 후 다짐 없이 콘크리트 구조물 타설한다.

㉱ 구조물 깊이보다 2배 이상 터파 후 자갈을 깔고 콘크리트 구조물 타설한다.

82 토취장 선정 시 고려사항 중 잘못 기술한 것은?

㉮ 토질이 양호하고, 토량이 충분할 것

㉯ 용수, 산 붕괴의 우려가 없고, 배수가 양호한 지역일 것

㉰ 용지 매수가 용이하고, 복구비가 경제적일 것

㉱ 운반로가 양호하고 사토량을 충분히 수용할 수 있을 것

83 기계설비 기초공사 시 깊은 기초 시공절차를 바르게 나열한 것은?

가. 파일 항타	나. 구체 콘크리트
다. 두부 정리	라. Column 콘크리트
마. 기초 콘크리트	

㉮ 다 – 가 – 마 – 나 – 라

㉯ 가 – 다 – 마 – 나 – 라

㉰ 다 – 가 – 마 – 라 – 나

㉱ 가 – 다 – 마 – 라 – 나

84 시공계획서 작성 순서를 바르게 나열한 것은?

가. 개략공정표 작성
나. 사전조사
다. 상세공정표 작성
라. 시공순서 및 방법 결정
마. 인원, 자재, 기계 및 안전, 환경 계획

㉮ 가 – 나 – 다 – 라 – 마

㉯ 가 – 나 – 라 – 다 – 마

㉰ 나 – 가 – 라 – 다 – 마

㉱ 나 – 가 – 다 – 라 – 마

85 파일공사 중 시항타 목적에 대한 내용으로 올바르지 않은 것은?

㉮ 지반조사 보고서와의 일치 여부 확인

㉯ 지반조건의 확인

㉰ 항타시공 관리기준 설정

㉱ 파일의 강도 측정

86 토량변화율에 대해 맞게 기술한 것은?

㉮ 팽창률$(L) = \dfrac{\text{흐트러진 상태의 토량}}{\text{원지반 토량}}$

㉯ 팽창률$(L) = \dfrac{\text{원지반 토량}}{\text{흐트러진 상태의 토량}}$

㉰ 압축률$(C) = \dfrac{\text{원지반 토량}}{\text{다져진 상태의 토량}}$

㉱ 압축률$(C) = \dfrac{\text{흐트러진 상태의 토량}}{\text{다져진 상태의 토량}}$

87 공종별 적정 장비 조합이 잘못된 것은?

㉮ 굴착 및 적재 : 불도저/쇼벨계 굴착기

㉯ 운반 : 불도저(60m 이내), 덤프트럭

㉰ 고르기 : 콤팩터, 래머

㉱ 다지기 : 진동롤러, 탬핑롤러, 타이어롤러

88 철골구조 공사의 특징이 아닌 것은?

㉮ 강재가 철근 콘크리트보다 훨씬 높은 강도
와 인성을 가지고 있다.

㉯ 고온에서 내화성이 높다.

㉰ 가설속도가 빠르고 사전 조립이 가능하다.

㉱ 세장(細長)할수록 좌굴의 위험성이 증가
한다.

89 플랜트 철공공사의 특징이 아닌 것은?

㉮ 타 공종과의 간섭이 많다.

㉯ 가설공사가 단순하다.

㉰ 대형 장비가 많이 사용된다.

㉱ 부재의 형태가 다양하고 수량이 많다.

90 철골공사 공장 제작 순서가 바르게 된 것은?

㉮ 원척도 → 본뜨기 → 변형 바로잡기 → 금
메김 → 절단 및 가공 → 가조립 → 본조립
→ 검사 → 녹막이칠 → 운반

㉯ 원척도 → 본뜨기 → 금메김 → 변형 바로
잡기 → 절단 및 가공 → 가조립 → 검사
→ 본조립 → 녹막이칠 → 운반

㉰ 원척도 → 본뜨기 → 변형 바로잡기 → 금
메김 → 절단 및 가공 → 검사 → 가조립
→ 본조립 → 녹막이칠 → 운반

㉱ 원척도 → 본뜨기 → 금메김 → 변형 바로
잡기 → 절단 및 가공 → 가조립 → 녹막이
칠 → 본조립 → 검사 → 운반

91 현장설치 순서가 바르게 된 것은?

㉮ Anchor Bolt 설치 → 기둥 → Girder →
Beam → Plumbing → 접합 → 녹막이칠
→ 검사 → 내화피복

㉯ Anchor Bolt 설치 → 기둥 → Beam →
Girder → Plumbing → 접합 → 녹막이
칠 → 검사 → 내화피복

㉰ Anchor Bolt 설치 → 기둥 → Girder →
Beam → Plumbing → 접합 → 검사 →
녹막이칠 → 내화피복

㉱ Anchor Bolt 설치 → 기둥 → Beam →
Girder → Plumbing → 녹막이칠 → 접
합 → 검사 → 내화피복

92 다음 설명은 비파괴시험 중 어떠한 방법인가?

> 용접부에 자력선을 통과하여 결함에서 생기
> 는 자장에 의해 표면결함을 검출한다

㉮ 방사선투과법　　㉯ 초음파탐상법

㉰ 자기분말탐상법　㉱ 침투탐상법

93 HRSG 설치 순서로 맞는 것은?

㉮ 케이싱 → Inlet & Outlet Duct →
Module → Steam Drum

㉯ Module → Steam Drum → 케이싱 →
Inlet & Outlet Duct

㉰ 케이싱 → Module → Steam Drum →
Inlet & Outlet Duct

㉱ Module → 케이싱 → Steam Drum →
Inlet & Outlet Duct

94 배관용접 전 검사사항으로 옳지 않은 것은?

㉮ 용접될 자재의 재질, 구경, 두께, 길이 등
이 제작도면과 일치하는지 확인한다.

㉯ 배관재 내부의 청결상태, 손상부위 확인
후 Fit Up 상태를 확인한다.

㉰ 예열처리 후 관련 지침서에 규정한 시간 내
에 용접되는지 검사하고 기록하여야 한다.

㉱ 밸브 Flow 방향 등은 Fit Up 시 필히 확인
하여야 한다.

정답 **88** ㉯ **89** ㉯ **90** ㉮ **91** ㉰ **92** ㉰ **93** ㉰ **94** ㉰

95 다음 중 Casing Alignment 방법에 사용되지 않는 것은?

㉮ Straight Edge 이용 방법
㉯ 피아노선 방법
㉰ 기준 축(Dummy Shaft) 방법
㉱ Laser선 방법

96 현장에 전기공사를 하는 목적은 무엇인가?

㉮ 변전소를 설치하기 위해
㉯ 부하에 전력을 공급하기 위해
㉰ 케이블을 설치하기 위해
㉱ 전선로를 설치하기 위해

97 전류의 작용에 해당하지 않는 것은?

㉮ 발열 작용　　　㉯ 빛 발산
㉰ 유도/자화 작용　㉱ 화학 작용

98 시운전 자재관리에 관한 사항이다. 타당하지 않은 것은?

㉮ 인수검사는 품명, 규격, 수량 등과의 일치 여부, 손상 여부 및 제반 관련 서류의 적정성 여부를 검사하는 행위이다.
㉯ 기술검사는 규격 및 성능 일치, 재질상의 결함 등 기술적인 사항을 검사하는 행위이다.
㉰ 품질검사는 품질하자 및 품질보증 서류 구비 등 품질요건 준수의 이행 여부를 검사하는 행위이다.
㉱ 상기 3종류의 검사는 독립적인 판단을 위하여 각각 별도로 시행하여야 한다.

99 압력시험에 관한 다음 사항 중 틀린 것은?

㉮ 시험압력은 설계압력의 1.5배(공기압력시험 1.25배) 이상이어야 한다.
㉯ 시험압력은 최소한 30분간 유지하며 이상 유무 확인 후 설계압력까지 감압시킨다.
㉰ 충수 시 미리 설치해 둔 Vent Hole 및 Vent Valve를 통해 배기시키는 동시에 서서히 충수한다.
㉱ 가압 시는 고압 펌프를 이용하여 배관재에 무리한 응력이 발생하지 않도록 시험압력까지 서서히 가압한다.

100 다음은 시험 현장에서 취해야 할 선행/주의 사항들이다. 틀리는 것은?

㉮ 시험원은 효율적인 시험을 위하여 노력해야 하고 확실한 판단이 서면 감독자의 확인 및 지시 없이도 시험하고자 하는 기기의 전원을 투입할 수 있다.
㉯ 루프를 구성하는 계기는 최신 도면 및 자료에 따라서 시공되고 교교정을 필한 시험장비로 시험되어야 한다. 또한 검교정필증이 부착되어 있어 누구라도 항시 확인 가능해야 한다.
㉰ 모든 시험원은 사전에 안전작업 순서, 방법, 절차 등을 숙지하고 기 검토 수립된 시험계획에 따라 시험을 수행하여야 한다.
㉱ 시험요원 및 장비의 위해를 방지하기 위해 청결을 유지하고 출입통제선, 위험표지, 꼬리표 취부 등의 인진조치를 취해야 한다.

2018년 1회 필기시험

P L A N T   E N G I N E E R

SUBJECT 01 | Process

01 다음 국제계약에 관한 설명 중 옳지 않은 것은?

㉮ 국제계약에서는 현금결재보다 L/C에 의한 지불방식이 더 많이 사용된다.

㉯ 불가항력사유는 가능한 한 많은 사유와 절차 등을 구체적으로 규정하는 것이 양 당사자에게 유리하다.

㉱ 국제계약에서는 무역조건 중 CI & F 조건과 FOB 조건이 가장 많이 사용된다.

㉲ 국제계약은 장기계약의 경우 물가상승분을 반영하는 계약이 많다

02 다음 무역 조건 중 매도자의 운송책임 등 책임범위가 가장 큰 조건은?

㉮ FOB ㉯ CI & F

㉱ DDU ㉲ EXW

03 계약 체결 시 주의사항으로 옳지 않은 것은?

㉮ 불리한 조항은 발생 가능성을 감안해서 검토한다.

㉯ 계약 내용은 신중히 검토 후 결정한다.

㉱ 약관계약은 당사자가 추가사항을 삽입할 수 없다.

㉲ 법인의 경우 신용평가를 조회한다.

04 다음 PMO(Project Management Office)에 관한 설명 중 틀린 것은 어느 것인가?

㉮ 프로젝트 관리 지원업무 수행

㉯ PM 교육, PM 소프트웨어, 표준 템플릿, 지침/절차서 개발 및 제공

㉱ 프로젝트 공동 자원 조성 및 관리기능 수행

㉲ 프로젝트 품질 관련 업무 수행

05 다음 중에서 공급업체 평가기준이 될 수 없는 것은?

㉮ 대표이사의 근속 연수

㉯ 경험

㉱ 생산 능력

㉲ 기술적 능력

06 민간투자 SOC 사업 중 BTL 방식에 적합한 사업은?

㉮ 일반철도, 학교, 군인 아파트

㉯ 도로

㉱ 하수 처리, 소각시설

㉲ 복합 화물 터미널

07 Project 위험 중 시장위험대책이 아닌 것은?

㉮ 대출기간을 초과하는 장기판매계약

㉯ 구매자의 신용점검

㉱ 가격변동성이 큰 생산 제품 선택

㉲ 인플레이션에 연동한 가격 인상 약속

정답 1 ㉯ 2 ㉱ 3 ㉱ 4 ㉲ 5 ㉮ 6 ㉮ 7 ㉱

08 재해위험 요소에 대한 안전대책으로 적절하지 않은 것은 ?

㉮ 철골부재 상부 이동 : 2중 안전고리 착용
㉯ 굴착작업 : 안식각 확보
㉰ 동바리 등 가설재 : 철재 사용
㉱ 수직승강용 사다리 : 안전 커버 설치

09 건설현장에서 다음과 같이 안전사고가 발생한 경우 환산재해율로 올바른 것은?

- 연간 국내공사 실적 : 2,000억 원
- 4일 이상 경상재해 : 10건
- 사망재해 : 1건
* 단 노무비율은 30%, 월평균 임금은 400만 원

㉮ 0.8% ㉯ 1.2%
㉰ 1.6% ㉱ 0.12%

10 다음 중 재해의 발생 원인 중 직접원인이 아닌 것은 ?

㉮ 작업장의 환경 불량
㉯ 태풍
㉰ 불안전한 행위
㉱ 경험 부족

11 다음 중 재해의 발생 원인 중 간접원인이 아닌 것은?

㉮ 불안전한 행동 ㉯ 교육 불충분
㉰ 안전조직 결함 ㉱ 기술적 결함

12 품질관리 프로세스가 아닌 것은 무엇인가?

㉮ 품질 기획 ㉯ 품질보증 수행
㉰ 품질통제 수행 ㉱ 통합 변경 통제

13 품질 관리 기능의 주요한 구성요소는 _____ 이다. 빈칸에 알맞은 것은 무엇인가?

㉮ 품질 계획
㉯ 품질 통제와 보증
㉰ 제품의 질적인 평가
㉱ ㉮와 ㉯

14 다음은 리스크 대응방안을 열거한 것이다. 거리가 먼 것은?

㉮ 회피, 예방
㉯ 완화, 경감
㉰ 전가
㉱ 홍보

15 정유 공정은 원유를 분리하여 각각의 유분을 얻기 위한 공정이다. 정유공정을 분류하는 주요 공정이 아닌 것은?

㉮ 액화공정(Liquefaction)
㉯ 증류공정(Distillation)
㉰ 전화공정(Conversion)
㉱ 정제공정(Purification)

16 LNG 액화 플랜트 즉 Train의 구성을 위해 반드시 요구되는 주요 설비로 볼 수 없는 것은?

㉮ 압축기(Compressors)
㉯ 열교환기(Heat Exchangers)
㉰ 증기 발생기(Steam Generators)
㉱ 플래시 밸브(Flash Valves)

정답 **8** ㉰ **9** ㉯ **10** ㉱ **11** ㉮ **12** ㉱ **13** ㉱ **14** ㉱ **15** ㉮ **16** ㉰

17 발전플랜트 탈질설비계통(De – nitrification System)에 대한 설명이다 적절치 않은 것은?

㉮ 탈질형식은 선택적 촉매환원법이다.

㉯ 탈질설비에서 사용하는 촉매는 암모니아이다.

㉰ 질소산화물 배출기준은 100~250ppm이다.

㉱ 최소운전 가스온도는 161℃이다.

18 발전소의 기본설비를 열거한 것이다. 적절치 않은 것은?

㉮ 연소 및 증기 발생기

㉯ 터빈 발전기 및 복수설비

㉰ 급수 및 급수처리 장치

㉱ 폐수처리설비 및 탈황설비

19 원자력발전소의 방사선 폐기물 처분방식에 관한 내용이다. 틀린 것은?

㉮ 중/저준위 폐기물의 발전소 내 임시저장고 저장

㉯ 고준위 폐기물의 발전소 내 임시저장(Spent Fuel Pool)

㉰ 영구처분방식으로 천층처분방식과 동굴처분방식이 대표적이다.

㉱ 우리나라는 월성 원자력발전소 인근에 폐기물 처분장이 있으며 중/저준위 및 고준위 폐기물을 천층처분방식으로 처리한다.

20 해수담수화 플랜트의 MSF 방식에서 증발기의 특성으로 거리가 먼 것은?

㉮ Tube 수량이 많을수록 담수 생산량이 많아진다.

㉯ 농염수(Brine)의 최대온도(TBT)가 높을수록 담수생산량이 증가한다.

㉰ 공급되는 바닷물의 염도가 낮을수록 Tube 수량이 증가한다 .

㉱ 공급되는 바닷물의 온도가 낮거나 TBT 온도가 높을수록 담수생산량이 증가한다.

21 해수담수화 RO Plant의 전처리 시스템에 해당하지 않는 것은 ?

㉮ MF ㉯ ERD

㉰ DMF ㉱ DAF

22 해저 생산 유정설비 중에서 해저생산통제시스템, 해저생산밸브, 해저주입밸브 등의 집합체로서, 생산정 상부에 설치되어 저류층 생산유체를 통제하는 기능을 가지며 Subsea Wellhead라고도 불리는 설비는?

㉮ 해저생산라인(Flexible Flowline)

㉯ 해저 주입 · 통제 라인(Umbilical)

㉰ 해저생산트리(Subsea X-mas Tree)

㉱ UTDA(Umbilical Distribution and Termination Assembly)

23 다음 중 해양플랜트 설비의 종류와 그 기능을 제대로 연결하고 있지 못한 것은?

㉮ PLV(Pipe-Laying Vessel) – 해저 원유나 가스의 이동을 위한 배관설치 작업선

㉯ HLV(Heavy Lift Vessel) – 중량물을 들거나 운송하기 용이하게 고안된 선박

㉰ FSRU – 가스의 저장과 필요시 재기화 송출을 담당하는 해상 터미널 설비

㉱ ROV – 원유의 저장과 하역을 주목적으로 하는 부유식 저장하역설비

24 다음 중 태양광의 에너지 변환 효율을 높이기 위한 방법이 아닌 것은?

㉮ 가급적 태양빛이 반도체 내부에 많이 흡수되도록 한다.

㉯ 태양빛에 의해 생성된 전자가 쉽게 소멸되지 않고 외부 회로까지 전달되도록 한다.

㉰ p−n 접합부에 큰 자기장이 생기도록 소재를 선택해야 한다.

㉱ p−n 접합부에 큰 전기장이 생기도록 공정을 설계토록 해야 한다.

25 다음 연료전지 중에서 전지의 온도가 가장 높은 것은?

㉮ AFC : Alkaline Fuel Cell

㉯ MCFC : Molten Carbonate Fuel Cell

㉰ SOFC : Solid Oxide Fuel Cell

㉱ PAFC : Phosphoric Acid Fuel Cell

SUBJECT **02** | **Engineering**

---

26 Plant 토목설계를 위해 Site Survey를 해야 한다. Site Survey 업무 내용이 아닌 것은?

㉮ Preliminary and General Investigation

㉯ Detailed Investigation

㉰ Clarification Survey

㉱ Site Preparation

27 토목구조 설계 시 경제성 검토 항목이 아닌 것은?

㉮ Engineering Cost

㉯ Construction Cost

㉰ Maintenance Cost

㉱ Pre−Design Cost

28 다음 중 설계 진행 순서가 맞는 것은?

㉮ 공정설계 → 분야설계 → 개념설계 → 토목설계

㉯ 개념설계 → 공정설계 → 분야설계 → 토목설계

㉰ 공정설계 → 개념설계 → 토목설계 → 분야설계

㉱ 개념설계 → 분야설계 → 공정설계 → 토목설계

29 다음 설명하는 내용과 일치하는 설계항목은 무엇인가?

- 건물의 이미지 표출 및 건물의 조형에 중요한 요소
- 산업이 발전함에 따라 점차 설계 계획적 비중이 높아가고 있음
- 건축 심의 시 주요 고려사항

㉮ 평면설계

㉯ 입면설계

㉰ 단면설계

㉱ 공간설계

30 플랜트 건축설계 업무 중 Proposal 업무영역에 포함되지 않은 것은?

㉮ Site Survey

㉯ Building List 작성

㉰ Engineering Man−hour 작성

㉱ Design Plan 작성

31 기계설계 업무절차 순서가 옳은 것은?

㉮ M/R 작성 − V/P Check − P/O Issue − TBE

㉯ V/P Check − P/O Issue − TBE − M/R 작성

㉰ M/R 작성 − V/P Check − TBE − P/O Issue

㉱ M/R 작성 − TBE − P/O Issue − V/P Check

32 Piping Arrangement Drawing 및 Isometric Drawing을 Database를 이용하여 자동으로 생성할 수 있는 시스템 이름은?

㉮ 2−D CAD SYSTEM

㉯ 3−D CAD SYSTEM

㉰ CAESAR II SYSTEM

㉱ DATA BASE SYSTEM

33 Valve의 Size와 Rating의 정의를 정확하게 설명한 것은?

㉮ Valve의 Size는 밸브의 크기를 말하며 Rating은 밸브의 사용압력을 호칭한다.

㉯ Valve의 Size는 Flange와 연결되는 내경의 크기를 말하며 Rating은 밸브의 설계 압력을 호칭한다.

㉰ Valve의 Size는 Flange와 연결되는 내경의 크기를 호칭하며, Rating은 배관의 압력, 즉 밸브의 사용압력을 호칭한다.

㉱ Valve의 Size는 Flange와 연결되는 내경의 크기를 말하며 Rating은 배관의 설계 압력을 호칭한다.

34 보일러 설치공사의 특징이 아닌 것은?

㉮ 용접작업, 고소작업이 대부분이다.

㉯ 많은 인력과 장비가 동원된다.

㉰ 발전소 건설의 주 공정이다.

㉱ 제작사의 도면이나 지침서 없이 대부분 설치가 가능하다.

35 보일러 Island 전반에 대한 설명이다. 틀린 것은?

㉮ Stacker/Reclaimer는 주행거리가 어느 정도 긴 것이 짧은 것보다 효율적으로 운전할 수 있다.

㉯ 석탄 하역 효율은 연속식이 간헐식보다 반드시 좋은 것은 아니다.

㉰ 보일러에서 석탄 혼탄은 5 : 5로 한다.

㉱ 집진효과를 높이기 위해 전기집진기는 입구 가스 온도가 낮은 방식을 선호하는 추세다.

36 증기터빈의 구성요소가 아닌 것은?

㉮ Shell & Hood

㉯ Moving Blade

㉰ Nozzle & Diaphragm

㉱ Condenser

37 증기터빈의 로터에 조립되는 회전날개 (Bucket)의 뿌리 부분을 무엇이라 부르는가?

㉮ Vane

㉯ Cover

㉰ Dovetail

㉱ Tenon

38 다음 압력용기의 설계조건이 변경된 경우 두께(Thickness)에 미치는 영향에 대한 설명 중 틀린 것은?

㉮ 설계압력이 증가하면 두께는 증가한다.
㉯ 압력용기의 내경(Inside Diameter)이 커지면 두께는 감소한다.
㉰ 압력용기의 재질에 대한 변경은 두께에 영향을 미친다.
㉱ 용접효율(Joint Efficiency)이 증가하면 두께는 감소한다.

39 다음 압력용기의 설계 시 노즐설치에 따른 Opening의 보강방법에 대한 설명 중 틀린 것은?

㉮ Forged Neck Nozzle을 사용하여 보강할 수도 있다.
㉯ Nozzle에 보강판(Reinforced Pad)의 두께를 증가하여 보강할 수 있다.
㉰ Nozzle의 Projection을 키울수록 보강의 정도는 계속 커진다고 할 수 있다.
㉱ Shell to Nozzle 및 Shell to Pad의 용접부 크기도 Opening 보강계산에 사용된다.

40 Engineering Key Drawings와 가장 거리가 먼 것은?

㉮ P & ID
㉯ Instrument Cable Route Drawing
㉰ Overall Plot Plan
㉱ Electric Single Line Diagram

41 전기설계도면에 사용하는 약속된 기호를 설명하는 도면을 의미하며, 자재 종류와 명칭, 용량, 설치방법 등 설계자의 의도를 설명하는 중요한 도면이며, 모든 도면의 안내자 역할을 하는 도면 명칭은?

㉮ Electrical Key One Line Diagram 도면
㉯ Electrical Symbol & Legend 도면
㉰ Electrical One Line Diagram 도면
㉱ Electrical Schematic Diagram 도면

42 차단기를 선정할 때 고려해야 할 조건으로 알맞은 것은?

㉮ 차단용량 계산값과 같은 정격 차단용량을 가진 것을 사용한다.
㉯ 정격 차단시간은 임의로 설정하여 결정한다.
㉰ 차단기의 정격 전류는 장래의 증설 계획을 고려하지 않아도 된다.
㉱ 공칭 전압에 대한 정격 전압을 결정한다.

43 플랜트 내 설치되는 각종 공정장비, 기계장치 및 공용 설비 장비들의 정상운전에 소요되는 사용전압, 기동방식 등을 선정하고 설계를 최적화하기 위하여 작성하는 도면으로, 본 도면에 표기되는 부하명, 상수, 교류/직류, 부하율 및 운전율을 고려하여 수전설비 및 비상발전기 용량 선정에 참조하는 도면은?

㉮ Electrical Equipment Arrangement
㉯ Electrical One Line Diagram
㉰ Panel Board Schedule
㉱ Electrical Load List

44 다음 중 확장성이 용이하고 경제적인 측면에서 비용이 가장 적은 배전방식은?

㉮ Radial System
㉯ Primary Loop System
㉰ Primary Selective System
㉱ Secondary Selective System

45 모든 공정제어의 행위는 3단계를 거쳐 이루어진다. 아래의 보기 중 해당되지 않는 단계는 어느 것인가?

㉮ 제어단계   ㉯ 측정단계
㉰ 입력단계   ㉱ 평가단계

46 공정을 구성하는 단위 조작기기의 구성과 그 흐름을 상세하게 표시하며 장치의 종류, 배관 크기, 밸브류 및 계기의 종류가 기입되어 있는 도서는?

㉮ P & ID(Piping and Instrument diagram)
㉯ Control Room Layout
㉰ Cable Layout
㉱ Plant Plot Plan

47 다음 Total Loop Drawing에 관련된 설명 중 올바르지 못한 것은?

㉮ Field Device부터 운전 화면까지의 전체적인 Route 를 표현한 Drawing이다.
㉯ Total Loop Test의 가장 기본이 되는 Drawing이다.
㉰ DCS Vendor가 공급하는 범위만 표시되어 있다.
㉱ 각 Cabinet의 번호 및 Connection Terminal의 번호가 표시되어 있다.

48 증류탑 설계에서 최소 환류비란 무엇인가?

㉮ 분리단이 무한히 많다고 할 때 주어진 생산물 순도를 만족시키기 위한 환류비
㉯ 주어진 분리단 수에서 분리를 위한 에너지를 최소로 하는 환류비
㉰ 증류탑에서 범람이 발생하게 되는 최소의 환류비
㉱ 증류탑의 운전압력을 최소로 하는 환류비

49 다음 중 Basic Engineering Design Data에 포함되지 않는 내용은?

㉮ Climate Conditions
㉯ Utility Conditions
㉰ Process Design Basis
㉱ Equipment Specification

50 공정의 Flow Scheme과 Heat & Material Balance, Operating Condition이 표시된 공정설계의 가장 기본 Document로, 제품 생산까지 필요한 공정의 주요 장치가 표기되어 있는 기본 설계도면은?

㉮ Process Flow Diagram
㉯ Piping & Instrument Diagram
㉰ Process Block Diagram
㉱ Instrument Logic Diagram

정답 **44** ㉰   **45** ㉰   **46** ㉮   **47** ㉰   **48** ㉮   **49** ㉱   **50** ㉮

51 기자재 납품이 계약서에 명시된 일정보다 지연되었을 때, 납품 지연에 따른 벌과금 등 계약자에 대한 조치사항은 다음 중 어느 항목과 관련이 있는가?

㉮ GTC의 Contract Amount
㉯ GTC의 Liquidated Damages
㉰ Technical Spec의 Delivery Schedule
㉱ Technical Spec의 Bid Data Form

52 Piping Bulk 자재의 특성이 아닌 것은?

㉮ 표준품(Line Productive Item)
㉯ 제작과정별 전수검사 원칙 적용
㉰ 별도 지정품 외에는 도면 승인이 불필요한 경우가 있음
㉱ 적용 Code 또는 제작사의 Model 사양

53 End User의 PQ 심사(Pre-qualification) 시 고려대상이 아닌 것은?

㉮ Reference Record
㉯ Financial Status
㉰ Experts Resources
㉱ Head Quarter(HQ) Location

54 다음 운송과 관련한 납기관리 사항 중 틀린 것은?

㉮ Detailed Fabrication Schedule의 Major Milestone 확인
㉯ Pre-delivery Item이 있는지와 운송 예정 일자를 확인

㉰ 선편 확보 및 운송을 위한 Road Permit과 Route Survey 필요 여부 검토
㉱ Sub-order 중 별도 운송이 필요한 경우를 파악

55 Piping Bulk 자재의 주요 발주분 중 집중관리 Expediting 대상이 아닌 것은?

㉮ 1st MTO에 의한 발주분
㉯ 지하배관 자재의 2nd MTO에 의한 발주분
㉰ 공사에 지장 없는 3rd MTO에 의한 발주분
㉱ 이전의 MTO보다 물량이 현저히 많은 다음 MTO 발주분

56 Letter Of Intent(L/I)에 포함되는 요소가 아닌 것은?

㉮ 기자재 명세 및 가격
㉯ 구매 조건
㉰ 구매 제한 조건
㉱ 상세한 기술 사양서

57 신규 기자재 업체 평가 시 고려할 항목이 아닌 것은?

㉮ 재무 신용도 ㉯ 원자재 보유 여부
㉰ 납기 경쟁력 ㉱ 품질 경쟁력

58 계약 특수 조건에 포함되지 않는 것은 ?

㉮ 공급범위 ㉯ 적용 규격 및 표준
㉰ 도서 제출 ㉱ 현장 기후 조건

정답 **51** ㉯ **52** ㉯ **53** ㉱ **54** ㉮ **55** ㉰ **56** ㉱ **57** ㉯ **58** ㉱

59 Inspection Level이 아닌 것은?

㉮ Level – 0(검사를 시행하지 않음)

㉯ Level – 1(제작사 자체 검사)

㉰ Level – 3(중간 검사)

㉱ Level – 5(상주 검사)

60 Non–conformance Report(NCR) 조치 사항이 아닌 것은?

㉮ Hold Point ㉯ Reject

㉰ Use–As–Is ㉱ Rework

61 기술평가표(TBE Table)에 대한 설명 중 틀린 것은?

㉮ 기술사항들에 대해 각 항목별 구체적인 검토를 위해 작성한다.

㉯ 각 견적서의 기술적인 우위 여부를 알기 쉽게 판단하기 위함이다.

㉰ 기기의 종류나 특성에 관계없이 동일하게 작성되어야 한다.

㉱ 구체적이고 일목 요연하게 작성되어야 한다.

62 Project Procurement Manager(PPM)가 Procurement Plan을 작성하기 전 검토해야 할 최소한의 정보가 아닌 것은?

㉮ Project 수행에 관련된 내부 인원의 요구사항

㉯ Project 원 계약 및 Project의 목표

㉰ Project Option 사항

㉱ Project Manager 및 Client의 요구사항

63 ITB의 Tehnical Spec의 "Scope of Supply" 항목에서 언급하지 않아도 되는 것은?

㉮ 계약자 공급범위에 포함시켜야 할 자재명세

㉯ 계약자 공급범위에 불포함되는 자재명세

㉰ 기자재 공급자의 자격 요건

㉱ 계약자 공급품목의 설치도 포함 여부

64 다음 중에서 기자재 입찰 안내서(ITB) 내용에 포함시키지 않아도 되는 것은?

㉮ 입찰 마감 시한

㉯ 평가보고서

㉰ 해당 자재가 설치되는 현장 여건

㉱ Tender Notice

65 구매절차로 적합한 순서는?

㉮ MR 작성 → 구매실행계획 → 입찰의향서 → 기술평가 → 계약체결

㉯ MR 작성 → 입찰의향서 → 기술평가 → 구매실행계획 → 계약체결

㉰ MR 작성 → 구매실행계획 → 기술평가 → 입찰의향서 → 계약체결

㉱ MR 작성 → 기술평가 → 입찰의향서 → 구매실행계획 → 계약체결

66 운송담당자(Logistic Coordinator)의 책임이 아닌 것은?

㉮ Project의 운송업무 조정

㉯ 운송일정 및 운송비 조사

㉰ 운송 관련 Forwarder 관리

㉱ 운송수단의 조사

67 ITB에 기자재 견적가를 공장상차도 기준으로 입찰 요구할 경우 다음 중 바르게 설명된 것은?

㉠ 입찰자는 공장으로부터 현장까지의 기자재 운송비를 견적가에 포함해야 한다.

㉡ 입찰자는 공장으로부터 현장까지의 기자재 운송에 따른 보험비용을 견적가에 포함해야 한다.

㉢ 입찰자는 기자재의 설계, 제작 및 공장 출하까지의 비용만을 견적가에 포함하면 된다.

㉣ 입찰자는 건설현장에서의 야적 저장에 따른 비용도 견적가에 포함해야 한다.

68 기술평가표(TBE Table)에 대한 설명 중 틀린 것은?

㉠ 기술사항들에 대해 각 항목별 구체적인 검토를 위해 작성한다.

㉡ 각 견적서의 기술적인 우위 여부를 알기 쉽게 판단하기 위함이다.

㉢ 기기의 종류나 특성에 관계없이 동일하게 작성되어야 한다.

㉣ 구체적이고 일목 요연하게 작성되어야 한다.

69 설계도서 제출 용도가 아닌 것은?

㉠ 승인이 필요한 승인/검토 서류 – For Review/Approval

㉡ 승인 후 조립, 설치, 제작용 서류 – For Construction

㉢ 가격협상 및 계약을 위한 서류 – For Cost

㉣ 제작, 조립, 설치 후 발행하는 최종 서류 – As Built

70 계장자재 구매사양서의 "Scope of Supply" 항목에서 언급하지 않아도 되는 것은?

㉠ 계약자 공급범위에 포함시켜야 할 자재 명세(Items Included)

㉡ 계약자 공급범위에 불포함되는 자재 명세(Items Not Included)

㉢ 기자재 공급자의 자격 요건

㉣ 계약자 공급품목의 설치도 포함 여부

71 PO(Purchase Order)의 구성에 포함되지 않는 것은?

㉠ 구매일반계약조건 및 특별약관

㉡ 공장 검사 요구사항

㉢ 구매 의서

㉣ 기술사양서

72 Vendor Drawing/Print Review 시점은?

㉠ Piping Material Specification 작성 직후

㉡ MTO(Material Take-Off) 직후

㉢ Piping Material Specification 작성 전

㉣ Purchase Order 작성 후

73 기자재 검사방법 분류에 해당하지 않는 것은?

㉠ 전수검사(Total Quality Inspection)

㉡ 절반검사(Half Quality Inspection)

㉢ Sample 검사

㉣ 서류검사(Document Inspection)

74 계약사양서의 내용 중 일반설계조건에 포함되는 사항이 아닌 것은?

㉮ 기술지원용역 사항
㉯ 품질보증 사항
㉰ 주요설비에 대한 납기일정
㉱ 소음규격, 도장, Utility 설계조건

75 구매사양서 작성 시 고려사항이 아닌 것은?

㉮ 중요 사항만 기록한다.
㉯ 기술은 서술적으로 작성한다.
㉰ 간단명료하고 중복되지 않게 작성한다.
㉱ 자재 요건을 정확하게 기술한다.

SUBJECT **04** | Construction

---

76 콘크리트 타설 시 굳지 않은 시멘트 풀, 모르타르 및 콘크리트의 윗면으로 물이 스며 오르는 현상을 무엇이라 하는가?

㉮ 중성화 현상
㉯ 레이턴스
㉰ 블리딩 현상
㉱ 워터게인 현상

77 시공계획서 작성 시 단계별 주요 검토사항 중 잘못 기술된 것은?

㉮ 사전조사 단계에서는 설계도서 검토, 현장조사, 기상조사 등을 검토한다.
㉯ 공법선정 단계에는 지반조건, 시공조건, 경제성 등을 검토하되 환경조건은 제외한다.
㉰ 조달계획 단계에는 인력, 자재, 장비조달 계획 등을 검토한다.
㉱ 본 공사 계획수립 단계에는 토공, 기초공, 지반 개량공, 구조물공 등의 시공성, 안전성 등을 검토한다.

78 착공계 제출 시 구비서류에 해당되는 사항이 아닌 것은?

㉮ 착공계(발주처 서식)
㉯ 현장기술자 지정신고서
㉰ 건설공사 예정 공정표
㉱ 도로 점용 및 굴착 허가서

79 토공다짐 작업 시 유의사항 중 잘못 기술된 것은?

㉮ 성토 시 1회 포설두께는 50cm 이하로 하여 다짐작업을 실시한다.
㉯ 균일하고 효율적인 다짐을 위하여 그레이더 등으로 고르기를 하고 함수비를 최적 상태로 조절한 후에 다진다.
㉰ 면적이 좁아 롤러에 의한 다짐을 못하는 장소는 콤팩터, 래머 등의 소형 장비를 이용하여 다진다.
㉱ 성토비탈면은 마이티팩 또는 견인식 롤러로 다진다.

80 네트워크 공정표의 특징에 대한 기술 중 잘못 표기한 것은?

㉮ 종합적인 공정관리를 실시할 수 있다.
㉯ 공정지연이 발생했을 경우 그것이 다른 공정이나 전체 공정에 미치는 영향을 예측할 수 없다.
㉰ 각 공정 상호 간의 순서, 관련성이 명확해지므로 시공계획 단계에서 공사순서 등을 쉽게 검토할 수 있다.
㉱ 횡선식 공정표에 비해 공정표 작성에 많은 데이터를 필요로 한다.

정답 **74** ㉮ **75** ㉮ **76** ㉰ **77** ㉯ **78** ㉱ **79** ㉮ **80** ㉯

81 아래 4대 시공관리기법에 대한 기술 중 옳지 않은 것은?

㉮ 공정관리 : 가장 합리적이고 경제적인 공정계획을 수립하고 관리한다.

㉯ 품질관리 : 설계도나 공사시방서 등에 규정된 품질을 유지하기 위한 목적으로 실시하는 관리

㉰ 원가관리 : 공정관리, 품질관리, 안전관리와는 상호 관련성이 없다.

㉱ 안전관리 : 근로자 및 일반시민의 안전 확보를 목적으로 하는 관리

82 시공계획서 내용에 포함되지 않는 항목은?

㉮ 공사개요 및 현장기구조직표

㉯ 주요 공종 시공 순서 및 방법

㉰ 인력, 자재, 장비 투입계획

㉱ 시설물 인수인계 계획

83 터빈의 Run-Out Check에 대해 바르게 설명한 것은?

㉮ 회전체인 Rotor의 휨 정도를 측정하는 검사이다.

㉯ 고정체인 Casing의 뒤틀림(Distortion)을 측정하는 검사이다.

㉰ 터빈 건설 시에만 한다.

㉱ Nozzle & Diaphragm의 변형을 측정하는 검사이다.

84 다음 중 Rotor가 Misalignment되었을 때 나타나는 현상이 아닌 것은?

㉮ Coupling에서의 과열

㉯ Shaft Crack 및 Fatigue 증가

㉰ Oil Whirl 현상 감소

㉱ 베어링 온도 상승

85 다음 비파괴 및 비파괴 검사 관련 사항 중 틀린 것은?

㉮ 비파괴 시험 중 RT는 발주처가 시행한다.

㉯ RT 검사는 용접 후 시행하고 이상이 없을 시 후열처리 한다.

㉰ RT 검사 이외의 비파괴 검사 PT, MT 등은 Code나 도면 요구 시 시공사가 실시한다.

㉱ 소켓 용접부는 MT, PT를 실시한다.

86 복합발전에 있어서 설비 배치순서가 맞는 것은?

㉮ 압축기 - 가스터빈 - HRSG - 스팀터빈

㉯ 가스터빈 - 압축기 - HRSG - 스팀터빈

㉰ HRSG - 스팀터빈 - 압축기 - 가스터빈

㉱ 가스터빈 - HRSG - 압축기 - 스팀터빈

87 고압배관 설치 시 필히 기울기를 주어야 한다. 이유는 무엇인가?

㉮ 기체가 발생될 수 있기 때문

㉯ 응축수 및 기포의 관 내 정체현상을 방지하기 위하여

㉰ 먼지가 유입될 수 있기 때문

㉱ 공기의 유입을 차단하기 위해

88 차압식 계기에서 제일 많이 사용되는 요소는?

㉮ Pitot Tube

㉯ Orifice

㉰ Flow Nozzle

㉱ Venturi Tube

89 공기관이 여러 가지 관으로 나누어져 각종 V/V에 연결되면 순간적으로 감압이 발생할 수 있다. 방지책은?

㉮ 유입 1차 부분에 Air Header 설치
㉯ 같은 Size의 배관으로 연결한다.
㉰ ROOT V/V에서 직접 연결한다.
㉱ 현장 여건에 따라 설치한다.

90 Plant 내 설치된 철재류 접지 작업의 목적은?

㉮ 전압을 측정하기 위하여
㉯ 대지전위와 가깝게 하기 위하여
㉰ 단락전류를 증가시키기 위하여
㉱ 전압을 낮추기 위하여

91 준공단계에서 시설물 인계인수에 포함되지 않는 것은?

㉮ 시운전 결과 보고서
㉯ 운영지침서
㉰ 예비 준공검사 결과
㉱ 시공계획서

92 다음 Expansion Joint 중 자연적인 보상방법을 이용한 것은?

㉮ Bellows Type
㉯ Injection Slip Joint
㉰ Loop Type
㉱ Coupling Type Ball Joint

93 배관 용접 전 검사사항으로 옳지 않은 것은?

㉮ 용접될 자재의 재질, 구경, 두께, 길이 등은 제작도면과 일치하는지 확인한다.
㉯ 배관재 내부의 청결상태, 손상부위 확인 후 Fit Up 상태를 확인한다.
㉰ 예열처리 후 관련 지침서에 규정한 시간 내에 용접되는지 검사하고 기록해야 한다.
㉱ 밸브 Flow 방향 등은 Fit Up 시 필히 확인해야 한다.

94 보온의 목적으로 틀린 것은?

① 열 확산 방지(화재 위험 방지)
② 열 침입 방지(표면결로 방지, 빙결 방지)
④ 소음 감소, 진동 흡수
⑤ 배관 외부 녹슴 방지

95 온도 측정 계기에 주로 사용하는 계기는?

㉮ 면적식 계기
㉯ 차압식 계기
㉰ Gauge압 계기
㉱ Thermocouple & RTD

96 고압배관 설치 후 누설시험을 한다. 주 배관 설계압력의 몇 배로 실시하는가?

㉮ 1.25~1.5배
㉯ 2~3배
㉰ 2.25~2.5배
㉱ 1.3~1.6배

97 Pre−commissioning 기간 중의 Piping 작업이 아닌 것은?

㉮ Hydro Test
㉯ Flushing/Blowing
㉰ Loop Test
㉱ Chemical Cleaning

98 시운전업무는 플랜트를 정상적으로 가동하기 위한 일련의 과정이다. 다음 중 시운전업무와 관련이 없는 과정은?

㉮ Planning
㉯ Engineering
㉰ Commissioning
㉱ Start−up 및 Performance Test Run

99 다음 발전소 시운전에 대한 설명 중 틀린 것은?

㉮ 시운전은 단독시운전 단계와 시운전정비 단계로 구분한다.
㉯ 단독시운전은 단위기기 설치완료 시점부터 터빈통기 전까지로서 수전, 예비점검 및 시험운전, 최초점화로 나뉜다.
㉰ 종합시운전은 터빈통기, 최초발전개시, 최초부하시험, 신뢰도운전, 인수성능시험이 포함된다.
㉱ 발전소 시운전 시 수처리설비, 압축공기 공급계통 및 수전설비 중 가장 먼저 인수받아 이용 가능해야 하는 설비는 수전설비이다.

100 다음은 건설 설치종료 점검 및 시험(CAT : Check Out And Test)에 관한 설명이다. 틀린 것은?

㉮ CAT 항목은 건설소, 시운전 각각 별도로 구분하여 수행한다.
㉯ 수압시험, 연결부 정렬 점검, 윤활유 주입, 케이블 결선 및 연속성 점검은 건설소에서 수행한다.
㉰ 계기 도입관 및 공기 신호관의 수압시험은 시운전반에서 수행한다.
㉱ 보호계전기 시험, 전기기기 시험, 논리회로 동작 시험, 모터 회전방향 시험 등은 시운전반에서 수행한다.

플랜트
엔지니어
실기 1급

〈수험자 유의사항〉

1. 시험문제지는 총 4매(8면)이며 교부받는 즉시 매수, 페이지 등 정상 여부를 반드시 확인하고 1매라도 분리되거나 훼손해서는 안됩니다.

2. 수험번호, 성명을 정확하게 기재해야 합니다.

3. 수험자 인적사항 및 답안작성(계산식 포함)은 **흑색 또는 청색 필기구만 사용하되, 동일한 한 가지 색의 필기구만 사용**하여야 하며 흑색, 청색을 제외한 유색 필기구 또는 연필류를 사용하거나 2가지 이상의 색을 혼합 사용하였을 경우 그 문항은 0점 처리됩니다.

4. **답안 정정 시에는 두 줄(=)을 긋고 다시 기재 가능하며, 수정테이프(액) 등을 사용했을 경우 채점상의 불이익을 받을 수 있으므로 사용하지 않도록 합니다.**

5. 답안과 관련없는 특수한 표시, 특정인임을 암시하는 표시가 있는 답안지는 전체가 0점 처리됩니다.

6. 감독위원 확인이 없는 답안지(시험지)는 무효 처리됩니다.

7. 부정행위 방지를 위하여 시험문제지에도 수험번호와 성명을 기재하여야 합니다.

8. 시험시간이 종료되면 즉시 답안작성을 멈춰야 하며, 종료시간 이후 계속 답안을 작성하거나 감독위원의 답안제출 지시에 불응할 때에는 채점대상에서 제외될 수 있습니다.

9. 시험 중에는 통신기기 및 전자기기(휴대용 전화기 등)를 소지하거나 사용할 수 없습니다.

2013년 1회 **실기시험**

01 계약이 효력을 발생하기 위해서는 당사자가 행위능력 이외에도 (   ) 능력을 가지고 있어야 한다.
(   ) 안에 해당하는 단어는 무엇인가?   [3점]

02 지하에서 생산되는 Hydrocarbon Gas 중의 수분을 제거하기 위한 흡수제로서 일반적으로 가장 많이
사용하는 화학물질의 이름은 무엇인가?   [3점]

03 원자력발전소의 심층방호개념으로서 방사능의 발생원인 원전연료와 외부환경 사이에 다중 방호벽을
구성하고 있는바, 각각의 방호벽을 그림과 함께 설명하시오.   [8점]

04 역삼투압법(Reverse Osmosis) Process의 원리에 대하여 설명하시오. [6점]

05 해양설비가 열악한 환경에서 안전하게 제 역할을 수행하기 위해서는 원하는 위치에 자리를 유지하는 계류설비(또는 Station Keeping or Mooring)가 반드시 요구된다. 이 해양 계류시스템의 4가지 종류는? [5점]

06 플랜트 전기설비의 상세설계서 종류를 5가지 이상 서술하시오. [6점]

07 얕은 기초(직접기초) 이론식의 기본가정에 대하여 쓰시오. [6점]

08 Pipe Rack을 3단으로 설치할 경우 Inst Tray, Process, Utility Piping의 설치에 대하여 각 단별로 기재
하시오. [5점]

09 P & ID(Piping and Instrument Diagram)에 대하여 설명하시오. [5점]

10 Project의 전반적 공정(Process)흐름도를 표현한 것이 Piping and Instrument Diagram(P & ID)이라면 Project의 전반적 기계, 배관 및 구조물의 위치를 표현한 도면을 무엇이라 하며, 해당 도면의 작성 및 검토 등의 주관 팀은 어디인가? [3점]

11 PO(Purchase Order)를 구성하는 요소 7가지를 기술하시오. [9점]

12 Valve의 종류 중에서 역류 방지용으로 사용되는 Valve는? [3점]

13 플랜트의 신축공사에 앞서 검토, 파악하여야 할 건설재료의 성질 중 3가지를 쓰시오. [5점]

14 매도인이 물품의 수출 통관 절차를 마친 후 지정된 선박에 적재하였을 때 물품을 인수하는 것으로 하는 거래 조건을 무엇이라고 하는가? [3점]

15 자재구매시방서 작성 시 필수 검토항목을 3가지 이상 쓰시오. [5점]

16 원도급사가 하도급업체(전문건설업체) 선정 시 고려할 3가지 사항에 대하여 쓰시오. [4점]

17 시공관리의 목적에 대하여 쓰시오. [4점]

시공관리의 목적은 ( ), ( ), ( )으로 ( ) 구조물을
시공하는 것이다.

18 시운전 업무 중 배관 Cleaning 작업을 3가지 이상 나열하고 간단히 서술하시오. [8점]

19 접지를 하는 목적을 3가지 이상 쓰시오. [6점]

20 시험장비를 현장에서 사용하기 위하여 사전에 반드시 확인하여야 할 것은 무엇인가? [3점]

2013년 1회 실기시험 **정답**

01 권리

02 TEG(또는 Tri-Ethylene Glycol, 트리에틸렌글리콜)

03 제1방벽 : 원전연료
제2방벽 : 원전연료 피복관
제3방벽 : 원자로 압력용기 및 원자로 냉각재 계통
제4방벽 : 원자로 건물 내벽
제5방벽 : 원자로 건물 외벽

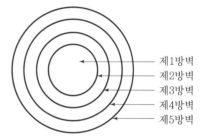

04 물은 통과하지만 물속에 남아있는 염분 등을 투과하지 않는 역삼투막에 해수를 가압하여 담수를
얻는 방법 또는 반투막을 이용하여 가압된 염수에서 용매인 물을 용질과 분리하여 담수를 얻는
방법

05 ① Spread Mooring
② Buoy Mooring
③ Turret Mooring(또는 System)
④ DP(또는 Dynamic Positioning) System

06 ① 접지계산서
② 변압기 용량계산서
③ 모선 및 차단기 용량계산서
④ 고상전류계산서
⑤ 전압강하계산서
⑥ 고조파전류계산서
⑦ 조도계산서
⑧ 비상발전기 용량계산서
⑨ 교류무정전전원장치 및 직류충전기 용량계산서
⑩ 축전기 용량계산서
⑪ 보호계전기 정정계산서

07 ① 도심에 연직으로 작용

② 지반의 각 지층은 균등

③ 기초의 근입깊이가 기초의 폭보다 작고 기초바닥이 수평

④ 기초를 강체로 간주

08 1단 : Process Piping

2단 : Utility Piping

3단 : Inst Tray & Utility Piping

09 P & ID는 Engineering Flow Diagram이라고도 하며 상세 설계의 모든 정보를 알 수 있는 도면이다.

P & ID는 모든 Process의 기계장치류, 배관, 공정제어를 위한 Instrument 등을 표시하고 이의 상호 관계를 표시하며 정상운전, 비상상태, 시운전과 Shutdown 운전을 위한 모든 시설이 표시되어 상세설계, 건설, 정비 및 정상운전 시 기본자료로 이용하므로 매우 중요한 도면이다.

10 Plot Plan Drawing, 배관팀

11 ① PO Cover Sheet : Client 및 Vendor Agreement Signature

② Special Terms 및 Conditions : 구매조건에 대한 특별 약관

③ General Terms 및 Conditions for Purchase : 구매 일반 계약 조건

④ Conditions for Vendor's Field Supervision Services : 현장 Supervision 조건

⑤ Shipping 및 Packing Instruction : 선적 및 포장 지시서

⑥ Shop Inspection Requirement : 공장 검사 요구사항

⑦ Technical Specification(MR for Purchasing) : 기술사양서

12 Check Valve

13 ① 사용 목적에 알맞은 공학적 성질을 가질 것

② 경제성이 있을 것

③ 대량 공급이 가능할 것

④ 사용 환경에 대하여 안전하고, 내구성을 가질 것

⑤ 운반, 취급 및 가공이 용이할 것

14 FOB(Free On Board) 또는 본선인도

15 ① Technical Specification(기술시방서)
② Engineering & General Drawing(Basic Drawing – 기본도면)
③ General & Special Conditions(일반계약 및 특수계약 조건)
④ Shop Drawing(제작 도면)
⑤ Bill of Material(Quantity – 수량산출서 혹은 수량)
⑥ Applicable Codes and Standards(적용 코드 및 규정)
⑦ Manufacture Catalogues(제작 카탈로그)

16 ① 기능공 동원 능력
② 유사공사 실적 및 평판(품질, 안전)
③ 타 현장 저가수주 여부

17 시공관리의 목적은 (적절한 공기(빠르게)), (적절한 품질(질 좋게)), (저렴한 가격(경제적))으로 (안전하게) 구조물을 시공하는 것이다.

18 ① Water Flushing : Water Line에 적용하는 Cleaning 방법으로서 물을 이용하여 배관 안에 존재하는 용접 Slug나 Mill Scale 등을 제거하는 방법이다.
② Air Blowing : Gas line에 적용하는 Cleaning 방법으로서 Dried Air를 이용하여 용접 Slug나 Mill Scale 등을 제거하는 방법이다.
③ Steam Blowing : Steam Line에 적용하는 방법으로 Steam을 이용하여 Heating/Cooling을 반복하여 용접 Slug나 Mill Scale 등을 제거하는 방법이다.
④ Chemical Cleaning : Compressor, Turbine, Expander 등 고속회전기기의 Suction Line에 용접 Slug나 Mill Scale 등과 같이 작은 입자라도 회전하는 기계에 유입될 경우 치명적인 Damage를 입힐 우려가 있을 경우에 Chemical을 이용해 Cleaning하는 방법이다.
⑤ Lube Oil Flushing : Lube Oil Line은 회전기기의 베어링에 Oil을 공급해주는 Line으로서 회전기기 안에 Slug나 Scale 등과 같은 작은 입자를 Mesh를 이용해 제거하는 Cleaning 방법이다.
⑥ Pig Cleaning : Line 길이가 수 km 이상 되거나 공기를 압축저장할 수 있는 Vessel이나 Pumping할 수 있는 설비가 없어 Flushing이나 Blowing이 어려운 Off – Site 또는 제품출하 배관 등에 적용할 수 있다.

19 ① 인체의 감전 방지

② 전기기기의 절연 파괴 방지

③ 전기회로의 운전 조건 개선

④ 낙뢰로 인한 각종 시설물 보호 및 파손 방지

20 검교정 필증 부착 여부

2014년 2회 **실기시험**

01 태양광발전의 장점을 3가지 이상 간략히 쓰시오. [3점]

02 "핵심적인 20%의 요인에서 결과의 80%를 설명할 수 있다."는 것을 나타내는 법칙이 무엇인지 쓰시오. [3점]

03 계약의 해제와 해지를 정의하고, 중요한 차이점을 기술하시오. [8점]

04 해수담수화 기술 중 증발법의 종류와 분리막법의 종류에 대하여 서술하시오. [6점]

05 해양 플랜트 설비 중 부유식 설비의 종류를 2가지 이상 작성하시오. [4점]

06 Plant 수행과정 중 상세설계 단계에 대하여 간단히 설명하시오. [4점]

07 P & ID가 Issue되는 순서를 작성하시오. [6점]

08 설계기술용역 계약자(A/E)가 수행하는 설계 업무 내용에 대하여 쓰시오.(최소 3가지 이상 작성)

[7점]

09 전기 분야 설계도면 중에서 케이블 포설 경로를 나타내는 도면을 무엇이라고 하는가?　　　[3점]

10 일반 화학공장에서 사용하는 질소의 용도에 대하여 3가지 이상 작성하시오.　　　[5점]

11 Engineering Stage에서 자재 구매 시 Contingency(Bump)를 고려해야 하는 이유는 무엇인지 쓰시오.

[4점]

12 자재 구매의 일반적인 핵심성과지표(KPI, Key Performance Indicator)를 간단하게 설명하시오.

[4점]

13 기자재 구매를 위해 사양 및 수량이 기입된 문서를 무엇이라고 하는가?

[3점]

14 Piping 물량 산출 Item 종류를 4가지 이상 쓰시오.

[6점]

15 구매방식 중 경쟁입찰, 부대입찰, 단가계약에 대하여 자세히 기술하시오.

[8점]

16 배관공사 작업순서를 작성하시오. [5점]

---

17 건설현장에서 원도급사 내부에서 하도급업체(전문건설업체) 계약의뢰 일정계획 수립 시 고려해야 할 사항에 대하여 설명하시오. [5점]

---

18 시운전업무는 플랜트를 설계가 정상적으로 운전할 수 있는지를 점검하고 설계에 맞춰 설치된 것을 확인 및 가동하여 Project의 목적을 운전 측면에서 달성하기 위한 일련의 과정이다. 시운전업무 수행과정 4가지를 쓰시오. [6점]

---

19 PSSR(Pre-Start-Up Safety Review) 실시에 대하여 설명하시오. [5점]

---

20 공사착수 전 시공계획서 작성의 주요 내용에서 사전조사(준비) 단계에서 검토해야 될 사항 중 3가지를 쓰시오. [5점]

2014년 2회 실기시험 **정답**

01 ① 에너지원이 청정하고 무한정(무제한)
    ② 유지보수가 용이
    ③ 무인화 가능
    ④ 필요한 장소에서 필요량 발전 가능

02 파레토 법칙(20 : 80 법칙 또는 80 : 20 법칙)

03 계약의 해제는 계약이 처음부터 없었던 상태로 만드는 것으로 원상회복의무가 있다.
계약의 해지는 일정한 시점부터 장래에 향하여 계약의 효력을 정지하는 것으로 원상회복의무가
없다.

04 ① 증발법 : 다단증발법(MSF), 다중효용증발법(MED), 증기압축법, 투과증발법
    ② 분리막법 : 역삼투압법(RO), 전기투석법(ED)

05 SPAR, FPSO, Semi−submersible

06 기본설계 단계에서 작성된 BEDD, PFD, Project Spec., P & ID, Plot Plan 등의 Information
을 Base로 하여 공정, 기계, 배관, 계장, 전기, 토목, 건축 등 각 부서 Engineer들에 의해 상세
설계를 수행

07 Preliminary → IFA(Issue For Approval) → AFD(Approval For Drawing) →
AFC(Approval For Construction) → As Built

08 현장조사, 대비공사 설계, 본 공사 기본설계 및 상세설계, 기자재 구매 지원, 시공발주 지원업
무, 설계관리 업무, 인허가, 기술 설계, 품질 보증업무 및 품질관리 지원업무, 각종 지침서 및
목록 작성, 준공자료 작성, 사업주 기술 지원업무, 사업관리 지원업무

09 Cable Tray & Raceway Layout

10 Blanketing용, Purging용, 촉매보호용

11 현장에서의 Design Change or Lost(망실), Loss(손실)에 의한 Shortage 물량 Cover

12 품질, 가격, 납기를 위한 최적의 구매 활동(최적의 공급활동)

13 MR(Material Requisition)

14 Pipe, Elbow, Tee, Reducer, Gate Valve, Check Valve, Flange, Gasket, Bolt & Nuts

15 ① 경쟁입찰 : 승인된 Vendor List상 Ready for RFQ 업체를 선정하여 경쟁 입찰을 실시하는 구매방식
② 부대입찰 : Project 수주 전(입찰시점) 해당 Item 특성상 또는 발주처 요구사항을 고려하여 업체 선정 및 가격 확정을 목적으로 실시하는 구매방식
③ 단가계약 : Tagged Item 및 Bulk Item 중 추가구매가 빈번하여, 추가발주 시 발주단가 적용이 발주가 가능한 Item 및 그 외 기타 단가계약이 유리하다고 판단되는 Item에 대하여 연간단가 또는 Project 단가계약을 목적으로 실시하는 구매방식

16 Fit up → 용접 → RT 검사 → 수압시험

17 계약의뢰일, 현장설명일, 입찰일, 계약일, 공사착수

18 Planning → Pre-commissioning → Commissioning → Start-up 및 Performance Test Run

19 PSSR은 Start-up하기 전에 Start-up 공장에 대해 관련자들이 모여 해당하는 설비의 준비 상태를 검토하는 작업으로 공장의 청소상태, 안전장비 및 설비의 준비상태 , 운전자의 교육 및 훈련 등 모든 과정에서 안전에 영향을 주는 인자를 확인하여 제거하기 위한 활동으로 PSSR에서 제기되는 문제점들을 해결 후 Start-up에 착수

20 설계도면, 시방서, 계약조건, 현장조사, 지반조사, 기상조사

2016년 2회 **실기시험**

01 LSTK(Lump Sum Turn Key)와 Reimbursable(Cost Plus Fee) 계약방식의 기본 구조를 각각 설명하고 EPC 계약자의 관점에서 각각의 Risk를 서술하시오. [4점]

02 프로젝트 파이낸싱(Project Financing)의 특징을 기술하시오. [5점]

03 Risk Management의 목적을 서술하시오. [6점]

04 석유 개발 산업의 특징을 서술하시오. [6점]

05 원자로의 종류에는 경수로(PWR)와 중수로(PHWR)가 있는데 이에 대해서 기술하시오. [4점]

06 주요 배관 도면의 종류를 3가지 이상 서술하시오. [6점]

07 Plant Layout Design에 포함되어야 할 내용들을 기술하시오. [5점]

08 펌프 캐비테이션(Cavitation) 방지를 위한 방법을 기술하시오. [4점]

09 분산제어 시스템(Distributed Control System)의 구성에 대해서 서술하시오. [4점]

10 P & ID(Piping and instrument Diagram)에 대하여 설명하시오. [6점]

11 PO(Purchase Order)를 구성하는 요소 7가지를 기술하시오. [6점]

12 부적합보고서(Non-Conformance Report)가 작성되어야 할 경우를 기술하시오. [4점]

13 구매계약 시 보증을 위하여 각종 증권이 제출되어야 하는데 그 종류와 내용을 설명하시오.　　[5점]

14 입찰안내서(ITB, Invitation To Bid)에 대해서 기술하시오.　　[6점]

15 L/I(Letter Of Intent)의 목적에 대하여 서술하시오.　　[4점]

16 레미콘 공장에서 시멘트, 골재, 물 등을 균일하게 혼합 개량하여 생산하는 설비를 무엇이라 하는가?
　　[4점]

17 철골 공사의 특징을 기술하시오. [6점]

18 배관 시공에 있어서 밸브의 설치에 관하여 기술하시오. [6점]

19 시운전업무는 플랜트를 설계가 정상적으로 운전할 수 있는지를 점검하고 설계에 맞춰 설치된 것을 확인 및 가동하여 Project의 목적을 운전 측면에서 달성하기 위한 일련의 과정이다. 시운전업무 수행과정 4가지를 쓰시오. [5점]

20 Control System Function Test에 대해 설명하시오. [4점]

2016년 2회 실기시험 정답

01 LSTK는 용역 범위 및 계약금액이 확정된 상태의 계약이다. 따라서 확정된 계약금액 및 시간 내에 주어진 용역을 완수하여야 하는 시간적 제한성이 매우 강하며 금전적 손익의 폭이 클 수 있다. 이에 반하여 Reimbursable(Cost Plus Fee)은 수행되는 용역에 해당되는 금액을 보상받는 구조이므로 시간적 금전적 손실은 없으나 매우 제한적인 이익을 취할 수 있다.

02 ① 단일 사업성
② 구조화 금융
③ 이해 당사자 간 위험배분
④ 철저한 자금관리
⑤ 담보의 한정

03 ① Risk의 전략적 평가를 통한 Project의 Risk 수준 파악
② Risk 분석을 통한 Risk 대응방안 구축
③ Risk 관리를 통한 현실적인 공사관리계획의 수립 및 운영
④ 성공적인 Project 수행 및 공사 이윤의 극대화

04 ① 자본 집약형 산업(광구 확보와 탐사 및 개발에 많은 투자비가 소요)
② 기술 집약형 산업(지질, 지구물리, 석유공학, 기계, 전기 등 다양한 기술이 필요)
③ 장기 산업(탐사에서 생산에 이르기까지 수년이 소요되며 투자비 회수 소요기간과 총 생산연수가 긴 편임)
④ 고위험 고소득 산업(상업적 발견 및 성공률이 낮아 손실 위험이 크지만 성공에 대한 이익도 큰 산업임)
⑤ 연관 산업 효과가 큼(석유 개발에 따른 플랜트, 건설, 금융, 보험 등 연관 산업에 파급효과가 큼)

05 ① 경수로(PWR) : 미국이 1953년 핵 잠수함용으로 개발. 함량이 2~5%인 이산화우라늄을 펠릿으로 성형 가공하여 특수 재질로 된 지르칼로이 봉 속에 넣은 것. 이 연료봉을 정사각형으로 묶어 핵연료 집합체를 만듦. 원자로 내에는 대략 169다발 전후의 핵연료 집합체가 들어가게 되고 1개의 핵연료 집합체에는 236개의 연료봉이, 한 개의 연료봉에는 380여 개의 펠

릿이 들어가 있음. 길이는 약 4m. 핵연료 펠릿 한 개는 약 1,280kWh의 전력 발생. 원자로
는 약 18개월에 1회 운전 정지하여 핵연료 집합체의 1/3을 교체

② 중수로(PHWR) : 감속재로 중수를 사용. 핵연료는 우라늄-235 함량 0.7%의 천연 우라늄
을 그대로 사용. 37개의 연료봉 한 다발로 원통형의 핵연료 집합체를 이룸. 원자로 내에 380
개의 압력관에 각각 12다발씩 장전. 운전 중 핵연료 교체하며 매일 1회에 16다발 교체. 핵
연료 교체를 위하여 정지할 필요 없음

06 ① Plot plan
② Equipment Arrangement Drawing
③ Piping Routing Study
④ Piping Arrangement Drawing
⑤ Piping Isometric Drawing

07 ① 모든 기기의 위치 결정 : 대형 기기의 설치와 관련된 특별한 사항, 시공순서 등을 고려하여
반영한다.
② 구조물과 이에 부수되는 계단, 사다리 및 Platform의 설계 : 운전, 유지 보수, 안전을 보장
할 수 있도록 접근방법 및 공간 확보를 고려해야 한다.
③ 설비의 유지 보수를 위한 설비의 접근에 장애가 생기지 않는 공간을 확보하여야 한다.
④ P & ID 의 요구사항을 만족시킬 수 있도록 기기 노즐의 위치를 확정한다.
⑤ 소화전 Monitor 및 Safety Shower 등 안전설비의 위치를 선정한다.

08 ① 펌프 설치 높이를 최대로 낮추어 흡입 양정을 짧게 한다.
② 펌프 회전수를 낮추어 흡입 비속도를 작게 한다.
③ Double Suction Type Pump를 사용한다.
④ 흡입관 손실 수두를 작게 하기 위하여 관 지름을 키워 유속을 낮게 유지하고 불필요한
Valve, Tee, Elbow, Reducer 등 Fitting류 수량을 최소화한다.
⑤ 실양정이 크게 변동하여 송출량이 과다해지는 경우에는 토출 밸브를 조절한다.

09 ① Operator Station : Process Operation에 관한 정보를 집중시켜 플랜트의 상태를 표시,
감시 및 조작함
② Control Station : DDC 등의 제어기능이 있으며 대상 Process 장치의 규모나 종류에 따라
복수 개의 System에서 분산 처리함
③ 통신 System : Operator's Station, Control Station과 다른 System 사이의 정보 교환을
고속으로 수행하고 양호한 응답성을 얻기 위한 것. 또한 분산제어 System은 4개의
Interface로 연결된다.

10 P & ID는 Engineering Flow Diagram이라고도 하며 상세 설계의 모든 Information을 알수 있는 도면이다. P & ID는 모든 PROCESS의 기계장치류, 배관, 공정제어를 위한 Instrument 등을 표시하고 이의 상호관계를 표시하며 정상운전, 비상상태, 시운전과 Shutdown 운전을 위한 모든 시설이 표시되어 상세설계, 건설, 정비 및 정상운전 시 기본 자료로 이용하므로 매우 중요한 도면이다.

11 ① Po Cover Sheet : Client 및 Vendor Agreement Signature
② Special Terms 및 Conditions : 구매 조건에 대한 특별 약관
③ General Terms 및 Conditions For Purchase : 구매 일반 계약 조건
④ Conditions For Vendor's Field Supervision Service : 현장 Supervision 조건
⑤ Shipping 및 Packing Instruction : 선적 및 포장 지시서
⑥ Shop Inspection Requirement : 공장 검사 요구 사항
⑦ Technical Specification(Mr For Purchasing) : 기술 사양서

12 ① 사용 재료가 설계도면, 구매사양서, 관련 규격과 상이한 경우
② 사용 재료에 요구되는 주요 시험공정이 누락된 경우
③ 제작품의 치수가 도면과 상이하게 제작된 경우
④ 제품의 불량 부분 보수 시 품질 또는 안전성에 영향을 미칠 수 있는 경우
⑤ 제품의 불량 부분 보수가 납기에 영향을 미칠 수 있는 경우
⑥ 주요 검사 또는 시험을 위한 시험설비가 없거나 준비되지 않아 판정할 수 없는 경우
⑦ 상기에 언급한 사항 외의 중대한 사항 또는 부적합 상황 발생 시

13 ① 계약이행증권(P－Bond) : 구매계약내용의 성실 수행을 보증하는 증권이며, 일반적으로 Vendor가 계약금액의 10%에 해당하는 금액의 보증증권을 제출한다. 해외업체의 경우 Performance Bank Guarantee를 지칭한다.
② 선급금보증증권(AP-Bond) : 구매계약상 Vendor로 선급금 지불이 요구되는 경우 Vendor 에서 제출하는 선급금에 대한 보증증권이며 선급금 전액에 대한 보증증권이다.
③ Refund Bond : 구매계약상 Vendor로 Progress에 따른 대금지불이 요구되는 경우 Vendor에서 제출하는 Progress 대금지불에 대한 보증증권을 지칭한다.
④ 하자이행증권(G－Bond/W－Bond) : 구매계약상 Vendor에서 기자재 공급 후 하자이행 기간을 만족하는 하자이행에 대한 보증증권이다.

14 발주자가 입찰자에게 특정 Project에 참가하도록 요청하는 서류
ITB에는 Governing Terms & Conditions, Statement of Compliance, Communications, Technical & Commercial 요구사항, 대금지불조건 등이 명시된다.

15 L/I는 정식 P/O Document를 작성하는 데 시간이 소요되므로 정식 P/O 발급 전에 발주자의 발주 의사를 분명히 밝힘으로써 Business Partner가 약속된 선적일을 지키도록 하고 Business Partner의 Shop Space 및 Work 준비를 실시토록 하기 위한 용도로 사용된다. L/I는 L/I상에 명기된 조건에 근거하여 Buyer 및 Seller 간 상호 구속적이며 유효한 의무가 성립된다는 가정하에 발급되어야 한다. P/O가 바로 Issue될 수 있는 RFQ는 L/I를 Issue하지 않고 P/O를 Issue함을 원칙으로 한다.

16 Batcher Plant(배처 플랜트)

17 ① 재료의 강성 및 인성이 큼. 단일재료, 균질성
② 가설속도가 빠르고 사전 조립이 가능
③ 내구성이 우수하며 구조물 해체 후 재사용이 가능
④ 압축재의 길이가 증가하거나 세장할수록 좌굴에 대한 위험성이 증가
⑤ 고소작업이 많아 사고 위험성이 높음
⑥ 내화성이 낮음 : 300^0C 이상 시 인장강도 급격히 저하

18 ① 밸브의 설치는 제작도면과 설치지침에 따라야 하며, 모든 밸브의 Stem은 수직으로 설치하는 것을 원칙으로 한다.
② 용접 중 밸브의 Open 및 Close 여부는 제작자 지침에 따라야 하고, 밸브 설치 방향은 도면과 일치하여야 하며 설치 전 밸브 Body에 표시된 화살표 방향을 확인한다.
③ 모든 밸브는 각층의 바닥 위 혹은 Platform 위에서 조작 가능하도록 설계. 밸브 위치가 바닥으로부터 2,000mm 이상일 때 사다리 또는 Platform을 설치한다. 단, 조작이 빈번하지 않은 경우 다음과 같은 밸브는 이동용 사다리 이용 가능
  • 배관상의 배기 및 배수 밸브
  • 계기차단용 밸브(Root Valve)
  • 기타 조작이 빈번하지 않은 80MM 이하 밸브

19 Planning → Pre – commissioning → Commissioning → Start-up 및 Performance Test Run

20 Logic Diagram에 따라 모든 Logic이 설계에 맞게 작동하는지 확인하는 작업이다. Control Room에 DCS(Control Panel) Operator와 Field에 Field Operator 그리고 계기 Specialist가 한 조가 되어 Field Element에서 Signal을 주거나 DCS에서 Push Button이 Field Action에서 작동하는 것을 확인한다. Process Interlock을 포함하여 F&G system 등 플랜트 운전에 필요한 모든 Function들이 정상적으로 작동하는지를 반드시 Start-up 전에 확인해야 한다.

2018년 1회 **실기시험**

01 플랜트 건설 프로젝트는 일반 업무와 달리 3가지 특성을 가지고 있다. 이 3가지 특성에 대해 간략히 기술하시오. [5점]

02 프로젝트에서 수행해야 할 공정관리 업무를 관리 가능한 레벨까지 체계적으로 분류하여 프로젝트 관리의 기준으로 적용되는 것은? [3점]

03 설계기술용역 계약자(A/E)가 수행하는 설계업무 내용에 대하여 쓰시오.(최소 3가지 이상 작성) [6점]

04 Risk Management의 목적을 서술하시오. [6점]

05 복합화력발전의 특징을 3가지 이상 서술하시오. [5점]

06 배관 응력 해석의 주목적에 대하여 서술하시오. [6점]

07 Plant Layout 작성 시 고려할 사항을 기술하시오. [5점]

08 Plant에서 과압방지 장치의 종류를 5가지 이상 열거하시오. [6점]

09 Valve의 종류 중에서 역류 방지용으로 사용되는 Valve는? [3점]

10 전기회로에서 차단기를 설치하는 목적을 3가지 이상 기술하시오. [5점]

11 매도인이 물품의 수출 통관 절차를 마친 후 지정된 선박에 적재하였을 때 물품을 인수하는 것으로 하는 거래 조건을 무엇이라고 하는가? [3점]

12 구매계약 시 보증을 위하여 각종 증권이 제출되어야 하는데 그 종류와 내용을 설명하시오. [7점]

13 구매방식 중 지명경쟁입찰방식에 대하여 간단하게 설명하시오. [4점]

14 Procurement Procedure 작성 시 포함되어야 할 내용을 3가지 이상 작성하시오. [6점]

15 입찰안내서(ITB, Invitation To Bid)에 대해서 기술하시오. [5점]

16 전선관을 Bending 시(구부릴 때) 최소곡률반경을 이용해야 한다. 그 이유는 무엇인가? [4점]

17 건축공사에서 콘크리트 시험에 대하여 기술하시오. [5점]

18 매립 및 다짐 작업은 도로, 하천제방, 택지조성 등 절취(깎기)한 토석을 운반하여 일정 계획고 높이를 쌓아 올리고 균일하게 고르기 한 후 다짐을 실시하여 목적물을 완성하는 것이다. 매립 및 다짐 작업에서 성토재료의 요구조건을 3가지 이상 작성하시오. [6점]

19 시운전업무 중 주요 배관 Cleaning 작업 4가지 이상을 서술하시오. [5점]

20 플랜트 계통을 인계/인수할 때 건설소와 시운전반의 합동 현장점검(Walkdown)을 통하여 확인되는 미비사항은 "미결항목(Exception List)"과 "잔여 시공항목(Punch Items)"으로 구분하는바 각각의 의미에 대하여 기술하시오. [5점]

2018년 1회 실기시험 **정답**

01 ① 한시적 업무로 시작과 끝이 분명한 업무
② 프로젝트 단계별 또는 최종적으로 유일한 결과물을 생산
③ 프로젝트 단계가 진행됨에 따라 점진적으로 구체화

02 WBS(Work Breakdown Structure)

03 현장조사, 대비공사 설계, 본 공사 기본설계 및 상세설계, 기자재 구매 지원, 시공발주 지원업무, 설계관리 업무, 인허가, 기술 설계, 품질 보증업무 및 품질관리 지원업무, 각종 지침서 및목록 작성, 준공자료 작성, 사업주 기술지원 업무, 사업관리 지원업무

04 ① Risk의 전략적 평가를 통한 Project의 Risk 수준 파악
② Risk 분석을 통한 Risk 대응방안 구축
③ Risk 관리를 통한 현실적인 공사관리계획의 수립 및 운영
④ 성공적인 Project 수행 및 공사 이윤의 극대화

05 ① 열효율이 높다.
② 부분부하 운전 시 열효율 저하가 작다.
③ 기동 정지 시간이 짧다.
④ 최대 출력이 대기온도에 따라 변화한다.
⑤ 공해 발생이 작다.
⑥ 사용연료에 따라 성능 변화가 크다
⑦ 건설공기가 짧고, 건설단가가 싸다.

06 ① 배관의 내압, 열팽창, 자중, 바람, 지진 등의 하중에 대한 배관계의 안전성을 검토한다.
② 배관과 연결되는 기기상의 노즐에 대한 안전성을 검토한다.
③ 배관 설치와 관련 있는 배관 지지대 및 배관 지지물의 설계에 필요한 자료를 제공한다.

07 ① 시공성, 경제성

② 운전 및 보수작업의 용이성

③ 관계 법규

④ 공정 및 공학적으로 무리가 없을 것

08 ① 안전밸브(Pressure Relief Valve)

② 파열판(Rupture Disc)

③ 통기밸브(Breather Valve)

④ 배기관(Vent)

⑤ 긴급벤트(Emergency Vent)

⑥ Weak Roof To Shell Attachment

⑦ Liquid Seal

⑧ Explosion Hatch

⑨ Explosion Panel

⑩ Breaking Pin

⑪ Pressure Surge Device

09 Check Valve

10 ① 사고 시 인명 보호

② 이상 전압이나 전류가 발생 시 회로 긴급차단

③ 과전류나 과전압에서 부하 보호

④ 부하 측의 누설전류 발생 시 회로 긴급차단

11 FOB(Free On Board) 또는 본선인도

12 ① 계약이행증권(P-Bond) : 구매계약내용의 성실 수행을 보증하는 증권이며, 일반적으로 Vendor 가 계약금액의 10%에 해당하는 금액의 보증증권을 제출한다. 해외업체의 경우 Performance Bank Guarantee를 지칭한다.

② 선급금보증증권(AP-Bond) : 구매계약상 Vendor로 선급금 지불이 요구되는 경우 Vendor 에서 제출하는 선급금에 대한 보증증권이며 선급금 전액에 대한 보증증권이다.

③ Refund Bond : 구매계약상 Vendor로 Progress에 따른 대금지불이 요구되는 경우 Vendor에서 제출하는 Progress 대금지불에 대한 보증증권을 지칭한다.

④ 하자이행증권(G-Bond/W-Bond) : 구매계약상 Vendor에서 기자재 공급후 하자이행 기간 을 만족하는 하자이행에 대한 보증증권이다.

13 계약 목적 수행에 적합하다고 인정되는 응찰자를 수 명 지명하여 이를 대상으로 경쟁을 통하여 계약 상대자를 선정하는 방식. 가장 적합하다고 인정되는 응찰자 중에서 계약자가 선정되므로 사업의 품질 제고를 기할 수 있는 장점이 있다.

14 ① 구매업무 전략에 관한 사항
② Expediting & Inspection
③ 현장구매 관련 사항
④ Traffic & Logistics

15 발주자가 입찰자에게 특정 Project에 참가하도록 요청하는 서류.
ITB에는 Governing Terms & Conditions, Statement of Compliance, Communications, Technical & Commercial 요구사항, 대금지불 조건 등이 명시된다.

16 케이블 피복을 보호하고 케이블 변형을 방지하기 위해

17 콘크리트는 타설하기 전 시행하는 품질검사로 Slump Test, 공기량 시험, 염화물 시험, 온도 체크가 있으며 공시체를 제작하여 7일, 28일 압축강도를 측정한다.

18 ① 비탈면의 안정에 필요한 전단강도를 보유할 것
② 성토 후 암밀침하가 작을 것
③ 투수계수가 작을 것
④ 시공장비의 주행성이 확보될 것
⑤ 다짐이 양호할 것

19 ① Water Flushing
② Air Blowing
③ Steam Blowing
④ Chemical Cleaning
⑤ Pigging

20 ① 미결항목(Exception List) : 시운전 시험필수항목이 아니며 우선 계통을 인수한 후 적절한 시기에 완료하여 인수받아도 가능한 항목
② 잔여시공항목(Punch Items) : 시운전 시험 필수항목으로 이러한 항목이 확인될 경우 계통 인수를 할 수 없으며 반드시 완료한 후 인수인계가 이루어져야 하는 항목

PLANTENGINEER

참·고·문·헌

1. 김수삼 외(2007), 현장실무를 위한 건설시공학, 구미서관
2. 현장 실무 전기공사 건설지 및 자료
3. 송길봉(2011), 전기설비설계, 동일출판사
4. 회로이론, 한국 산업인력공단
5. 이춘모(2013), 송배전공학, 태영문화사
6. 현장 실무 계측제어 건설지 및 자료
7. 임호·강구홍(2012), 설비보전을 위한 계측제어 공학, 일진사
8. 정해두·김덕현·김호경(2010), 일반 물리학 1, 헌우사
9. 박상만(1999), 최신 공정계측제어, 기전연구사
10. 신고리 1, 2호기 시운전 행정절차서, 한수원
11. 신고리 1, 2호기 시운전 길라잡이, 한수원 고리원자력본부
12. 건축공사 표준시방서, 국토교통부(2013)
13. 이찬식 외(2013), 건축시공학, 한솔아카데미
14. 건축시공구축기술연구회(2009), 건축시공, 기문당

플랜트엔지니어 기술이론
4 PLANT CONSTRUCTION

발행일 | 2014. 5. 10 초판발행
2021. 1. 10 개정1판1쇄

저 자 | (재)한국플랜트건설연구원 교재편찬위원회
발행인 | 정용수
발행처 | 예문사
주 소 | 경기도 파주시 직지길 460(출판도시) 도서출판 예문사
T E L | 031) 955−0550
F A X | 031) 955−0660
등록번호 | 11−76호

정가 : 30,000원

ISBN 978−89−274−3721−5 14540
ISBN 978−89−274−3717−8 14540(세트)

이 도서의 국립중앙도서관 출판예정도서목록(CIP)은 서지정보유통지원시스템
홈페이지(http://seoji.nl.go.kr)와 국가자료공동목록시스템(http://www.nl.go.kr
/kolisnet)에서 이용하실 수 있습니다.(CIP제어번호 : CIP2020042542)